JN434001

개정판

Signals and Systems

신호 및 시스템

강철호 · 유지상 · 박호종 지음

생능출판

신호 및 시스템

초판발행 2002년 8월 10일
제2판7쇄 2023년 7월 25일

지은이 강철호 · 유지상 · 박호종
펴낸이 김승기, 김민수
펴낸곳 (주)생능출판사 / **주소** 경기도 파주시 광인사길 143
출판사 등록일 2005년 1월 21일 / **신고번호** 제406-2005-000002호
대표전화 (031)955-0761 / **팩스** (031)955-0768
홈페이지 www.booksr.co.kr

책임편집 신성민 / **편집** 이종무, 유제훈 / **디자인** 유준범
마케팅 최복락, 심수경, 차종필, 백수정, 송성환, 최태웅, 명하나, 김민정
인쇄 · 제본 (주)상지사P&B

ISBN 978-89-7050-854-2 93560
정가 29,000원

- 이 도서의 국립중앙도서관 출판예정도서목록(CIP)은 서지정보유통지원시스템 홈페이지(http://seoji.nl.go.kr)와 국가자료공동목록시스템(http://www.nl.go.kr/kolisnet)에서 이용하실 수 있습니다. (CIP제어번호: CIP2015027392)
- 이 책의 저작권은 (주)생능출판사와 지은이에게 있습니다. 무단 복제 및 전재를 금합니다.
- 잘못된 책은 구입한 서점에서 교환해 드립니다.

개정판 머리말

대학교육에서 〈신호 및 시스템〉 교과목은 인간과 자연의 세계를 표현하는 아날로그 시스템과 더불어, 디지털 기술이 주도하는 지식정보화시대에서도 인간(Human)과 인간, 인간과 기계(Machine), 그리고 기계와 기계 사이에서 서로 신호를 전달하고 처리하는 디지털 시스템을 이해하기 위한 기초필수과목이다. 아무리 세상이 디지털 중심의 정보화시대라 하여도, 디지털 장치와 기계를 이용하는 인간은 아날로그 시스템이라는 사실을 간과하면 안 된다. 따라서 개정판에서도 〈신호 및 시스템〉의 내용을 아날로그(연속)와 디지털(이산) 사이에 균형을 맞추어 대등하게 배치하였다. 특히, 개정판에서는 TV와 컴퓨터에 익숙한 신세대를 겨냥하여 〈신호 및 시스템〉의 수학적인 개념을 문자 대신 그림을 중심으로 알기 쉽게 편집한 초판의 의도를 최대한 반영하여, 본문에서 사용하고 있는 그림과 수식들을 이해하기 쉽도록 수식과 그림 주변에 간단한 설명을 수록하였다.

최근 정보통신기술의 동향을 보면, 인간과 기계의 상호작용(HCI: Human Computer Interaction) 혹은 기계와 기계 사이의 데이터 전송(M2M: Machine to Machine)이 뜨거운 이슈로 떠오르면서, 인터넷 기반의 사물인터넷(IoT: Internet of Things)시대로 급변하고 있다. 이에 따라 〈신호 및 시스템〉의 교과목 내용도 자연스러운 변화를 요구하고 있다. 왜냐하면 〈신호 및 시스템〉 교과목은 대학 3, 4학년에서 다루는 디지털(음성, 영상) 신호 처리, 디지털 통신, 그리고 멀티미디어 공학의 선수과목으로서 전기전자 및 정보통신공학의 기초가 되기 때문이다. 우리가 일상생활에서 만나는 정보통신시스템(스마트 폰, 스마트 홈, 고품위 TV, 원격교육 및 의료 시스템 등)은 물론, 기상 및 지진 관측, 제어 및 계측 시스템까지도 어떤 신호를 원하는 형태로 변환하는 하나의 시스템으로서, 서로 다른 기능과 목적을 가지고 있다. 그런데 이러한 시스템들은 기존에는 디지털 신호 형태로 각각 사용하던 문자, 이미지, 오디오, 비디오 데이터를 서로 조합하여 멀티미디어 형태로 저장하고 전송하기 때문에, 이러한 멀티미디어 데이터를 압축하고 전송하는 신호 처리 기술이 절실히 요구되고 있다.

따라서 개정판에서는 1장에서 신호 및 시스템의 기본적인 원리와 신호 처리의 형태를 살펴보고, 시스템의 사례 연구로서 아날로그 시스템을 대표하는 오디오 시스템과 멀티미디어(오디오 및 비디오) 신호를 동시에 처리하는 디지털 TV 시스템의 동작 원리를 소개하였다. 특히, 10장에서는 2장부터 9장까지 배운 기초 이론을 바탕으로 신호 및 시스템의 응용 분야를 대폭 개정하였다. 먼저, 디지털 신호가 어떻게 생성되는지 그 과정을 살펴보고, 오디오(음성 및 음악 신호)와 같은 1차원 신호에 대한 신호 처리 응용 사례를 배운다. 그리고 2차원 영상 신호의 디지털화 과정과 비디오(동영상) 신호 처리에 대한 응용 분야를 배운다. 끝으로 아날로그 통신 시스템과 디지털 통신 시스템의 관점에서 통신 신호 처리의 사례를 살펴보았다.

특히, 개정판에서는 2장 연속 신호 및 시스템의 해석, 3장 이산 신호 및 시스템에 대한 해석, 4~5장 연속 및 이산 신호의 주파수 해석을 위하여 MATLAB(MATrix LABoratory) 실습을 수행함으로써 아날로그(연속) 신호 및 시스템과 함께, 디지털(이산) 신호 및 시스템의 기본 이론을 직접 확인하고 검증하였다. 한편, 6장에서는 불규칙 신호를 정의하고, 불규칙 신호의 특성을 통계적으로 표현하기 위한 시간 평균, 앙상블 평균, 상관관계, 자기 상관 함수를 배운다. 그리고 7장에서 라플라스 변환(Laplace transform)을 이용한 아날로그 시스템과 함께, 8장 z-변환(z-transform)을 이용한 디지털 시스템을 기초로 하여, 9장에서 대표적인 디지털 신호 처리 시스템인 디지털 필터의 동작 원리를 구체적으로 배운다.

이 교재는 전기전자 및 정보통신 전공분야를 처음 접하는 4년제 대학 학생들과 전문대학 학생들에게 1~2학년 필수기초과목으로 강력히 추천한다. 왜냐하면 〈신호 및 시스템〉은 통신이론, 회로이론, 디지털공학, 디지털신호처리, 디지털(이동) 통신, 자동제어 등 전공과목을 배우기 위한 선수과목으로서 꼭 필요한 과목이기 때문이다. 따라서 이 교재는 전기전자 및 정보통신공학을 전공하는 이공계 학생들에게 아날로그 및 디지털 〈신호 및 시스템〉의 기본원리를 이론과 실습을 통해 확인하고 검증함으로써 취업 현장에서 부딪히는 신호 처리 문제들을 해결하기 위한 강력한 도구가 될 것으로 확신한다.

2015년 10월
저자 일동

머리말

'신호 및 시스템'은 기존에 출판된 대다수 관련 교재들의 단점을 보완하고자 하는 차원에서 저술되었다. 기존의 '신호 및 시스템' 교재의 경우, 전기적인 신호와 시스템을 해석할 때 어떠한 개념을 설명하기 위해서 복잡한 수식을 나열하고 필요에 따라 예제문제와 그림을 본문 중에 삽입하는 형태를 대부분 취하고 있다. 본 저서의 경우, 먼저 중요한 개념을 그림으로 도시하고 그림을 중심으로 이해를 돕는 설명을 그림 박스 안으로 포함시켰다. 이에 따라 페이지 중앙부에 위치한 그림과 그림설명을 통해서 '신호 및 시스템' 개념을 이해하도록 편집하였다. 특히 본문의 설명 가운데 보충설명이 필요한 핵심어에 대해서는 별도로 페이지 맨 하단에 주석을 달아놓았다. 이러한 편집방법은 본문 안에서 모든 개념설명을 문자에만 주로 의지하는 기존의 방법을 탈피하고 텔레비전과 컴퓨터에 익숙한 신세대를 겨냥한 것이다. 따라서 신호 및 시스템의 개념은 그림을 통해서 대부분 전달하고 나머지 부족한 부분만 본문 중의 간략한 설명과 단순한 수식으로 보충하고 있다.

본 교재는 크게 2부분으로 나뉘어 있는데 1장부터 8장까지는 신호 및 시스템의 이론편을, 9장과 10장에서는 응용편을 다루고 있다. 각 장이 시작될 때마다 첫 페이지에 신호 및 시스템의 모든 내용을 한눈으로 볼 수 있도록 4중원으로 표시하고 있다. 한가운데 위치한 첫 번째 원은 1장 〈신호 및 시스템의 표현〉으로 2장-10장에 대한 기본적인 개론을 소개한다. 두 번째 원의 우반구는 2장 〈연속신호 및 시스템〉에 대해서, 좌반구는 3장 〈이산신호 및 시스템〉에 대해서 전반적인 내용을 상호 대조적으로 기술하고 있다.

또한 세 번째 원의 우반구는 2장 〈연속신호 및 시스템〉을 세분하여 4장 〈연속신호의 주파수 표현〉, 6장 〈불규칙 연속신호 및 시스템〉, 7장 〈라플라스 변환과 아날로그 시스템〉의 3부분으로 나누어 자세하게 기술하고 있으며, 좌반구에서는 3장 〈이산신호 및 시스템〉을 세분하여 5장 〈이산신호의 주파수 해석〉, 6장 〈불규칙 이산신호 및 시스템〉, 8장 〈Z-변환과 디지털 시스템〉의 3부분으로 나누어 구체적으로 기술하고 있다. 마지막으로 네 번째 맨 바깥에 위치한 원은 지금까지 기술한 3중원의 이론적인 내용을 바탕으로 2개의 응용 분야 9장 〈디지털 필터의 기초〉와 10장 〈통신시스템의 기초〉에 대해서 포괄적으로 설명하고 있다.

본 교재는 전기전자 및 정보통신공학을 처음 접하는 4년제 공과대학 2학년과 2년제 전문대학의 2학년과정에서 통신이론, 회로망 이론, 자동제어, 디지털신호처리, 전자회로설계 등의 기초과목으로 사용할 수 있다. 특히 교재 내용 중에 포함된 모든 그림파일을 한 장의 CD로 담아 강의용 교육자료로써 공급하고자 한다.

저자대표 강철호 교수

차례

CHAPTER 1 신호 및 시스템의 표현

CHAPTER 2 연속 신호 및 시스템

CHAPTER 8 z-변환과 디지털 시스템

CHAPTER 9 디지털 필터의 기초

CHAPTER

01

신호 및 시스템의 표현

단 / 원 / 개 / 요

이 장에서는 신호 및 시스템을 구체적으로 표현하기 위해서 먼저 신호와 시스템의 개념을 알아보고 여러 형태의 신호 및 시스템을 소개한다. 연속 신호 및 시스템, 이산 신호 및 시스템의 관계를 먼저 설명하고 불규칙 신호(연속 및 이산 신호)에 대한 시스템에 대해서 알아본다. 그리고 연속 신호와 이산 신호에 대한 주파수 해석을 푸리에 함수로 표현한다. 주기 신호에 대한 주파수 해석은 푸리에 급수(Fourier series)를 통하여, 그리고 비주기 신호의 주파수 해석은 푸리에 변환(Fourier transform)을 이용하여 해석한다. 특히, 이산 주기 신호에 대한 주파수 해석은 이산 푸리에 급수(DTFS)를 사용하고 비주기 이산 신호의 주파수 해석은 이산 푸리에 변환(DTFT)을 사용한다.
한편, 기본적인 신호 처리 방식으로서 컨벌루션(convolution), 상관관계(correlation), 그리고 필터링(filtering)에 대하여 살펴보고, 신호 및 시스템의 사례 연구로서 아날로그 오디오 시스템과 디지털 TV 시스템의 동작 원리를 소개한다.

01 CHAPTER 신호 및 시스템의 표현

1.1 신호 및 시스템의 개요

우리가 일상생활 가운데 만나는 모든 신호는 자연에 의해 발생되거나 인공적인 과정에 의해 발생되고 있다. 예를 들어 사람의 음성(음향)이나 음악 신호는 마이크에 의해 전기적인 신호로 바뀌고 증폭기(시스템)를 거친 다음, 다시 스피커에 의해 원래의 신호가 재생된다. 일반적으로 대부분의 1차 신호는 센서(sensor)에 의해 주어지며 어떤 변환기(transducer)에 의해 다른 형태의 신호로 바뀐다. 여기서 말하는 1차 신호는 오디오(audio), 비디오(video), 음성, 음악, 화상(image), 통신, 소나(sonar), 레이더(radar), 지진파 등을 모두 포함한다. 이러한 신호들은 스마트 폰이나 스마트 TV 등 멀티미디어(multimedia) 장치에서 대부분 사용하고 있으며, 특히 유비쿼터스(ubiquitous) 응용 서비스(U-city, U-health 등)에서 사용하는 각종 센서(예: 온도, 습도, 속도, RFID 태그 등)는 여러 가지 형태의 1차 신호들을 제공하고, 스마트 센서 시스템을 구성한다.

신호(signal)란 하나 이상의 독립 변수의 함수로 정의되며, 보통 어떤 현상의 성질에 관한 정보를 포함하고 있다. 한편 시스템(system)이란 주어진 신호에 반응하여 또 다른 신호를 발생하는 계통을 말한다. 예를 들어 $x(t)$는 시간 t의 함수로 표시되는 물리적인 양 x를 나타내는 신호 표현의 방법이다. 여기서 x를 사람의 음성을 나타내는 s로 대치하면 음성 신호는 시간의 함수 $s(t)$로 표시할 수 있다.

또한 전기회로에서 시간의 함수로 표시되는 전압 $v(t)$와 전류 $i(t)$는 연속 신호에 대한 좋은 예가 되며 전기회로 그 자체는 하나의 시스템이 된다. 따라서 시스템은 어떠한 특별한 목적을 달성하기 위하여 필요한 만큼의 성분과 요소들로 구성되어 있으며 주어진 어떤 신호를 변형(transformation)하거나 신호 처리(signal processing)를 수행하는 유기적인 기구이다.

자동차는 시스템의 한 예이다. 여기서 가속 페달에 대한 압력은 시스템의 입력 신호에 해당되며 자동차의 주행속도는 시스템의 응답(출력)이 된다. 또한 카메라의 경우 렌즈에 들어오는 어떤 물체의 반사 빛이 입력 신호가 되며 사진은 출력 신호가 된다. 여기서 카메라는 시스템의 역할을 한다. 일반적으로 자연계에서 발생하는 대부분의 신호는 시간에 대해서 연속적으로 나타나는 연속 신호이다. 그러나 연도별 국민 총생산량(GNP), 매월 실업율, 매월 자동차 생산량, 컴퓨터 출력 데이터 등 사회생활 속에서 발생하는 데이터 중에는 일정한 곳에서만 띄엄띄엄 나타나는 이산 신호 혹은 데이터의 예를 얼마든지 찾아볼 수 있다.

1.1.1 신호의 개념

신호(signal)란 일상생활에서 흔히 만나게 되는 의사 전달 수단으로서, 예를 들면 교통 신호등, 자동차 깜박이, 안내판, 전화벨, 비상 경보음, 얼굴 표정 및 제스처 등 중요한 정보를 전달하기 위한 모든 수단을 말한다.

신호를 공학적으로 표현하면 한 개 이상의 독립 변수를 수학적으로 표시한 함수로써 시스템의 입력 데이터로 들어가는 입력 신호와 시스템의 출력에서 나오는 출력 신호가 있다. 또 예를 들면, 자동차의 가속 페달을 누르는 힘(압력)은 입력 신호가 되고 자동차의 주행속도는 출력 신호가 된다. 또한 카메라에 들어오는 물체의 반사 빛은 입력 신호이고 사진은 출력(신호)이 된다. 그림 1-1은 신호 및 시스템의 개념을 나타내는 예이다.

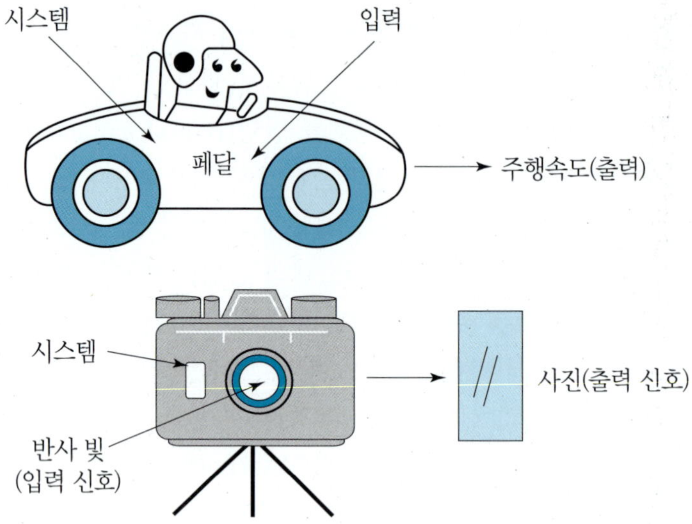

[그림 1-1] 신호 및 시스템의 개념

1.1.2 시스템의 개념

시스템이란 일상생활에서 중요한 정보를 알리기 위한 모든 신호에 대해 반응하므로써 원하는 응답(출력)을 얻도록 입력 신호(데이터)를 변형시키는 일체의 과정을 말한다. 공학적으로는 연속 신호를 취급하는 **연속(아날로그) 시스템**과 이산 신호를 취급하는 **이산(디지털) 시스템**으로 분류한다. 예를 들면 자동차의 엔진 및 관련된 모든 부속은 하나의 시스템이 된다. 또한 오디

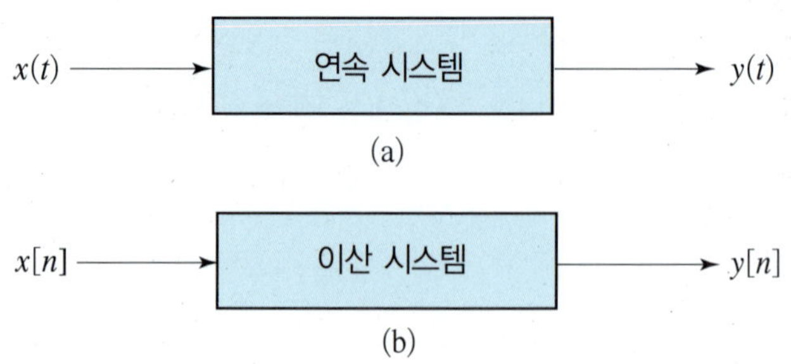

[그림 1-2] 연속 시스템과 이산 시스템

[그림 1-3] 직렬 접속 시스템

오 CD에 저장된 입력(음악) 신호는 CD 플레이어를 통해서 시스템 출력으로 재생된다. 여기서 CD 플레이어는 하나의 시스템으로 볼 수 있다.

그림 1-2는 연속 시스템과 이산 시스템을 나타내는 것이다. 연속 시스템은 연속 입력 $x(t)$를 처리한 후 또 다른 연속 신호 $y(t)$를 출력하며, 이산 시스템은 이산 입력 $x[n]$를 처리한 후 또 다른 이산 신호 $y[n]$를 출력한다.

시스템을 연결하는 방법은 **직렬(cascade) 접속**과 **병렬(parallel) 접속**으로 분류되며 이 두 방법을 혼합한 직병렬 시스템을 만들 수 있다. 특별한 경우 출력단이 입력단으로 귀환(feedback)하는 **귀환 시스템**이 존재한다.

그림 1-3은 2개의 시스템을 직렬로 접속한 경우이고 그림 1-4는 2개의 시스템을 병렬로 연결하는 경우이다. 특히, 그림 1-5는 시스템의 출력이 입력단으로 귀환하는 귀환 시스템의 구조를 나타내고 있다.

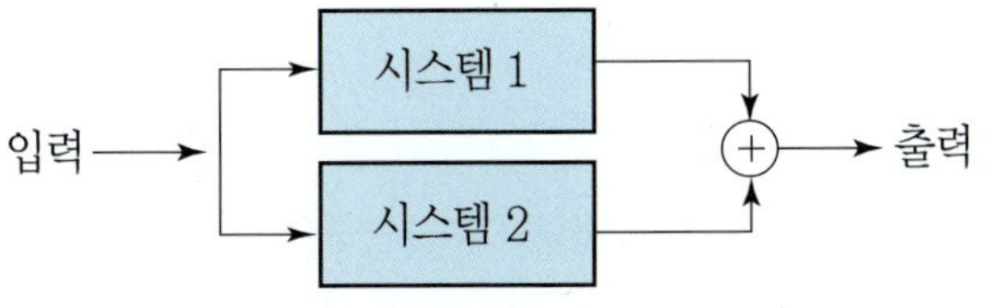

[그림 1-4] 병렬 접속 시스템

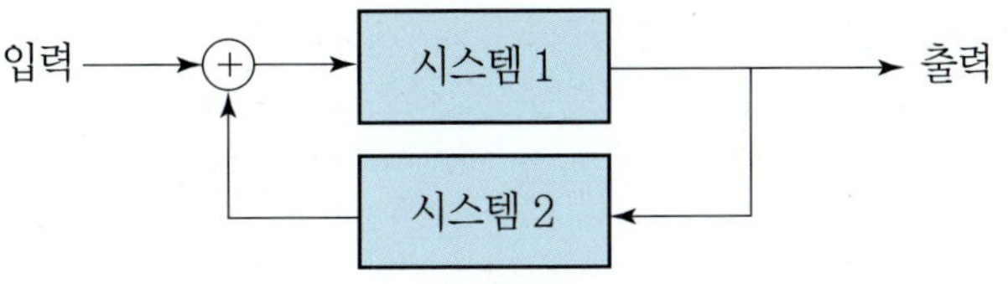

[그림 1-5] 귀환 접속 시스템

모든 물리적 시스템은 입력 신호, 예를 들면 전압, 전류 등의 신호에 어떤 동작을 수행하여 시간적으로 연속적인 형태의 출력 신호를 내보내게 된다. 통신 시스템에서의 아날로그 필터를 예로 들면, 일반적으로 필터의 입력은 원하지 않은 신호 성분인 잡음이나 간섭으로 왜곡된 연속 신호이며 필터는 여기에 적절한 동작을 수행함으로써 원하는 형태의 연속 신호를 출력하도록 하는 것이다. **연속 시스템(continuous-time system)**이란 연속 신호를 입력 신호로 받아들여 출력 신호로 또 다른 연속 신호를 내보내는 모든 시스템을 말하며 **이산 시스템(discrete-time system)**에서는 이산 신호를 입력 신호로 받아 또 다른 이산 신호를 출력 신호로 내보는 시스템이다. 연속 신호 및 시스템은 2장에서 그리고 이산 신호 및 시스템에 대해서는 3장에서 자세히 설명한다.

1.1.3 연속 신호 및 시스템

연속 신호(continuous-time signal)는 모든 연속적인 시간 t에 대하여 정의된다. 일반적으로 신호는 수학에서 배우는 함수로 정의되며 이 함수에 어떤 물리적인 의미를 부여하면 이것을 신호로 정의할 수 있다. 예를 들면 연속적인 값을 갖는 독립 변수 t에 대한 함수 $x(t)$가 있다고 하자. 이 함수가 시간에 따라 변하는 음성의 전기적 에너지를 표현한다고 하면 이것은 신호로 정의된다.

한편, **연속 시스템**이란 입력 신호로 연속 신호를 받아들여 출력 신호로 또 다른 연속 신호를 내보내는 모든 시스템을 나타낸다. 일반적으로 입력 신호 $x(t)$은 연속 시스템에 의하여 출력 신호 $y(t)$로 변형되고, 연속 시스템은 출력 신호 $y(n)$을 만들기 위해 $x(n)$에 수행하는 모든 과정 또는 연산을 포함한다.

그림 1-6에 연속 신호의 예를 보이고 있다. (a)의 정현파 함수는 연속 **주기 신호**[주1]이며 (b), (c), (d)는 연속 비주기 신호이다.

또한 그림 1-7은 음성 파형의 예를 나타내고 있는데 음성 신호는 대표적인 연속 신호이다.

주1) 주기 신호: 일정한 시간적 주기(T)를 가지고 동일한 파형이 반복되는 신호이다.
일정한 주기가 없는 신호는 모두 비주기 신호에 해당된다.

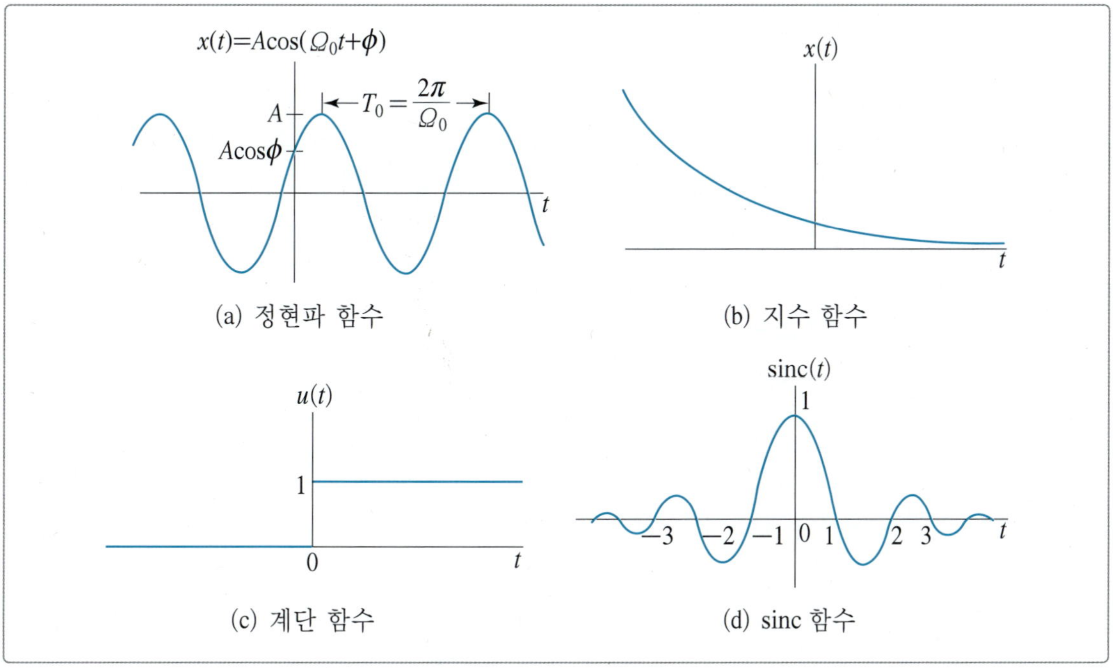

[그림 1-6] 연속 신호의 예

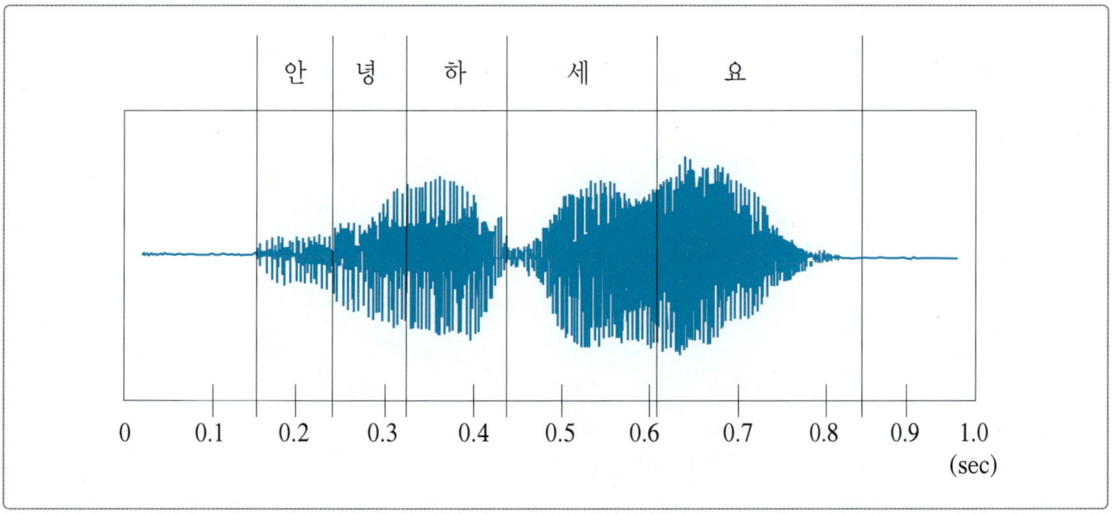

[그림 1-7] 음성 파형의 예

1.1.4 이산 신호 및 시스템

연속 신호가 모든 연속적인 시간 t에 대하여 정의되는 반면 이산 신호(discrete-time signal)는 특정한 시각에서만 띄엄띄엄 값을 갖는 신호로 정의된다. 따라서 기본적인 이산 신호는 연속 신호와 유사성을 갖는다. 그러나 이산 신호의 경우에 연속 신호와 다른 중요한 특성[주2]을 가지고 있다. 즉 시간과 함수 관계가 없는 데이터를 측정할 경우 규칙적 혹은 불규칙적인 간격을 가지고 있는 이산 데이터를 얻을 수 있다.

그림 1-8은 이산 신호의 예이며 (c)는 이산 계단 함수 $u(n)$를 나타낸다. 이산 신호에 대한 구체적인 보기는 (a) 연도별 국민 총생산량, (b) 월별 실업률, (c) 연도별 인구증감을 나타내는 데이터, (d) 매월 생산되는 자동차의 수량으로서 그림 1-9에 표시하였다.

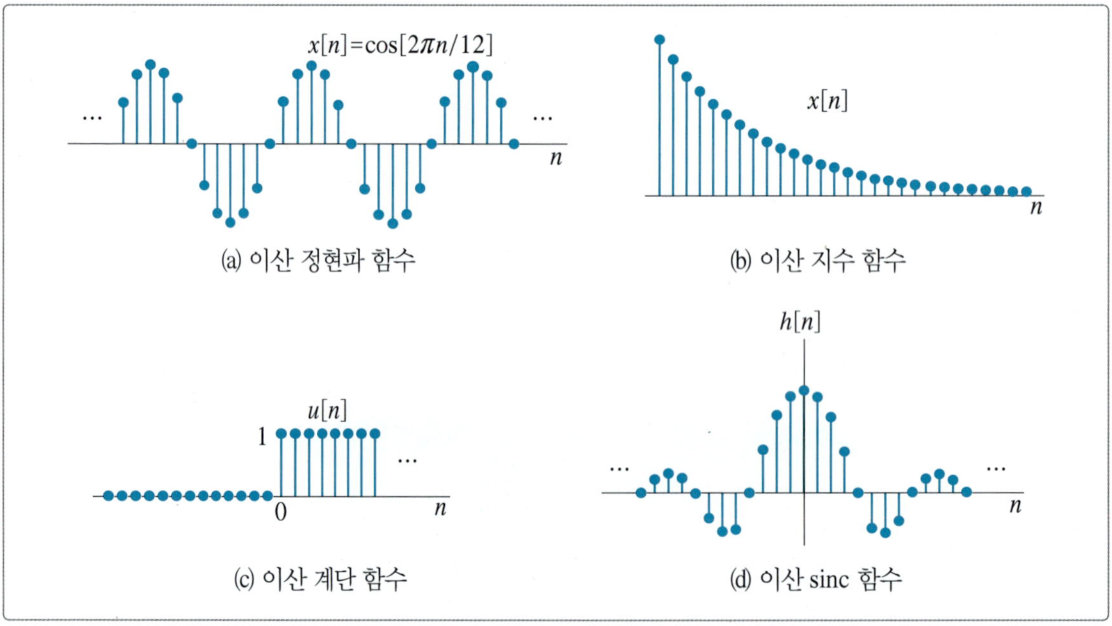

[그림 1-8] 이산 신호의 예

주2) 이산 신호의 특성

(1) 시간과 관계없는 수(number)의 함수로서 고유한 이산 데이터를 채집한다.
(2) 샘플링 과정을 통해 연속 신호와 유사성을 갖는 이산 신호를 얻을 수 있다.
(3) 진폭 성분에 대해 양자화 과정을 거칠 경우 곧바로 디지털 신호(데이터)를 얻을 수 있다.

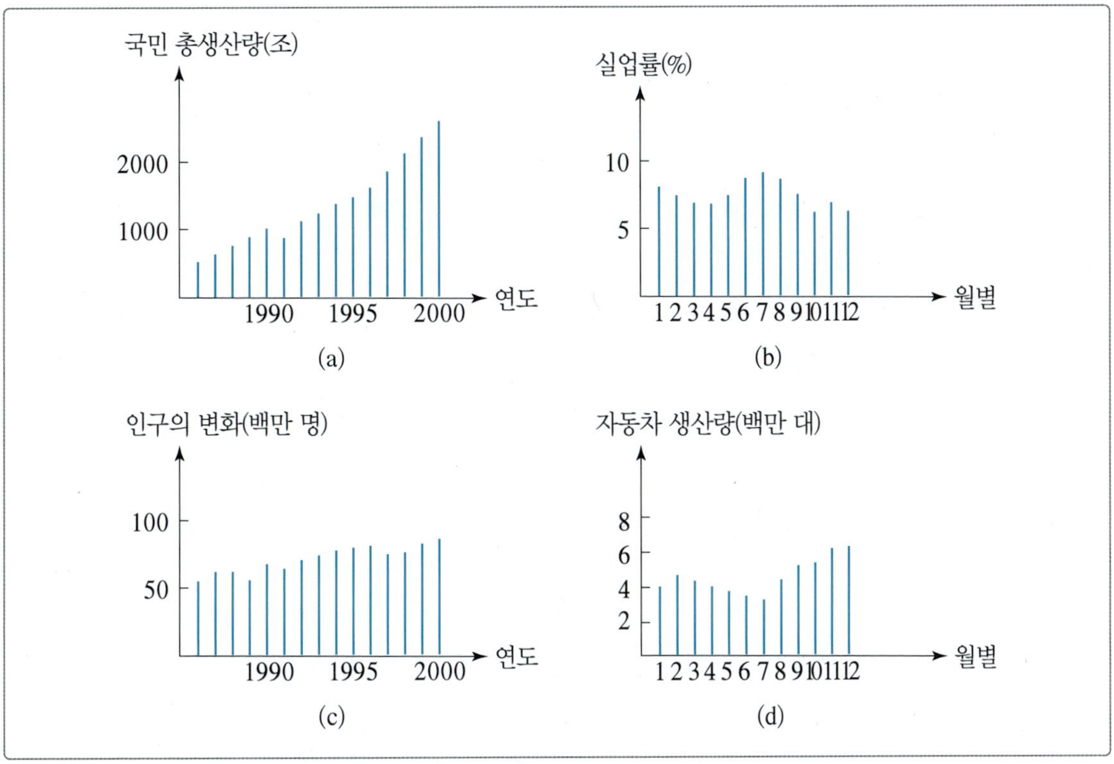

[그림 1-9] 이산 신호에 대한 구체적인 보기

디지털 신호 처리의 응용에서 이산 신호를 가지고 정해진 연산을 수행하도록 하는 어떤 장치나 알고리즘을 필요로 하는 경우가 많다. 이러한 장치나 알고리즘을 **이산 시스템**이라고 정의한다. 다시 말하면 이산 시스템은 입력이라고 불리는 이산 신호에 어떤 동작이나 연산을 수행하여 시스템의 출력이라고 불리는 또 다른 이산 신호를 만들어 내는 모든 장치나 알고리즘을 부르는 말이다. 이때 이산 신호 입력 $x(n)$은 이산 시스템에 의하여 이산 신호 $y(n)$으로 변형되고 이산 시스템은 이산 신호 출력 $y(n)$을 만들기 위해 $x(n)$에 수행하는 모든 과정 또는 연산을 포함한다.

일반적으로 디지털(digital) 신호는 아날로그(analog) 신호를 변환(conversion)하여 얻을 수 있다. 즉 10진수로 표현되는 상수값을 '0'과 '1'의 2개 숫자로만 표현하는 2진수로 변환함으로써 비트(bit: binary digit) 단위의 디지털 데이터를 얻게 된다. 이 과정에서 표본화(sampling)[주3]와 양자화(quantization)[주4] 단계를 거치게 되는데 자세한 내용은 10.1.2절 디지털 신호의 생성 방법에서 설명한다.

예를 들면, 그림 1.6의 연속 신호를 표본화하여 그림 1.8의 이산 신호를 얻을 수 있고 이산 신호를 양자화하면 최종적으로 디지털 신호를 얻을 수 있다. 그러나 이러한 과정을 거치지 않고도 디지털 컴퓨터의 출력 데이터로부터 직접 디지털 신호를 얻는 방법도 있다.

1.1.5 불규칙 신호 및 시스템

지금까지의 시스템 입출력 문제에서 가장 중요한 과제는 출력 신호 $y(t)$를 구하는 것이었다. 그러나 불규칙 신호가 시스템의 입력으로 주어지면 불규칙 출력 신호의 파형보다는 출력 신호의 통계적 특성(예: 평균, 분산, 자기상관 함수, 전력밀도 스펙트럼 등)이 더 중요한 항목이 된다. 이를 구하기 위하여 불규칙 프로세스의 모든 샘플 신호 $x(t)$에 대한 출력 $y(t)$를 구하고 이것으로부터 불규칙 출력 신호의 통계적 성질을 구한다.

신호는 수학적 함수 값으로 이미 결정되어져 있는 **결정적 신호(deterministic signal)**[주5]와 신호의 특성을 함수로 표시할 수 없는 **불규칙 신호(random signal)**로 나눌 수 있다. 이러한 불규칙 신호를 해석하기 위해서 **확률 밀도 함수(probability density function)**[주6]와 통계적 방법(평균값, 분산값 등)을 이용하고 있다.

예를 들어 통신 채널에서 자주 나타나는 잡음은 특성상 모든 주파수 성분에 대해서 스펙트럼이 일정한 값을 가지며 확률 밀도 함수가 정규 분포 혹은 가우스(Gauss) 분포를 갖는다. 따라서 이러한 불규칙 신호를 **백색 가우스 잡음(white Gaussian noise)**으로 부르고 있다.

그림 1-10은 불규칙 신호의 하나인 백색 잡음을 보인 것이다. 자세한 내용은 6장 불규칙 신호 및 시스템에서 다룬다.

주3) 표본화: 연속 신호를 시간적으로 일정한 간격을 두고 띄엄띄엄 채취하는 과정
주4) 양자화: 무한대 개수의 진폭값을 가지고 있는 이산 신호를 유한한 개수의 레벨로 제한하는 과정
주5) 결정적 신호(deterministic signal): 표준형 필터(standard filter) 혹은 가우스(Gauss) 함수처럼 수학적으로 함수 값이 공식화되어 있는 신호
주6) 확률 밀도 함수(probability density function): 불규칙 신호의 확률적 분포를 빈도수에 따라 나타낸 신호 성분의 밀도

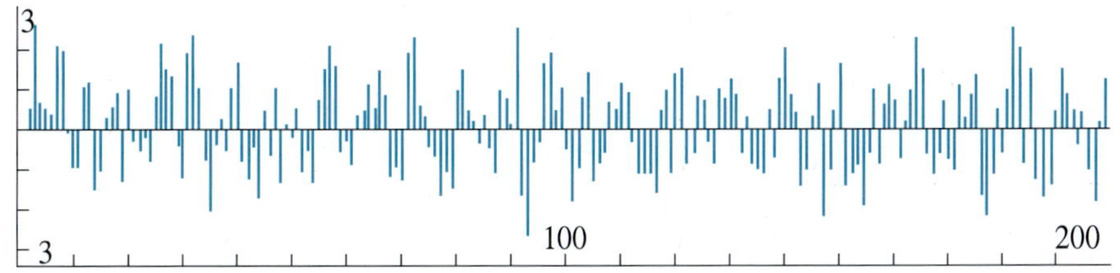

[그림 1-10] 불규칙 신호의 예(백색 잡음)

1.2 신호의 주파수 해석

연속 신호와 이산 신호에 대한 주파수 해석은 푸리에 표현을 이용한다. 연속 주기 신호와 이산 주기 신호에 대한 주파수 해석은 **푸리에 급수**(Fourier series)를 통하여, 그리고 연속 비주기 신호와 이산 비주기 신호의 주파수 해석은 **푸리에 변환**(Fourier transform)을 이용하여 해석한다. 4장에서 연속 주기 신호 및 비주기 신호의 주파수 해석을 자세히 설명하고 5장에서는 이산 주기 신호 및 비주기 신호의 주파수 해석을 자세히 설명한다.

1.2.1 연속 신호의 주파수 해석

시간 영역에서 표시된 연속 신호를 주파수 영역에서 해석하는 방법은 스펙트럼 분석에서 가장 중요한 기술이다. 주어진 연속 신호를 주파수 영역에서 해석하기 위해서는 먼저 주기 신호와 비주기 신호를 분류해야 한다. 연속 주기 신호에 대해서는 **연속 시간 푸리에 급수**(continuous-time Fourier series: CTFS)를 이용하고 연속 비주기 신호에 대해서는 **연속 시간 푸리에 변환**(continuous-time Fourier transform: CTFT)을 이용한다. 여기서 푸리에 변환은 푸리에 급수를 변형하여 주기 함수의 한 주기를 무한대로 확장할 때 얻을 수 있다. 자세한 설명은 4장 연속 신호의 주파수 해석에서 다룬다.

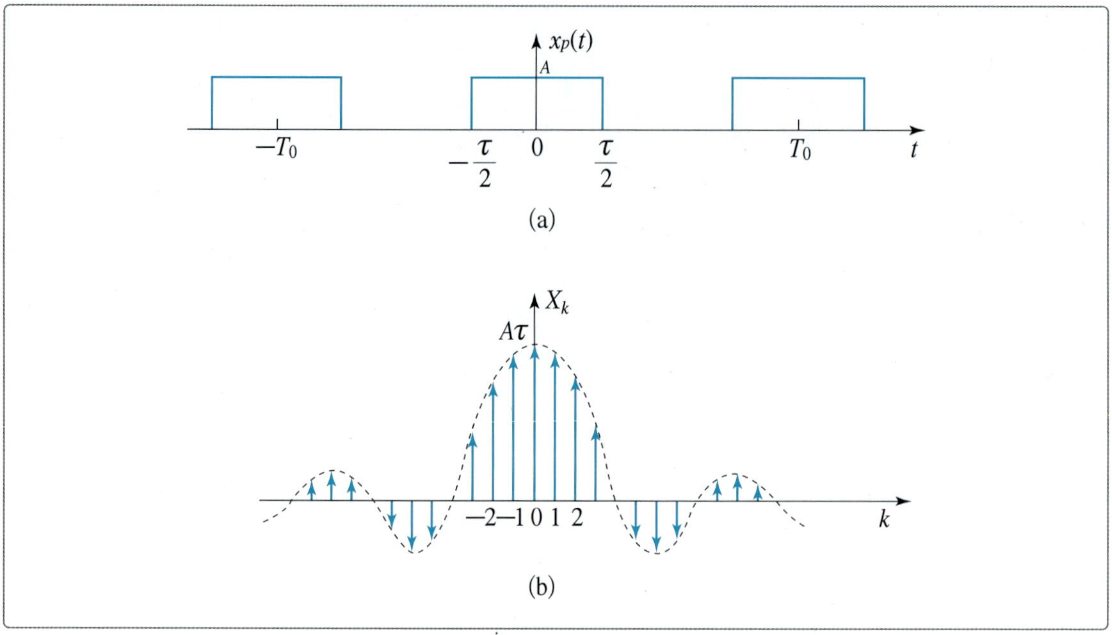

[그림 1-11] 구형파 펄스열에 대한 푸리에 급수

그림 1-11은 주기 신호의 하나인 구형파(square wave) 펄스열에 대하여 식 (1.1)을 이용하여 구한 푸리에 급수를 나타내며 그림 1-12는 비주기 단일 구형파에 대하여 식 (1.2)를 이용하여 구한 푸리에 변환을 나타낸 것이다.

연속 시간 푸리에 급수(continuous-time Fourier series: CTFS)

$$X_k = \frac{1}{T_0}\int_{-\frac{T_0}{2}}^{\frac{T_0}{2}} x_p(t)\exp\left(-j\frac{2\pi kt}{T_0}\right)dt \tag{1.1}$$

연속 시간 푸리에 변환(continuous-time Fourier transform: CTFT)

$$X(f) = F\{x(t)\} = \int_{-\infty}^{\infty} x(t)\, e^{-j2\pi ft}\, dt \tag{1.2}$$

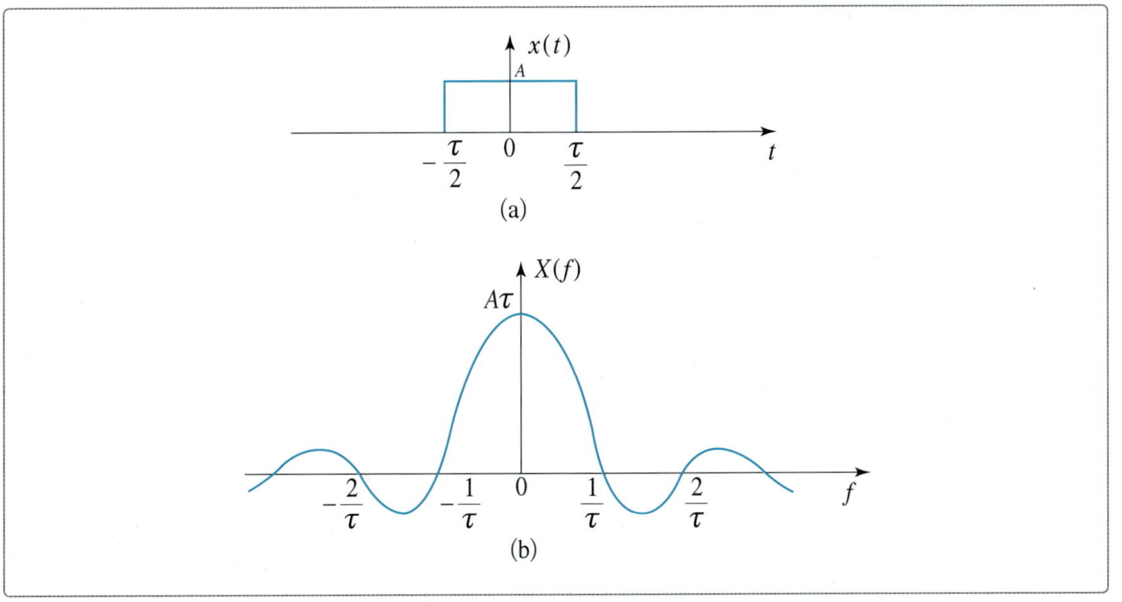

[그림 1-12] 단일 구형파에 대한 푸리에 변환

1.2.2 이산 신호의 주파수 해석

이산 주기 신호에 대한 주파수 해석은 **이산 시간 푸리에 급수**(discrete-time Fourier series: DTFS)를 사용하고 비주기 이산 신호의 주파수 해석은 **이산 시간 푸리에 변환**(discrete-time Fourier transform: DTFT)을 사용한다. 여기서 이산 주기 신호는 이산 비주기 신호의 파형을 한 주기로 생각하여 반복함으로써 얻을 수 있다. 따라서 DTFS는 비주기 이산 신호에 포함된 샘플의 개수(N)에 대한 역수($\frac{1}{N}$)로 DTFT를 샘플링하여 얻을 수 있다. 자세한 설명은 5장 이산 신호의 주파수 해석을 참조한다.

그림 1-13은 이산 비주기 신호에 대하여 식 (1.3)을 이용하여 얻은 DTFT 파형이고 그림 1-14는 그림 1-13의 비주기 신호를 한 주기로 하여 반복시킨 이산 주기 신호 $x_p[n]$에 대해서 식 (1.4)를 적용하여 주파수 해석한 DTFS 파형을 나타낸 것이다.

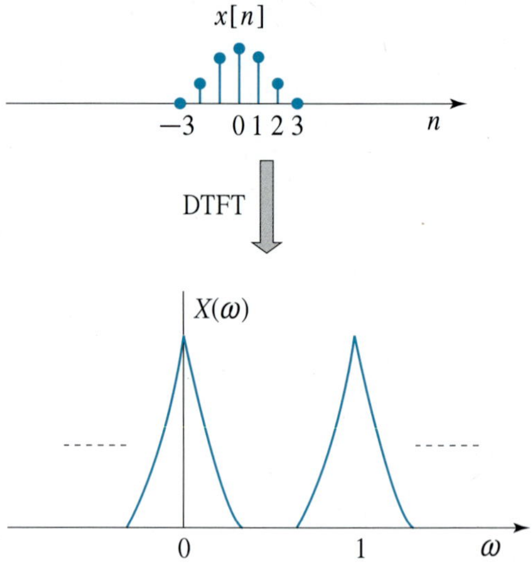

[그림 1-13] 이산 비주기 신호에 대한 DTFT 파형

이산 시간 푸리에 변환(discrete-time Fourier transform: DTFT)

$$X(\omega)=\sum_{n=-\infty}^{\infty} x[n]e^{-j\omega n} \tag{1.3}$$

식 (1.3)에서 $\omega=\frac{2\pi k}{N}$ 로 대치하고 $x[n]$을 주기 신호 $x_p[n]$의 한 주기($0\leq n\leq N-1$)로 생각하면 식 (1.4)의 DTFS를 얻을 수 있다.

이산 시간 푸리에 급수(discrete-time Fourier series: DTFS)

$$X(k)=\frac{1}{N}\sum_{n=0}^{N-1} x_p[n]e^{-j\frac{2\pi k}{N}n} \tag{1.4}$$

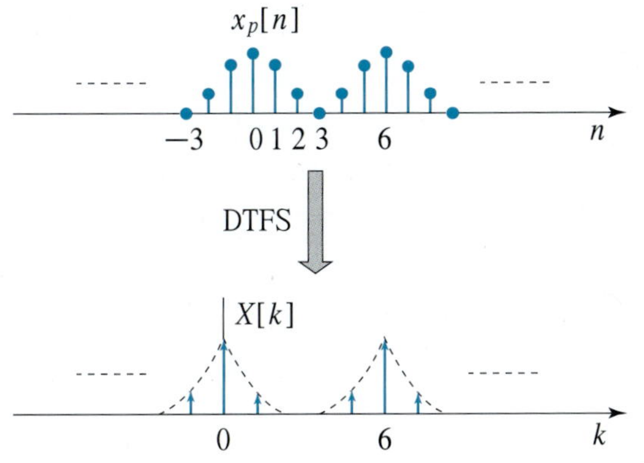

[그림 1-14] 이산 주기 신호에 대한 DTFS 파형

1.3 신호의 처리 형태

1.3.1 컨벌루션(convolution)

선형 시불변 시스템을 통과하는 입력 신호 $x(t)$와 시스템의 **임펄스 응답** $h(t)$ 사이의 관계를 나타내는 수학적 연산으로서 식 (1.5)의 **컨벌루션 적분**을 사용한다. 한편 **선형 시불변 이산 시스템**을 입력 신호 $x[n]$이 통과할 때 시스템의 임펄스 응답 $h[n]$과의 관계를 식 (1.6)의 **컨벌루션 합**으로 표시한다. 여기에서 컨벌루션 적분에 대한 한 가지 예를 그림 1-15에 표시하고 있다.

$$y(t) = \int_{-\infty}^{\infty} x(\tau)h(t-\tau)\,d\tau = x(t) * h(t) \tag{1.5}$$

$$y[n] = \sum_{k=-\infty}^{\infty} x[k]h[n-k] = x[n] * h[n] \tag{1.6}$$

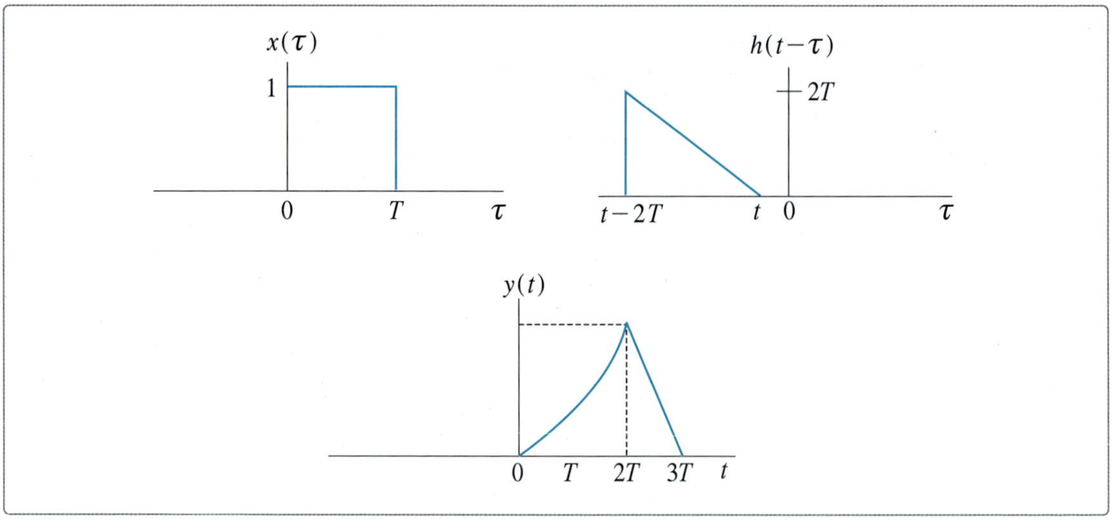

[그림 1-15] $x(t)$와 $h(t)$의 컨벌루션 적분

1.3.2 상관 관계(correlation)

상관 관계는 비주기 연속 혹은 이산 신호를 처리할 때, 서로 다른 2개의 신호 사이에서 혹은 동일한 신호 내에서 신호간의 유사성 혹은 상관도를 평가하는 방법이다. 서로 다른 신호간의 상관도는 식 (1.7) 상호 상관 함수(cross-correlation function)로 표시하고 동일한 신호끼리의 상관도는 식 (1.9)의 자기 상관 함수(autocorrelation function)로 표시된다.

$$R_{12}(\tau)=\int_{-\infty}^{\infty}x_1(t)x_2(t-\tau)\,dt \tag{1.7}$$

$$F\{R_{12}(\tau)\}=X_1(f)\cdot X_2^*(f) \tag{1.8}$$

여기서 *는 공액 복소수를 나타내고, $X_1(f)$, $X_2(f)$는 $x_1(t)$, $x_2(t)$에 대한 푸리에 변환이다.

$$R_X(\tau)=\int_{-\infty}^{\infty}x(t)x(t-\tau)\,dt \tag{1.9}$$

$$F\{R_x(\tau)\}=E_X(f) \tag{1.10}$$

여기서 $E_X(f)$는 에너지 스펙트럼 함수를 나타낸다.

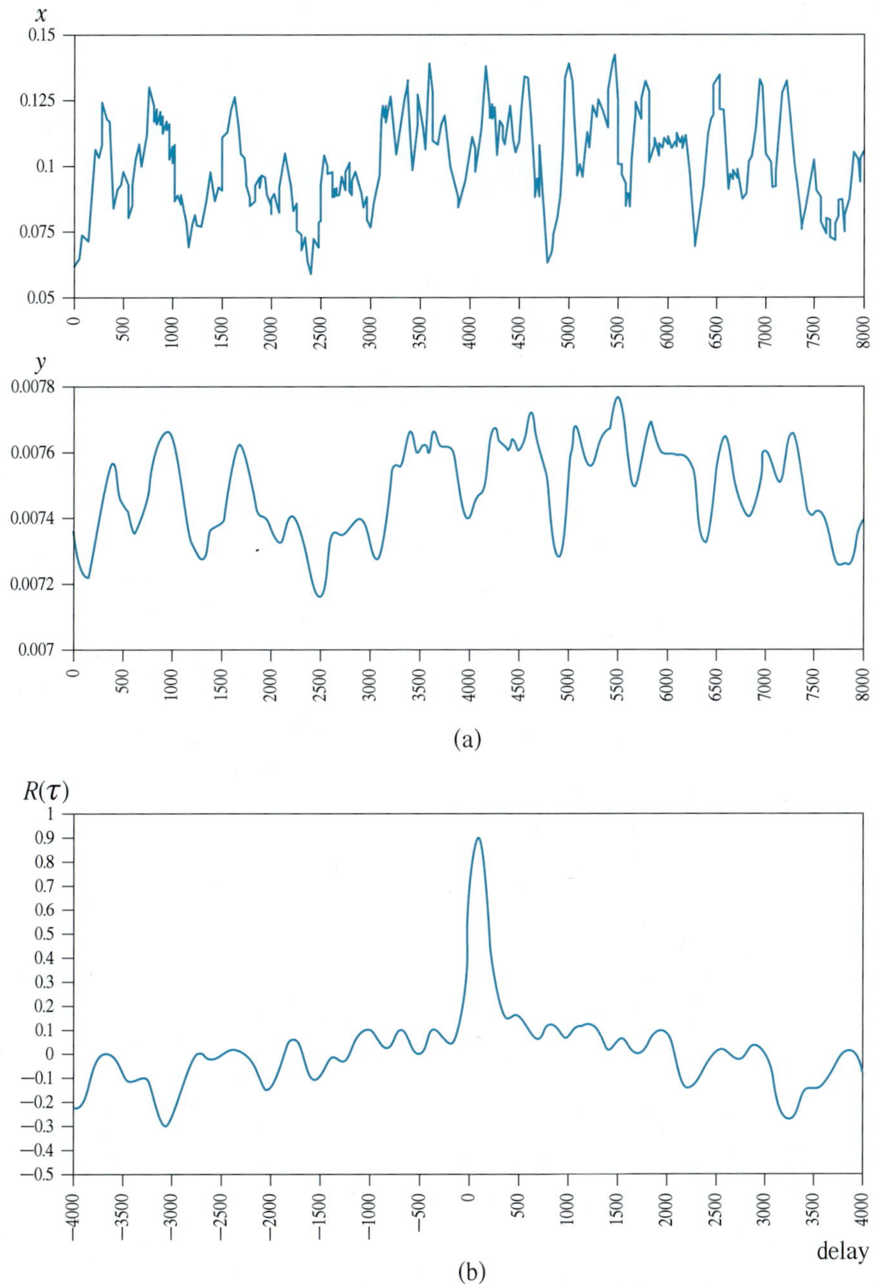

[그림 1-16] (a) 불규칙 신호 x, y (b) 두 신호 x, y에 대한 상호 상관 함수 $R(\tau)$

예를 들어, 음성 신호에 자기 상관 함수를 취할 경우, 음성의 기본 주파수에 해당하는 피치(pitch) 성분을 추출할 수 있다. 또한 상호 상관 함수는 패턴 인식이나 신호 검출에 자주 사용되고 있다. 그림 1-16[주7](a)는 2개의 불규칙 신호 x, y를 나타내고 있으며 (b)는 x, y에 대한 상호 상관 함수 $R(\tau)$를 구한 결과이다. 시간지연(delay) $\tau=40$에서 가장 큰 상관도를 나타내고 있음을 알 수 있다.

1.3.3 필터링(filtering)

필터링은 신호 처리의 핵심적인 과정으로써 어떤 신호에 대한 스펙트럼을 원하는 주파수 대역만큼 제한시키는 주파수 선택회로이다. 여기서 원하는 주파수 대역은 **통과 대역(passband)**이 되고 원치 않는 대역은 **차단 대역(stopband)**이 된다.

그림 1-17은 4가지 형태의 표준 필터 특성을 나타내고 있다. 이상적인 필터는 **차단 주파수**[주8](cutoff frequency, f_c)를 중심으로 대역의 천이 영역이 전혀 필요 없는 경우이나 실제적인 필터에서는 차단 주파수에 해당하는 3dB($1/\sqrt{2}$)을 기준으로 통과 대역과 차단 대역을 구분한다.

가장 많이 사용되는 필터링은 잡음 제거 분야이다. 이와 같은 필터를 구현하는 방법에 따라 아날로그 필터와 디지털 필터로 구분한다. 아날로그 필터는 전기회로에서 사용되는 저항, 코일, 콘덴서를 기본 소자로 하는 수동 필터와 **연산 증폭기**[주9](operation amplifier)를 기본으로 하는 능동 필터로 나눈다.

한편 디지털 필터는 **샘플 지연 소자(shift register)**, **이진 가산기(binary adder)**, **디지털 곱셈기(digital multiplier)**를 기본 요소로 구현되는데 어떠한 형태나 구조를 갖든지 원하는 필터의 주파수 특성은 어느 경우든지 똑같아야 한다. 디지털 필터에 대한 자세한 설명은 9장 디지털 필터의 기초에서 다룬다.

주7) 그림 1-16은 "Cross Correlation"(Paul Bourke, 1996년 8월) 웹문서에서 인용함

주8) 차단 주파수: 필터에서 통과 대역과 차단 대역을 구분하는 경계 주파수로서 진폭이 3dB만큼 감소한 지점에서 정의한다.

주9) 연산 증폭기: 수학적 계산을 주요 목적으로 개발한 아날로그 증폭회로로서 서로 다른 전기회로 및 시스템의 완충회로(buffer circuit)로 많이 사용된다.

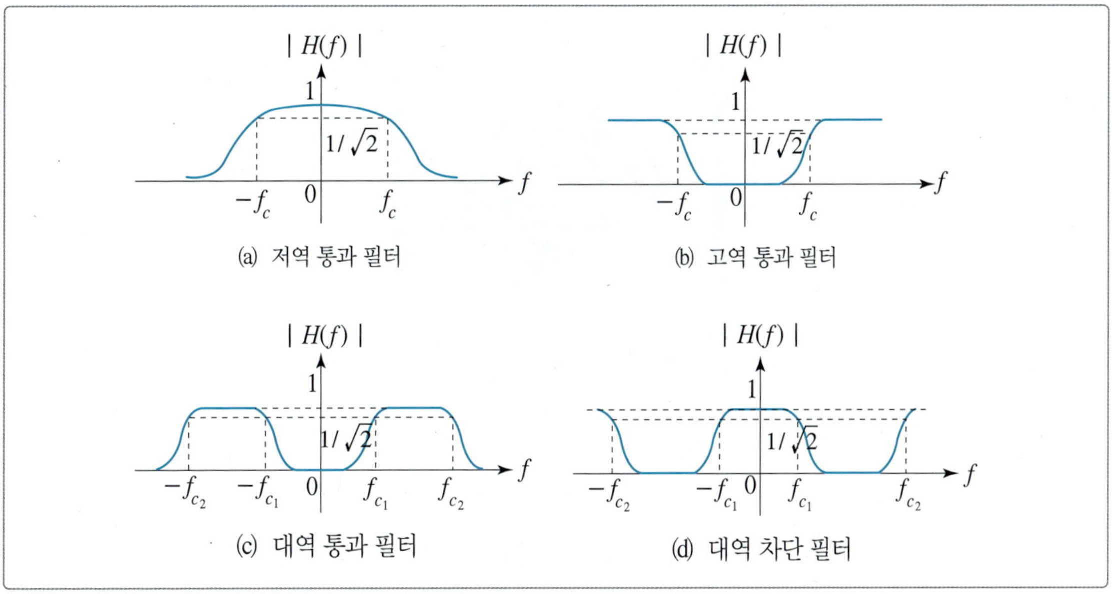

[그림 1-17] 표준 필터의 특성

1.4 시스템의 사례 연구

신호 및 시스템의 신호 처리 응용 사례로서 10장에서 1차원 오디오 신호 처리, 2차원 영상 신호 처리, 비디오 신호 처리 그리고 통신을 위한 신호 처리 분야를 구체적으로 소개한다. 이 절에서는 일반적인 신호 및 시스템의 사례 가운데 **아날로그(analog) 오디오 시스템**과 **디지털(digital) TV 시스템**에 대하여 간략하게 소개한다.

1.4.1 아날로그 오디오 시스템

자연에서 나오는 모든 소리와 사람의 음성은 근본적으로 아날로그 형태를 가지고 있다. 오디오(audio) 시스템은 인간에게 가장 자연스러운 음악을 들려주는 전형적인 아날로그 장치이다. 왜냐하면 아날로그 오디오 시스템은 시간과 크기가 모두 연속적인 아날로그 신호(음성 및 음악)를 증폭한 후, 스피커를 통하여 다시 아날로그 형태로 재생하기 때문이다. 특히 오디오 시스

[그림 1-18] 아날로그 LP 전축판

템의 입력 소스인 LP판(long-playing record)은 분당 33회 회전으로 한 면이 연주되는데 약 25분이 걸리는 대표적인 아날로그 전축판이다(그림 1-18). 디지털 장치가 대세인 요즈음 시대에도 오디오 분야에서는 디지털 오디오가 따라갈 수 없는 섬세하고 부드러운 소리를 재생할 수 있기 때문에 오디오 애호가들은 아직도 아날로그 오디오를 고집하고 있다.

오디오 시스템은 3부분으로 구성되어 있다. 첫 번째 부분은 음원(LP나 CD와 같은 음반)을 재생하는 장치로서 LP 턴테이블(turn table)이나 CD(compact disc) 플레이어 그리고 휴대용 MP3가 이에 해당된다. 또한 마이크(microphone)를 비롯하여, 라디오 방송을 수신하는 튜너(tuner)나 위성방송을 수신하는 셋탑 박스(set-top box)도 음원 장치에 속한다. 두 번째 부분은 증폭기(amplifier)로서 음원에서 나오는 오디오 신호는 매우 작기 때문에 신호의 크기를 증폭해야 한다. 세 번째 부분은 스피커(speaker)로서 증폭기에서 나온 아날로그 전기 신호를 소리로 바꾸어 준다.

한편, CD와 MP3를 포함하여 컴퓨터에 저장된 음원 파일은 모두 디지털 형태이기 때문에 이어폰(earphone)이나 증폭기에 연결하기 위해서는 디지털 신호를 아날로그 신호로 변환하는 DAC(digital-to-analog converter)가 반드시 필요하다. 그림 1-19는 아날로그 오디오 시스템의 구성 장치를 나타내는 블럭도이다.

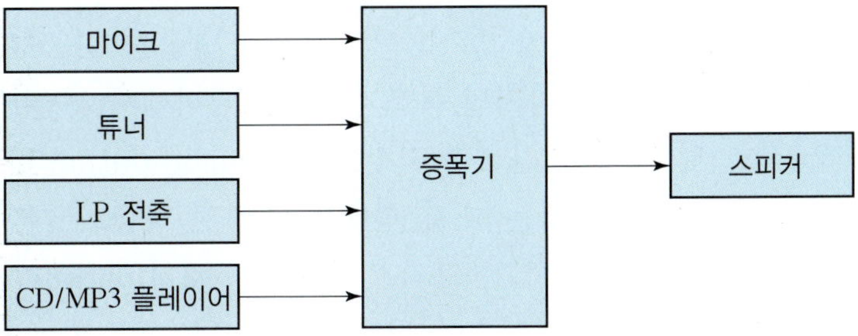

[그림 1-19] 아날로그 오디오 시스템의 구성

1.4.2 디지털 TV 시스템

디지털 TV는 고화질, 고음질, 다채널 및 다기능의 특성을 가지고 있으며 송신 및 수신을 위한 신호 처리 방식에 있어서 기존의 아날로그 TV 방식과 다르다. 디지털 TV 수신기는 방송국으로부터 디지털 형태로 표현된 비디오(영상) 및 오디오(음향) 정보를 수신하여 아날로그 형태의 비디오 및 오디오 신호를 재생하는 시스템을 말한다. 디지털 TV는 동일한 대역폭에서 한 채널에 여러 개의 프로그램을 동시에 보낼 수 있다. 또한 디지털 데이터를 전송하기 때문에 주변의 잡음에 강하고 데이터 저장이 용이하다는 장점을 가지고 있다. 특히 디지털 TV는 기존의 TV 방송 외에도 컴퓨터와 인터넷 기능이 결합되어 있기 때문에 전자상거래, 원격교육, VOD(Video On Demand) 등 일상생활에서 필요한 정보서비스 영역이 확대됨으로써 21세기 지식정보화 시대의 중추적인 역할을 수행하고 있다. 그림 1-20은 디지털 방송의 수신기로서의 디지털 TV 시스템의 구성도를 나타내고 있다.

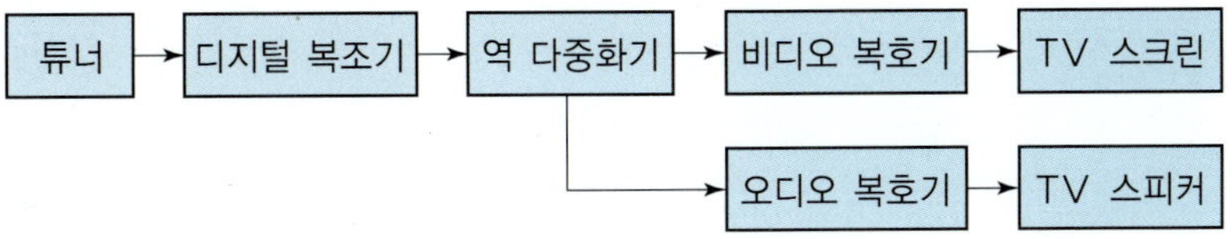

[그림 1-20] 디지털 방송의 TV 수신기

그림 1-20에서 **튜너**는 안테나를 통해서 수신한 디지털 신호(**케이블 방송용 QAM,**(주10) **위성방송용 QPSK,**(주11) **지상파 방송용 OFDM**(주12)) 가운데 특정한 신호를 분류한다. 디지털 복조기에서는 튜너에서 분류된 신호 가운데 비디오 신호 및 오디오 신호를 각각 **복조(demodulation)**한다. **역 다중화기(de-multiplexer)**에서는 패킷 형태로 출력된 다중화 데이터를 비디오 및 오디오 데이터로 분리한다. 그리고 **비디오 복호기(decoder)**는 MPEG-2 방식으로 압축된 비디오 신호를 원래의 영상으로 복호화(decoding)하여 TV 스크린을 통해 디스플레이 한다. 또한 **오디오 복호기(decoder)**에서도 MPEG-2 방식으로 압축된 오디오 신호를 원래의 음향으로 복호화한 후 스피커를 통해 출력한다.

주10) QAM(Quadrature Amplitude Modulation): 직교 진폭 변조 방식
주11) QPSK(Quadrature Phase Shift Keying): 직교 위상 천이 변조 방식
주12) OFDM(Orthogonal Frequency Division Multiplexing): 직교 주파수 분할 다중 방식

연 / 습 / 문 / 제

1-1 일상생활 가운데 연속 신호와 이산 신호의 예를 각각 5개씩 나열하라.

1-2 이산 신호와 디지털 신호의 차이점을 기술하라.

1-3 다음의 신호들이 주기 신호 혹은 비주기 신호인지를 구분하고 만약 주기 신호인 경우 기본 주기를 구하라.

(a) $x(t) = 2\cos(3t + \frac{\pi}{4})$

(b) $x(t) = (\cos 2\pi t) \cdot u(t)$

(c) $x[n] = \cos[\frac{n}{4}] \cdot \cos[\frac{\pi n}{4}]$

(d) $x[n] = \cos[\frac{\pi n^2}{8}]$

1-4 그림 P1.1의 이산 신호 $x[n]$을 아래의 변형식을 사용하여 신호 처리하라.

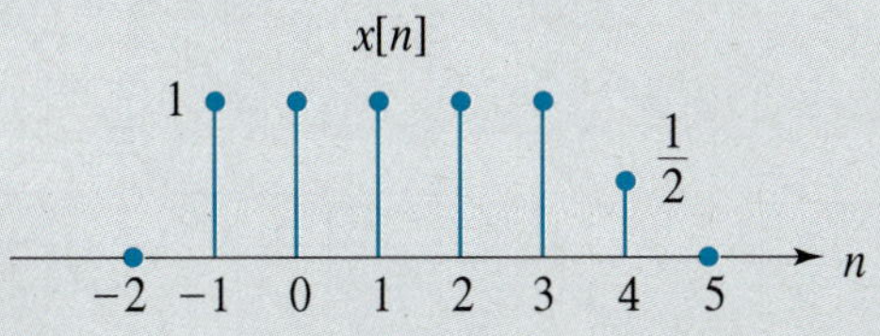

[그림 P1.1]

(a) $x[n-2]$

(b) $x[4-n]$

(c) $x[2n]$

(d) $x[n] \cdot u[2-n]$

1-5 그림 P1.2와 같은 시스템에 대해서 아래의 질문에 답하라.

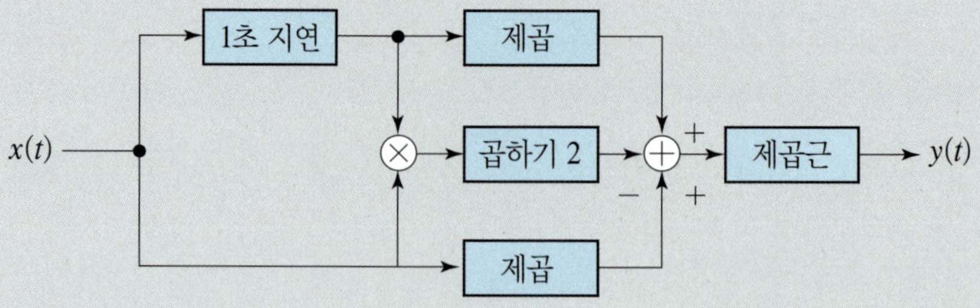

[그림 P1.2]

(a) $x(t)$와 $y(t)$와의 관계식을 구하라.

(b) 위 시스템은 선형인지 판별하라.

(c) 위 시스템은 시불변인지 판별하라.

1-6 그림 P1.3과 같이 직렬 접속된 시스템은 어떤 형태의 시스템인지 분류하라.

여기서 시스템 1: $y[n]=\begin{cases} x[\frac{n}{2}], & \text{짝수 } n \\ 0, & \text{홀수 } n \end{cases}$

시스템 2: $y[n]=x[n]+\frac{1}{2}x[n-1]+\frac{1}{4}x[n-2]$

시스템 3: $y[n]=x[2n]$

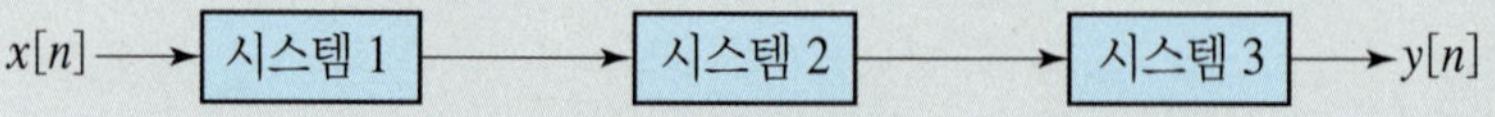

[그림 P1.3]

1-7 그림 P1.4와 같은 귀환 시스템의 입력 $x[n]=u[n]$일 때 출력 $y[n]$을 표시하라.

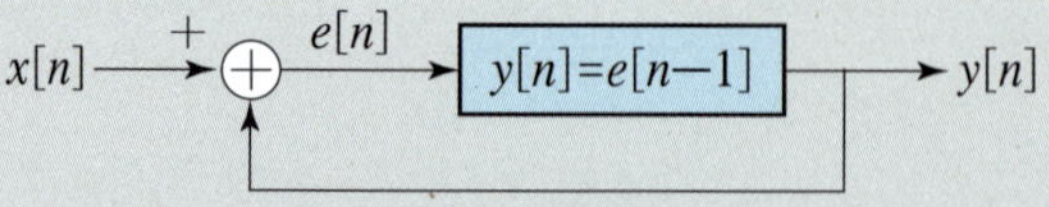

[그림 P1.4]

1-8 그림 1-17은 표준 필터(typical filter)의 4가지 특성을 나타내고 있다. 아래와 같은 4가지 필터에 대한 응용 분야를 각각 기술하라.

(a) 저역 통과 필터(Lowpass filter)

(b) 고역 통과 필터(Highpass filter)

(c) 대역 통과 필터(Bandpass filter)

(d) 대역 차단 필터(Bandstop filter)

1-9 그림 1-12(a)의 단일 구형파 $x(t)$에 대한 푸리에 변환 $X(f)$를 구하라. 여기서 연속 신호에 대한 주파수 표현식은 다음과 같다.

$$X(f) = F\{x(t)\} = \int_{-\infty}^{\infty} x(t) e^{-j2\pi ft} dt$$

1-10 그림 P1.5와 같은 이산 지수 함수 $x[n]$에 대한 DTFT(discrete time Fourier transform)를 구하라.

$$X(\omega) = \sum_{n=-\infty}^{\infty} x[n] e^{-j\omega n}$$

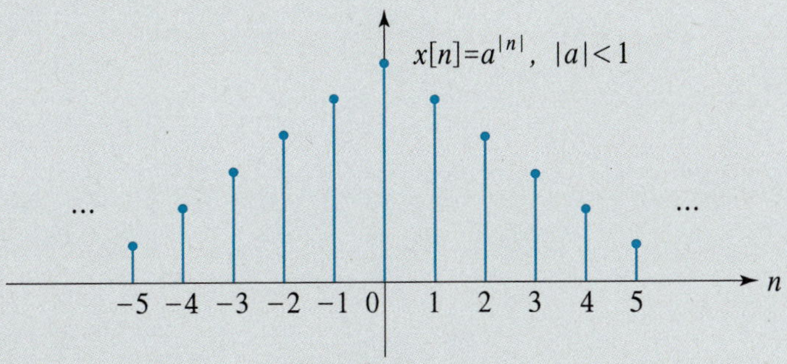

[그림 P1.5]

CHAPTER

02

연속 신호 및 시스템

단 / 원 / 개 / 요

1장에서 신호와 시스템에 대한 기본 사항들을 배웠다. 이 장에서는 단위 임펄스 함수 등 기본적이면서도 매우 중요한 연속 신호(continuous-time signal)들을 알아보고 연속 신호를 분류하는 방법에 대해서 알아본다. 다음, 연속 신호의 기본 개념을 배우고 연속 시스템을 정의하고 연속 시스템의 해석 방법 등을 설명한다.
특히 연속 선형 시불변(linear time-invariant: LTI) 시스템의 중요한 성질들을 정의하고 컨벌루션(convolution)이라는 매우 중요한 식을 유도한다. 이 컨벌루션 식은 임의의 신호가 LTI 시스템의 입력으로 주어졌을 때 그 시스템의 출력을 구할 수 있게 해준다.
마지막으로 연속 시불변 시스템의 입출력 관계를 해석하는 또 다른 방법으로 미분 방정식(differential equation)을 정의하고 그 풀이법을 알아본다. 이 장에서 소개되는 연속 신호 및 시스템의 내용에 대응되는 이산 신호 및 시스템의 내용은 3장에서 자세히 소개한다.

CHAPTER 02

연속 신호 및 시스템

2.1 연속 신호란?

연속 신호(continuous-time signal)[주1]는 모든 연속적인 시간 t에 대하여 정의된다. 일반적으로 신호는 수학에서 배우는 함수로 정의되며 이 함수에 어떤 물리적인 의미를 부여하면 이것을 신호로 정의할 수 있다. 예를 들면 연속적인 값을 갖는 독립 변수 t에 대한 함수 $x(t)$가 있다고 하자. 이 함수가 시간에 따라 변하는 음성의 전기적 크기를 표현한다고 하면 이것은 신호로 정의된다. 이때 독립 변수 t가 연속적인 값, 즉 실수 값을 갖기 때문에 이 신호는 연속 신호로 정의된다. 일반적으로 자연계에서 발생하고 관측되는 대부분의 신호는 연속 신호라고 할 수 있다. 그림 2-1에 연속 신호의 예를 보였다.

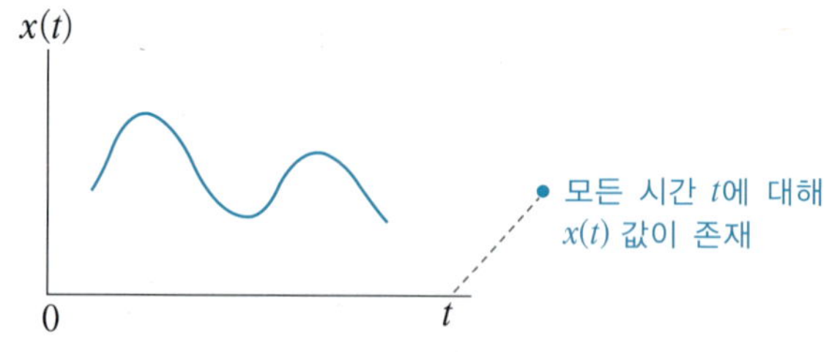

[그림 2-1] 연속 신호의 예

주1) 수학에서는 연속이라는 말을 다음과 같이 정의한다. 시각 t_1과 극한적으로 매우 작은 양의 실수 ε에 대하여 $x(t_1+\varepsilon)=x(t_1-\varepsilon)=x(t_1)$을 만족하면 신호 $x(t)$는 t_1에서 연속이라고 정의한다. 신호 $x(t)$가 모든 시간 t에 대해 연속이면 $x(t)$는 연속 신호가 된다.

2.1.1 기본 연속 신호

연속 신호와 시스템을 공부하는 과정에 자주 등장하고 또 응용 분야에서 중요한 역할을 하는 기본 신호들이 몇 가지 있다. 이러한 기본 신호들은 더 복잡한 신호를 구성하는 요소 신호이기도 하며 주어진 시스템을 해석하는 데 큰 역할을 한다. 따라서 먼저 이와 같은 기본 신호를 정의하고 간단한 성질을 살펴보도록 한다.

(1) 단위 임펄스 함수(Unit Impulse Function)

연속 시간에서의 **단위 임펄스 함수**는 디렉 델타 함수(Dirac delta function)라고 부르며, t=0에서 연속인 신호 $x(t)$에 대하여 다음 식으로 정의된다.

$$\int_{t_1}^{t_2} x(t)\delta(t)\,dt = x(0), \qquad \text{단 } t_1 < 0 < t_2 \tag{2.1}$$

즉, 그림 2-2(a)에서 보면 $\delta(t)$는 원점에서 뾰족한 못과 같이 표현된다. $\delta(t)$를 정의하는 또 다른 방법은 그림 2.2(b)에서 보듯이 구형파 함수의 밑변 $\frac{1}{\Delta}$이 0이 되도록 Δ를 무한대로 극한값을 취하는 것이다. 이 경우 구형파 함수의 면적은 1로 변함이 없으므로 밑변의 길이가 0으로 접근하면 구형파 함수의 높이는 무한대로 접근하게 된다. 즉,

$$\delta(t) = \lim_{\Delta \to \infty} p(t) \tag{2.2}$$

로 $\delta(t)$를 정의할 수 있다.

단위 임펄스 함수는 다음과 같은 성질을 갖는다.(주2)

(i) $\int_{-\infty}^{\infty} \delta(t)\,dt = 1$: 함수의 면적은 1로 일정하다.

(ii) $\delta(t) = \delta(-t)$: 함수는 우함수의 성질을 가지고 있다.

주2) 이외에도 단위 임펄스 함수는 다음과 같은 성질을 갖는다.
(1) $\delta(0)=\infty$: t=0에서 매우 큰 값을 가지며 0에 접근함에 따라 그 값은 무한대로 접근한다.
(2) $\delta(t)=0$, $t\neq0$: 값이 존재하는 구간은 매우 짧으며 0을 제외한 모든 구간에서 0의 값을 갖는다.

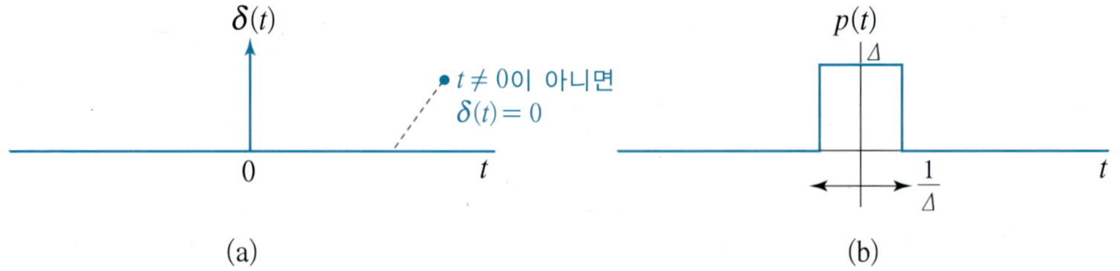

[그림 2-2] (a) 단위 임펄스 함수 (b) 구형파 함수의 극한

(iii) $\int_{t_1}^{t_2} x(t)\delta(t-t_0)\,dt = \begin{cases} x(t_0), & t_1 < t_0 < t_2 \\ 0, & \text{다른경우} \end{cases}$: 체질 성질(sifting property)

(iv) 만약 $x(t)$가 $t=t_0$에서 연속이면 $x(t)\delta(t-t_0) = x(t_0)\delta(t-t_0)$: 샘플링 성질

일반적으로 연속 시간 단위 임펄스 함수는 극한이 관련되어 있기 때문에 수학적으로 간단히 정의하기가 어렵다. 따라서 우리는 여기서 단지 단위 임펄스 함수의 정의와 성질을 여러 번 반복하여 학습함으로써 사용하는데 지장이 없도록 하여야 할 것이다.

(2) 단위 계단 함수(Unit Step Function)

연속 시간 **단위 계단 함수**는 다음과 같이 정의된다.

$$u(t) = \begin{cases} 1, & t > 0 \\ 0, & t < 0 \end{cases} \tag{2.3}$$

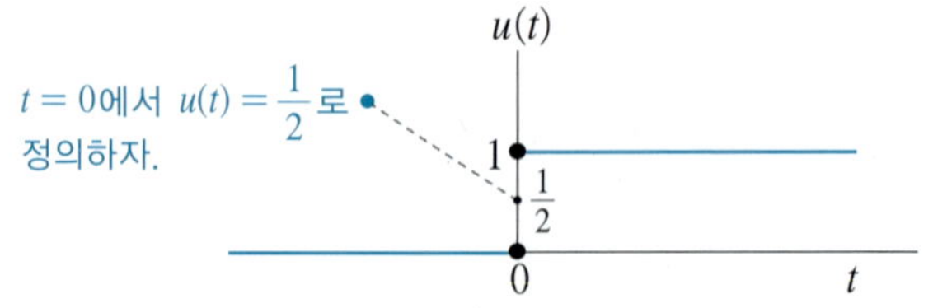

[그림 2-3] 연속 단위 계단 함수

즉, 그림 2-3과 같이 $t=0$을 제외한 모든 구간에서 연속임을 알 수 있다. 이 불연속 점에서 함수의 값은 1/2로 정의하기로 하자.(주3) 단위 계단 함수는 스위치의 개념을 설명할 때 많이 이용된다.

(3) 단위 램프 함수(Unit Ramp Function)

단위 램프 함수는 다음과 같이 정의된다.

$$r(t)=\begin{cases} t, & t \geq 0 \\ 0, & t<0 \end{cases} \tag{2.4}$$

그림 2-4에 단위 램프 함수를 보였다. 단위 램프 함수는 단위 계단 함수를 다음과 같이 적분하여 구할 수 있다.

$$\int_{-\infty}^{t} u(\tau)\,d\tau = r(t)$$

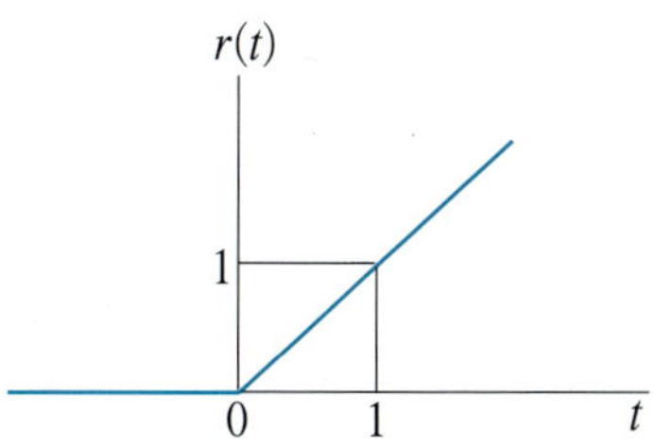

[그림 2-4] 단위 램프 함수

(4) 샘플링 함수(Sampling Function)

연속 신호의 주파수 분석에 자주 사용되는 함수 중 하나가 바로 다음에 정의되는 **샘플링 함수**이다.

$$\mathrm{Sa}(t)=\frac{\sin t}{t}$$

$\sin t$의 최댓값은 1, 최솟값은 -1

주3) 다른 책에서는 $t=0$에서의 값을 다르게 정의하기도 한다.

샘플링 함수의 분모는 t가 증가할수록 그 값이 커지고 분자는 최대 1의 값을 가지므로 진폭이 점점 줄어드는 사인파의 모양이 되는 것을 알 수 있다. 실제로 샘플링 함수를 그리면 그림 2-5(a)와 같다.

샘플링 함수와 매우 유사하면서 많이 쓰이는 다른 함수가 **싱크 함수(sinc function)**이며 다음과 같이 정의된다.

$$\operatorname{sinc}(t) = \frac{\sin \pi t}{\pi t} = \operatorname{Sa}(\pi t) \tag{2.5}$$

싱크 함수는 그림 2-5(b)에 보였다.

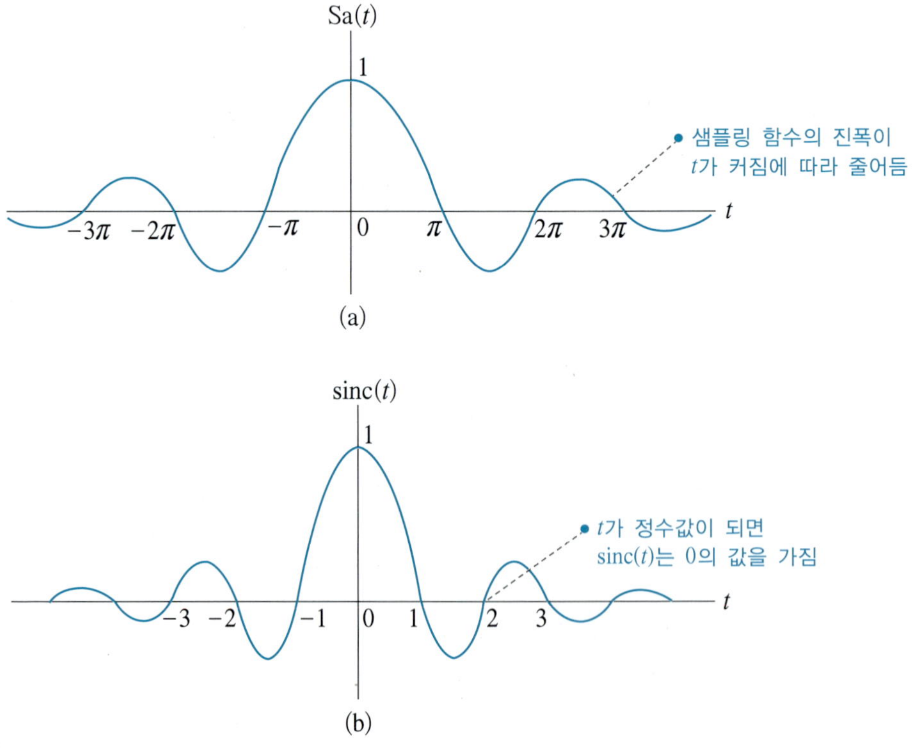

[그림 2-5] (a) 샘플링 함수 (b) 싱크 함수

Matlab 예제 2.1 다음 기본 연속 신호를 Matlab을 사용하여 그려보자.

(a) 단위 계단 함수 $u(t)$

(b) 단위 램프 함수 $r(t)$

(c) 사인 함수 $\sin(t)$

(d) 코사인 함수 $\cos(t)$

(e) 지수 함수 $\exp(t)$

(f) 싱크 함수 $\mathrm{sinc}(t)$

풀이

Matlab 코드

```
t=-5:0.1:10;

% 단위 계단 함수
b=stepfun(t,0);
subplot(2,3,1);
plot(t,b);
axis([-5,10,-1.0,2.0]);
xlabel('time[sec]');
ylabel('Unit Step Function');
grid on;

% 단위 램프 함수
c=t.*(t>=0);
subplot(2,3,2);
plot(t,c);
axis([-5,10,-1,10.0]);
xlabel('time[sec]');
ylabel('Unit Ramp Function');
grid on;

% 사인 함수
d=sin(t);
subplot(2,3,3);
plot(t,d);
axis([-5,5,-1.0,1.0]);
```

```
xlabel('time[sec]');
ylabel('Sine Function');
grid on;

% 코사인 함수
d=cos(t);
subplot(2,3,4);
plot(t,d);
axis([-5,5,-1.0,1.0]);
xlabel('time[sec]');
ylabel('Cosine Function');
grid on;

% 지수 함수
d=exp(t);
subplot(2,3,5);
plot(t,d);
axis([-5,5,-1.0,10.0]);
xlabel('time[sec]');
ylabel('Exponential Function');
grid on;

% 싱크 함수
d=sinc(t);
subplot(2,3,6);
plot(t,d);
axis([-5,5,-1.0,2.0]);
xlabel('time[sec]');
ylabel('Sinc Function');
grid on;
```

Matlab 결과

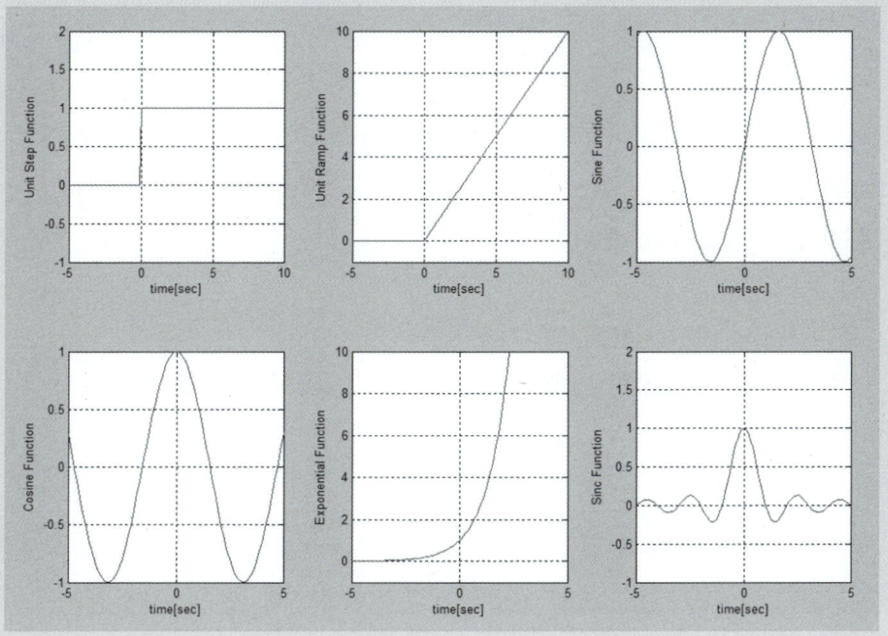

2.1.2 연속 신호 분류

신호의 특성을 알면 시스템을 해석하는데 큰 도움이 되므로 신호의 성질에 따라 연속 신호를 분류하여 보자.

(1) 에너지 신호와 전력 신호

연속 신호의 에너지는 신호의 크기를 제곱한 후 모든 t 구간에 대하여 적분한 값이다. 즉,

$$E \equiv \lim_{L \to \infty} \int_{-L}^{L} |x(t)|^2 \, dt \tag{2.6}$$

로 정의된다. 신호의 에너지는 유한 값이나 무한 값이 될 수 있다. 만약 E가 유한 값이라면, 신호 $x(t)$를 **에너지 신호**라고 정의한다. 무한 에너지를 가지는 대부분의 신호들은 유한한 평균 전력을 갖는다.

연속 신호 $x(t)$에 대한 평균 전력(power)은 다음과 같이 정의된다.

$$P \equiv \lim_{L \to \infty} \frac{1}{2L} \int_{-L}^{L} |x(t)|^2 dt \qquad (2.7)$$

식 (2.6)과 식 (2.7)로부터 E가 유한하면 $P=0$이고, E가 무한하면 P는 유한하거나 무한한 값이 된다는 것을 쉽게 알 수 있다. 만약 P가 유한하면 그 신호를 **전력 신호**라고 한다.

(2) 주기 신호와 비주기 신호

다음 조건을 만족하면 신호 $x(t)$를 기본 주기가 T인 **주기 신호**라고 정의한다.

$$x(t) = x(t+nT), \qquad \text{단 } n=1, 2, 3, \cdots \qquad (2.8)$$

같은 모양의 신호가 T를 주기로 반복됨

대표적인 주기 신호로는 정현파 함수(sinusoidal function)를 생각할 수 있다. 수학적으로 실수 값을 갖는 정현파 신호는 다음 형태로 표현된다.

$$x(t) = A\cos(\Omega_0 t + \phi) \qquad (2.9)$$

여기서 A는 진폭, Ω_0는 각주파수(radian frequency), ϕ는 원점에 대한 초기 위상각을 의미하며, 식 (2.9)로 표현되는 정현파 신호를 코사인 신호라고 부른다. 그림 2-6에 식 (2.9)의 코사인 신호와 비주기 신호의 예를 보였다. 일반적으로 $\sin(\cdot)$파와 $\cos(\cdot)$파를 정현파라고 하는데 $\sin(\cdot)$파는 $\cos(\cdot)$파의 위상을 90° 바꾸면 얻을 수 있다.

주기 신호 $x(t)$의 기본 주파수 F와 기본 주기 T는 다음의 관계를 가지고 있다.

$$\Omega_0 = \frac{2\pi}{T} = 2\pi F \qquad (2.10)$$

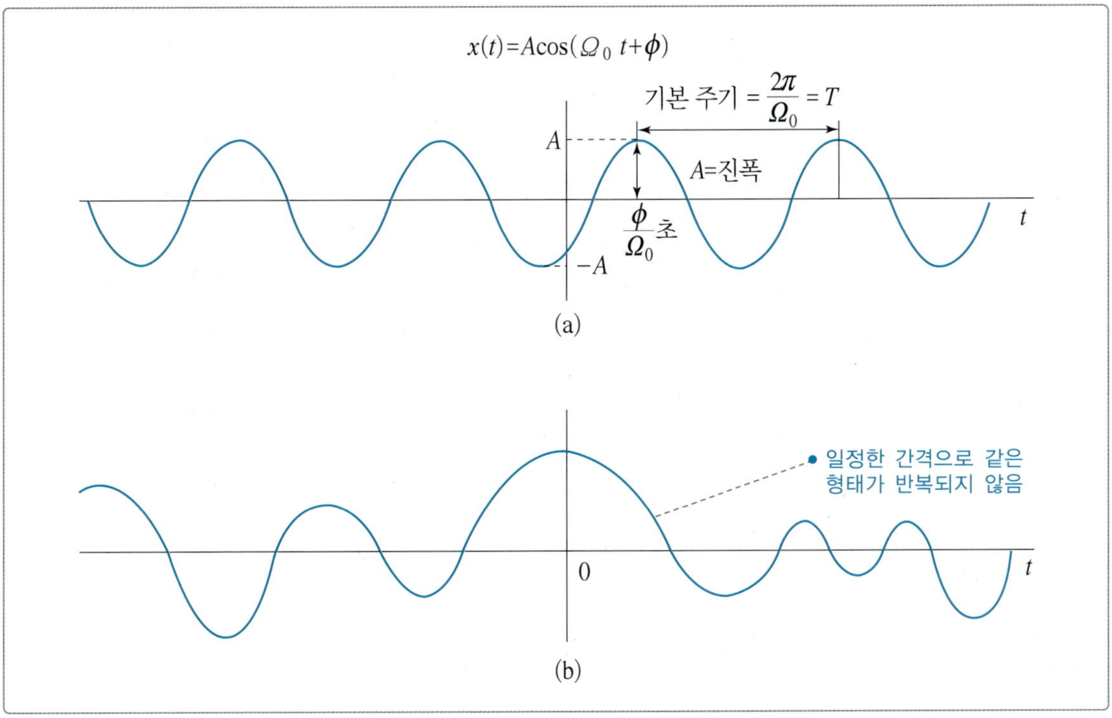

[그림 2-6] (a) 주기 신호 (b) 비주기 신호

여기서 뒤에 나오는 신호의 주파수 분석을 이해하려면 한 가지 꼭 알아야 할 것이 있는데, 바로 주어진 정현파의 고조파 신호이다. 주파수가 $\Omega_k = k\Omega_0$인 정현파 신호는 Ω_0을 기본 주파수로 갖는 정현파 신호의 k번째 고조파(kth harmonics)라 한다. 그림 2-7에 기본 주파수 $\Omega_0 = 2\pi$인 코사인 신호와 이 신호의 제2 고조파, 제3 고조파 신호를 보였다.

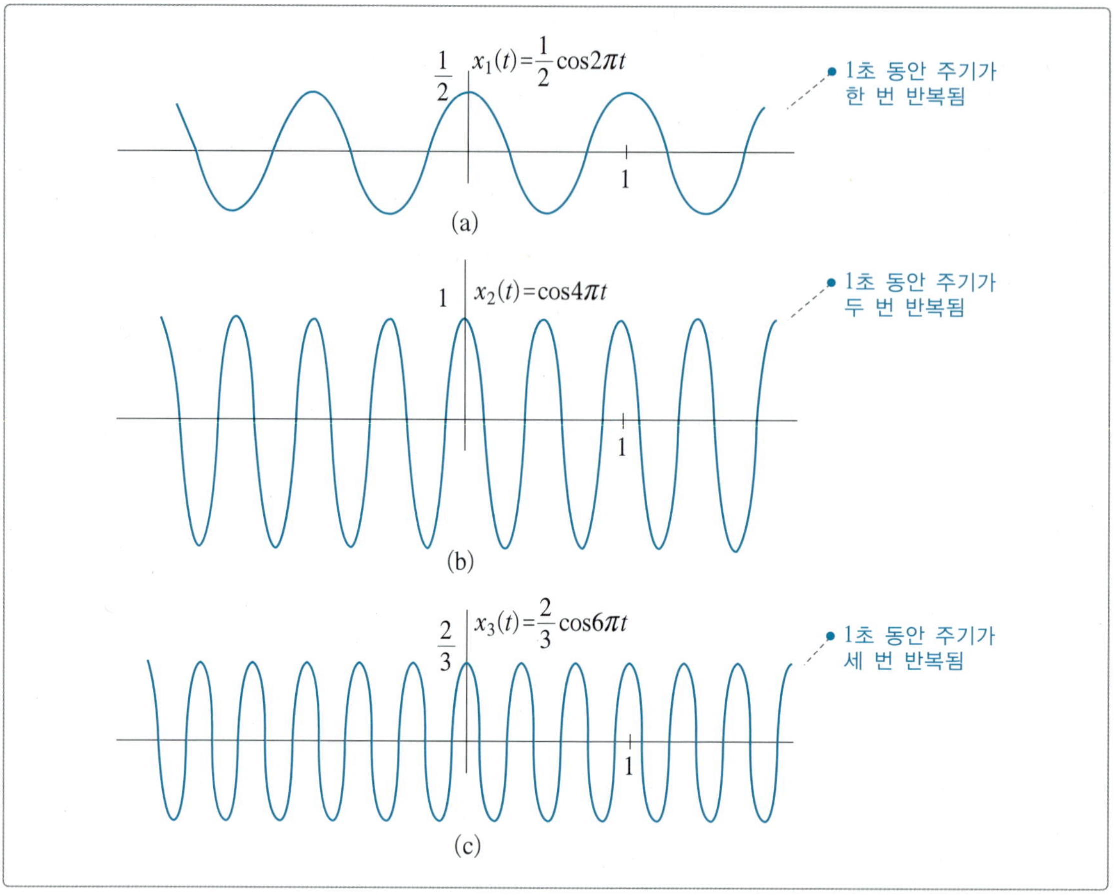

[그림 2-7] (a) 기본 주파수 신호 (b) 제2 고조파 신호 (c) 제3 고조파 신호

2.2 연속 시스템이란?

모든 물리적 시스템은 입력 신호, 예를 들면 전압, 전류 등의 신호에 어떤 동작을 수행하여 다른 형태의 출력을 내보내게 된다. 통신 시스템에서의 필터를 예로 들면 일반적으로 필터의 입력은 원하지 않은 신호 성분인 잡음이 더해지거나 간섭으로 왜곡된 신호이며 필터는 여기에 적절한 동작을 수행하여 결국 원하는 형태의 신호를 출력시킨다.

연속 시스템이란 입력 신호로 연속 신호를 받아들여 출력 신호로 역시 연속 신호를 내보내는 모든 시스템을 가르키며 입출력 관계를 그리면 그림 2-8과 같다. 입력 신호와 출력 신호가 이산 신호인 이산 시스템에 대해서는 3장에서 자세히 설명하고 있다. 일반적으로 입력 신호 $x(t)$은 시스템에 의하여 신호 $y(t)$로 변형되고, 다음과 같이 표현된다.

$$y(t) \equiv S\{x(t)\} \tag{2.11}$$

입력 신호 $x(t)$에 시스템 S가 작용한 결과임

여기서 시스템 S는 언급한 바와 같이 $y(t)$을 만들기 위해 $x(t)$에 수행되는 모든 과정 또는 연산을 포함하고 있다.

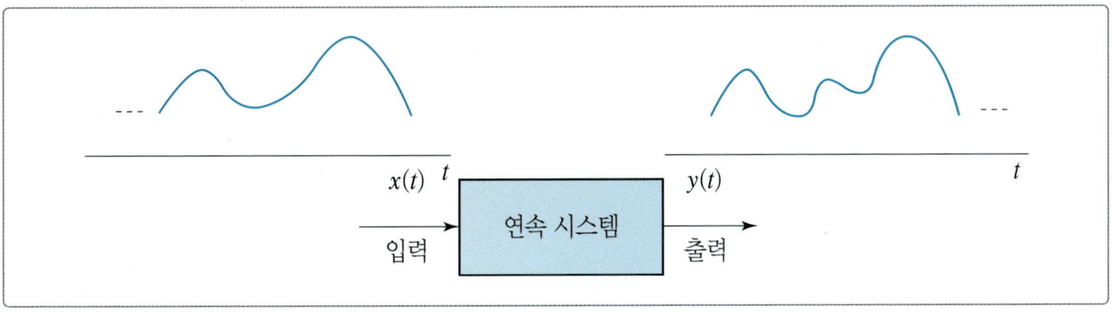

[그림 2-8] 연속 시스템

시스템의 성질을 설명하는 방법은 여러 가지가 있다. 이 장에서는 주로 시간 영역에서의 시스템의 특성을 살펴보고자 하고, 주파수 영역에서 시스템을 해석할 수도 있는데 이것은 뒷부분에서 설명하도록 하겠다. 시간 영역과 주파수 영역이란 신호를 함수로 생각할 때 독립 변수를 시간 t로 표현하는지 주파수 F로 표현하는지에 따라 결정된다. 시간 영역에서 표현된 신호는 푸리에 변환에 의해 주파수 영역에서 표현이 가능하다. 먼저 연속 시스템에는 어떤 종류가 있는지 알아보기로 하자.

2.2.1 연속 시스템의 분류

이 장에서는 주로 연속 시스템을 해석하는 방법을 공부한다. 시스템 해석은 일반적으로 입력 신호가 주어지고 시스템을 알고 있을 때 출력 신호를 구하는 문제이다. 뒤에서 다시 언급하겠지만 시간 영역에서는 컨벌루션 연산을 이용하거나 연속 시스템의 입출력 신호의 관계식인 미분 방정식을 풀어서 원하는 시스템의 출력 신호를 구할 수 있다. 이러한 시스템 해석의 방법은 아래서 분류되는 시스템의 종류에 따라 달라질 수가 있다.

(1) 선형과 비선형 시스템

시스템은 크게 선형과 비선형 시스템으로 구분된다. 선형 시스템(linear system)이 되기 위해서는 임의의 신호 $x_1(t)$과 $x_2(t)$에 대하여 다음의 중첩 원리를 만족하여야 한다.

$$S\{a_1 x_1(t) + a_2 x_2(t)\} = a_1 S\{x_1(t)\} + a_2 S\{x_2(t)\} \tag{2.12}$$

각 입력 신호에 상수를 각각 곱한 새로운 입력 신호에 대한 출력은 각각의 입력 신호에 대한 출력을 먼저 구하고 상수를 곱해 더한 것과 같음

여기서 a_1과 a_2는 임의의 상수이다. 중첩의 원리(superposition property)를 그림으로 나타내면 그림 2-9와 같다.

식 (2.12)의 선형 조건을 귀납법을 이용하여 여러 신호의 가중 선형 조합에 적용할 수도 있다. 즉,

$$x(t) = \sum_{k=1}^{M-1} a_k x_k(t) \xrightarrow{S} y(t) = \sum_{k=1}^{M-1} a_k y_k(t) \tag{2.13}$$

여기서 $k=1, 2, \cdots, M-1$에 대하여 $y_k(t) = S\{x_k(t)\}$ 이다.

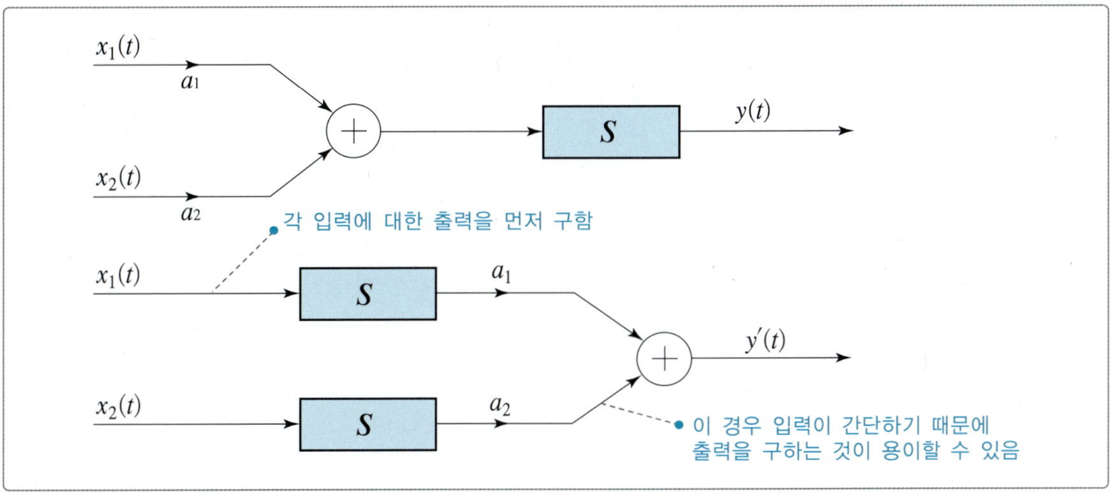

[그림 2-9] 중첩의 원리(만일 $y(t)=y'(t)$이면 시스템은 선형)

예제 2.1 다음 입출력 관계를 가지는 시스템이 선형인지 비선형인지를 알아 보자.

(a) $y(t)=4x(t)+1$

(b) $y(t)=2\dfrac{dx(t)}{dt}$

(c) $y(t)=e^{x(t)}$

풀이 (a) 두 입력 $x_1(t)$과 $x_2(t)$의 출력은

$$\begin{aligned} y_1(t) &= 4x_1(t)+1 \\ y_2(t) &= 4x_2(t)+1 \end{aligned} \tag{2.14}$$

이 된다. 두 입력의 선형 조합에 대한 출력은

$$\begin{aligned} y_3(t) &= S\{a_1x_1(t)+a_2x_2(t)\} = 4\{a_1x_1(t)+a_2x_2(t)\}+1 \\ &= a_1 4x_1(t)+a_2 4x_2(t)+1 \end{aligned} \tag{2.15}$$

이다. 반면에 식 (2.14)의 두 출력의 선형 조합은

$$\begin{aligned} a_1 y_1(t)+a_2 y_2(t) &= a_1 4x_1(t)+a_1+a_2 4x_2(t)+a_2 \\ &= a_1\{4x_1(t)+1\}+a_2\{4x_2(t)+1\} \end{aligned} \tag{2.16}$$

각각의 입력에 대한 출력을
구하는 것이 비교적 더 쉬움

이 되므로 명백히 식 (2.15)와 식 (2.16)은 같지 않고, 따라서 시스템은 비선형이다(단, $a_1+a_2 \neq 1$).

(b) 먼저 두 입력 $x_1(t)$과 $x_2(t)$의 출력을 구하면 다음과 같다.

$$\begin{aligned} y_1(t) &= 2\frac{dx_1(t)}{dt} \\ y_2(t) &= 2\frac{dx_2(t)}{dt} \end{aligned} \tag{2.17}$$

두 입력의 선형 조합에 대한 출력은

$$\begin{aligned} y_3(t) &= S\{a_1 x_1(t)+a_2 x_2(t)\} = 2\frac{d}{dt}\{a_1 x_1(t)+a_2 x_2(t)\} \\ &= 2a_1\frac{d}{dt}x_1(t)+2a_2\frac{d}{dt}x_2(t) \end{aligned} \tag{2.18}$$

가 된다. 반면에 식 (2.17)의 두 출력의 선형 조합은

$$\begin{aligned} a_1 y_1(t)+a_2 y_2(t) &= a_1\left\{2\frac{d}{dt}x_1(t)\right\}+a_2\left\{2\frac{d}{dt}x_2(t)\right\} \\ &= 2a_1\frac{d}{dt}x_1(t)+2a_2\frac{d}{dt}x_2(t) \end{aligned} \tag{2.19}$$

이 되므로 식 (2.18)과 식 (2.19)는 같고 시스템은 선형이다.

(c) (a), (b)와 마찬가지 방법으로 먼저 두 입력 $x_1(t)$과 $x_2(t)$의 출력을 구하면 다음과 같다.

$$\begin{aligned} y_1(t) &= e^{x_1(t)} \\ y_2(t) &= e^{x_2(t)} \end{aligned} \tag{2.20}$$

두 입력의 선형 조합에 대한 출력은

$$y_3(t) = S\{a_1 x_1(t) + a_2 x_2(t)\} = e^{\{a_1 x_1(t) + a_2 x_2(t)\}} \\ = e^{a_1 x_1(t)} e^{a_2 x_2(t)} \tag{2.21}$$

이 된다. 반면에 식 (2.20)의 두 출력의 선형 조합은

$$a_1 y_1(t) + a_2 y_2(t) = a_1 e^{x_1(t)} + a_2 e^{x_2(t)} \tag{2.22}$$

이 되므로 식 (2.21)과 식 (2.22)은 같지 않게 된다. 따라서 시스템은 비선형이다.

(2) 시변과 시불변 시스템

시스템을 시변(time-varying)과 시불변(time-invariant)으로 크게 나눌 수 있다. 시스템의 특성이 시간에 따라 변하지 않으면 시불변 시스템이라 한다.

시불변 시스템을 자세히 설명하면 어떤 시스템 S의 입력이 $x(t)$일 때 출력이 $y(t)$라고 하자. 같은 입력 신호가 t_0만큼 지연되어 $x(t-t_0)$가 시스템의 입력으로 인가되면 시스템의 특성은 시간에 불변이므로 출력은 $x(t)$에 대한 응답과 같고 단지 입력이 지연된 만큼 지연이 된 $y(t-t_0)$이 출력된다. 그림 2-10에 시불변 시스템의 예를 보였다.

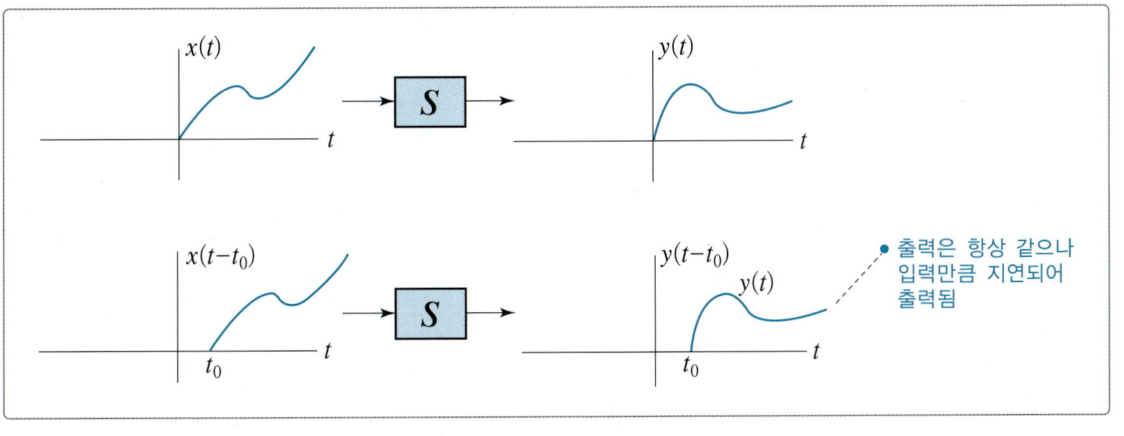

[그림 2-10] 시불변 시스템의 입출력 관계

예제 2.2 다음 입출력 관계를 가진 시스템이 시불변인지 시변인지 알아보자.

(a) $y(t) = \cos x(t)$

(b) $y(t) = tx(t)$

풀이 (a) 먼저 시스템이 시불변인지를 알아보려면 t_0만큼 지연된 입력 $x(t-t_0)$에 대한 출력을 구하여야 한다. 일반적으로 이 출력을

$$y(t,\ t_0) = S[x(t-t_0)]$$

아직은 $y(t_1,\ t_0) = y(t-t_0)$인지 모르기 때문에 이렇게 표현함

라고 하자. 만약 모든 가능한 t_0의 값에 대하여 출력이 $y(t,\ t_0) = y(t-t_0)$가 되면 시스템은 시불변이 되고 그렇지 않은 경우는 시변이 된다. 이 경우 먼저 $y(t,\ t_0)$를 구해 보면

$$y(t,\ t_0) = \cos x(t-t_0) \tag{2.23}$$

이 된다. 반면에 문제에서 주어진 $y(t)$을 t_0만큼 지연을 시키면

$$y(t-t_0) = \cos x(t-t_0) \tag{2.24}$$

가 되고 결국 식 (2.23)과 식 (2.24)의 우변이 같으므로 $y(t,\ t_0) = y(t-t_0)$가 되고 시스템은 시불변이 된다.

(b) 이 경우 먼저 $y(t,\ t_0)$을 구해 보면

$$y(t,\ t_0) = tx(t-t_0) \tag{2.25}$$

이 된다. 반면에 문제에서 주어진 $y(t)$을 t_0만큼 지연을 시키면

$$\begin{aligned} y(t-t_0) &= (t-t_0)x(t-t_0) \\ &= tx(t-t_0) - t_0 x(t-t_0) \end{aligned} \tag{2.26}$$

가 되고 $y(t,\ t_0) \neq y(t-t_0)$ 이므로 이 경우 시스템은 시변이 된다.

(3) 기억 시스템과 무기억 시스템

현재의 출력 값이 오직 현재의 입력 값에만 의존한다면 그 시스템을 **무기억(memoryless) 시스템**이라고 한다. 즉 무기억 시스템에서는 현재의 출력은 과거나 미래의 입력 값과는 상관없이 현재의 입력에 의해서만 결정된다. 이와 반대의 경우를 **기억(memory) 시스템**이라고 한다. 과거나 미래의 입력 값을 이용하려면 값을 기억하여야 함으로 기억 시스템이라고 한다. 그림으로 나타내면 그림 2-11과 같다.

만약 입출력 관계식이 다음과 같은 시스템이 있다면 시각 t에서의 출력이 같은 시각에서의 입력 $x(t)$에 의해서만 결정되므로 무기억 시스템이라고 할 수 있다.

$$y(t) = Rx(t)$$
$$y(t) = tx(t) + 2x^2(t)$$

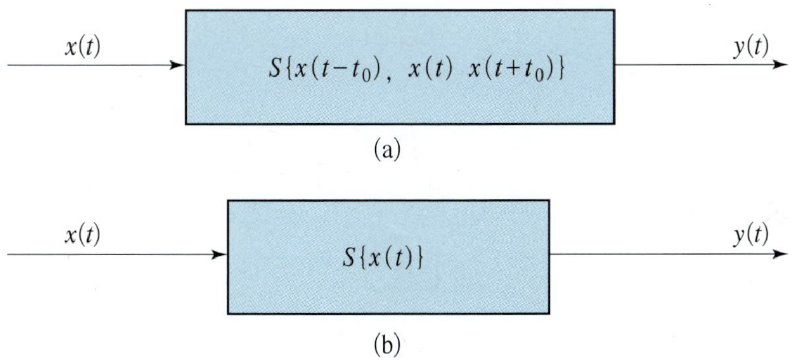

[그림 2-11] (a) 기억 시스템 (b) 무기억 시스템(기억 시스템은 출력이 과거, 현재, 미래의 입력 값에 따라 결정되는 반면 무기억 시스템은 오직 현재의 입력 값에 따라 출력이 결정됨)

즉, $y(t)$을 구하는데 과거나 미래의 입력 값이 필요 없다. 과거나 미래의 값을 저장하는 기억 소자가 필요 없다는 것이다. 그러나 다음과 같이 시스템의 입출력 관계가 주어진다면 출력 $y(t)$를 구하기 위해 과거나 미래의 입력 값을 알아야 한다.

$$y(t) = \frac{1}{C}\int_{-\infty}^{t} x(\tau)\,d\tau$$

현재의 입력 $x(t)$뿐 아니라 과거의 입력 값들이 출력을 구하는데 이용되고 있음

어느 시각 t에서의 출력은 지난 모든 입력의 값에 의해서 결정되는 것을 알 수 있다. 이 경우 기억 시스템이라고 한다.

(4) 인과 시스템과 비인과 시스템

어느 시각 t_0에서 시스템의 출력이 t_0 이전의 입력 값에 의하여 결정된다면 시스템은 인과적(causal)이라고 한다. 인과적이라는 말은 원인이 있어야 결과가 있다는 말로서 입력이 가해지지 않으면 출력도 발생하지 않는다는 것을 의미한다. 인과 시스템과 비인과 시스템(noncausal system)의 시스템 입출력 관계를 보면 그림 2-12와 같다.

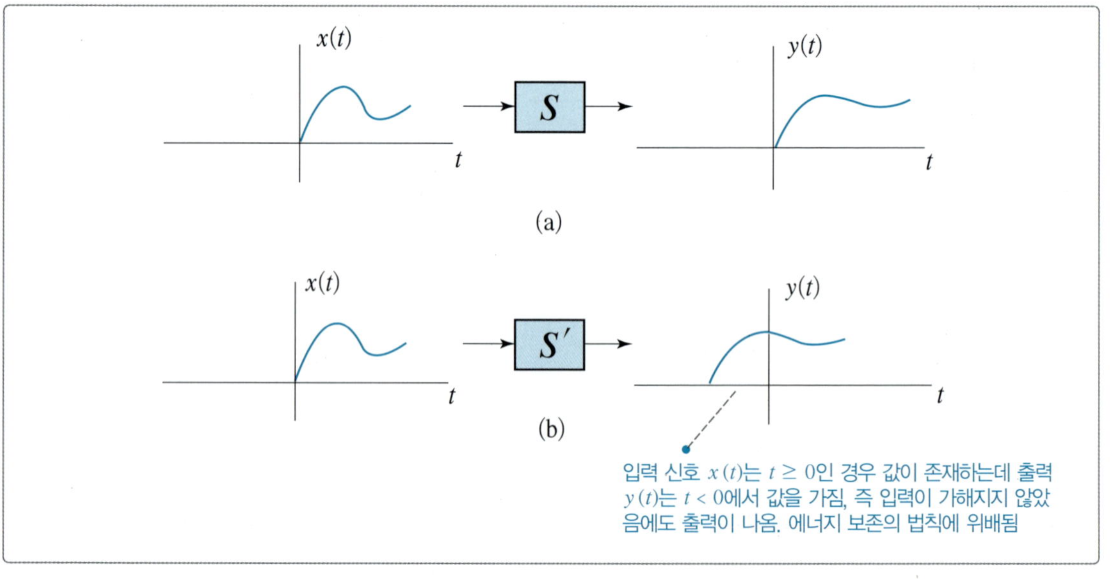

[그림 2-12] (a) 인과 시스템 (b) 비인과 시스템

(5) 안정 시스템과 비안정 시스템

시스템을 실제로 설계하는 경우 가장 중요한 개념 중의 하나는 바로 안정도(stability)이다. 비안정 시스템(unstable system)은 출력이 일정치 않고 동작이 불안하다. 따라서 설계되는 시스템이 안정한가를 고려하는 것은

매우 중요한 작업이다. 안정도를 정의하는 방법은 여러 가지가 있지만 여기서는 유한 입력 유한 출력(BIBO: bounded input bounded output) 안정도를 살펴보기로 하자.

BIBO 안정도란 시스템에 인가된 유한한 입력에 대한 시스템의 출력 특성을 정의한 것이다. 즉, 입력의 값이 유한할 때 출력의 값도 유한하다면 이때 시스템은 BIBO 안정이라고 부른다. 즉, 유한한 M_x와 M_y에 대해, 모든 t에 대하여

$$|x(t)| \le M_x < \infty, \quad |y(t)| \le M_y < \infty$$

가 만족되면 시스템은 BIBO 안정하다고 말한다. BIBO 안정 시스템과 비안정 시스템의 입출력 관계를 그림 2-13에 보였다.

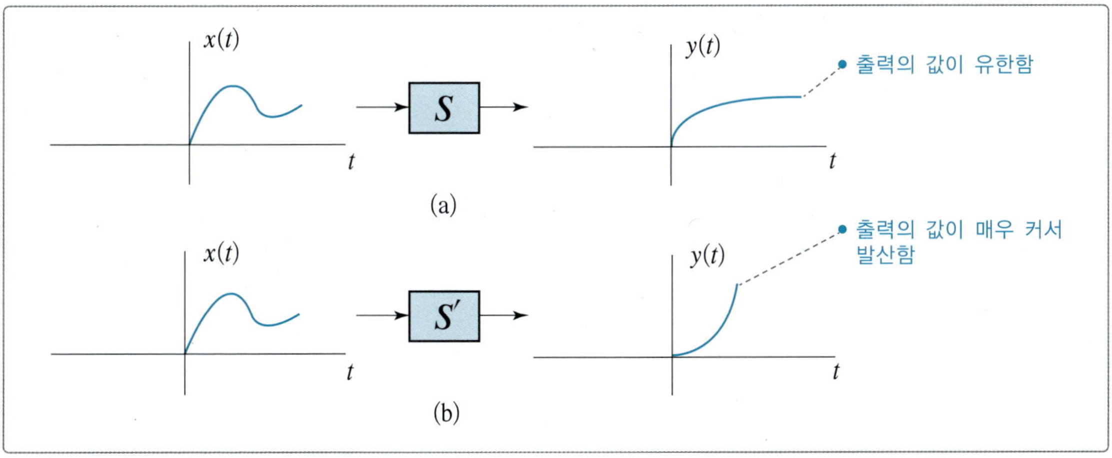

[그림 2-13] (a) 안정 시스템 (b) 비안정 시스템

2.3 연속 선형 시불변 시스템

연속 시스템이란 앞에서 이미 언급한 바와 같이 시스템의 입출력이 모두 연속 신호인 경우이다. 앞 절에서 시스템의 특성에 따라 시스템을 분류하였

지만 이 절에서는 특히 선형이며 동시에 시불변인 시스템의 해석 방법을 설명하고자 한다. 선형 시불변 시스템(linear time-invariant system: LTI system)으로 한정한 것은 그렇지 않은 경우 시스템의 해석이 매우 복잡하고 고난도의 수학이 필요하므로 이 책의 범위를 벗어나기 때문이다. 또한 많은 물리적 현상들이 선형 시불변 시스템으로 모델링되며 이에 대한 수학적인 해석이 비교적 쉬우므로 학부 과정의 교과목에서는 대부분 선형 시불변 시스템으로 범위를 국한하게 된다.

시스템 해석은 기본적으로 특정 입력에 대한 시스템의 출력을 결정하는 문제이며 이러한 시스템 해석에는 시간 영역 특성과 주파수 영역 특성을 이용한 방법이 있다. 여기서는 시간 영역에서의 특성을 이용하는 방법으로 단위 임펄스 응답을 이용하는 방법과 미분 방정식의 해를 구하여 시스템의 출력을 찾는 방법을 알아보도록 하자.

2.3.1 선형 시스템 해석

먼저 미분 방정식을 이용하여 시스템을 해석하는 방법을 간단히 살펴보자. 이것은 일반적으로 다음과 같이 주어진 시스템의 입출력 관계식을 직접 푸는 방법이다.

$$y(t) = G\left[\frac{dy(t)}{dt}, \frac{d^2y(t)}{dt^2}, \cdots, \frac{d^Ny(t)}{dt^N}, x(t), \frac{dx(t)}{dt}, \cdots, \frac{d^Mx(t)}{dt^M}\right] \quad (2.27)$$

입력 $x(t)$가 시스템에 인가되었을 때 출력 $y(t)$와의 관계가 미분 방정식으로 주어짐

여기서 G은 임의의 연산자를 의미한다.

특히 우리가 고려하고자 하는 **선형 시불변 시스템(LTI system)**의 경우에는 식 (2.27)의 입출력 관계식이 다음과 같이 표현된다.

$$\frac{d^Ny(t)}{dt^N} + \sum_{i=0}^{N-1} a_i \frac{d^iy(t)}{dt^i} = \sum_{k=0}^{M} b_k \frac{d^kx(t)}{dt^k} \quad (2.28)$$

N차 상계수 미분 방정식임

여기서 $\{a_i\}$와 $\{b_k\}$는 시스템의 특성에 따라 결정되는 매개 변수들이고 입력 $x(t)$, 출력 $y(t)$와는 무관하다. 식 (2.28)의 입출력 관계를 미분 방정식이라고 부르고 앞에서 언급한 바와 같이 시간 영역에서 연속 LTI 시스템의 동작을 표현하는 하나의 방법이다. 이에 대한 풀이는 2.4절에서 공부할 것이다.

2.3.2 컨벌루션 적분

입력 신호가 주어졌을 때 시스템의 동작을 해석하는 또 하나의 방법은 시스템의 선형성과 시불변 성질을 활용하는 것이다. 이때 **컨벌루션 적분(convolution integral)**이라는 결과 식을 얻을 수 있다.

앞에서 배운 단위 임펄스 함수의 체질 성질(sifting property)을 이용하면

$$x(t)=\int_{-\infty}^{\infty}x(\tau)\delta(t-\tau)d\tau \tag{2.29}$$

단위 임펄스 함수의 정의임

이라는 사실을 어렵지 않게 유도할 수 있다. 이 식이 의미하는 것은 임의의 신호 $x(t)$는 가중치 $x(\tau)$가 곱해진 단위 임펄스의 합으로 표현될 수 있다는 것이다. 이때 적분은 합의 극한으로 생각할 수 있고, 결국 식 (2.29)의 우변은 임의의 신호 $x(t)$을 이동된 단위 임펄스 함수(기본 신호)들을 가지고 분해한 것으로 생각할 수 있다.

이제 임의의 입력 $x(t)$에 대한 시스템의 응답을 구해보자. 먼저 $\delta(t)$에 대한 시스템 출력을 $h(t)$라고 정의하자. 즉,

$$h(t)=S[\delta(t)] \tag{2.30}$$

입력이 임펄스 함수라 이때의 출력을
임펄스 응답이라고 부름

이 된다. 이때 $h(t)$을 시스템의 **임펄스 응답(impulse response)**이라고 정의

한다. 식 (2.30)으로부터 임의의 입력 $x(t)$가 식 (2.29)와 같이 단위 임펄스 함수의 가중 선형 조합으로 표현된다면 이때 시스템의 응답은 다음과 같이 된다.

$$y(t)=S[x(t)]=S[\int_{-\infty}^{\infty}x(\tau)\delta(t-\tau)d\tau] \tag{2.31}$$

$$=\int_{-\infty}^{\infty}x(\tau)S[\delta(t-\tau)]d\tau \tag{2.32}$$

$x(\tau)$는 t에 대해 상수이므로 시스템의 선형 특성으로 이와 같이 표현됨

$$=\int_{-\infty}^{\infty}x(\tau)h(t-\tau)d\tau \tag{2.33}$$

$$=x(t)*h(t)$$

시스템이 시불변이므로 $S[\delta(t-\tau)]=h(t-\tau)$가 성립함

식 (2.31)이 식 (2.32)로 되는 것은 시스템이 선형이기 때문에 중첩의 원리에 의한 것이고, 식 (2.32)에서 식 (2.33)으로 되는 것은 시스템의 시불변 특성 때문이다. 이제 임의의 입력 $x(t)$에 대한 시스템의 출력은 시스템의 임펄스 응답만 알면 식 (2.33)에 의해 어렵지 않게 구할 수 있다. 식 (2.33)을 연속 신호 $x(t)$과 임펄스 응답 $h(t)$와의 **컨벌루션 적분**이라고 부르고 $x(t)*h(t)$으로 표기한다. 식 (2.33)에서 τ를 $t-\tau$로 대치하면 출력은 다음과 같이 쓸 수도 있다.

$$y(t)=\int_{-\infty}^{\infty}h(\tau)x(t-\tau)d\tau=h(t)*x(t)=x(t)*h(t) \tag{2.34}$$

따라서 컨벌루션 적분 연산은 교환 법칙을 만족한다. 일반적으로 컨벌루션 적분 연산은 입력 신호와 임펄스 응답의 구간이 무한할 경우는 일반적인 적분 연산을 행하여 구할 수 있지만 그 구간이 유한할 경우는 계산이 상당히 복잡해진다. 따라서 처음 컨벌루션 연산을 대하는 독자들은 연산 과정을 순서에 따라 반복 연습하는 것이 필요하다. 다음 예제에서 그림을 이용하여 컨벌루션 연산 과정을 설명하고 있다.

예제 2.3 선형 시불변 시스템의 임펄스 응답이 다음과 같다.

$$h(t)=\frac{t}{T},\ 0\le t<T$$

입력 신호가 다음과 같을 때 시스템의 출력 신호를 구해보자.

$$x(t) = Ae^{-t}, \quad 0 \le t < \infty$$

풀이 식 (2.33)을 이용하여 컨벌루션 연산을 하는 것을 생각해보자. 먼저 τ에 대한 적분이므로 모든 신호를 τ에 대한 신호로 생각하고 t를 τ에 대해 임의의 상수라 생각한다. 그림 2-14(b)는 $t<0$인 경우에 $x(\tau)$, $h(t-\tau)$ 그리고 $x(\tau)$와 $h(t-\tau)$을 곱한 모습을 보여주고 있다. $h(t-\tau)$는 $h(\tau)$를 회전시켜 $h(-\tau)$를 얻고 t만큼 왼쪽으로 이동시킨 결과이므로 t의 값은 항상 원점으로부터 $h(-\tau)$의 이동된 거리와 같으며 점선으로 표시되어 있다. 신호의 겹치는 구간이 존재하지 않으므로 적분을 할 함수는 항상 0이고 따라서 이 구간에서

$$x(t) * h(t) = 0, \qquad t \le 0$$

이 되는 것을 알 수 있다. 그림 2-14(c)와 같이 구간이 $0 \le t \le T$인 경우는 $x(\tau)$와 $h(t-\tau)$가 구간 $0 \le \tau \le t$ 에서 겹치게 된다. 따라서

$$x(t) * h(t) = \int_0^t Ae^{-\tau}\frac{t-\tau}{T}\,d\tau, \qquad 0 < t \le T$$

가 되고 이 적분을 구하면 다음과 같이 되는 것을 알 수 있다.

$$\begin{aligned} x(t) * h(t) &= \int_0^t Ae^{-\tau}\frac{t-\tau}{T}\,d\tau \\ &= \frac{A}{T}(t-1+e^{-t}), \quad 0 < t \le T \end{aligned}$$

마지막으로 그림 2-14(d)와 같이 $t-T \ge 0$인 경우는 신호 $x(\tau)$와 $h(t-\tau)$가 구간 $t-T \le \tau \le t$에서 겹치며, 따라서 컨벌루션 연산은 다음과 같이 된다.

$$\begin{aligned} x(t) * h(t) &= \int_{t-T}^t Ae^{-\tau}\frac{t-\tau}{T}\,d\tau \\ &= \frac{A}{T}(T-1+e^{-T})e^{-(t-T)}, \qquad t > T \end{aligned}$$

그림 2-14(e)는 컨벌루션 연산의 최종 결과를 보여주고 있다.

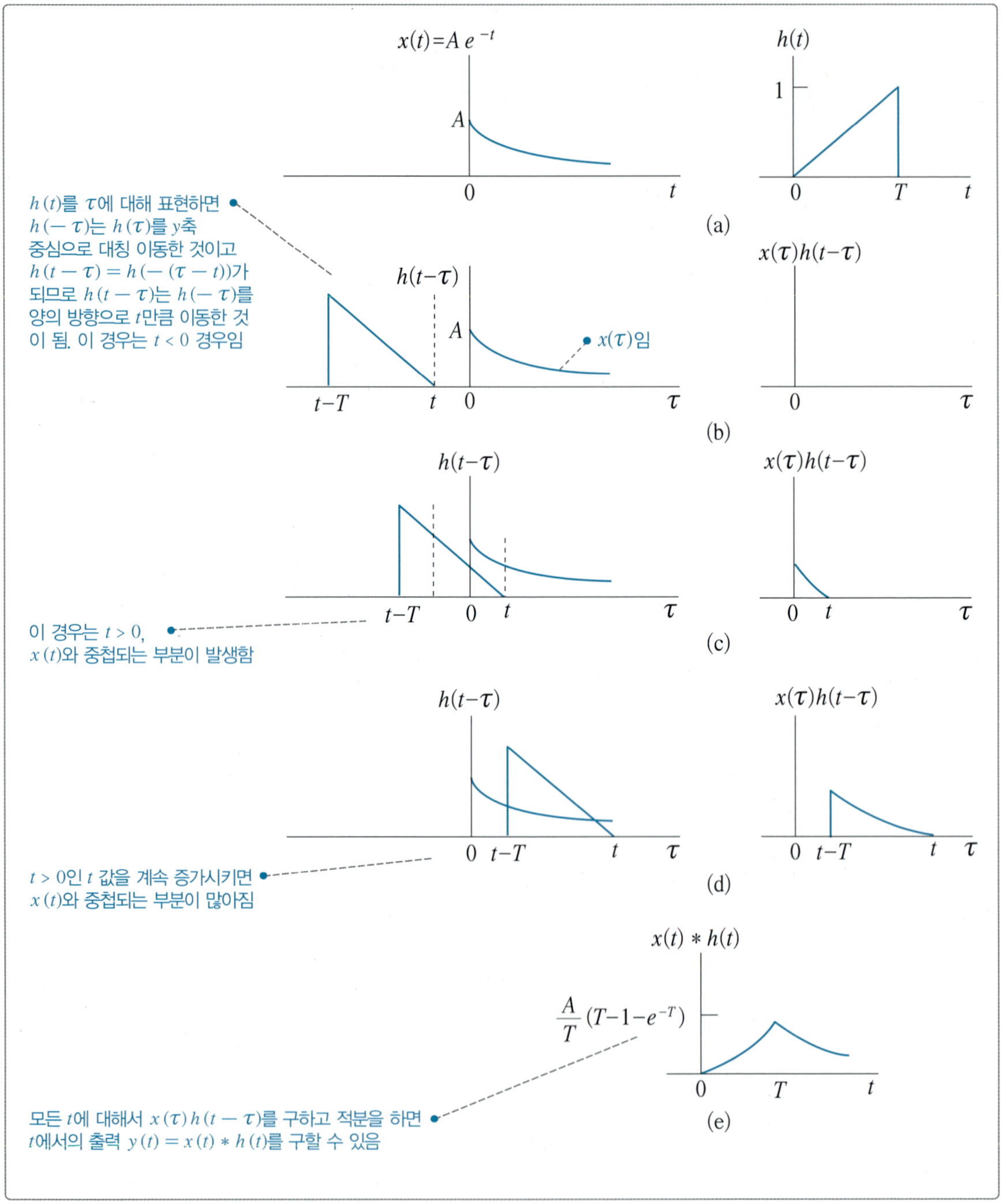

[그림 2-14] 그림으로 푸는 컨벌루션 적분

예제 2.4 선형 시불변 시스템의 임펄스 응답이 단위 임펄스 함수이고, 이 시스템의 입력이 $x(t)$일 경우 시스템의 출력을 구하라.

풀이 시스템의 출력을 $y(t)$라 하고 식 (2.33)을 이용하여 컨벌루션 연산을 한다면

$$\begin{aligned} y(t) &= \int_{-\infty}^{\infty} x(\tau)h(t-\tau)d\tau \\ &= \int_{-\infty}^{\infty} x(\tau)\delta(t-\tau)d\tau \\ &= x(t) \end{aligned}$$

가 된다. 마지막 등식이 성립하는 이유는 앞에서 배운 단위 임펄스 함수의 정의 때문이다. 즉, 시스템의 임펄스 응답이 단위 임펄스 함수인 경우 시스템의 출력은 입력과 동일하게 된다. 따라서 이러한 시스템을 단위 시스템(identity system)이라고 부른다.

Matlab 예제 2.2 어떤 선형 시불변 시스템의 임펄스 응답이 다음과 같다.

$$h(t) = \frac{t}{3}, \quad 0 \le t < 3$$

입력 신호가 다음과 같이 주어졌을 때 시스템의 출력 신호를 Matlab을 사용하여 구하라.

$$x(t) = e^{-t}, \quad 0 \le t < 10$$

풀이

Matlab 코드

```
t=0:0.01:10;
x=exp(-t);
plot(t,x);
```

```
T=0:0.01:3;
figure;
h=T/3;
plot(T,h);

figure;
y=conv(x,h);
plot(t,y(1:length(t)));
```

Matlab 결과

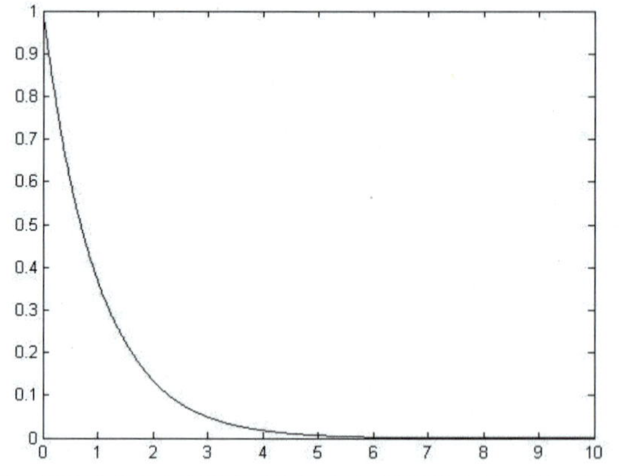

(a) 입력 신호

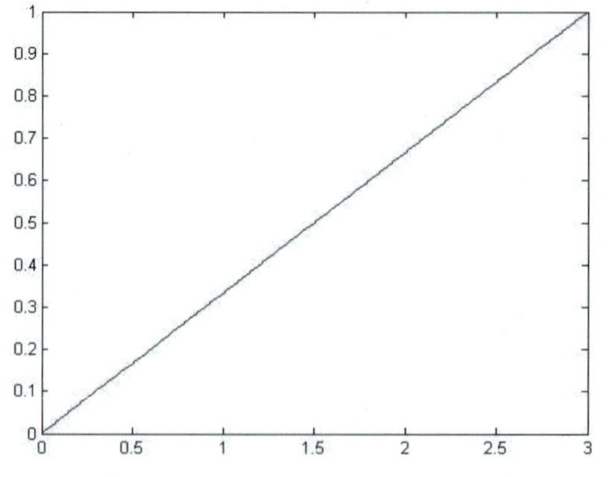

(b) 임펄스 응답

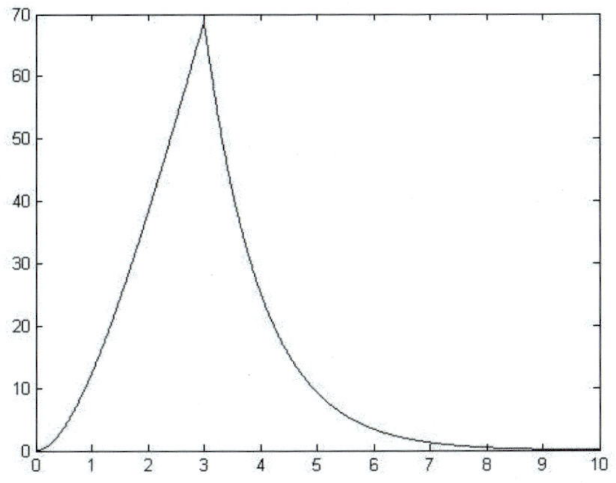

(c) 출력 신호

2.3.3 컨벌루션의 성질

시간 영역에서 선형 시불변 시스템의 입출력 관계를 해석할 수 있는 컨벌루션 연산은 매우 중요한 개념이다. 물론 주파수 영역에서 시스템을 해석하는 비교적 쉬운 방법이 존재하더라도 컨벌루션 연산은 시스템을 이해하는데 매우 중요한 역할을 하고 실제 응용에서도 폭 넓게 사용되고 있다. 따라서 컨벌루션 연산의 성질을 알아보는 것은 의미 있는 일이라고 생각된다.

(1) 교환 법칙

앞에서 언급한 바와 같이 컨벌루션 연산은 교환 법칙을 만족한다.

$$x(t)*h(t)=h(t)*x(t) \tag{2.35}$$

즉, 입력 신호와 시스템 응답의 역할을 바꾸어도 시스템의 출력은 같다. 그림 2-15에 그림으로 보였다.

[그림 2-15] 컨벌루션의 교환 법칙

(2) 결합 법칙

컨벌루션 연산은 결합 법칙을 만족한다.

$$[x(t) * h_1(t)] * h_2(t) = x(t) * [h_1(t) * h_2(t)] \tag{2.36}$$

좌변은 입력 신호가 $x(t)$일 때 임펄스 응답이 $h_1(t)$인 시스템의 출력을 다시 임펄스 응답이 $h_2(t)$인 두 번째 시스템에 인가하여 출력되는 신호를 의미한다. 즉, 두 개의 시스템이 종속으로 연결된 경우이다. 그러나 우변은 다음 임펄스 응답을 갖는 시스템에 입력 $x(t)$가 인가되었을 경우의 출력을 의미한다.

$$h(t) = h_1(t) * h_2(t)$$

이 관계를 그림으로 나타내면 그림 2-16과 같다. 두 개의 시스템이 종속으로 연결된 경우 두 시스템의 임펄스 응답의 컨벌루션을 새로운 임펄스 응답으로 갖는 하나의 시스템으로 대체할 수 있다는 것을 알 수 있다.

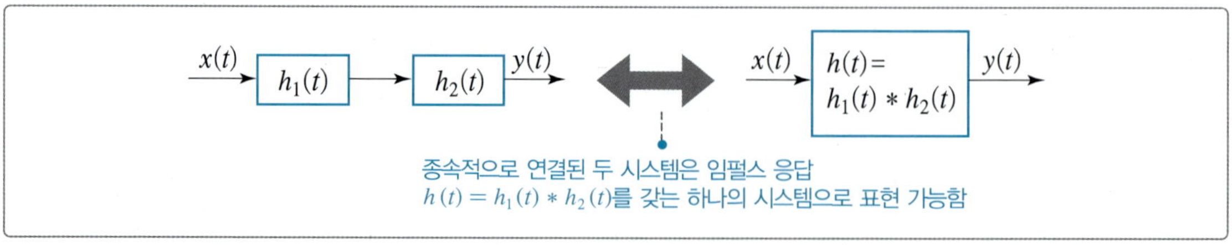

[그림 2-16] 컨벌루션의 결합 법칙

(3) 분배 법칙

컨벌루션은 합에 대한 분배 법칙을 만족한다.

$$x(t)*[h_1(t)+h_2(t)]=x(t)*h_1(t)+x(t)*h_2(t) \tag{2.37}$$

물리적으로 이 관계를 생각해 보면 다음과 같다. 각각의 임펄스 응답이 $h_1(t)$와 $h_2(t)$인 두 시스템에 입력 $x(t)$을 인가하여 얻은 출력의 합은 임펄스 응답이 $h(t)=h_1(t)+h_2(t)$인 새로운 시스템에 입력 $x(t)$을 인가하여 얻은 출력과 같다는 것이다. 즉, 두 개의 시스템이 병렬로 연결되었을 경우 하나의 시스템으로 대체할 수 있으며 이때 대체된 하나의 새로운 시스템의 임펄스 응답은 각각의 임펄스 응답을 더한 형태가 된다. 그림 2-17에 이 관계를 보였다.

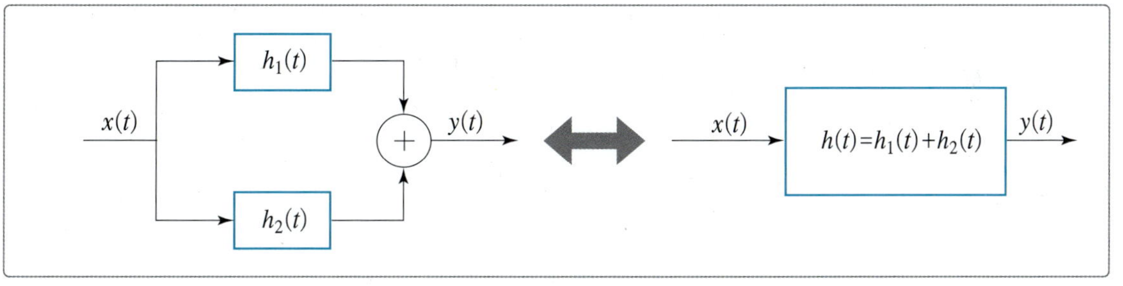

[그림 2-17] 컨벌루션의 분배 법칙

(4) 인과 LTI 시스템

앞에서 인과 시스템(causal system)은 어느 시각 $t=t_0$에서의 출력은 $t \leq t_0$의 입력 신호 값에 의해서만 결정된다고 정의하였다. 컨벌루션 적분을 사용하면 이러한 성질에 대응하는 LTI 시스템의 임펄스 응답의 조건을 구할 수 있다. 식 (2.33)의 컨벌루션 적분 식에서 살펴보면

$$y(t)=\int_{-\infty}^{\infty} x(\tau)h(t-\tau)\,d\tau \tag{2.38}$$

이므로 연속 시스템이 인과적이기 위해서는 출력 $y(t)$가 $\tau > t$인 경우의 $x(\tau)$의 값에 무관하여야 한다. 이것이 만족되기 위하여 $\tau > t(t-\tau<0)$ 구간에서 $h(t-\tau)=0$이 되어야 하며, 이 조건을 정리하면 $t<0$에서 $h(t)=0$이 된다. 이 경우 식 (2.33)의 컨벌루션 적분은 다음과 같이 된다.

$$y(t)=\int_{-\infty}^{t}x(\tau)h(t-\tau)\,d\tau = \int_{0}^{\infty}h(\tau)x(t-\tau)\,d\tau \tag{2.39}$$

$\tau > t$에서 $h(t-\tau)=0$이므로 τ에 대한 적분을 t까지만 하면 됨

예를 들면 임펄스 응답이 $h(t)=u(t)$인 시스템은 인과 시스템이 된다. $h(t)$는 임펄스 함수가 입력으로 인가될 때 출력이다. 임펄스 함수는 $\delta(t)=0,\ t<0$이므로 결국 $h(t)=0,\ t<0$를 만족해야만 인과성을 만족하게 되는 것이다.

(5) 안정 LTI 시스템

시스템이 BIBO 안정하기 위한 조건도 선형 시불변 시스템인 경우 임펄스 응답을 이용하여 다음과 같이 구할 수 있다.

$$\int_{-\infty}^{\infty}|h(\tau)|\,d\tau<\infty \tag{2.40}$$

이 관계도 컨벌루션 적분 식으로부터 어렵지 않게 유도할 수 있다. (2.38)의 양변에 절댓값을 취하면

$$\begin{aligned}|y(t)| &= \left|\int_{-\infty}^{\infty}h(\tau)x(t-\tau)\,d\tau\right| \\ &\le \int_{-\infty}^{\infty}|h(\tau)||x(t-\tau)|\,d\tau \\ &\le M_x\int_{-\infty}^{\infty}|h(\tau)|\,d\tau\end{aligned} \tag{2.41}$$

$h(\tau)$와 $x(t-\tau)$를 곱하면 음수, 양수의 경우가 모두 발생함. 이 값을 적분하는 값보다 절댓값을 취해서 모두 양수 값을 만들고 적분하는 것이 당연히 큼

입력이 Bounded 되어 있으므로 유한한 값을 가져야 함

세 번째 부등식은 입력 신호 $x(t)$가 유한한 값을 갖는다고 가정했기 때문에 성립한다. 식 (2.41)에서 출력이 유한하기 위해서는 반드시 식 (2.40)이 성립해야 한다.

2.4 미분 방정식으로 표현되는 시스템

지금까지 우리는 시스템의 임펄스 응답을 가지고 선형 시불변 시스템을 해석하는 방법을 공부하였다. 시스템의 임펄스 응답과 입력 신호가 주어지면 다음 컨벌루션 적분 식을 이용하여 선형 시불변 시스템의 출력을 구할 수 있게 해 준다는 것을 공부하였다.

$$y(t) = \int_{-\infty}^{\infty} x(\tau)h(t-\tau)d\tau \tag{2.42}$$

또 하나의 시스템 해석 방법은 미분 방정식을 이용하는 것이다. 회로 이론 등의 분야에서 연속 시간 시스템을 모델링 하는데 **미분 방정식**이 많이 사용된다. 예를 들면, *RLC* 회로는 2차 미분 방정식으로 입출력 관계가 모델링이 되며 *RC* 회로나 *RL* 회로는 1차 미분 방정식을 풀어야 시스템의 출력을 구할 수 있다. 실제로 많은 물리적 시스템의 입출력 관계가 미분 방정식으로 표현된다.

2.4.1 미분 방정식의 표현법

연속 시간 시스템의 입출력 미분 방정식은 일반적으로 다음과 같이 표현된다.

N차 상계수 미분 방정식의 일반형임

$$\frac{d^N y(t)}{dt^N} + \sum_{i=0}^{N-1} a_i \frac{d^i y(t)}{dt^i} = \sum_{k=0}^{M} b_k \frac{d^k x(t)}{dt^k} \tag{2.43}$$

여기서 N개의 계수 a_i와 $(M+1)$개의 계수 b_k는 실수이며 시스템의 특성에 의해 결정된다. 식 (2.43)의 해를 구하기 위해서는 N개의 초기 조건

$$y(t_0),\ y'(t_0),\ \cdots,\ y^{(N-1)}(t_0)$$

이 필요하다. 여기서 t_0는 입력 $x(t)$가 시스템에 인가되는 바로 그 순간의 시각을 나타내며 $y(t)$의 n차 도함수(derivative)를 $y^{(n)}(t)$로 표현하였다. 식

(2.43)에서 정수 N을 시스템의 차수라고 한다. 미분 방정식으로 표현되는 시스템에서 출력을 구하려면 주어진 미분 방정식을 풀어야 한다. 미분 방정식의 풀이는 공학수학 등을 통하여 독자들이 이미 다 안다고 가정하고 여기서는 자세한 과정을 생략한다. 다만 다음 예제를 통하여 1차 선형 상계수 미분 방정식의 풀이법을 복습해 보자.

예제 2.5 다음 1차 미분 방정식의 해를 구해보자.

$$\frac{dy(t)}{dt} + ay(t) = bx(t) \tag{2.44}$$

여기서 a, b는 임의의 상수이다.

풀이 식 (2.44)의 완전해는 특수해(particular solution) $y_p(t)$와 균일해(homogeneous solution) $y_h(t)$의 합으로 이루어진다. 즉,

$$y(t) = y_p(t) + y_h(t)$$

이 된다. 먼저 입력이 0인 경우, 즉 균일해를 구하면

$$\frac{dy(t)}{dt} + ay(t) = 0 \tag{2.45}$$

미분을 한 것과 자기 자신을 적절히 가중치를 이용하여 더한 결과가 0이 되려면 미분의 결과가 자기 자신과 같은 모양을 갖는 함수이어야 함

에서

$$y_h(t) = Ce^{-at}$$

이 성질을 만족하는 함수는 지수 함수밖에 없음

가 된다. 적분 인자(integration factor) 방법을 사용하여 특수해를 구하면

$$y_p(t) = \int_{t_0}^{t} e^{-a(t-\tau)} bx(\tau)\, d\tau, \qquad t \geq t_0$$

가 된다. 따라서 완전한 일반해를 구하면

$$y(t) = y_h(t) + y_p(t) = Ce^{-at} + \int_{t_0}^{t} e^{-a(t-\tau)} bx(\tau)\, d\tau, \quad t \geq t_0 \quad (2.46)$$

가 될 것이다. 식 (2.46)에서 C가 아직 결정되지 않았다. 앞에서 언급한 바와 같이 완전한 출력을 구하기 위해서는 초기 조건 $y(t_0)$을 알아야만 한다. 만약 $y(t_0) = y_0$라고 하면 식 (2.46)으로부터

$$y_0 = Ce^{-at_0}$$

가 될 것이며, 출력은 $t \geq t_0$ 에 대하여 결국 다음과 같이 구할 수 있다.

$$y(t) = y_0 e^{-a(t-t_0)} + \int_{t_0}^{t} e^{-a(t-\tau)} bx(\tau)\, d\tau, \quad t \geq t_0 \quad (2.47)$$

Matlab 예제 2.3 다음의 미분 방정식의 해를 Matlab을 이용하여 구하라.

$$y'' + 2y' + 17y = 0,\ y(0) = 2,\ y'(0) = 2.6$$

풀이

Matlab 코드

```
dsolve('D2y+2*Dy+17*y=0','y(0)=2','Dy(0)=2.6')
```

Matlab 결과

```
ans =

(2*cos(4*t))/exp(t) + (23*sin(4*t))/(20*exp(t))
```

2.4.2 연속 시스템의 구성 요소

식 (2.43)의 미분 방정식으로 주어지며 $M \leq N$인 모든 유한 차원의 선형 시불변 연속 시간 시스템은 다음에 설명하는 가산기, 감산기, 승산기, 그리고 적분기의 기본 구성 요소로 구현이 가능하다. 실제 하드웨어에서는 이러

한 기본 구성 요소를 저항, 커패시터, 그리고 연산 증폭기(operational amplifier) 등을 사용하여 구현할 수 있다. 이 절에서는 이러한 기본 구성 요소를 살펴보도록 하자.

(1) 적분기

적분기(integrator)의 입출력 관계는

$$y(t) = y(t_0) + \int_{t_0}^{t} x(\tau)\,d\tau, \qquad t \ge t_0 \tag{2.48}$$

이다. 미분 방정식으로 표현하면

$$\frac{dy(t)}{dt} = x(t)$$

이 된다. 적분기를 그림 2-18에 보였다.

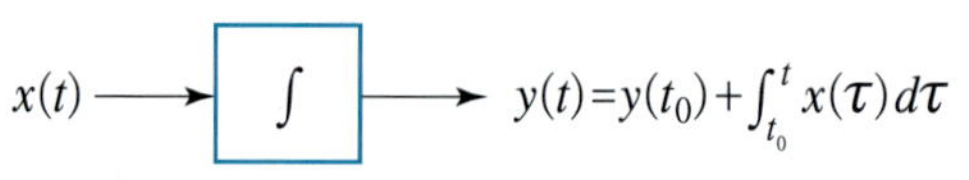

[그림 2-18] 적분기

(2) 가산기, 감산기, 스칼라 승산기

이 연산들의 동작은 설명을 하지 않아도 다 이해할 수 있을 것으로 생각되며 각 요소를 그림 2-19, 2-20, 2-21에 보였다.

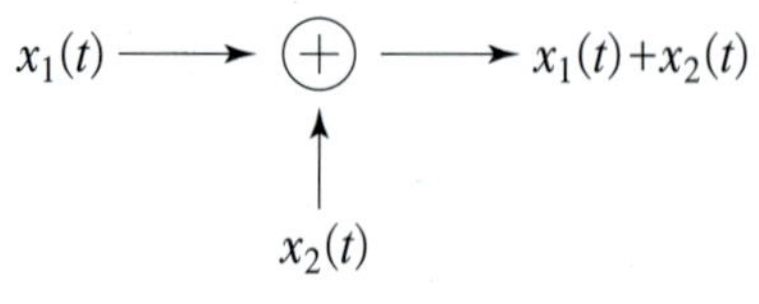

[그림 2-19] 가산기

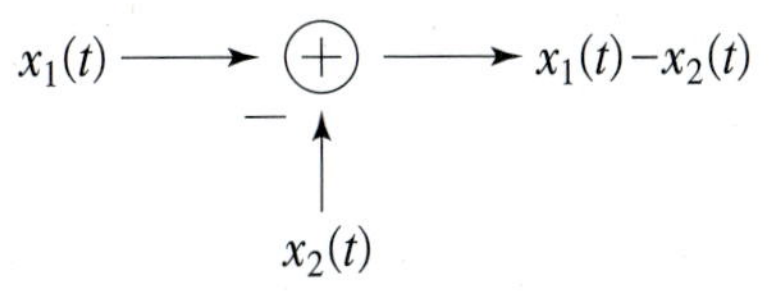

[그림 2-20] 감산기

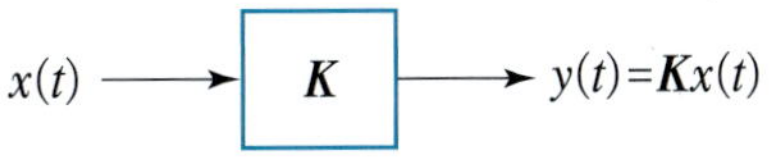

[그림 2-21] 스칼라 승산기

예제 2.6 앞에서 정의한 시스템의 구성 요소들을 가지고 그림 2-22의 연속 시스템의 구성도를 만들어 보았다. 대응하는 시스템의 입출력 관계식을 찾아 보자.

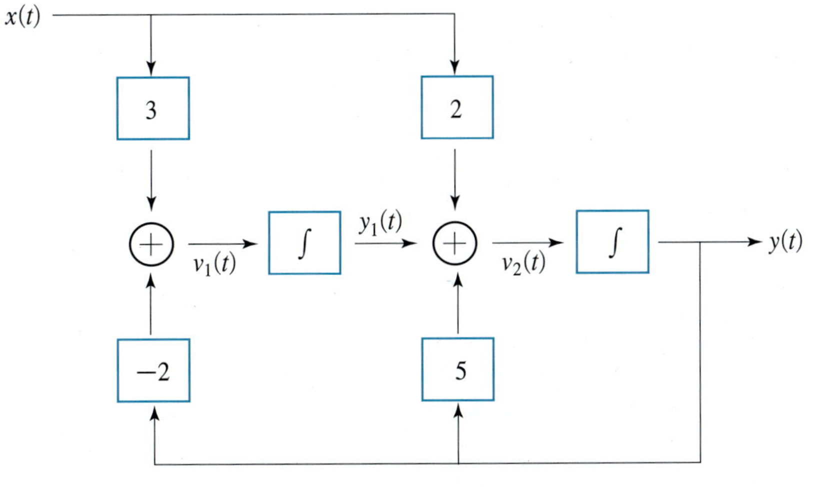

[그림 2-22] 예제 2.6의 시스템 구성도

풀이 첫 번째 가산기의 출력을 $v_1(t)$, 두 번째 가산기의 출력을 $v_2(t)$, 그리고 첫 번째 적분기의 출력을 $y_1(t)$라 하자. 그러면

$$v_2(t) = \frac{dy(t)}{dt} = y_1(t) + 5y(t) + 2x(t) \tag{2.49}$$

의 관계식을 얻을 수 있고 식 (2.49)을 다시 미분하고 $\frac{dy_1(t)}{dt} = v_1(t)$ 임을 이용하면

$$\frac{dv_2(t)}{dt} = \frac{d^2y(t)}{dt^2} = \frac{dy_1(t)}{dt} + 5\frac{dy(t)}{dt} + 2\frac{dx(t)}{dt} = v_1(t) + 5\frac{dy(t)}{dt} + 2\frac{dx(t)}{dt}$$

가 되고, $v_1(t) = -2y(t) + 3x(t)$로 치환하면

$$\frac{d^2y(t)}{dt^2} - 5\frac{dy(t)}{dt} + 2y(t) = 2\frac{dx(t)}{dt} + 3x(t)$$

가 된다.

예제 2.7 저항과 캐패시터, 인덕터로 이루어진 직렬 *RLC* 회로가 그림 2-23과 같이 구성되어 있다. 저항 *R*과 캐패시턴스 *C*, 인덕턴스 *L*이 주어졌을 때, 이 회로에 흐르는 전류 *i*을 구하라.

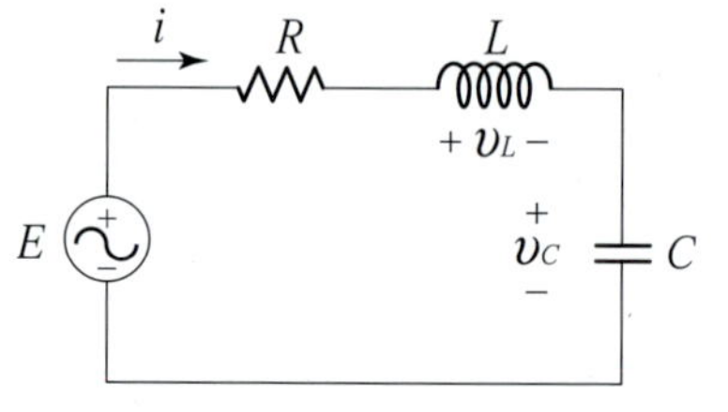

[그림 2-23] *RLC* 직렬회로

풀이 우선 *RLC* 직렬회로의 입출력 관계를 키르히호프의 전압 법칙을 적용하여 수식으로 표현하면 식 (2.50)과 같다.

$$Ri + L\frac{di}{dt} + \frac{1}{C}\int i dt = E \tag{2.50}$$

식 (2.50)을 시간 t에 대하여 미분하면 식 (2.51)과 같이 2차 상계수 미분 방정식을 얻는다.

$$L\frac{d^2 i}{dt^2}+R\frac{di}{dt}+\frac{1}{C}i=0 \tag{2.51}$$

이 미분 방정식을 풀기 위하여 특성 방정식을 구하면

$$L\lambda^2+R\lambda+\frac{1}{C}=0 \tag{2.52}$$

이 되며, 판별식 $D=R^2-4(L/C)$에 따라 특성 방정식의 해는 3가지 형태로 나누어진다.

i) $D>0$인 경우
특성 방정식은 서로 다른 두 실근을 가지므로 근의 공식을 이용하여 풀면

$$\lambda_1=\frac{-R+\sqrt{R^2-4L/C}}{2L},\quad \lambda_2=\frac{-R-\sqrt{R^2-4L/C}}{2L} \tag{2.53}$$

가 되고, 구하고자 하는 전류는

$$\begin{aligned} i(t)&=c_1\exp(\lambda_1 t)+c_2\exp(\lambda_2 t)\\ &=c_1\exp\left(\frac{-R+\sqrt{R^2-4L/C}}{2L}t\right)+c_1\exp\left(\frac{-R-\sqrt{R^2-4L/C}}{2L}t\right) \end{aligned} \tag{2.54}$$

이 된다.

ii) $D=0$인 경우
특성 방정식은 하나의 중근을 가지므로

$$\lambda=-\frac{R}{2L} \tag{2.55}$$

가 되고, 결국 구하고자 하는 전류는

$$
\begin{aligned}
i(t) &= (c_1 + c_2 t)\exp(\lambda t) \\
&= (c_1 + c_2 t)\exp\left(-\frac{R}{2L}t\right)
\end{aligned}
\tag{2.56}
$$

이 된다.

iii) $D<0$인 경우

특성 방정식은 서로 다른 두 허근을 가지므로

$$
\lambda_1 = -\frac{R}{2L} + i\frac{\sqrt{4L/C - R^2}}{2L},\ \ \lambda_2 = -\frac{R}{2L} - i\frac{\sqrt{4L/C - R^2}}{2L}
\tag{2.57}
$$

가 되고, 전류는

$$
i(t) = e^{-\frac{R}{2L}t}\left(c_1 \cos\frac{\sqrt{4L/C - R^2}}{2L}t + c_2 \sin\frac{\sqrt{4L/C - R^2}}{2L}t\right)
\tag{2.58}
$$

가 된다.

연 / 습 / 문 / 제

2-1 다음 신호들의 기본 주기 T를 구하라.

$$\sin(2\pi t),\ \cos(\pi t),\ \sin(\frac{\pi t}{5}),\ \cos(\frac{3\pi}{4}t),\ \sin(\frac{\pi}{3}t)$$

2-2 만일 $x(t)$가 기본 주기가 T인 주기 신호라면, 이 신호는 주기 nT, n=2, 3, …에 대해서도 주기적임을 보여라.

2-3 오일러 공식(Euler's identity) $e^{j\Omega t}=\cos\Omega t+j\sin\Omega t$를 사용하여 $e^{j\Omega t}$가 주기적이며, 그 주기는 $T=2\pi/\Omega$가 되는 것을 보여라.

2-4 다음 신호들이 주기적인가를 판별하고 주기적이라면 각 신호의 주기를 구하라.

(a) $x(t)=\sin(\frac{\pi}{5}t)+3\cos(\frac{8\pi}{5}t)$

(b) $x(t)=e^{j\frac{3\pi}{5}t}+e^{j\frac{\pi}{5}t}$

(c) $x(t)=2\sin(\frac{3\pi}{4}t)+\cos(\frac{1}{2}t)$

2-5 다음 신호들이 전력 신호인지 혹은 에너지 신호인지 아니면 두 경우 모두에 속하지 않는지를 판별하고 그 이유를 설명하라.

(a) $x(t)=A\sin t,\quad -\infty<t<\infty$

(b) $x(t)=e^{-at}u(t)$

(c) $x(t)=\begin{cases}1, & t<0\\ -e^{3t}, & t\geq 0\end{cases}$

2-6 다음 신호들을 그려라.

(a) $x_1(t)=u(t)+3u(t-1)-u(t-2)$

(b) $x_2(t)=e^{-t}u(t)$

(c) $x_3(t)=u(t)u(a-t)$

(d) $x_4(t)=u(\cos t)$

2-7 아래와 같은 입/출력 관계식을 갖는 시스템에 대하여 선형 혹은 비선형, 인과 혹은 비인과, 시불변 혹은 시변, 기억 혹은 무기억 시스템인가를 결정하라.

(a) $y(t) = 4x(t) + 5$

(b) $y(t) = Ax(t)$

(c) $y(t) = \begin{cases} x(t), & t \geq 0 \\ -x(t), & t < 0 \end{cases}$

(d) $y(t) = \int_0^t x(\tau)\, d\tau, \quad t \geq 0$

(e) $y(t) = \exp[x(t)]$

2-8 그림 P2.1에 주어진 신호 쌍에 대하여 컨벌루션 연산을 그림 방법으로 구하라.

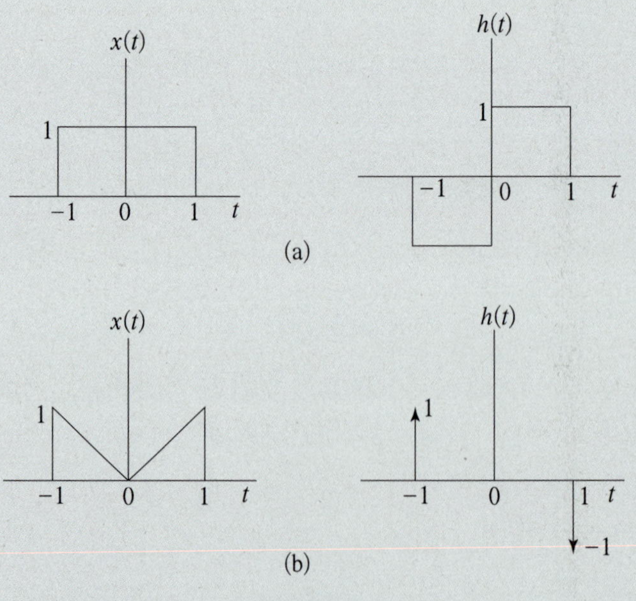

[그림 P2.1]

2-9 임펄스 응답이 $h(t)$인 LTI 시스템의 입력이 $x(t)$인 경우 컨벌루션 적분을 이용하여 응답 $y(t)$를 구하라.

(a) $x(t) = e^{-t}u(t),\ h(t) = e^{-3t}u(t)$

(b) $x(t) = e^{-t}u(t) + u(t),\ h(t) = 3u(t)$

(c) $x(t) = e^{-at}u(t),\ h(t) = u(t) - e^{-at}u(t-b)$

2-10 임펄스 응답이 $h(t)$인 LTI 시스템의 입력이 복소 신호 $e^{j\Omega t}$ 이다. 이 경우 시스템 응답이 아래와 같이 결정됨을 보여라.

$$y(t) = e^{j\Omega t} H(\Omega)$$

여기서 $H(\Omega) = \int_{-\infty}^{\infty} h(t) e^{-j\Omega t} dt$ 이다.

2-11 그림 P2.2의 시스템이 BIBO 안정인지를 결정하라.

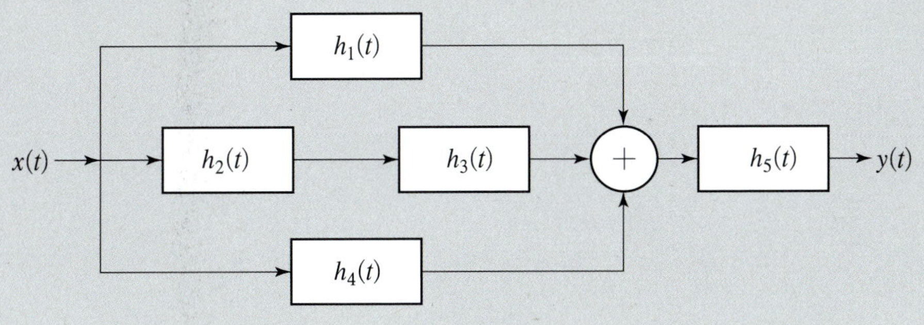

[그림 P2.2]

$$h_1(t) = e^{-2t} u(t)$$
$$h_2(t) = e^{-2t} u(t)$$
$$h_3(t) = e^{-t} u(t)$$
$$h_4(t) = \delta(t)$$
$$h_5(t) = e^{-3t} u(t)$$

2-12 그림 P2.3에 나타나 있는 시스템의 임펄스 응답을 구하라. 단, 시스템의 초기 조건은 0이다.

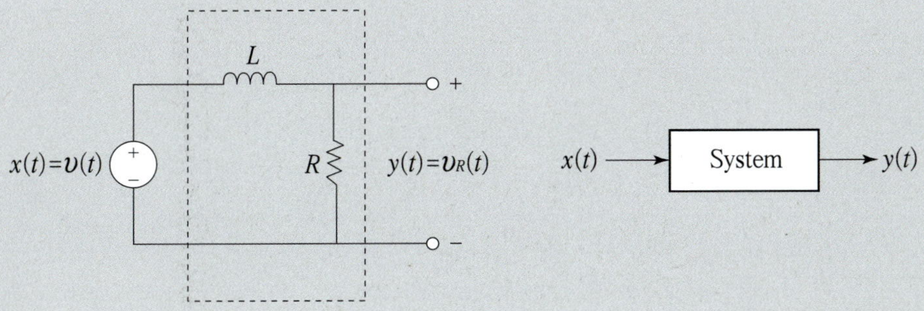

[그림 P2.3]

2-13 아래의 미분 방정식에 의하여 표현되는 시스템이 시불변임을 보여라. 단, 모든 계수는 상수라고 가정한다.

$$\frac{d^N y(t)}{dt^N} + \sum_{i=0}^{N-1} a_i(t) \frac{d^i y(t)}{dt^i} = \sum_{k=0}^{M} b_k(t) \frac{d^k x(t)}{dt^k}$$

CHAPTER

03

이산 신호 및 시스템

단 / 원 / 개 / 요

2장에서 연속 신호와 연속 시스템에 대한 기본 사항들을 배웠다. 이 장에서는 정현파 등 매우 중요한 기본적인 이산 신호(discrete-time signal)를 알아보고 이산 신호를 분류하는 방법에 대해서도 알아본다. 이산 신호의 기본 개념을 배운 다음 이산 시스템(discrete-time system)을 정의하고 이산 시스템의 구성요소, 이산 시스템의 해석 방법 등을 설명한다.

특히 이산 선형 시불변(linear time-invariant: LTI) 시스템의 중요한 성질들을 정의하고 컨벌루션 합(convolution sum)이라고 불리는 매우 중요한 식을 유도한다. 이 컨벌루션 식은 임의의 신호가 이산 LTI 시스템의 입력으로 주어졌을 때 그 시스템의 출력을 구할 수 있게 해준다. 마지막으로 이산 시불변 시스템의 입출력 관계를 해석하는 또 다른 방법으로 차분 방정식(difference equation)을 정의하고 그 풀이를 알아본다.

최근 대부분의 시스템이 디지털화되면서 특히 이산 신호 처리가 매우 중요해졌다. 이산 신호와 디지털 신호의 차이에 대해서도 알아본다.

03 CHAPTER

이산 신호 및 시스템

3.1 이산 신호란?

3.1.1 연속 신호와 이산 신호

2장에서 배운 바와 같이 연속 신호가 모든 연속적인 시간 t에 대하여 정의되는 반면 **이산 신호**(주1)는 특정한 시각에서만 값을 갖는 신호로 정의된다.

이산 신호는 어떤 시스템의 자연적 결과일 수도 있지만 대부분의 경우는 그림 3-1과 같이 연속 신호의 **샘플링(sampling) 과정**(주2)을 거쳐 얻게 된다. 샘플링 과정 시 샘플 간격은 보통 일정하게 한다. 즉, 연속 신호 $x_a(t)$를 T_s의 일정한 간격으로 샘플링 하면

$$x[n] = x_a(nT_s) \tag{3.1}$$

$x[n]$은 $x_a(t)$를 T_s 간격으로 샘플링 했을 때 n번째 샘플을 의미함

로 표현되는 이산 신호를 얻게 된다. 이 경우 n은 정수이며 n번째 샘플이라는 의미를 가지므로 이산 신호 $x[n]$을 수열(sequence)이라고 부르는 경우도 많다.

주1) 이산 신호는 컴퓨터의 출력 등 어떤 시스템의 자연적 결과일 수가 있다. 예를 들면 한 달에 한번씩 통장에서 자동 이체되는 우리 집의 전기요금을 생각할 수 있다. 전기요금은 매달 지정된 날짜에 그 달 사용한 만큼의 전기료가 은행에서 지출된다. 따라서 이 전기요금을 이산 신호라고 할 수 있다.

주2) 오디오 신호를 디지털화하여 CD에 저장하는 것이 하나의 좋은 예이다.

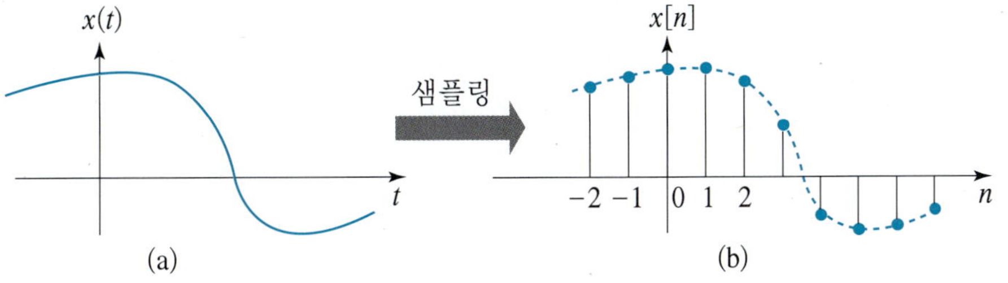

[그림 3-1] (a) 연속 신호의 예 (b) 이산 신호의 예

3.1.2 기본 이산 신호

이산 신호와 시스템을 공부하는 과정에 자주 등장하고 중요한 역할을 하는 기본 신호들이 있다. 이러한 기본 신호들은 더 복잡한 신호를 구성하는 요소 신호이기도 하며 주어진 시스템을 해석하는데 큰 역할을 한다.

(1) 단위 임펄스 함수(Unit Impulse Function)

이산 시간에서의 **단위 임펄스 함수**는 다음 식으로 정의된다.

$$\delta[n] = \begin{cases} 1, & n=0 \\ 0, & n \neq 0 \end{cases} \tag{3.2}$$

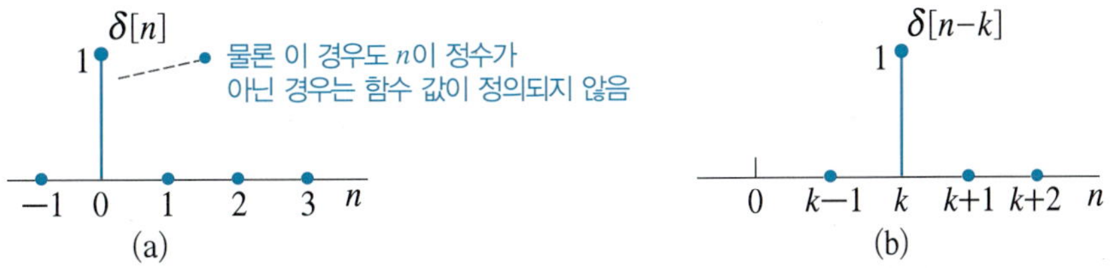

[그림 3-2] (a) 단위 임펄스 함수 (b) 시간 이동된 단위 임펄스 함수

즉, 그림 3-2에서 보면 $\delta[n]$은 $n=0$에서 값이 1인 단위 샘플을 의미하며 시간 이동된 $\delta[n-k]$는 $n=k$에서의 단위 샘플을 의미한다. $\delta[n]$은 연속 단위 임펄스 함수와는 다르게 극한 개념이 없이 $n=0$에서만 1을 가지는 간단한 신호로 정의된다.

함수 $\delta[n]$는 임의의 이산 신호 $x[n]$에 대하여 다음과 같은 성질을 갖는다.

$$x[n]\delta[n-k]=x[k]\delta[n-k] \tag{3.3}$$

왜냐하면 $\delta[n-k]$는 $n=k$일 경우만 1의 값을 갖고 다른 경우는 모두 0의 값을 갖기 때문이다. 따라서 임의의 이산 신호 $x[n]$을 임펄스 함수를 가지고 표현할 수 있다.

$$\begin{aligned} x[n] &= \cdots + x[-1]\delta[n+1] + x[0]\delta[n] + x[1]\delta[n-1] + \cdots \\ &= \sum_{k=-\infty}^{\infty} x[k]\delta[n-k] \end{aligned} \tag{3.4}$$

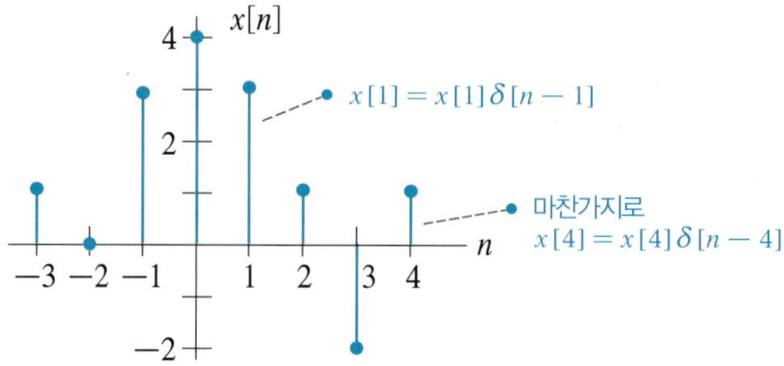

[그림 3-3] 단위 임펄스 함수를 이용한 이산 신호의 표현

식 (3.4)은 뒤에 시스템 해석을 위한 컨벌루션 식을 유도하는데 사용되는 매우 중요한 식이므로 반드시 기억해 두기 바란다.

예제 3.1 단위 임펄스 함수를 이용하여 그림 3-3의 이산 신호를 표현해 보자.

풀이

$x[-1]=3$임

$$\begin{aligned} x[n] = &\ \delta[n+3]+3\delta[n+1]+4\delta[n]+3\delta[n-1]+\delta[n-2] \\ &-2\delta[n-3]+\delta[n-4] \end{aligned}$$

Matlab 예제 3.1 예제 3.1에서 단위 임펄스 함수를 가지고 표현된 다음 이산 신호를 Matlab을 사용하여 그려보자.

$$x[n]=\delta[n+3]+3\delta[n+1]+4\delta[n]+3\delta[n-1]+\delta[n-2]$$
$$-2\delta[n-3]+\delta[n-4]$$

풀이

Matlab 코드

```
n=-5:1:5;

a=(n==-3);
b=3.*(n==-1);
c=4.*(n==0);
d=3.*(n==1);
e=(n==2);
f=-2.*(n==3);
g=(n==4);

z=a+b+c+d+e+f+g;
stem(n,z);

axis([-5,6,-5.0,5.0]);
xlabel('n');
ylabel('x[n]');
grid on;
```

Matlab 결과

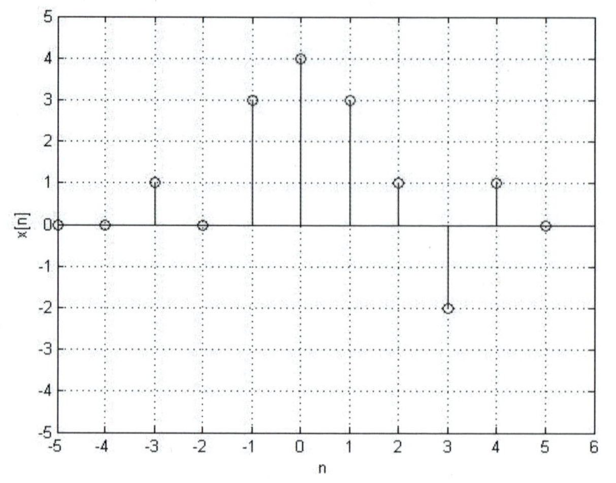

(2) 단위 계단 함수(Unit Step Function)

단위 계단 함수는 다음과 같이 정의된다.

$$u[n] = \begin{cases} 1, & n \geq 0 \\ 0, & n < 0 \end{cases} \tag{3.5}$$

즉, 그림 3-4와 같이 n이 0보다 크거나 같은 모든 정수에 대하여 크기가 1인 값을 갖는 함수이다.

단위 임펄스 함수와 단위 계단 함수는 다음의 성질들을 만족한다.

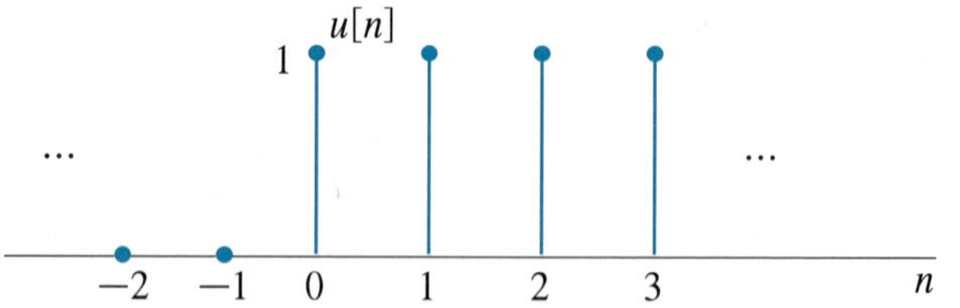

[그림 3-4] 단위 계단 함수

$$u[n]-u[n-1]=\delta[n] \tag{3.6}$$

$$\sum_{k=0}^{\infty}\delta[n-k]=u[n] \tag{3.7}$$

$\delta[n]+\delta[n-1]+\delta[n-2]+\cdots=u[n]$이고 따라서 $u[0]=\delta[0]=1$, $u[1]=\delta[1]+\delta[0]=1,\cdots$를 만족함

(3) 단위 램프 함수(Unit Ramp Function)

단위 램프 함수는 다음과 같이 정의된다.

$$r[n]=\begin{cases} n, & n\geq 0 \\ 0, & n<0 \end{cases} \tag{3.8}$$

그림 3-5에 단위 램프 함수를 보였다.

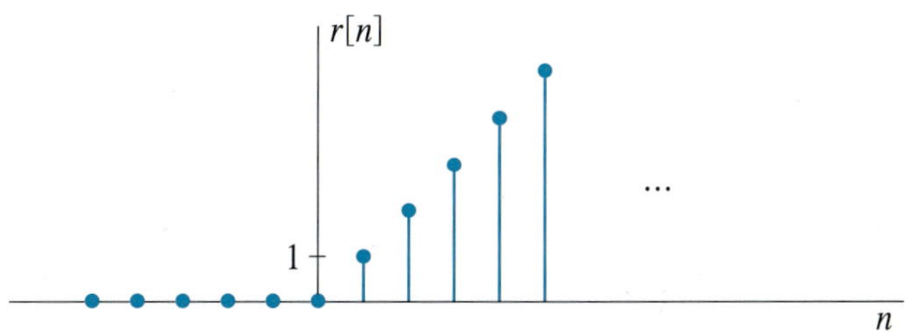

[그림 3-5] 단위 램프 함수

(4) 지수 함수(Exponential Function)

이산 시간에서의 지수 신호는 다음 식으로 정의된다.

$$x[n]=a^n \tag{3.9}$$

a가 실수라고 가정하면 $x[n]$도 실함수가 된다. a의 값에 따른 $x[n]$을 그림 3-6에 보였다. 만약 a가 복소수이면 $a=re^{j\theta}$로 표현되고 따라서 $x[n]$은 다음과 같이 정현파로 표현할 수 있다.

$$\begin{aligned} x[n]&=r^n e^{j\theta n} \\ &=r^n[\cos\theta n+j\sin\theta n] \end{aligned} \tag{3.10}$$

$e^{j\theta n}=\cos\theta n+j\sin\theta n$은 Euler 공식인데 암기하는 것이 좋음

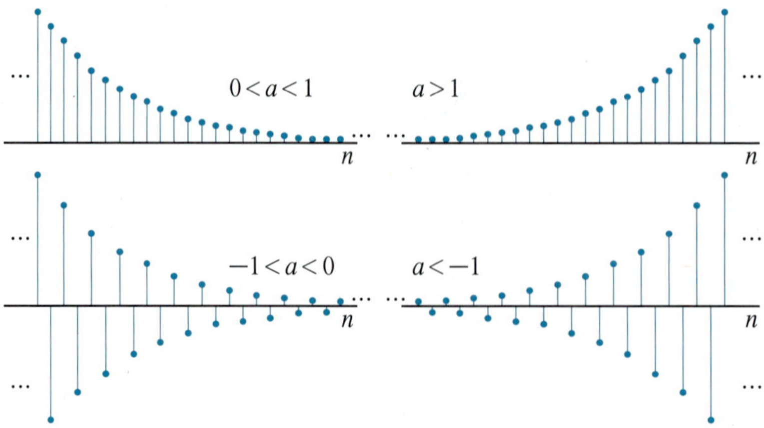

[그림 3-6] 지수 함수

3.1.3 이산 신호 분류

신호의 특성을 알면 시스템을 해석하는데 큰 도움이 된다. 이번에는 신호의 성질에 따라 이산 신호를 분류하여 보자.

(1) 에너지 신호와 전력 신호

이산 신호의 에너지는 신호의 크기를 제곱하여 모든 정수 n에 대하여 더한 값으로 정의된다. 즉,

$$E \equiv \sum_{n=-\infty}^{\infty} |x[n]|^2 \tag{3.11}$$

신호의 에너지는 유한 값이거나 무한 값일 수 있다. 만약 E가 유한하면, 신호 $x[n]$을 **에너지 신호(energy signal)**라고 정의한다. 무한 에너지를 가지는 대부분의 신호들은 유한한 평균 전력을 갖는다.

이산 신호 $x[n]$에 대한 평균 전력은 다음과 같이 정의된다.

$$P \equiv \lim_{N \to \infty} \frac{1}{2N+1} \sum_{n=-N}^{N} |x[n]|^2 \tag{3.12}$$

식 (3.11)과 식 (3.12)로부터 E가 유한하면 $P=0$이고, E가 무한하면 P는

유한하거나 무한한 값이 된다는 것을 쉽게 알 수 있다. 만약 P가 유한하면 그 신호를 **전력 신호(power signal)**라고 한다.

(2) 주기 신호와 비주기 신호

만약 모든 정수 n에 대하여

$$x[n+N]=x[n] \tag{3.13}$$

을 만족한다면 신호 $x[n]$을 주기가 N인 **주기 신호(periodic signal)**라 정의하고 식 (3.13)을 만족하는 가장 작은 N을 기본 주기(fundamental period)라고 부른다. 만약 식 (3.13)을 만족하는 N이 존재하지 않으면 신호는 비주기 신호가 된다.

다음 형태의 정현파 신호는 $\hat{f}_0$가 유리수일 때, 즉 $\hat{f}_0=\frac{k}{N}$ (이때 k와 N은 정수)로 표현이 가능할 때 주기 신호가 된다.

$$x[n]=A\cos[2\pi\hat{f}_0 n] \tag{3.14}$$

$x[n]=x[n+N]$: 주기 신호의 조건
$A\cos[2\pi\hat{f}_0 n]=A\cos[2\pi\hat{f}_0(n+N)]$
$=A\cos[2\pi\hat{f}_0 n+2\pi k]$
$\therefore 2\pi\hat{f}_0 N=2\pi k$에서 $\hat{f}_0=\frac{k}{N}$

주기 신호 $x[n]$의 한 주기 동안, 즉 $0\le n\le N-1$ 구간에서의 에너지는 이 구간에서 신호가 유한한 값을 갖는다면 유한하다. 하지만 모든 n에 대하여 주기신호의 에너지를 구하면 무한한 값을 갖게 된다.

반면 한 주기에 대한 평균 전력은 다음과 같이 구할 수 있다.

$$P=\frac{1}{N}\sum_{n=0}^{N-1}|x[n]|^2 \tag{3.15}$$

따라서 일반적으로 주기 신호는 전력 신호가 된다. 그림 3-7에 이산 주기 신호와 비주기 신호를 보였다.

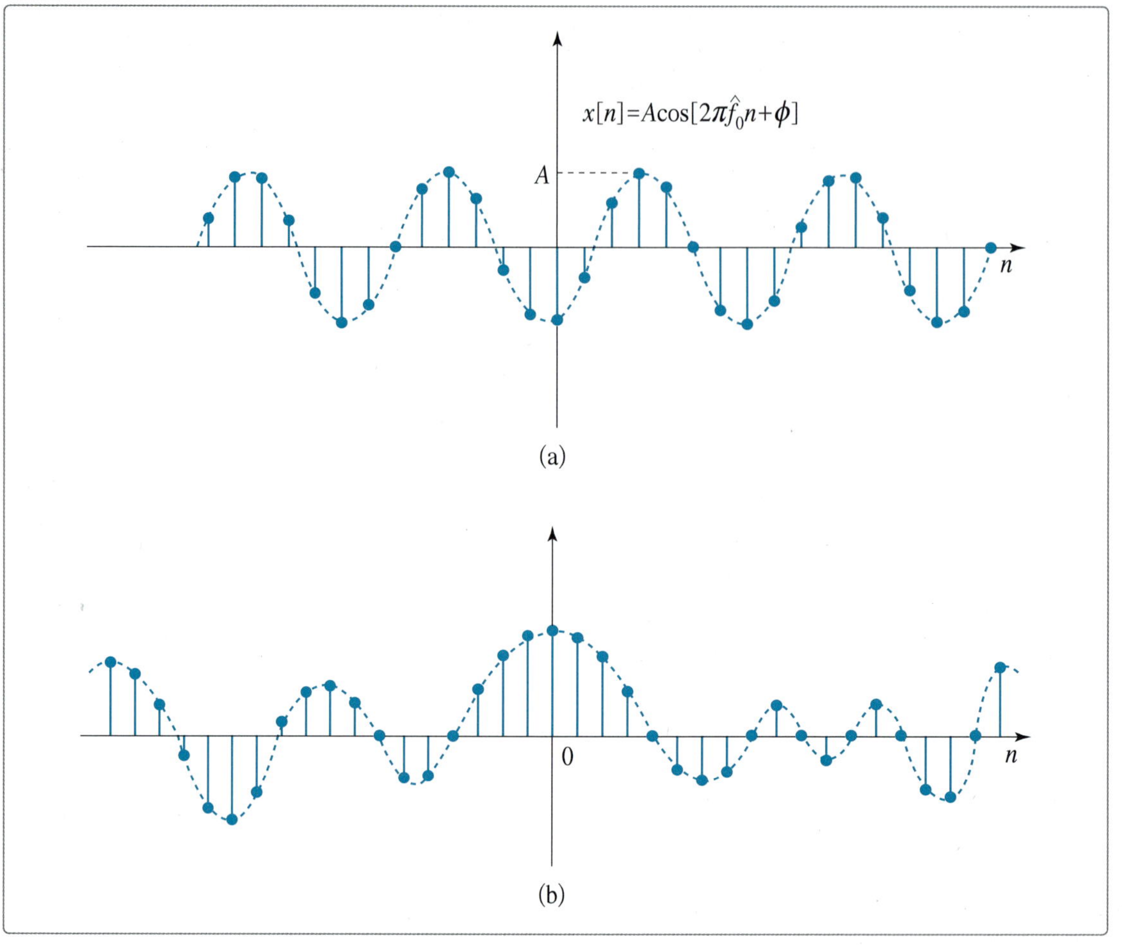

[그림 3-7] (a) 주기 신호 (b) 비주기 신호

(3) 결정적 신호와 불규칙 신호

시스템을 해석하고 시스템의 입력으로 들어오는 신호를 처리하고 분석하려면 반드시 신호와 시스템을 수학적으로 모델링 하는 것이 필요하다. 어떤 신호가 수학식으로 명확하게 표현되거나 신호의 값이 표나 다른 규칙에 의하여 완전히 표현된다면 이 신호는 결정적 신호(deterministic signal)라고 부른다. 다시 말하면 신호의 과거, 현재 그리고 미래의 값을 완전히 예측할 수 있다면 이 신호는 결정적 신호가 되는 것이다. 그러나 일반적으로 실제 응용에서는 대부분의 신호들은 수학식으로 표현하는 것이 불가능하거나 표현 할 수 있다고 하여도 매우 복잡하게 된다. 이러한 경우는 신호의 값을 예측할 수 없게 된다. 통신 시스템에서 발생하는 대부분의 잡음이 바로 이러한 경우에 해당된다. 시간에 따라 신호의 값을 예측할 수 없는 경우 신호가 불규칙(random)하다고 말한다. 이러한 경우는 확률적으로 신호의 값을 예측하여야 하며 이에 대한 자세한 내용은 이 책의 6장 불규칙 신호 및 시스템에서 찾아 볼 수 있다.

3.1.4 디지털 신호와 시스템

디지털 신호는 자연적으로 존재하는 신호가 아니라 아날로그 신호, 즉 연속 신호로부터 인위적인 작업을 통해 만들어진다. 인위적인 작업에 대한 구체적인 내용은 뒤에서 샘플링 이론을 설명하면서 단계별로 자세하게 설명할 것이다. 신호를 디지털적으로 처리하는 것은 결국 그림 3-8의 아날로그 시스템을 그림 3-9와 같은 형태의 시스템으로 대체해야만 가능하다.

[그림 3-8] 아날로그(연속) 시스템

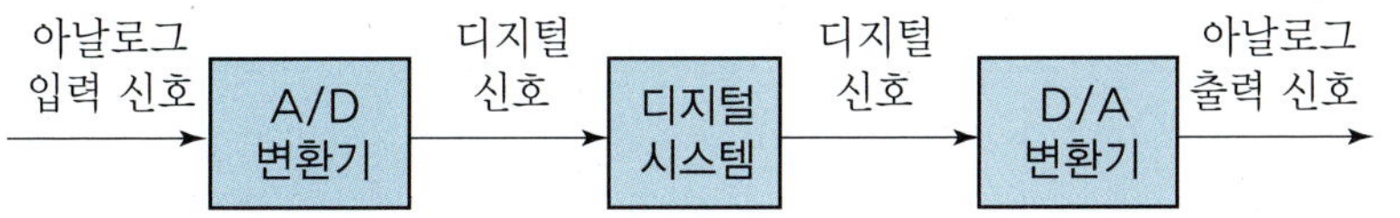

[그림 3-9] 디지털 처리를 위한 아날로그 신호의 변환

그림 3-9에서 보는 바와 같이 아날로그 신호를 디지털적으로 처리하려면 아날로그 신호와 디지털 신호간의 변환을 위한 인터페이스가 필요하다. 이 중 하나가 아날로그-디지털 변환기(analog-to-digital converter, ADC, A/D 변환기)이다. 물론 A/D 변환기의 출력은 디지털 신호가 되며 디지털 시스템의 입력이 된다. 여기서 디지털 시스템은 디지털 하드웨어뿐 아니라 디지털 컴퓨터에서 동작하는 모든 소프트웨어도 포함한다. 디지털 시스템의

출력은 당연히 디지털 신호가 된다. 그러나 인간이 보고, 듣고, 느끼게 하기 위해서는 디지털적으로 처리된 결과를 다시 아날로그 형태로 복원하여야 하며 A/D 변환기의 반대 과정을 수행하는 D/A 변환기(digital-to-analog converter)가 그 역할을 한다.

그렇다면 기존의 아날로그 시스템에 굳이 이러한 인터페이스를 추가하여 신호를 디지털적으로 처리해 주는 이유가 무엇일까? 여기에는 여러 가지 이유가 있다. 첫째는 디지털 신호는 컴퓨터에서 처리가 가능하고 이러한 처리를 수행하는 컴퓨터 프로그램은 손쉽게 수정이 가능하다는 것이다. 이에 반하여 아날로그 시스템의 수정은 대부분의 경우에 하드웨어를 다시 설계해야 하는 번거로움이 있다. 둘째, 디지털 신호는 다양한 저장 매체(테이프나 디스크 등)에 쉽게 저장할 수 있다. 따라서 이동이 용이하고, 처리도 간단하다. 또한 다양한 수학 연산 등을 프로그램으로 구현이 용이함으로 더 정교하고 복잡한 시스템도 쉽게 구현할 수 있다는 장점이 있다. 또 하나의 이유는 디지털 신호 처리용 시스템의 하드웨어 구현이 아날로그 경우 보다 훨씬 적은 노력과 비용으로 가능하다는 것이다. 이밖에도 신호를 디지털적으로 처리할 경우의 장점은 매우 많다. 이러한 이유로 디지털 시스템이 음성 신호 처리, 영상 신호 처리 등 여러 분야에 빠른 속도로 응용된 것이다.

최근 스마트 TV, 스마트 폰 등 스마트 기기가 주변에 일반화 되었다. 스마트의 간단한 의미는 컴퓨터의 기능이 본래의 기기와 합쳐졌다는 의미로 스마트 TV는 기존의 TV에 컴퓨터의 기능이 추가된 것이고, 스마트 폰도 기존의 핸드폰에 컴퓨터의 일부 기능이 탑재된 형태인 것이다. 따라서 스마트 기기는 모두 디지털 처리가 가능하며, 따라서 대부분의 기능이 소프트웨어로 구현이 가능하다. 비교적 손쉽게 다양한 기능이 소프트웨어로 구현이 가능하므로 스마트 기기 등 디지털 기기의 기능은 향후 더욱 다양해질 것으로 기대된다.

3.1.5 디지털 신호의 생성 방법

자연적으로 존재하는 대부분의 신호는 아날로그 형태라고 하였다. 음성(오디오) 신호, 영상(비디오) 신호, 지진파, 통신에서 사용되는 대부분의 신호가 아날로그인 것이다. 이러한 아날로그 신호의 처리를 디지털적으로 하려면 먼저 디지털 형태로 신호를 변환하는 작업이 선행되어야 한다. 이러한 변환 과정을 **아날로그-디지털 변환(analog-to-digital conversion, ADC, A/D 변환)**이라고 했다. 그림 3-10과 같이 A/D 변환은 샘플링, 양자화, 부호화 과정 등 모두 세 단계로 이루어진다.

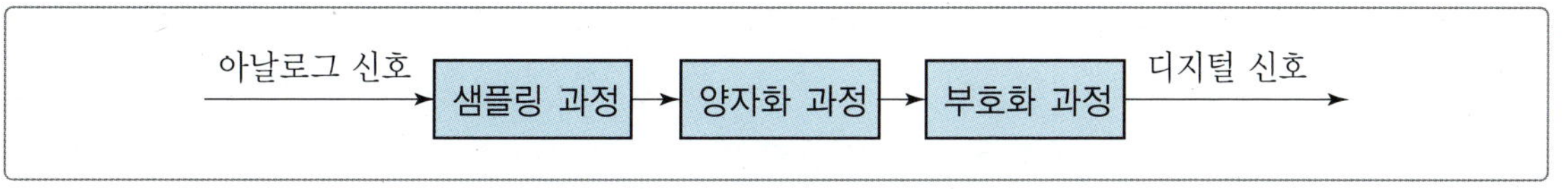

[그림 3-10] 아날로그-디지털 변환기

(1) 샘플링 과정

샘플링(sampling)은 일정한 간격을 가지고 규칙적으로 연속 신호로부터 샘플을 취함으로써 연속 신호 $x_a(t)$를 이산 신호(discrete-time signal) $x(n) = x_a(nT)$로 변환하는 과정이다. 이때 T는 샘플간의 간격이다. 연속 신호를 샘플링하면 그림 3-11(b)와 같이 이산 신호로 된다. 이산 신호의 독립 변수 n은 정수이며 정수 이외의 시각에서는 신호의 값이 정의되지 않는다. 즉 두 샘플 사이에서 신호의 값이 0인 것으로 생각할 수 있지만 실제로 두 샘플 사이에서는 아무 값도 정의되지 않는다. 샘플링 과정은 연속 신호를 디지털 신호로 바꾸기 위한 처음 과정이므로 디지털 신호 처리를 위해서 매우 기본적이고 중요하기 때문에 10.1.1절과 10.1.2절에서 그 내용을 다시 설명한다. 여기서 한 가지 기억할 것은 샘플링 작업을 수행한 후 얻는 신호가 바로 **이산 신호(discrete-time signal)**라는 것이다. 따라서 0과 1로만 표현되는 디지털 신호와 신호의 값이 실수로 표현되는 이산 신호는 다른 것이다.

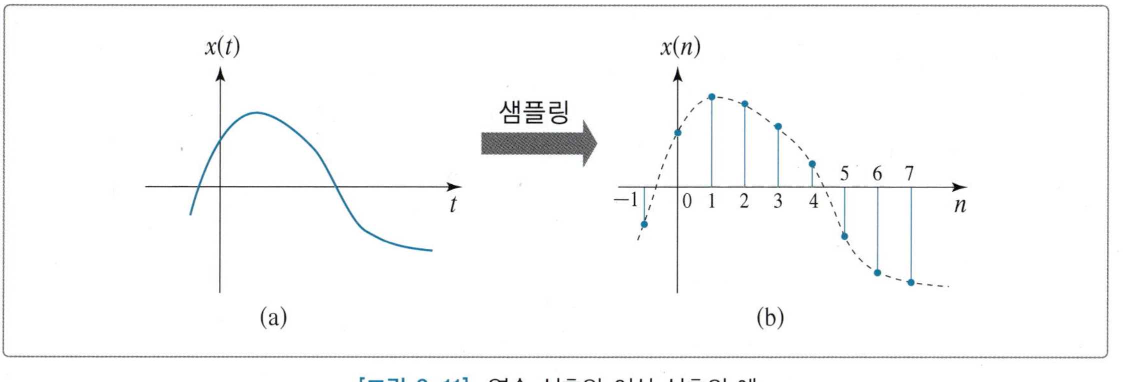

[그림 3-11] 연속 신호와 이산 신호의 예

(2) 양자화 과정

그림 3-11(b)와 같이 샘플링된 이산 신호 $x(n)$은 여전히 연속적인 값(일반적으로 실수)을 갖는 신호이다. 따라서 신호가 가질 수 있는 값은 무한개이기 때문에 여전히 디지털적으로 신호를 처리할 수 없다. 왜냐하면 디지털 컴퓨터와 같은 디지털 시스템에서는 유한개의 데이터만을 처리할 수 있기 때문이다. 앞에서 언급한 바와 같이 샘플링 과정에서는 단지 연속 시간과 연속 값을 가지는 신호를 이산 시간과 연속 값을 가지는 이산 신호로 변환해 준다.

하지만 유한한 데이터 처리를 위한 디지털 처리를 위해서는 이산 신호를 **이산 시간과 이산 값을 갖는 신호(discrete-time & discrete-valued signal)**로 다시 변환하는 과정이 필요하다. 이 과정이 바로 **양자화(quantization)** 과정이다. 양자화 과정을 거치면 신호가 가질 수 있는 값의 개수는 유한하게 된다. 이때 신호가 가질 수 있는 값의 개수는 그림 3-12와 같이 신호 값의 전체 범위(dynamic range)를 몇 개의 구간(레벨)으로 구분하는가에 따라 결정된다. 같은 구간에 포함되는 신호들은 일반적으로 그 구간의 중간 값을 할당 받는다. 따라서 양자화 과정 전의 신호 값 $x(n)$과 양자화 후의 신호 값 $x'(n)$과는 차이가 발생하게 되며 이 차이를 양자화 오차(quantization error)로 정의한다. 이 오차를 줄이기 위해서는 신호 값의 전체 범위를 구분하는 구간의 수를 늘리는 방법 밖에는 없다.

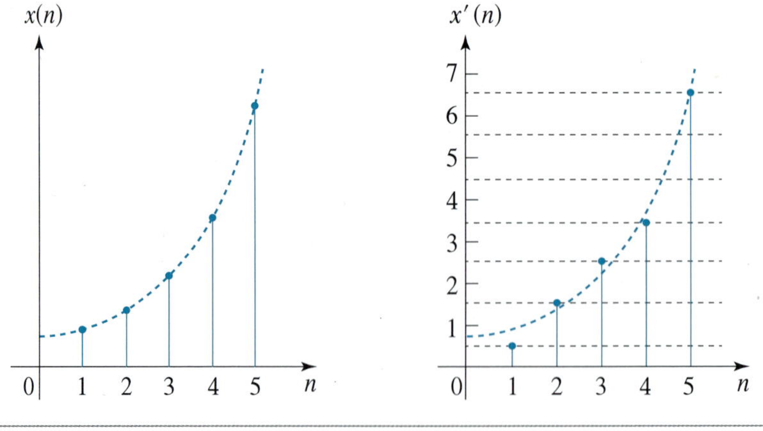

[그림 3-12] 양자화 과정

(3) 부호화 과정

양자화 과정을 거친 신호도 엄밀한 의미로는 아직 디지털 신호(digital signal)가 아니다. 왜냐하면 디지털 신호란 0과 1의 이진수 값만을 갖는 신호로 정의하기 때문이다. 부호화(coding) 과정은 각 양자화 구간에 하나의 이진수를 대응시키는 과정이다. 만약 신호 값의 전체 범위를 L개의 구간으로 나눈다면 L개의 서로 다른 이진수가 필요하다. 이 경우 b 비트의 이진수는 2^b개의 다른 이진수를 만들 수 있기 때문에 $2^b \geq L$, 즉 $b \geq \log_2 L$ 비트의 이진수가 필요하다. 예를 들어 신호 값의 전체 범위를 7개 구간으로 나누었다면 $b \geq \log_2 7 \approx 2.8$이 되고 이 구간을 서로 다른 이진수로 대응시키기 위해서는 최소한 3 비트가 필요하다. 부호화 과정을 거친 후 이진수로 표현되는 신호를 여기서는 디지털 신호로 정의한다. 그림 3-13에 부호화 된 0과 1의 디지털 신호(비트스트림이라고도 함)을 생성하는 과정을 보였다.

디지털 신호 처리는 원래 디지털 신호의 처리를 의미하지만 수학적 편리함 때문에 이 책에는 주로 이산 신호의 처리로 그 의미를 확대한다. 왜냐하면 0과 1의 이진수로 표현되는 디지털 신호를 입출력으로 하는 디지털 시스템을 해석하고 설계하기 위해서는 이진수를 입출력으로 하는 처리가 필요하다. 이진수를 입력과 출력으로 갖는 시스템은 불리언(Boolean) 함수로 모델링 되는데 수학적으로 익숙하지가 않다. 따라서 디지털 신호의 실수 버전인 이산 신호를 입출력으로 하는 이산 시스템을 대부분 다루게 되는 것이다. 종종 디지털 신호와 이산 신호를 혼용하여 같은 의미로 사용하는 이유이기도 하다. 이 책에서도 당연히 이산 신호와 시스템의 해석 방법을 배우게 될 것이다.

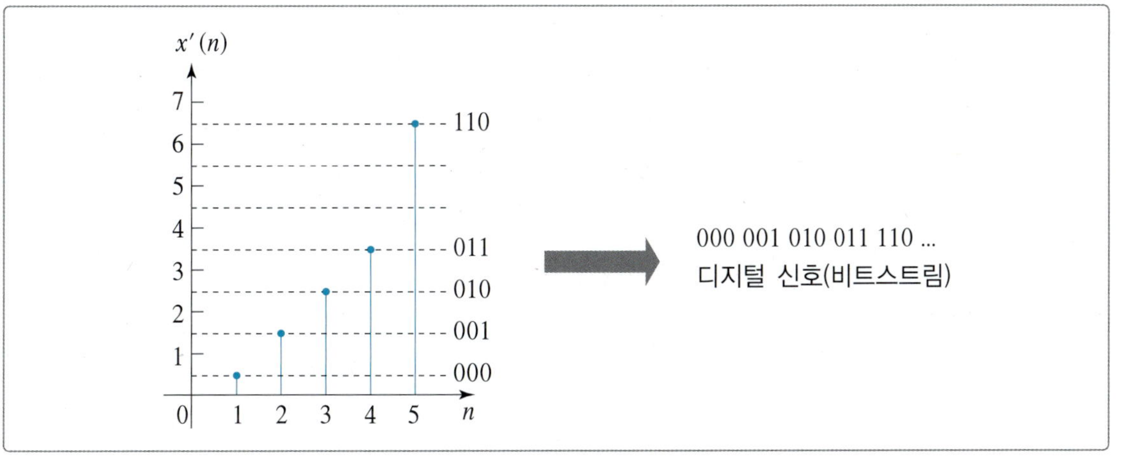

[그림 3-13] 부호화 과정

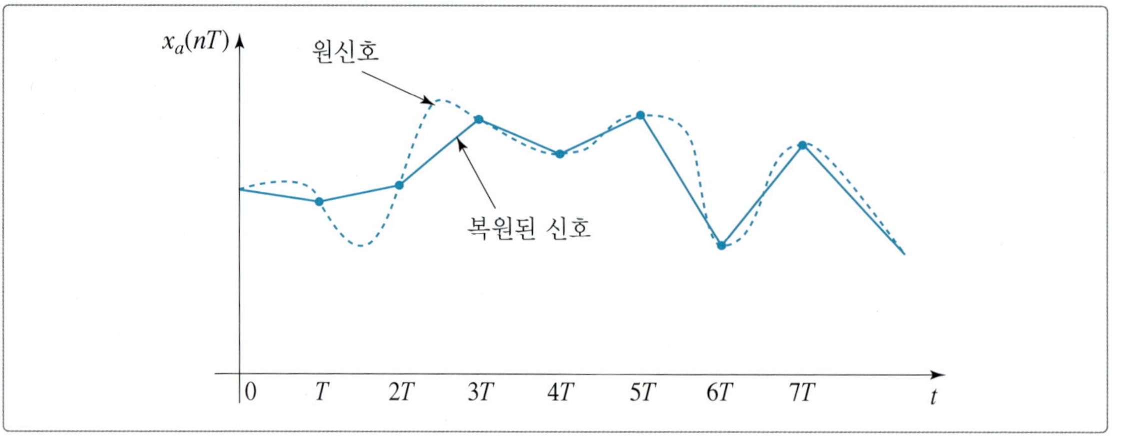

[그림 3-14] D/A 변환의 예

시스템에서 처리된 디지털 신호를 다시 아날로그 형태로 바꾸는 과정은 A/D 변환의 역과정으로 **디지털-아날로그 변환(Digital-to analog conversion, DAC, D/A 변환)**라고 부른다. 그림 3-14에 가장 간단한 D/A 변환의 예를 보였다.

그림에서 보듯이 이산 값들을 모두 연결하여 샘플링 전의 아날로그 신호로 만드는 과정은 쉽지 않다. 그림 3-14에서는 선분으로 이산 값들을 연결하였지만 복원된 신호는 원래의 연속 신호와 많은 차이가 있다. 샘플링된 이산 값들을 연결하여 원래의 아날로그 신호를 완벽하게 복원할 수 있는 방법은 없을까? 만약 주어진 아날로그 신호의 주파수 대역폭이 유한하다면 가능하다. 관련된 내용은 신호의 주파수에 대한 개념을 이해한 후에 다시 배우게 된다.

이산 신호로 샘플링된 신호는 오차 없이 다시 원래의 아날로그 신호로 완벽하게 복원될 수 있다. 하지만 신호의 값 자체를 유한개로 만드는 양자화 과정은 양자화 오차 없이 다시 양자화 이전의 실수 값으로 복원시키는 것이 불가능하다. 결국 A/D 변환 후 바로 D/A 변환을 거쳐 복원된 아날로그 신호와 원래의 아날로그 신호와는 양자화 오차 만큼의 차이는 피할 수 없다. 성능이 좋은 양자화기를 사용하여 신호 값을 표현하는 구간의 수를 늘려, 즉 구간을 표현하는 비트수를 늘려 그 오차를 줄일 수는 있다. 하지만 비용은 상대적으로 증가하게 된다.

3.2 이산 시스템이란?

디지털 신호 처리의 응용에서 이산 신호를 가지고 정해진 연산을 수행하도록 하는 어떤 장치나 알고리즘을 필요로 하는 경우가 많다. 이러한 장치나 알고리즘을 **이산 시스템(discrete system)**이라고 정의한다. 다시 말하면 이산 시스템은 입력이라고 불리는 이산 신호에 어떤 동작이나 연산을 수행하여 시스템의 출력이라고 불리는 또 다른 이산 신호를 만들어 내는 모든 장치나 알고리즘을 부르는 말이다. 이때 입력 신호 $x[n]$은 시스템에 의하여 신호 $y[n]$으로 변형되고, 다음과 같이 표현된다.

$$y[n] \equiv S\{x[n]\} \tag{3.16}$$

여기서 시스템 S는 $y[n]$을 만들기 위해 $x[n]$에 수행되는 모든 과정 또는 연산을 포함한다. 식 (3.16)의 시스템을 그림으로 설명한 것이 그림 3-15이다.

시스템의 성질을 설명하는 방법은 여러 가지가 있다. 이번 장에서는 주로 시간 영역에서의 시스템의 특성을 살펴보고자 한다. 주파수 영역에서 시스템을 해석할 수도 있는데 이것은 뒤에서 푸리에 변환을 배운 후에 공부하기로 하겠다. 먼저 이산 시스템의 입출력 관계를 알아보고 시스템의 구성 요소를 살펴보고자 한다. 또한 이산 시스템에는 어떤 종류가 있는지 알아보기로 하자.

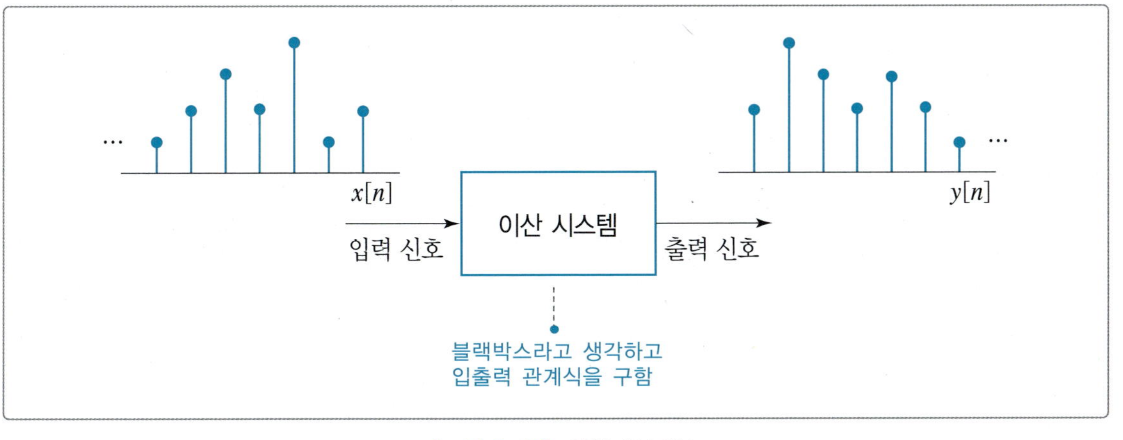

[그림 3-15] 이산 시스템

3.2.1 이산 시스템의 입출력 관계

이산 시스템의 입출력 관계는 입력과 출력 이산 신호 사이의 관계를 정확하게 정의하는 수학적 표현으로 이루어진다. 시스템의 내부가 어떻게 구성되었는지를 알 필요는 없다. 시스템을 하나의 블랙 박스라고 생각하고 단지 입출력 단자만을 가지고 시스템을 해석할 수 있다.

따라서 그림 3-15의 이산 시스템을 해석하기 위해서는 입출력 관계를 표현하는 수학적 모델이나 입출력 관계의 규칙만 알면 된다.

다음 예에서 이산 시스템의 입출력 관계를 보여주고 있다.

예제 3.2 아래에 주어진 입력 신호에 대하여 다음 시스템의 출력 신호를 구하라.

$$x[n]=\begin{cases}|n|, & -2\le n\le 2\\ 0, & \text{다른경우}\end{cases}$$

(a) $y[n]=x[n]$

(b) $y[n]=x[n-2]$

(c) $y[n]=\frac{1}{2}\{x[n-1]+x[n]\}$

풀이 주어진 시스템의 출력은 입출력 관계식을 가지고 쉽게 구할 수 있다.

(a) 이 경우 시스템의 출력은 시스템의 입력과 같다. 즉, 시스템은 입력 신호에 아무런 동작도 하지 않았다.

(b) 이 시스템은 입력 신호를 단지 두 샘플만큼 지연시켜 출력한다. 따라서 출력 신호는

$$y[n]=\{\cdots,\ 0,\ 0,\ \underset{\uparrow}{2},\ 1,\ 0,\ 1,\ 2,\ 0,\ 0,\ \cdots\}$$

와 같이 된다. 여기서 화살표는 수열 $y[n]$의 $n=0$일 때의 위치를 의미한다.

(c) 이 시스템은 바로 전 입력 값과 현재 입력 값의 평균값을 출력한다. 예로

$$y[0]=\frac{1}{2}\{x[-1]+x[0]\}=\frac{1}{2}\{1+0\}=\frac{1}{2}$$

가 되고 다른 n값에 대해서도 같은 방법으로 출력 $y[n]$을 구하면 다음과 같

은 결과를 얻을 수 있다.

$$y[n] = \{\cdots,\ 0,\ 0,\ 1,\ \frac{3}{2},\ \underset{\uparrow}{\frac{1}{2}},\ \frac{1}{2},\ \frac{3}{2},\ 1,\ 0,\ \cdots\}$$

3.2.2 이산 시스템의 구성 요소

시스템의 입출력 관계를 표현하는 수학 모델을 가지고 시스템의 블록도를 그려보는 것이 때로 필요할 때가 있다. 복잡한 시스템의 블럭도를 그리기 위해서는 먼저 구성 요소들을 정의하여야 한다. 이산 시스템을 구성하는 구성 요소는 덧셈기, 상수 곱셈기, 신호 곱셈기, 단위 시간 지연기, 단위 시간 선행기 등 다섯 가지다.

(1) 덧셈기

덧셈기(adder)는 그림 3-16과 같이 두 신호를 더해서 다른 신호를 만드는 일을 수행한다.

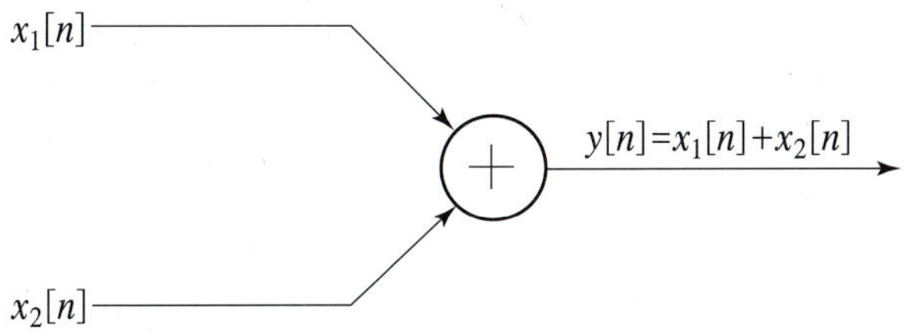

[그림 3-16] 덧셈기

(2) 상수 곱셈기

이 연산은 그림 3-17과 같이 단순히 어떤 신호에 상수 값을 곱하는 것이다.

[그림 3-17] 상수 곱셈기

(3) 신호 곱셈기

이 연산은 그림 3-18과 같이 두 신호를 곱해서 다른 신호로 만드는 동작을 한다.

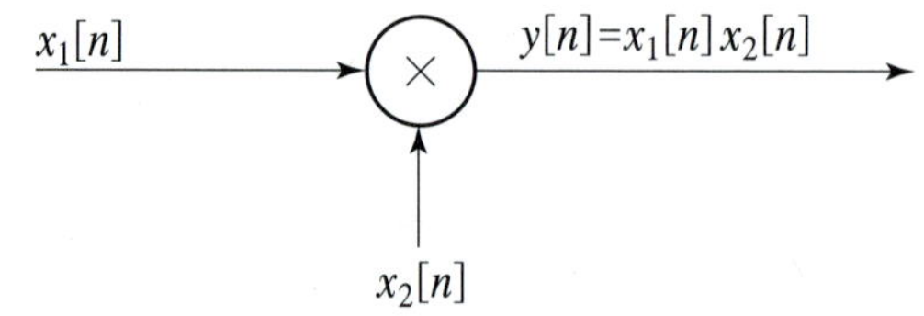

[그림 3-18] 신호 곱셈기

(4) 단위 시간 지연기

단위 시간 지연기(unit time delay)는 그림 3-19와 같이 통과하는 신호를 단순히 한 개의 샘플만큼 지연시키는 동작을 한다. 즉, 만약 입력 신호가 $x[n]$이라고 하면, 출력은

$$y[n]=x[n-1]$$

이 된다.

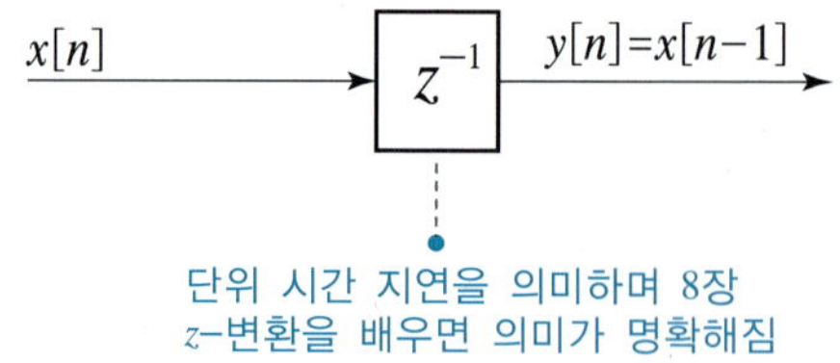

[그림 3-19] 단위 시간 지연기

(5) 단위 시간 선행기

그림 3-20의 단위 시간 선행기(unit time advance)는 단위 시간 지연기와는 반대로 입력 신호를 한 샘플씩 먼저 출력하게 된다. 즉, 입력 $x[n]$에 대하여 출력은

$$y[n]=x[n+1]$$

가 된다. 단위 시간 선행기는 실시간으로 동작할 수가 없다. 왜냐하면 현재의 출력을 구하기 위해 미래의 입력 값을 알아야 하기 때문이다.

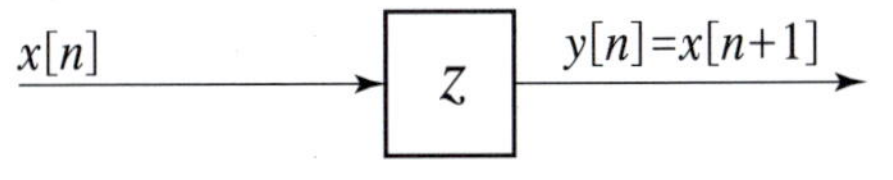

[그림 3-20] 단위 시간 선행기

예제 3.3 앞에서 정의한 시스템의 구성 요소들을 가지고 다음 입출력 관계를 가지는 이산 시스템의 블럭도를 그려보자.

$$y[n]=\frac{1}{2}y[n-1]+\frac{1}{3}x[n]+x[n-1]$$

풀이 먼저 출력은 입력 $x[n]$에 상수 $\frac{1}{3}$을 곱하고 $x[n]$을 한 샘플만큼 지연시킨 $x[n-1]$을 더해 준다. 여기에 한 샘플 전 출력인 $y[n-1]$에 상수 $\frac{1}{2}$을 곱하여 더하면 출력 $y[n]$을 얻을 수 있다. 그림 3.21에 구성도를 보였다.

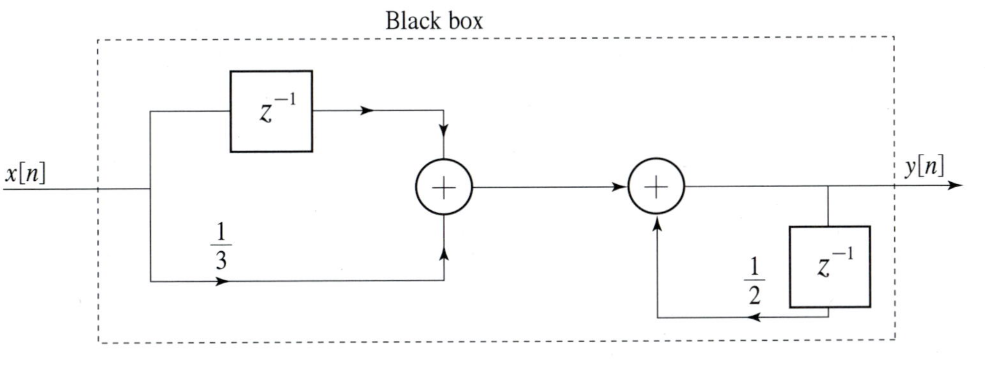

[그림 3-21] 예제 3.3의 시스템 구성도

3.2.3 이산 시스템의 분류

앞으로 시스템을 공부하면서 우리는 크게 두 가지 사항을 공부할 것이다. 먼저 시스템 해석이다. 시스템 해석은 입력 신호가 주어지고 시스템을 알고 있을 때 출력 신호를 구하는 문제이다. 뒤에서 언급하겠지만 시간 영역에서는 컨벌루션 연산을 이용하거나 입출력 관계식인 차분 방정식을 풀어서 원하는 출력 신호를 구할 수 있다.

다른 하나는 시스템 합성 또는 설계 문제이다. 통신이나 신호처리 분야에서는 시스템이 주로 필터의 역할을 하게 되므로 이 경우 시스템의 설계는 필터의 설계 문제와 같아지게 된다. 이에 대한 자세한 내용도 뒤에서 공부할 것이다. 그런데 시스템 해석과 설계 문제는 시스템의 특성에 따라 크게 달라진다. 따라서 시스템의 특성을 살펴보고 이에 따라 시스템을 분류하는 것은 매우 중요하다고 할 수 있다. 이산 시스템의 특성은 대부분 연속 시스템의 특성과 유사하다.

(1) 선형과 비선형 시스템

시스템은 크게 선형(linear)과 비선형(nonlinear)으로 구분된다. 선형 시스템이 되기 위해서는 임의의 신호 $x_1[n]$과 $x_2[n]$에 대하여 다음의 중첩 원리를 만족하여야 한다.

$$S\{a_1 x_1[n] + a_2 x_2[n]\} = a_1 S\{x_1[n]\} + a_2 S\{x_2[n]\} \qquad (3.17)$$

여기서 a_1과 a_2는 임의의 상수이다. 중첩의 원리를 그림으로 나타내면 그림 3-22와 같다.

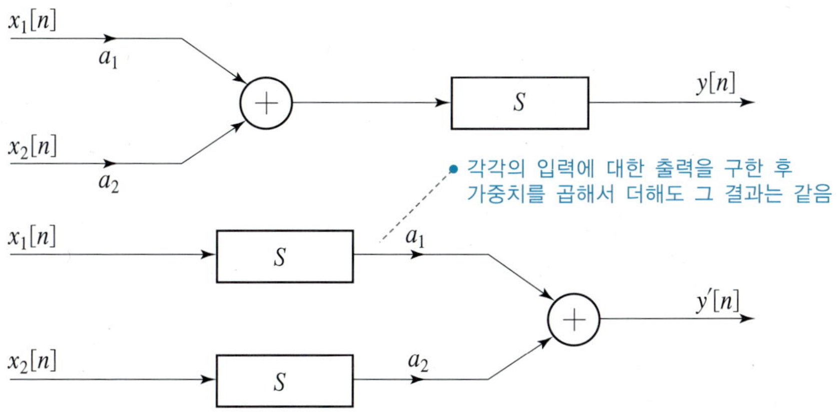

[그림 3-22] 중첩의 원리(만일 $y[n]=y'[n]$이면 시스템은 선형)

식 (3.17)의 선형 조건을 귀납법을 이용하여 여러 신호의 가중 선형 조합에 적용할 수 있다. 즉,

$$x[n]=\sum_{k=1}^{M-1} a_k x_k[n] \xrightarrow{S} y[n]=\sum_{k=1}^{M-1} a_k y_k[n] \tag{3.18}$$

여기서 $k=1,\ 2,\ \cdots,\ M-1$에 대하여 $y_k[n]=S\{x_k[n]\}$ 이다.

예제 3.4 다음 입출력 관계를 가지는 시스템이 선형인지 비선형인지를 알아보자.

(a) $y[n]=2x[n]$ (b) $y[n]=2x[n]+3$ (c) $y[n]=x^2[n]$

풀이 (a) 두 입력 $x_1[n]$과 $x_2[n]$의 출력은

$$\begin{aligned} y_1[n]&=2x_1[n] \\ y_2[n]&=2x_2[n] \end{aligned} \tag{3.19}$$

이 된다. 두 입력의 선형 조합에 대한 출력은

$$\begin{aligned} y_3[n]&=S\{a_1x_1[n]+a_2x_2[n]\}=2\{a_1x_1[n]+a_2x_2[n]\} \\ &=a_1 2x_1[n]+a_2 2x_2[n] \end{aligned} \tag{3.20}$$

이다. 반면에 식 (3.19)의 두 출력의 선형 조합은

$$a_1 y_1[n] + a_2 y_2[n] = a_1 2x_1[n] + a_2 2x_2[n] \tag{3.21}$$

이 되므로 식 (3.20)과 식 (3.21)의 우변은 같아진다. 따라서 시스템은 선형이다.

(b) 두 입력 $x_1[n]$과 $x_2[n]$의 출력은

$$\begin{aligned} y_1[n] &= 2x_1[n] + 3 \\ y_2[n] &= 2x_2[n] + 3 \end{aligned} \tag{3.22}$$

이 된다. 두 입력의 선형 조합에 대한 출력은

$$\begin{aligned} y_3[n] &= S\{a_1 x_1[n] + a_2 x_2[n]\} = 2\{a_1 x_1[n] + a_2 x_2[n]\} + 3 \\ &= a_1 2x_1[n] + a_2 2x_2[n] + 3 \end{aligned} \tag{3.23}$$

이다. 반면에 식 (3.22)의 두 출력의 선형 조합은

$$a_1 y_1[n] + a_2 y_2[n] = a_1 2x_1[n] + a_1 3 + a_2 2x_2[n] + a_2 3 \tag{3.24}$$

이 되므로 명백히 식 (3.23)과 식 (3.24)는 같지 않게 된다. 따라서 시스템은 비선형이다.

(c) (a), (b)와 마찬가지 방법으로 먼저 두 입력 $x_1[n]$과 $x_2[n]$의 출력을 구하면 다음과 같다.

$$\begin{aligned} y_1[n] &= x_1^2[n] \\ y_2[n] &= x_2^2[n] \end{aligned} \tag{3.25}$$

두 입력의 선형 조합에 대한 출력은

$$\begin{aligned} y_3[n] &= S\{a_1 x_1[n] + a_2 x_2[n]\} = \{a_1 x_1[n] + a_2 x_2[n]\}^2 \\ &= a_1^2 x_1^2[n] + 2a_1 a_2 x_1[n] x_2[n] + a_2^2 x_2^2[n] \end{aligned} \tag{3.26}$$

된다. 반면에 식 (3.25)의 두 출력의 선형 조합은

$$a_1 y_1[n] + a_2 y_2[n] = a_1 x_1^2[n] + a_2 x_2^2[n] \tag{3.27}$$

이 되므로 이번에도 식 (3.26)과 식 (3.27)는 같지 않게 된다. 따라서 시스템은 비선형이다.

(2) 시변과 시불변 시스템

시스템을 시변(time-varying)과 시불변(time-invariant)으로 크게 나눌 수 있다. 시스템의 입력과 출력의 특성이 시간에 따라 변하지 않으면 시불변 시스템이라 한다. 시불변 시스템을 자세히 설명하면 어떤 시스템 S의 입력이 $x[n]$일 때 출력이 $y[n]$이라고 하자. 같은 입력 신호가 k 만큼 지연되어 $x[n-k]$가 시스템의 입력으로 인가되면 시스템의 특성은 시간에 불변이므로 출력은 $x[n]$에 대한 응답과 같고 단지 입력이 지연된 만큼 지연이 된 $y[n-k]$이 출력된다. 그림 3-23에 시불변 시스템의 입출력 관계를 그림으로 나타내었다.

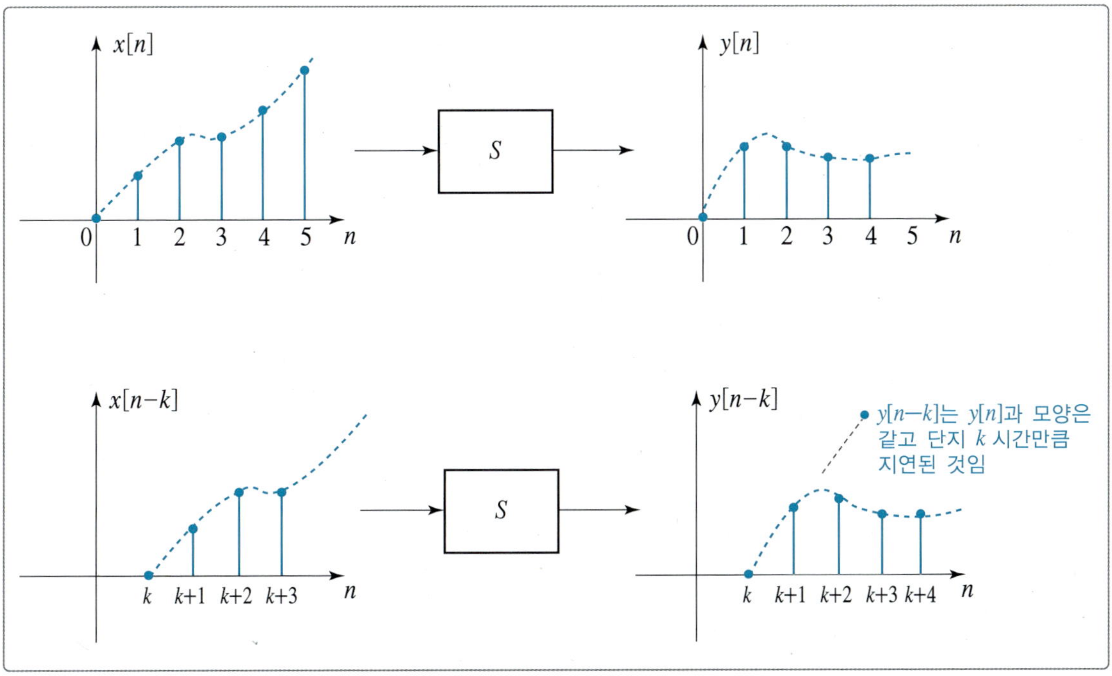

[그림 3-23] 시불변 시스템 입출력 관계

예제 3.5 다음 입출력 관계를 가진 시스템이 시불변인지 시변인지 알아보자.

(a) $y[n]=x[n]-x[n-2]$ (b) $y[n]=nx[n]$

풀이 (a) 먼저 시스템이 시불변인지를 알아보려면 k만큼 지연이 된 입력 $x[n-k]$에 대한 출력을 구하여야 한다. 일반적으로 이 출력을

$$y[n,\ k]=S\{x[n-k]\}$$

라고 하자. 만약 모든 가능한 k의 값에 대하여 출력이 $y[n,\ k]=y[n-k]$가 되면 시스템은 시불변이 된다. 그렇지 않은 경우는 시변이 된다. 이 경우 먼저 $y[n,\ k]$를 구해 보면

$$y[n,\ k]=x[n-k]-x[n-k-2] \tag{3.28}$$

반면에 문제에서 주어진 $y[n]$을 k만큼 지연을 시키면

$$y[n-k]=x[n-k]-x[n-k-2] \tag{3.29}$$

가 되고 결국 식 (3.28)과 식 (3.29)의 우변이 같으므로 $y[n,\ k]=y[n-k]$이 되고 시스템은 시불변이 된다.

(b) 이 경우 먼저 $y[n,\ k]$를 구해 보면

$$y[n,\ k]=nx[n-k] \tag{3.30}$$

반면에 문제에서 주어진 $y[n]$을 k만큼 지연을 시키면

$$\begin{aligned} y[n-k]&=[n-k]x[n-k] \\ &=nx[n-k]-kx[n-k] \end{aligned} \tag{3.31}$$

가 되고 $y[n,\ k]\neq y[n-k]$이므로 시스템은 시변이 된다.

(3) 기억 시스템과 무기억 시스템

시각 n에서의 이산 시스템의 출력이 같은 시각의 입력 신호에 의해서만 결정될 때 그 시스템을 무기억 시스템(memoryless system)이라고 한다. 즉, 무기억 시스템에서는 현재의 출력은 과거나 미래의 입력 값과는 상관없

이 현재의 입력에 의해서만 의존하게 된다. 이와 반대의 경우를 기억 시스템(memory system)이라고 한다.

만약 입출력 관계식이 다음과 같은 시스템이 있다면 시각 n에서의 출력이 같은 시각에서의 입력 $x[n]$에 의해서만 결정되므로 무기억 시스템이라고 할 수 있다.

$$y[n]=3x[n]$$
$$y[n]=nx[n]+2x^2[n]$$

즉, $y[n]$을 구하는데 과거나 미래의 입력 값이 필요 없다. 즉, 과거나 미래의 값을 저장하는 기억 소자가 필요 없다는 것이다. 그러나 다음과 같이 시스템의 입출력 관계가 주어진다면 출력 $y[n]$를 구하기 위해 과거나 미래의 입력 값을 알아야 한다.

$$y[n]=x[n-1]+2x[n-2]+3x[n+1]$$

이 경우 기억 시스템이라고 한다.

(4) 인과 시스템과 비인과 시스템

어떤 시스템의 시각 n에서의 출력이 과거나 현재의 입력 값, 즉 $x[n]$, $x[n-1]$, $x[n-2]$, … 에만 의존하고 미래의 입력 값, 즉 $x[n+1]$, $x[n+2]$, … 과는 무관할 때 시스템이 인과적(causal)이라고 말한다. 인과적이라는 말은 원인이 있어야 결과가 있다는 말로 입력이 가해지지 않으면 출력도 발생하지 않는다는 것을 의미한다. 그림 3-24에 인과 시스템(causal system)과 비인과 시스템(noncausal system)의 입출력 관계를 보였다.

특히 실시간 처리를 요하는 응용에서는 미래의 입력 값을 현재 시점에서 관측할 수 없기 때문에 비인과 시스템은 물리적으로 구현하는 것이 불가능하다. 하지만 실시간 처리를 요하지 않는 경우는 입력 값을 모두 저장하고 있다가 과거와 미래의 입력 값을 현재의 출력을 구하는 데 이용할 수 있으므로 비인과 시스템을 구현할 수 있다. 이 책에서 배울 대부분의 시스템이 인과 시스템이라는 것을 기억하기 바란다.

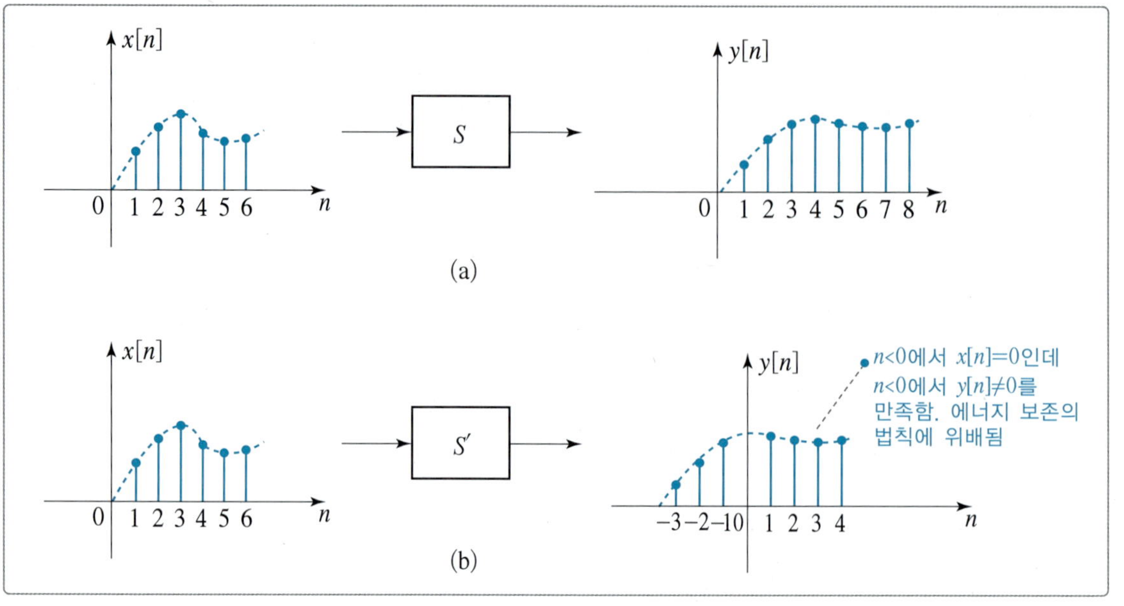

[그림 3-24] (a) 인과 시스템 (b) 비인과 시스템 (인과 시스템은 입력이 가해진 후에만 출력이 발생함)

(5) 안정 시스템과 비안정 시스템

시스템을 실제로 설계하는 경우 안정도는 매우 중요한 성질 중의 하나이다. 비안정 시스템(nonstable system)은 출력이 일정치 않고 동작이 불안하다. 따라서 설계되는 시스템이 안정한가를 고려하는 것은 매우 중요한 작업이다.

안정도를 정의하는 방법은 여러 가지가 있지만 여기서는 **유한 입력 유한 출력(BIBO: bounded input bounded output) 안정도**를 살펴보기로 하자.

BIBO 안정도란 시스템에 인가된 유한한 입력에 대한 시스템의 출력 특성을 정의한 것이다. 즉, 입력이 유한한 값을 가질 때 출력도 유한하다면 이때 시스템은 BIBO 안정이라고 부른다. 유한한 M_x와 M_y의 모든 n에 대하여

$$|x[n]| \le M_x < \infty \qquad |y[n]| \le M_y < \infty$$

이 만족되면 시스템은 BIBO 안정하다고 말한다. 그림 3-25에 안정 시스템과 비안정 시스템의 예를 보였다.

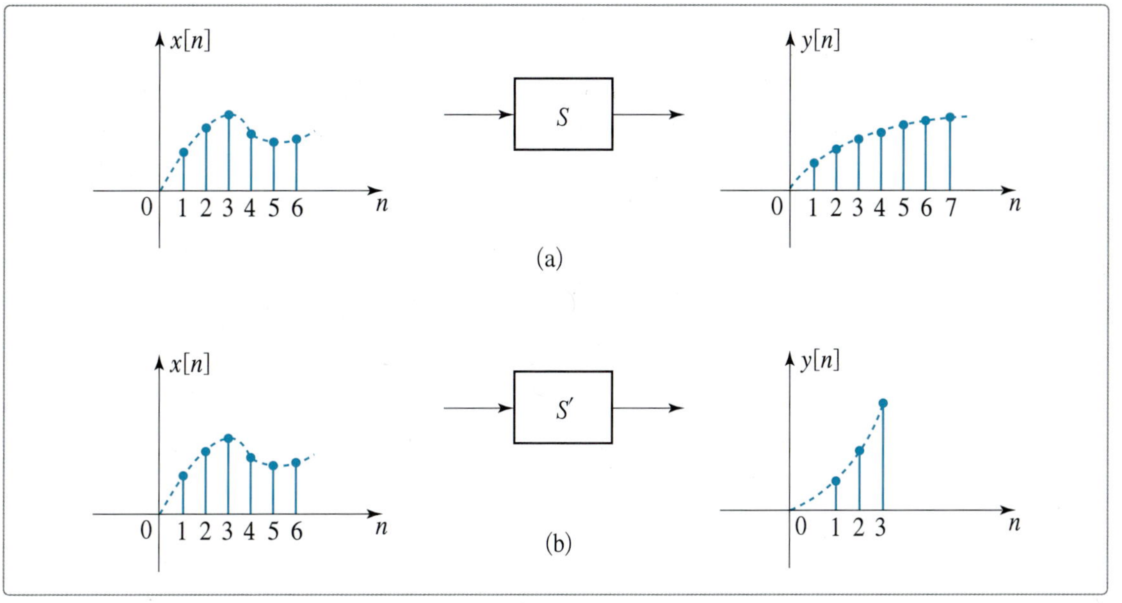

[그림 3-25] (a) 안정 시스템 (b) 비안정 시스템

3.3 이산 선형 시불변 시스템

이산 시스템이란 시스템의 입출력이 모두 이산 신호인 경우이다. 앞 절에서 시스템의 특성에 따라 시스템을 분류하였지만 이 책에서는 선형이며 시불변인 시스템을 가지고 해석하는 방법을 설명하고자 한다. 선형 시불변 시스템(linear time-invariant system; LTI system)으로 한정한 것은 연속 시스템과 마찬가지로 그렇지 않은 경우 시스템의 해석이 매우 복잡하고 고난도의 수학이 필요하므로 이 책의 범위를 벗어나기 때문이다. 따라서 학부 과정의 교과목에서는 대부분 선형 시불변 시스템을 배우게 된다.

시스템 해석에는 시간 영역 특성과 주파수 영역 특성을 이용할 수 있다. 여기서는 시간 영역에서의 특성을 단위 임펄스 응답과 차분 방정식을 이용하여 알아보도록 하자.

3.3.1 선형 시스템 해석

차분 방정식을 이용하여 시스템을 해석하는 방법을 간단히 살펴보자. 이것은 일반적으로 다음과 같이 주어진 시스템의 입출력 관계식을 직접 푸는 방법이다.

$$y[n] = G\{y[n-1],\ y[n-1],\ y[n-2]\cdots,\ \cdots\ y[n-N],\ x[n],\ x[n-1],\ \cdots,\ x[n-M]\} \quad (3.32)$$

이산 시스템에서 미분 $\frac{d}{dt}x(t)$는 h가 1이므로 $\lim_{h \to 0} \frac{x(t+h)-x(t)}{h} \Rightarrow x[n+1]-x[n]$의 차분으로 정의됨

여기서 G은 임의의 연산자를 의미한다.

특히 우리가 고려하고자 하는 **선형 시불변(linear time-invariant: LTI)** 시스템의 경우에는 식 (3.32)의 입출력 관계식이 다음과 같이 표현된다.

$$y[n] = -\sum_{k=1}^{N} a_k y[n-k] + \sum_{k=0}^{M} b_k x[n-k] \quad (3.33)$$

N차 상계수 차분 방정식임

여기서 $\{a_k\}$와 $\{b_k\}$들은 시스템의 특성에 따라 결정되는 매개 변수들이다. 식 (3.33)의 입출력 관계를 차분 방정식이라고 부르고 앞서 언급한 바와 같이 시간 영역에서 이산 시간 LTI 시스템의 동작을 표현하는 하나의 방법이다. 이에 대한 풀이는 3.4절에서 공부할 것이다.

입력 신호가 주어졌을 때 시스템의 동작을 해석하는 또 하나의 방법은 먼저 주어진 입력을 어떤 기본 신호의 합으로 분해하는 것이다. 시스템의 선형 특성을 이용한다면 이때 기본 신호는 그것의 시스템 응답을 구하기 쉬어야 한다. 만약 어떤 신호 $x[n]$이 기본 신호 $x_k[n]$으로 다음과 같이 분해된다고 생각해 보자.

$$x[n] = \sum_k c_k x_k[n]$$

여기서 $\{c_k\}$는 $x[n]$을 분해하는 과정에 생기는 가중치 값이다. 만약 기본

신호 $x_k[n]$에 대한 시스템 응답을 $y_k[n]$이라고 하면, 즉

$$y_k[n] = S\{x_k[n]\}$$

이면 시스템이 선형이라는 특성 때문에 식 (3.18)을 이용하면 다음 관계식을 얻을 수 있다.

$$\begin{aligned} y[n] &= S\{x[n]\} = S\{\sum_k c_k x_k[n]\} \\ &= \sum_k c_k S\{x_k[n]\} \\ &= \sum_k c_k y_k[n] \end{aligned} \tag{3.34}$$

이제 기본 신호를 어떻게 선택하느냐 하는 문제가 남아 있다. 물론 기본 신호에 대한 출력을 구하기 쉬워야 한다. 앞에서 배운 단위 임펄스 함수 $\delta[n]$을 기본 신호로 사용하게 되면 매우 편리하다는 것을 알 수 있다. 단위 임펄스 함수에 대한 시스템 응답을 시스템의 임펄스 응답이라고 하고 $h[n]$으로 표시하며 이것을 알 수 있다면 시스템 해석은 다음 절에서 정의되는 컨벌루션 합의 식을 푸는 것으로 충분하게 된다.

3.3.2 컨벌루션 합

식 (3.3)을 다시 쓰면

$$x[n]\delta[n-k] = x[k]\delta[n-k] \tag{3.35}$$

이다. 왜냐하면 $\delta[n-k]$는 $n=k$일 경우만 값이 1이고 다른 경우는 모두 그 값이 0이기 때문이다. 따라서 $\delta[n-k]$에 $x[n]$을 곱하면 그림 3-26에서 보는 것과 같이 $n=k$인 경우만 값 $x[k]$가 되고 다른 경우는 모두 값이 0인 새로운 수열로 된다.

이제 k가 $-\infty$ 부터 ∞까지 모든 정수인 경우를 생각하면 식 (3.4)에서 정의한 다음 관계식을 얻을 수 있다.

$$x[n] = \cdots + x[-1]\delta[n+1] + x[0]\delta[n] + x[1]\delta[n-1] + \cdots \\ = \sum_{k=-\infty}^{\infty} x[k]\delta[n-k] \tag{3.36}$$

식 (3.36)의 우변은 임의의 신호 $x[n]$을 이동된 단위 임펄스 함수(기본 신호)들을 가지고 분해한 것으로 생각할 수 있다.

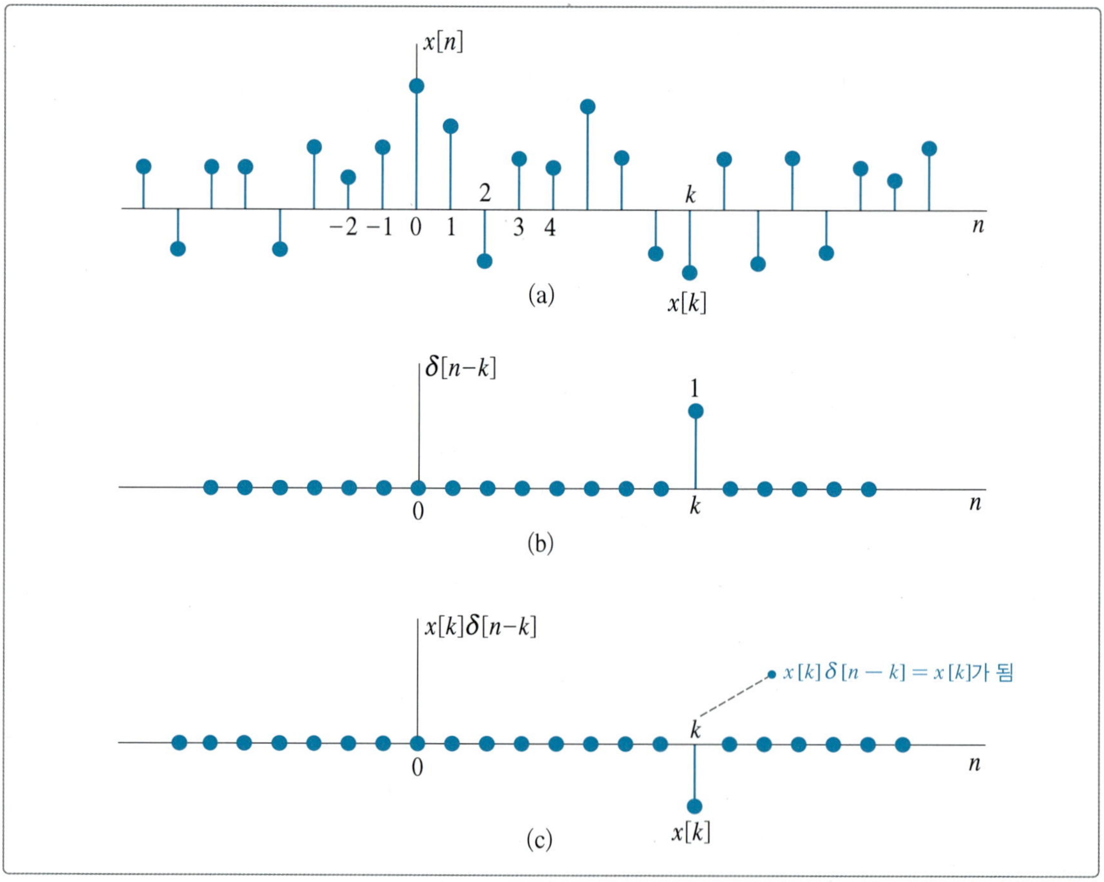

[그림 3-26] $x[n]$과 $\delta[n-k]$의 곱

예제 3.6 다음 $x[n]$을 단위 임펄스 함수를 가지고 분해해 보자.

$$x[n]=\{1, \underset{\uparrow}{3}, 0, 4\}$$

풀이 $x[n]$이 $n=-1, 0, 2$ 세 경우에 0이 아닌 값을 가지므로, $k=-1, 0, 2$의 지연을 가지는 임펄스가 세 개 필요하다. 식 (3.36)을 이용하면

$$\begin{aligned} x[n] &= x[-1]\delta[n+1]+x[0]\delta[n]+x[1]\delta[n-1]+x[2]\delta[n-2] \\ &= 1\delta[n+1]+3\delta[n]+4\delta[n-2] \end{aligned}$$

$x[1]=0$이므로 $x[1]\delta[n-1]=0$

이 된다.

이제 임의의 입력 $x[n]$에 대한 시스템의 응답을 구해보자. 먼저 $n=k$에서의 임펄스의 응답을 $h[n, k]$라고 정의하자. 즉,

$$\begin{aligned} h[n, k] &= S\{\delta[n-k]\} \\ &= h[n-k] \end{aligned}$$

입력이 임펄스 함수이므로 출력은 임펄스 응답이 됨

시스템이 시불변이라고 가정하였기 때문에 $h[n, k]=h[n-k]$가 됨을 쉽게 알 수 있다. 이때 $h[n]=S\{\delta[n]\}$은 앞서 설명한 바와 같이 시스템의 임펄스 응답이 된다.

식 (3.36)로부터 임의의 입력 $x[n]$이 단위 임펄스 함수의 가중 선형 조합으로 표현된다면 이때 시스템의 응답은 다음과 같이 된다.

$$y[n]=S\{x[n]\}=S\left\{\sum_{k=-\infty}^{\infty}x[k]\delta[n-k]\right\} \tag{3.37}$$

$$=\sum_{k=-\infty}^{\infty}x[k]S\{\delta[n-k]\} \tag{3.38}$$

$$=\sum_{k=-\infty}^{\infty}x[k]h[n-k] \tag{3.39}$$

$$=x[n]*h[n]$$

식 (3.37)이 식 (3.38)로 되는 것은 시스템이 선형이기 때문에 중첩의 원리에 의한 것이고, 식 (3.38)에서 식 (3.39)로 되는 것은 시스템의 시불변

특성 때문이다. 이제 임의의 입력 $x[n]$에 대한 시스템의 출력은 시스템의 임펄스 응답만 알면 식 (3.39)에 의해 어렵지 않게 구할 수 있다. 식 (3.39)을 이산 신호 $x[n]$과 임펄스 응답 $h[n]$과의 **컨벌루션 합(convolution sum)**이라고 부르고 $x[n]*h[n]$으로 표기한다. 식 (3.39)에서 k를 $n-k$로 변수 대치하면 출력은 다음과 같이 쓸 수도 있다.

$$\begin{aligned} y[n] &= \sum_{k=-\infty}^{\infty} x[n-k]h[k] \\ &= h[n]*x[n] \end{aligned} \tag{3.40}$$

따라서 이산 신호의 컨벌루션 연산도 교환 법칙이 만족한다.

연속 신호 때와 마찬가지로 컨벌루션 연산은 보기와는 달리 상당히 복잡하다. 따라서 처음 컨벌루션 연산을 대하는 독자들은 연산 과정을 순서에 따라 반복 연습하는 것이 필요하다. 다음 예제에서 그림을 이용하여 컨벌루션 연산 과정을 숙지해보자.

예제 3.7 선형 시불변 시스템의 임펄스 응답이 다음과 같다고 하자.

$$h[n]=\{1, \underset{\uparrow}{1}, 1, 1\}$$

입력이 다음과 같을 때 시스템의 응답을 구해보자.

$$x[n]=\{\underset{\uparrow}{1}, 2, 3, 4\}$$

풀이 식 (3.39)를 이용하여 컨벌루션 연산을 하는 것을 생각해보자. 먼저 $h[k]$를 $k=0$을 중심으로 대칭을 취하여 $h[-k]$를 얻고, n_0만큼 우로 이동시켜 $h[n_0-k]$를 얻는다. 다음 $x[k]$와 $h[n_0-k]$를 곱하여 $x[k]h[n_0-k]$를 구하고 모든 k 값에 대하여 더한다. 그래서 얻게 되는 값이 바로 n_0에서의 $y[n]$의 값, 즉 $y[n_0]$가 되는 것이다. 따라서 n_0의 값을 변화시키면서 그때마다 $y[n_0]$의 값을 구해야 모든 시간에서의 출력 $y[n]$을 얻게 되는 것이다.

이 예제에서는 위의 과정을 그림으로 자세히 살펴보도록 하겠다. 먼저 그림 3-27(a)에 시스템의 입력 신호 $x[k]$와 임펄스 응답 $h[k]$를 시간 k에 대해 나타내었다. 컨벌루션 합의 계산을 위해 가장 먼저 취해야 하는 동작은 $h[k]$의 대칭을 취하는 것이다. 대칭된 임펄스 응답 $h[-k]$를 그림 3-27(b)에 보였다. 다음 $n=0$에서의 출력을 구하면 식 (3.39)에 의해

$$y[0]=\sum_{k=-\infty}^{\infty} x[k]h[-k] \tag{3.41}$$

이 되고 만약 $v_0[k]\equiv x[k]h[-k]$라고 정의하면 식 (3.41)은

$$y[0]=\sum_{-\infty}^{\infty} v_0[k]=3$$

이 된다. $v_0[k]$를 그림 3-27(b)에 보였다.
$n=1$인 경우에 위의 과정을 반복하면

$$y[1]=\sum_{k=-\infty}^{\infty} x[k]h[1-h] \tag{3.42}$$

이 되고 여기서 $h[1-k]$는 그림 3-27(c)에 보인 바와 같이 $h[-k]$를 오른쪽으로 한 샘플 이동한 형태가 된다. 이때 $v_1[k]\equiv x[k]h[1-k]$을 그림 3-27(c)에 보였다. 결국 모든 k값에 대해 $v_1[k]$의 항을 더하면

$$y[1]=\sum_{k=-\infty}^{\infty} v_1[k]=6 \tag{3.43}$$

이 된다. 같은 방법으로 $n=\cdots,\ -2,\ -1$와 $n=2,\ 3,\ 4\ \cdots$ 인 경우 적용해보면 결국 시스템의 출력은 다음과 같이 됨을 알 수 있다.

$$y[n]=\{\cdots,\ 1,\ \underset{\uparrow}{3},\ 6,\ 10,\ 9,\ 7,\ 4,\ 0,\ \cdots\}$$

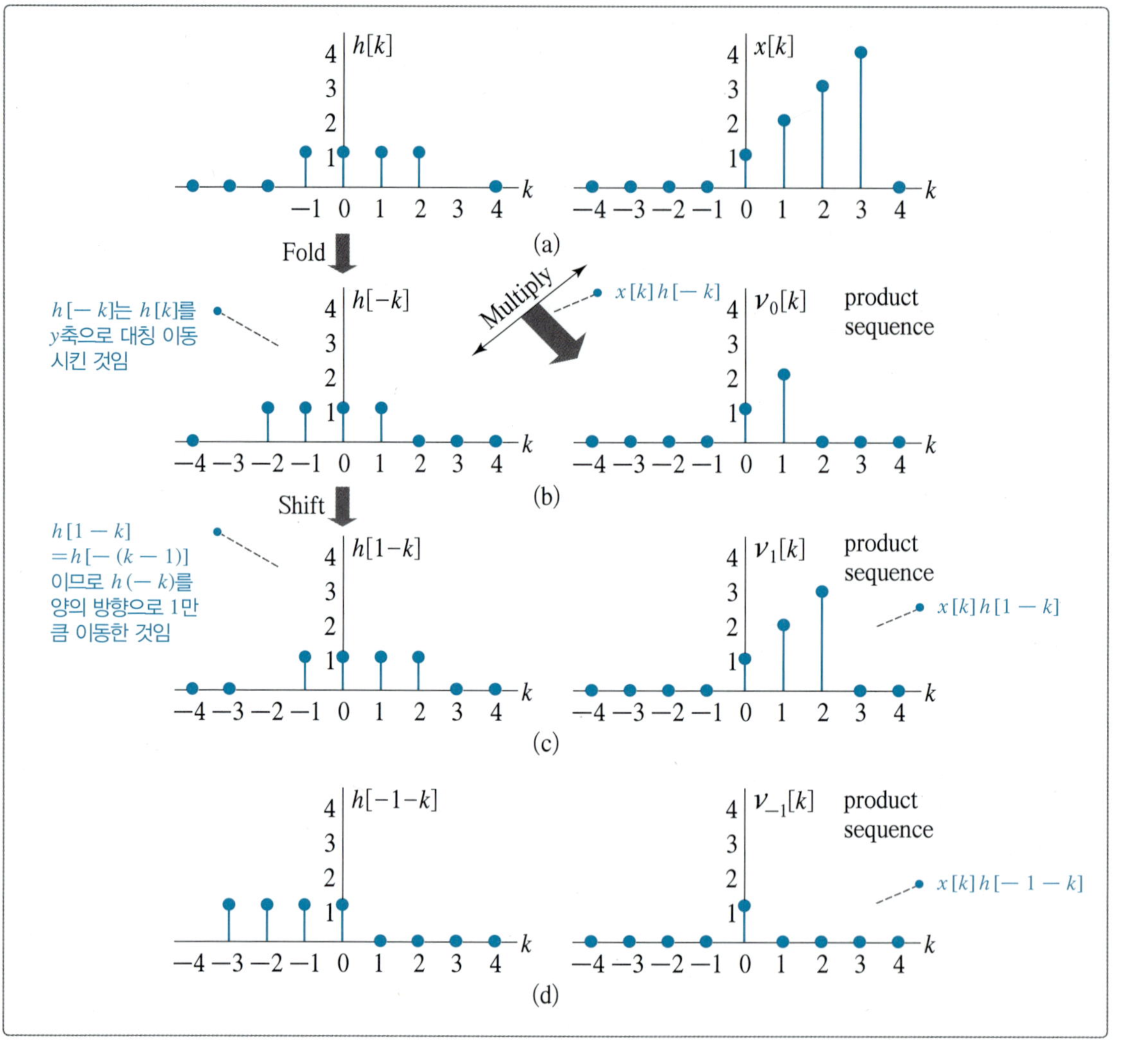

[그림 3-27] 그림으로 푸는 컨벌루션 연산

Matlab 예제 3.2 예제 3.7을 Matlab을 사용하여 다시 풀어라.

풀이

Matlab 코드

```
n=[-10:1:30];
x=(n+1).*(0<=n).*(n<=3);
h=1.*(-1<=n).*(n<=2);
y=conv(x,h);

figure;
stem(n,x);
axis([-6,10,-4.0,6.0]);
xlabel('n');
ylabel('x(n)');
grid on;

figure;
stem(n,h);
axis([-10,10,-4.0,4.0]);
xlabel('n');
ylabel('h(n)');
grid on;

figure;
stem(n,y(1:length(n)));
axis([0,25,-4.0,15.0]);
xlabel('n');
ylabel('y(n)');
grid on;
```

Matlab 결과

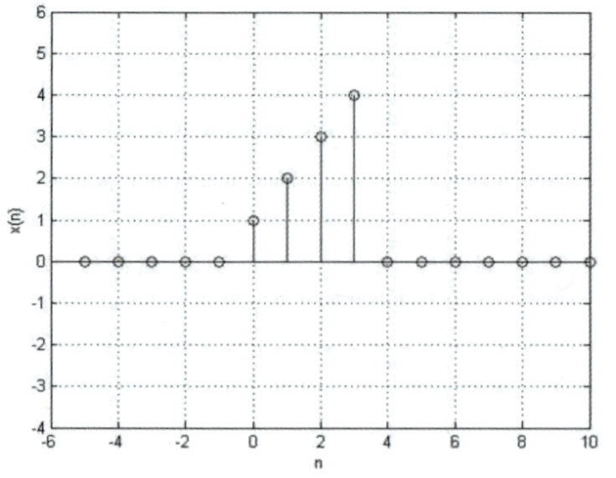

(a) 입력 신호

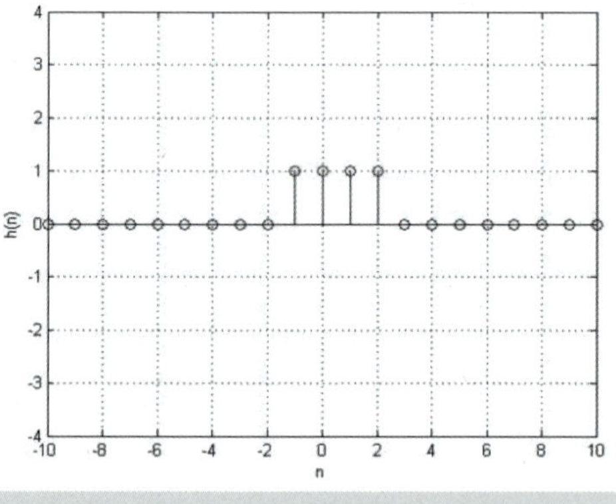

(b) 임펄스 응답

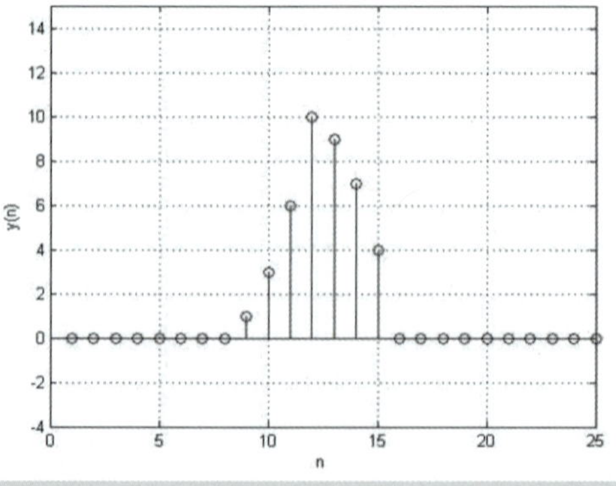

(c) 출력 신호

3.3.3 컨벌루션의 성질

시간 영역에서 선형 시불변 시스템의 특성을 해석할 수 있는 컨벌루션 연산은 매우 중요한 개념이다.

물론 주파수 영역에서 시스템을 해석하는 쉬운 방법이 존재하더라도 컨벌루션 연산은 시스템을 이해하는데 매우 중요한 역할을 하고 실제 응용에서도 폭 넓게 사용되고 있다. 따라서 컨벌루션 연산의 성질을 알아보는 것은 의미 있는 일이다.

(1) 교환 법칙

앞서 언급한 바와 같이 컨벌루션은 교환 법칙을 만족한다. 즉,

$$x[n] * h[n] = h[n] * x[n] \tag{3.44}$$

[그림 3-28] 컨벌루션의 교환 법칙

다시 말해 입력 신호와 시스템의 응답의 역할을 바꾸어도 시스템의 출력은 같다. 그림 3-28에 그림으로 보였다.

(2) 결합 법칙

컨벌루션은 결합 법칙을 만족한다.

$$\{x[n] * h_1[n]\} * h_2[n] = x[n] * \{h_1[n] * h_2[n]\} \tag{3.45}$$

좌변은 입력 신호가 $x[n]$일 때 임펄스 응답이 $h_1[n]$인 시스템의 출력을 다시 임펄스 응답이 $h_2[n]$인 두 번째 시스템에 인가하여 출력되는 신호를 의미한다. 즉, 두 개의 시스템이 종속으로 연결된 경우이다. 그러나 우변은 다음 임펄스 응답을 갖는 시스템에 입력 $x[n]$이 인가되었을 경우의 출력을 의미한다.

$$h[n] = h_1[n] * h_2[n]$$

이 관계를 그림으로 나타내면 그림 3-29와 같다. 두 개의 시스템이 종속으로 연결된 경우 두 시스템의 임펄스 응답의 컨벌루션을 새로운 임펄스 응답으로 갖는 하나의 시스템으로 대체할 수 있다는 것을 알 수 있다.

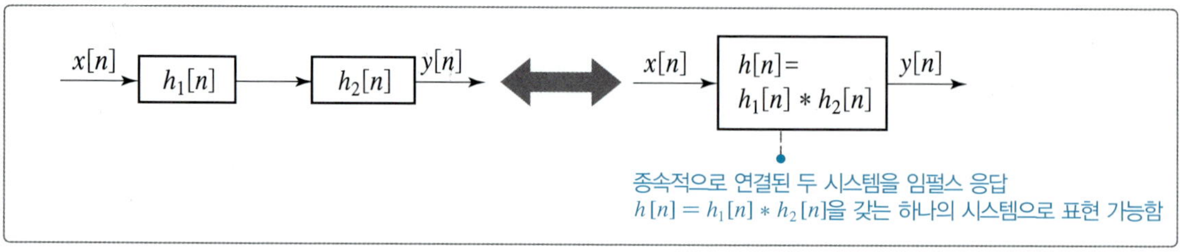

[그림 3-29] 컨벌루션의 결합 법칙

(3) 분배 법칙

컨벌루션은 합에 대한 분배 법칙도 만족한다.

$$x[n] * \{h_1[n] + h_2[n]\} = x[n] * h_1[n] + x[n] * h_2[n] \tag{3.46}$$

물리적으로 분배 법칙의 관계를 생각해 보면 다음과 같다. 각각의 임펄스 응답이 $h_1[n]$과 $h_2[n]$인 두 시스템에 입력 $x[n]$을 인가하여 얻은 출력의 합은 임펄스 응답이 $h[n]=h_1[n]+h_2[n]$인 새로운 시스템에 입력 $x[n]$을 인가하여 얻은 출력과 같다는 것이다.

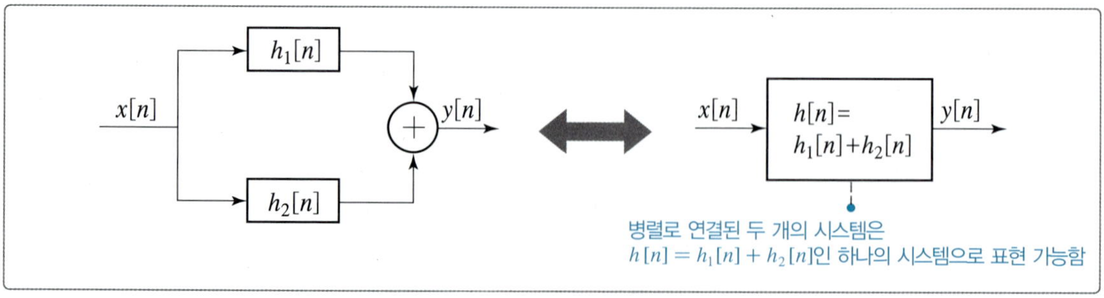

[그림 3-30] 컨벌루션의 분배 법칙

즉, 두 개의 시스템이 병렬로 연결되었을 경우 하나의 시스템으로 대체할 수 있으며 이때 대체된 하나의 새로운 시스템의 임펄스 응답은 각각의 임펄스 응답을 더한 형태가 된다. 그림 3-30에 이 관계를 보였다.

(4) 인과 LTI 시스템

앞에서 인과 시스템은 어느 시각 $n=n_0$에서의 출력은 $n \le n_0$의 입력 신호 값에 의해서만 결정된다고 정의하였다. 여기서는 선형 시불변 시스템이 인과적이기 위한 임펄스 응답의 조건을 알아보기로 하자. 먼저 $n=n_0$인 경우 시스템의 출력을 컨벌루션 식으로 표현해 보자.

$$y[n_0]=\sum_{k=-\infty}^{\infty} h[k]x[n_0-k]$$

식 (3.47)에서 n_0를 기준으로 과거와 현재의 입력 성분과 미래의 입력 성분을 구분하면

$$\begin{aligned} y[n_0] &= \sum_{k=0}^{\infty} h[k]x[n_0-k]+\sum_{k=-\infty}^{-1} h[k]x[n_0-k] \\ &=\{h[0]x[n_0]+h[1]x[n_0-1]+h[2]x[n_0-2]+\cdots\} \\ &+\{h[-1]x[n_0+1]+h[-2]x[n_0+2]+\cdots\} \end{aligned} \tag{3.47}$$

첫 번째 항의 성분들은 현재나 과거의 입력 성분과 관련이 있지만 두 번째 항은 미래의 입력 값 $x[n_0+1]$, $x[n_0+2]$, … 등과 관련이 있으므로 시스템이 인과적이기 위해서는 당연히 임펄스 응답이 다음 관계식을 만족하여야 한다.

$$h[n]=0 \quad n<0 \tag{3.48}$$

식 (3.48)는 선형 시불변 시스템이 인과적이기 위한 필요충분 조건이기도 하다.

(5) 안정 LTI 시스템

시스템이 BIBO 안정하기 위한 조건도 선형 시불변 시스템인 경우 임펄스

응답을 이용하여 다음과 같이 구할 수 있다.

$$\sum_{k=-\infty}^{\infty} |h[k]| < \infty \tag{3.49}$$

이 관계도 컨벌루션 식으로부터 어렵지 않게 유도할 수 있다. 식 (3.49)의 양변에 절댓값을 취하면

$$\begin{aligned} |y[n]| &= \left| \sum_{k=-\infty}^{\infty} h[k]x[n-k] \right| \\ &\le \sum_{k=-\infty}^{\infty} |h[k]||x[n-k]| \\ &\le M_x \sum_{k=-\infty}^{\infty} |h[k]| \end{aligned} \tag{3.50}$$

세 번째 부등식은 입력 신호 $x[n]$이 M_x 이하의 유한한 값을 갖는다고 가정했기 때문에 성립한다. 식 (3.50)에서 출력이 유한하기 위해서는 반드시 식 (3.49)이 성립해야 한다.

(6) FIR과 IIR 시스템

지금까지 우리는 선형 시불변 시스템의 성질을 임펄스 응답을 가지고 공부하였다. 임펄스 응답을 가지고 선형 시불변 시스템을 크게 **유한 임펄스 응답(finite-duration impulse response: FIR)** 시스템과 **무한 임펄스 응답(infinite-duration impulse response: IIR)** 시스템으로 분류할 수 있다.

FIR 시스템은 어느 유한한 구간 외에는 임펄스 응답이 0의 값을 갖는 시스템을 의미한다. 즉,

$$h[n] = 0 \quad n < 0 \text{ 과 } n \ge M$$

와 같이 정의되고, 이 경우 컨벌루션 식 (3.40)은 다음과 같이 표현된다.

$$y[n] = \sum_{k=0}^{M-1} h[k]x[n-k] \tag{3.51}$$

다시 말해서 시스템의 출력은 유한개의 입력 샘플의 선형 조합으로 이루어진다. 반면에 IIR 선형 시불변 시스템은 무한 구간에서 임펄스 응답이 존재하는 경우를 의미하며, 따라서 IIR 시스템의 출력은 무한개의 입력 샘플이 필요하게 된다. 즉, 인과 시스템인 경우 IIR 시스템의 출력은

$$y[n]=\sum_{k=0}^{\infty}h[k]x[n-k] \tag{3.52}$$

이 된다. 이 경우 현재와 과거의 모든 입력 값이 필요하기 때문에 시스템은 무한 기억 소자를 갖게 된다. FIR 시스템과 IIR 시스템에 대해서는 뒤에서 자세히 공부할 것이다.

3.4 차분 방정식으로 표현되는 시스템

지금까지 우리는 단위 임펄스 응답을 가지고 선형 시불변 시스템을 해석하는 방법을 공부하였다. 단위 임펄스 응답은 입력 신호가 주어지면 다음 컨벌루션 식을 이용하여 선형 시불변 시스템의 출력을 구할 수 있게 한다.

$$y[n]=\sum_{k=-\infty}^{\infty}h[k]x[n-k] \tag{3.53}$$

또한 식 (3.53)을 이용하면 시스템을 직접 구현할 수도 있다. 특히 FIR 시스템의 경우는 식 (3.51)에서 보는 바와 같이 유한개의 곱셈기, 덧셈기, 그리고 유한 기억 소자만 가지고 시스템을 구현할 수 있다.

그러나 IIR 시스템의 경우는 식 (3.52)에서 보는 것과 같이 컨벌루션 식을 가지고는 시스템을 실제로 구현하는 것이 불가능하다. 왜냐하면 시스템을 구현하기 위해서 무한개의 덧셈기, 곱셈기, 기억소자가 필요하기 때문이다. 따라서 IIR 시스템을 구현하기 위해서는 컨벌루션 식이 아닌 다른 시스템 모델링 방법을 찾아야 한다. 이것이 바로 **차분 방정식(difference equation)**인 것이다. 이산 시스템에서 미분 방정식에 대응하는 것도 바로 차분 방정식이다.

3.4.1 차분 방정식의 표현법

이산 선형 시불변 시스템을 식 (3.53)과 같이 컨벌루션 식으로 표현하면 출력을 입력의 선형 조합으로만 가지고 구할 수 있지만 경우에 따라서는 출력을 구하기 위해서 과거의 출력 값을 이용하는 것이 편리한 경우가 있다. 예를 들어, 입력 신호 $x[n]$의 $n+1$개의 값의 평균 값을 구하는 시스템이 있다고 생각하자. 즉, 출력이

$$y[n]=\frac{1}{n+1}\sum_{k=0}^{n}x[k] \qquad n=0,\ 1,\ \cdots \tag{3.54}$$

이면 이 경우 $y[n]$을 구하기 위해서 $0\le k\le n$ 에 대한 입력 값 $x[k]$가 필요하고 n 값이 증가할수록 필요한 기억 소자는 계속 증가하게 된다.

그러나 같은 시스템을 바로 전 출력 값 $y[n-1]$를 이용하여 다시 표현하면 식 (3.54)로부터

$$\begin{aligned}(n+1)y[n]&=\sum_{k=0}^{n-1}x[k]+x[n]\\&=ny[n-1]+x[n]\end{aligned}$$

$y[n-1]=\frac{1}{n}\sum_{k=0}^{n-1}x[k]$ 이기 때문에

이 되고 따라서

$$y[n]=\frac{n}{n+1}y[n-1]+\frac{1}{n+1}x[n] \tag{3.55}$$

을 얻을 수 있다. 따라서 평균 값 $y[n]$은 전 출력 값 $y[n-1]$에 $\frac{n}{n+1}$ 을 곱하고 현재의 입력 값 $x[n]$에 $\frac{1}{n+1}$ 의 값을 곱해서 더하면 얻을 수 있다. 결국 평균 값을 구하는 시스템을 식 (3.55)로 표현하면 출력 $y[n]$을 구하는데 단지 두 번의 곱셈과 한 번의 덧셈, 그리고 한 개의 기억 소자만을 필요로 하게 되는 것을 알 수 있다.

이렇게 과거의 출력 값이 현재의 출력 값을 구하는데 필요한 시스템을 **재귀 시스템(recursive system)**이라고 부른다. 즉, 재귀 시스템은

$$y[n] = G\{y[n-1],\ y[n-2],\ \cdots,\ y[n-N],\ x[n],\ x[n-1],\ \cdots,\ x[n-M]\}$$

으로 표현된다. 이때 G는 임의의 함수 관계를 의미한다.

반면에, $y[n]$이 현재와 과거의 입력 값에만 의존할 경우, 즉

$$y[n] = G\{x[n],\ x[n-1],\ \cdots,\ x[n-M]\} \tag{3.56}$$

인 경우, 이러한 시스템을 **비재귀 시스템(nonrecursive system)**이라고 부른다. FIR 시스템의 컨벌루션 식인 식 (3.51)을 자세히 살펴보면 식 (3.56)과 같이 과거의 출력 값이 현재의 출력 값을 구하는 데 필요하지 않다는 것을 알 수 있다. 왜냐하면

$$\begin{aligned} y[n] &= \sum_{k=0}^{M} h[k]x[n-k] \\ &= h[0]x[n] + h[1]x[n-1] + \cdots + h[n]x[n-M] \\ &= G\{x[n],\ x[n-1],\ \cdots,\ x[n-M]\} \end{aligned}$$

이 되기 때문이다. 따라서 선형 시불변 FIR 시스템이 인과적일 경우 그 시스템은 비재귀적이라는 것을 알 수 있다. 반면에, IIR 시스템은 재귀 시스템이 된다. 재귀 시스템과 비재귀 시스템의 기본 형태를 그림 3-31에 보였다.

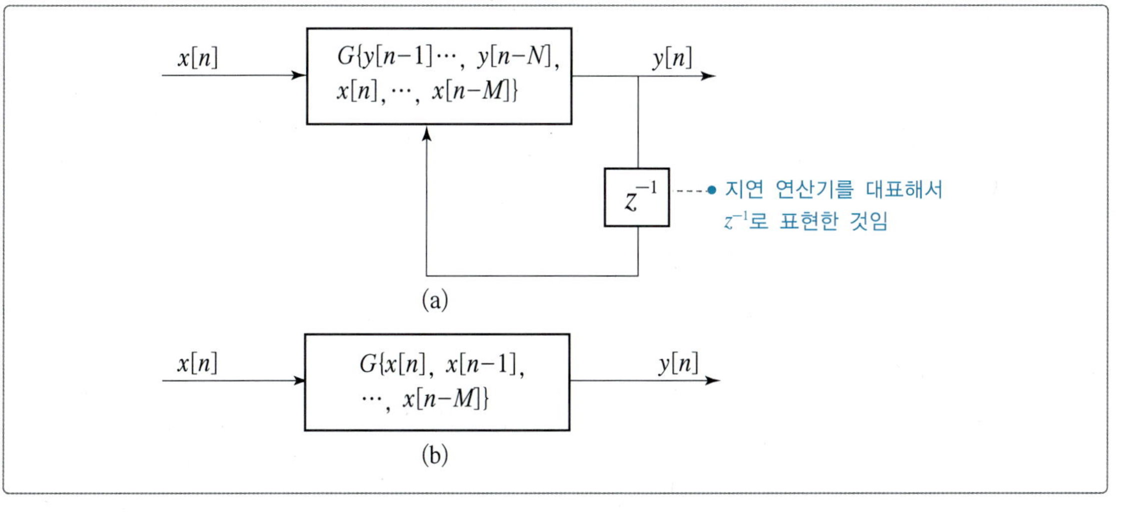

[그림 3-31] (a) 재귀 시스템 (b) 비재귀 시스템

앞에서 설명한 재귀 시스템이나 비재귀 시스템은 상수 계수를 갖는 차분 방정식으로 표현된다. 따라서 모든 선형 시불변 시스템은 다음의 차분 방정식을 이용해 표현될 수도 있다.

$$y[n] = -\sum_{k=1}^{N} a_k y[n-k] + \sum_{k=0}^{M} b_k x[n-k] \tag{3.57}$$

또는

$$\sum_{k=0}^{N} a_k y[n-k] = \sum_{k=0}^{M} b_k x[n-k], \quad a_0 \equiv 1 \tag{3.58}$$

여기서 a_k와 b_k는 상수이다. 정수 N은 차분 방정식의 차수를 결정한다. 식 (3.57)은 시스템의 출력이 식 (3.53)의 컨벌루션 식과는 달리 현재 및 과거의 입력 값뿐만 아니라 과거의 출력 값에도 관련이 있다는 것을 보여 주고 있다.

식 (3.58)로 주어진 선형 시불변 시스템을 해석하기 위해서는 차분 방정식을 풀어서 주어진 입력 $x[n]$에 대하여 출력 $y[n]$을 구하여야 한다. 앞 절에서 설명한 컨벌루션 식과 더불어 시간 영역에서 선형 시불변 시스템을 해석할 수 있는 또 다른 방법이 바로 차분 방정식을 푸는 일이다.

3.4.2 선형 상계수 차분 방정식의 해

이 절에서는 이산 선형 시불변 시스템이 식 (3.58)의 상수 계수를 같은 선형 차분 방정식으로 표현되는 경우 출력 $y[n]$을 구하는 방법을 알아보고자 한다. 주어진 차분 방정식을 풀기 전에 다음 경우를 생각해 보자.

식 (3.57)를 다시 쓰면 다음과 같다.

$$y[n] = -\sum_{k=1}^{N} a_k y[n-k] + \sum_{k=0}^{M} b_k x[n-k] \tag{3.59}$$

이 식에서 $x[n-k]$는 주어진 입력 값이기 때문에 이미 알고 있는 값이다. $y[n-k]$의 값을 알 수 있다면 $y[n]$의 값은 어렵지 않게 구할 수 있다. $n=0$인 경우 식 (3.59)은

$$y[0] = -\sum_{k=1}^{N} a_k y[-k] + \sum_{k=0}^{M} b_k x[-k] \tag{3.60}$$

$k=1,\ 2,\ \cdots,\ N$일 경우의 $y[-k]$의 값을 차분 방정식의 초기 조건이라 하며, 인과 시스템인 경우 입력이 가해지기 전의 시스템의 초기 조건이 되고 알려진 값들이다. 따라서 $y[0]$을 구할 수 있다. 이제 식 (3.59)에서 $n=1$이 되면

$$y[1] = -\sum_{k=1}^{N} a_k y[1-k] + \sum_{k=0}^{M} b_k x[1-k]$$

이 되고 식 (3.60)에서 결정된 $y[0]$을 가지고 $y[1]$을 구할 수 있다. 이 과정을 반복하면 모든 $n \geq 0$ 에 대하여 $y[n]$의 값을 구할 수 있다. 하지만 이 방법은 임의의 n에 대한 $y[n]$의 값을 하나의 식으로 표현하지는 못한다. 따라서 차분 방정식의 균일해(homogeneons solution)와 특수해(particular solution)를 구하는 해석적인 방법을 알아볼 필요가 있다. 차분 방정식의 풀이는 기본적으로 미분 방정식의 풀이와 매우 유사하다. 즉, 차분 방정식의 해도 입력 $x[n]=0$인 경우의 균일해 $y_h[n]$과 주어진 입력 $x[n]$에 대한 특수해 $y_p[n]$ 성분의 합으로 이루어진다. 즉,

$$y[n] = y_h[n] + y_p[n]$$

(1) 균일해

균일해(homogeneous solution)를 구하기 위해서는 입력 신호 $x[n]=0$이라고 가정한다. 그러면 다음의 동차 차분 방정식을 얻게 된다.

$$\sum_{k=0}^{N} a_k y[n-k] = 0 \tag{3.61}$$

미분 방정식을 풀 때와 마찬가지로 식 (3.61)의 해가 $y_h[n] = \lambda^n$ 이라고 가정하면 다음 다항식을 얻게 된다.

$$\sum_{k=0}^{N} a_k \lambda^{n-k} = 0$$

Educated guess 방법인데 어떤 신호의 지연 성분과 자기 자신을 가중치를 곱한 다음 더해서 0이 되는 신호는 지수 함수밖에 없음

또는

$$\lambda^{n-N}[\lambda^N + a_1\lambda^{N-1} + a_2\lambda^{N-2} + \cdots + a_{N-1}\lambda + a_N] = 0 \quad (3.62)$$

식 (3.62)의 괄호 안의 다항식을 시스템의 특성 방정식(characteristic equation)이라고 부르며 일반적으로 N개의 근 $\lambda_1, \lambda_2, \cdots, \lambda_N$ 이 존재한다. 이 근들은 서로 다를 수도 있고 또 중근일 수도 있다. 만약 근이 서로 다른 값을 갖는다고 가정하면 동차 방정식의 균일해는 다음과 같이 된다.

$$y_h[n] = C_1\lambda_1^n + C_2\lambda_2^n + \cdots + C_N\lambda_N^n \quad (3.63)$$

n차 다항식의 근은 n개임

여기서 $C_1, C_2, \cdots, C_N$는 가중 계수이며 시스템의 초기 조건에 의해 구할 수 있다. 만약 중근일 경우, 예를 들어 λ_1 이 P_1개 중복되고 $N-P_1$의 나머지 근이 서로 다르면 균일해는 다음과 같이 된다.

$$y_h[n] = C_1\lambda_1^n + C_2 n\lambda_1^n + \cdots + C_{P_1} n^{P_1-1}\lambda_1^n + C_{P_1+1}\lambda_{P_1+1}^n + \cdots + C_N\lambda_N^n$$

예제 3.8 다음 차분 방정식의 균일해를 구해보자.

$$y[n] + 0.5y[n-1] = 0, \quad y[-1] = -1 \quad (3.64)$$

풀이 균일해가 $y_h[n] = \lambda^n$이라고 가정하자. 식 (3.64)에 대입하면

$$\lambda^n + 0.5\lambda^{n-1} = 0$$
$$\lambda^{n-1}(\lambda + 0.5) = 0$$
$$\lambda = -0.5$$

이 되고 따라서 균일해는

$$y_h[n] = C\lambda^n = C(-0.5)^n$$

이다. 이때 $y[-1]=-1$이므로 $C=0.5$가 된다.

(2) 특수해

차분 방정식의 특수해(particular solution) $y_p[n]$은 입력 $x[n]$이 주어졌을 때 차분 방정식 식 (3.59)의 근이며 입력 $x[n]$의 형태에 따라 결정된다. 다음 예제에서 특수해를 구하는 방법을 설명하였다.

예제 3.9 다음 1차 차분 방정식의 특수해를 구해보자.

$$\begin{aligned} &y[n]+0.5y[n-1]=x[n] \\ &x[n]=u[n] \end{aligned} \tag{3.65}$$

여기서 $u[n]$은 앞에서 배운 단위 계단 함수이다.

풀이 먼저 입력이 $n \geq 0$ 에서 상수이므로 특수해의 형태도 상수라고 가정해 보자(이런 경우도 educated guess라는 표현을 씀, 즉 교육적 경험으로 이것을 가정할 수 있음). 즉,

$$y_p[n]=Ku[n]$$

여기서 K는 식 (3.65)을 만족하도록 결정되어야 하는 상수이다. 이 해를 식 (3.65)에 대입하면 다음 식을 얻게 된다.

$$Ku[n]+0.5Ku[n-1]=u[n] \tag{3.66}$$

$n \geq 1$ 에 대해 식 (3.66)은 $K+0.5K=1$이 되고 따라서 $K=\frac{1}{1.5}$ 가 됨을 알 수 있다. 그러므로 주어진 차분 방정식의 특수해는

$$y_p[n]=\frac{1}{1.5}u[n]$$

이 된다.

Matlab 예제 3.3 다음 차분 방정식이 주어졌을 때, n 값이 −10부터 100까지에 대해 Matlab을 사용하여 임펄스 응답을 구하라.

$$y[n]+0.8y[n-1]=2x[n]$$

풀이

Matlab 코드

```
b=[2];
a=[1, 0.8];

n=-10:100;
x_n=(n==0);
figure;
stem(n, x_n);

h_n = filter(b, a, x_n);
figure;
stem(n,h_n);
xlabel('n');
ylabel('Impluse Response');
```

Matlab 결과

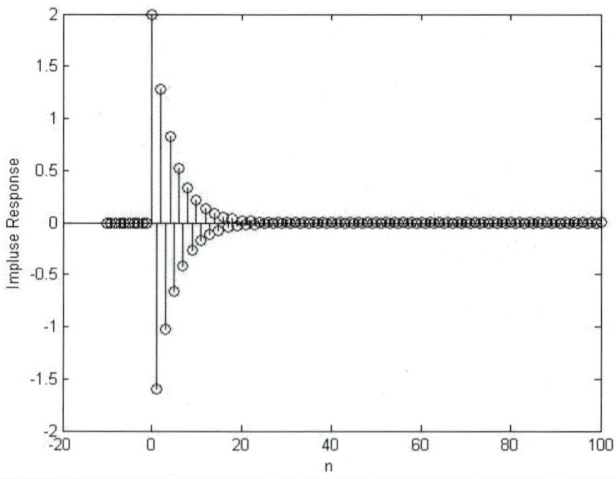

연 / 습 / 문 / 제

3-1 그림 P3.1에 보인 이산 신호 $x[n]$에 대해서 다음의 경우를 그려라.

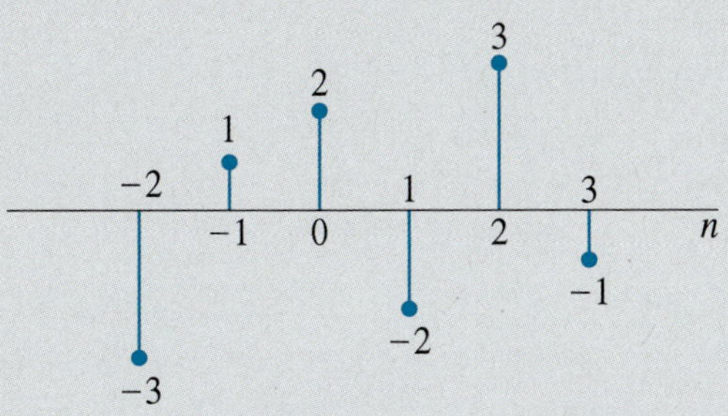

[그림 P3.1]

(a) $x[4n-3]$

(b) $x[-\frac{n+8}{2}]$

(c) $x[4n-3]+x[-\frac{n+8}{2}]$

3-2 다음 식이 성립함을 보여라.

(a) $\delta[n]=u[n]-u[n-1]$

(b) $u[n]=\sum_{k=-\infty}^{n}\delta[k]=\sum_{k=0}^{\infty}\delta[n-k]$

3-3 다음 신호가 주기 신호인지 판별하라. 만약 주기 신호이면 그 신호의 기본 주기를 구하라.

(a) $x[n]=\sin[\frac{\pi n}{2}+\frac{\pi}{6}]$

(b) $x[n]=\sin[\frac{3\pi n}{2}]+\sin[\frac{\pi n}{5}]$

(c) $x[n]=\exp[\frac{2\pi}{3}n]$

(d) $x[n]=\exp[j\frac{2\pi}{3}n]$

3-4 연속 시간 시스템에서의 메모리, 시불변, 선형성 그리고 인과성의 개념들이 이산 시간 시스템에서도 적용된다. 다음에서 $x[n]$은 시스템의 입력을, $y[n]$은 출력을 의미한다. 아래의 시스템이 (i) 선형, (ii) 무기억, (iii) 시불변, (iv) 인과적 인지의 여부를 확인하고, 각각의 경우에 그 이유를 설명하라.

(a) $y[n] = \log\{x[n]\}$

(b) $y[n] = x[n]x[n-3]$

(c) $y[n] = \sum_{k=0}^{n} x[n]$

(d) $y[n] = \frac{1}{N}\sum_{k=0}^{N-1} x[n-k]$

3-5 다음 두 신호의 컨벌루션 $y[n]$을 아래의 방법으로 각각 구하라.

$$x[n] = \begin{cases} \frac{1}{3}n, & 0 \le n \le 6 \\ 0, & \text{다른 경우} \end{cases}$$

$$h[n] = \begin{cases} 1, & -2 \le n \le 2 \\ 0, & \text{다른 경우} \end{cases}$$

(a) 그래픽적 방법

(b) 수식적 방법

3-6 다음 신호들의 컨벌루션 $y[n] = h[n] * x[n]$ 을 구하라.

(a) $x[n] = \left(\frac{1}{2}\right)^n u[n]$

$h[n] = \delta[n] + \delta[n-1] + \left(\frac{1}{3}\right)^n u[n]$

(b) $x[n] = u[n]$

$h[n] = 1 \quad 0 \le n \le 9$

(c) $x[n] = n\,u[n]$

$h[n] = u[n] - u[n-10]$

3-7 다음 유한 길이의 두 이산 신호에 대해 컨벌루션 $y[n]=h[n]*x[n]$을 구하라.

(a) $x[n]=\left\{1,\ \frac{1}{2},\ \underset{\uparrow}{-\frac{1}{4}},\ \frac{1}{8},\ -\frac{1}{16}\right\}$, $\quad h[n]=\{\underset{\uparrow}{1},\ -1,\ 1,\ -1\}$

(b) $x[n]=\{\underset{\uparrow}{1},\ 2,\ 3,\ 0,\ -1\}$, $\quad h[n]=\left\{\underset{\uparrow}{2},\ -1,\ 3,\ \frac{1}{2},\ -\frac{1}{2}\right\}$

(c) $x[n]=\left\{3,\ \frac{1}{2},\ \underset{\uparrow}{-\frac{1}{4}},\ 1,\ 4\right\}$, $\quad h[n]=\{\underset{\uparrow}{1},\ 1,\ 1,\ 1,\ 1\}$

3-8 (a) 다음을 가정하고 그림 P3.2에 보인 시스템의 임펄스 응답을 구하라.

$$h_1[n]=h_2[n]=\left(\frac{1}{3}\right)^n u[n]$$
$$h_3[n]=u[n]$$
$$h_4[n]=\left(\frac{1}{2}\right)^n u[n]$$

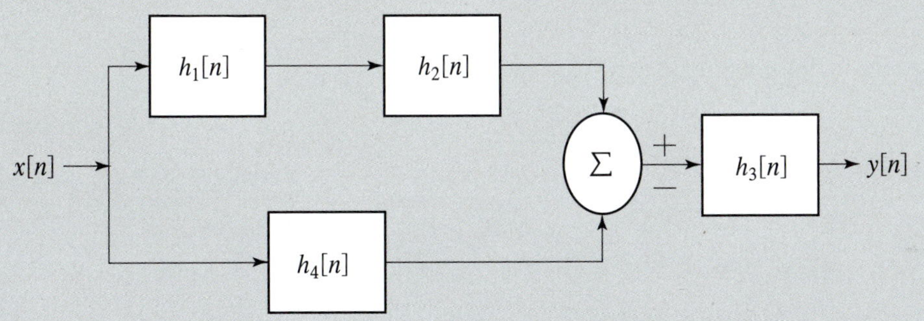

[그림 P3.2]

(b) 단위 계단 입력에 대한 시스템의 응답을 구하라.

3-9 다음이 성립함을 보여라.

(a) 초깃값이 0인 선형 시스템이 인과 시스템이면 임의의 입력 $x[n]$에 대한 출력은 다음과 같다.

$$x[n]=0 \quad for \quad n<n_0 \ \Rightarrow \ y[n]=0 \quad for \quad n<n_0$$

(b) 초깃값이 0인 LTI 시스템이 인과 시스템이면 다음을 만족한다.

$$h[n]=0 \quad for \quad n<0$$

3-10 다음과 같은 임펄스 응답을 갖는 선형 시불변 시스템에서 시스템이 BIBO 안정하기 위한 a 값의 범위를 구하라.

$$h[n]=\begin{cases} a^n, & n \geq 0,\ n \text{ 짝수} \\ 0, & \text{다른 경우} \end{cases}$$

3-11 다음과 같이 2차 차분 방정식으로 표시된 시스템의 출력을 구하라.

$$x[n]-4y[n-1]-5ay[n-2]=0$$

3-12 다음 차분 방정식의 해를 구하라.

(a) $y[n]+\frac{1}{2}y[n-1]=x[n]$

여기서 $y[-1]=0$ 이고 $x[n]=\left(-\frac{1}{2}\right)^n u[n]$ 이다.

(b) $y[n]+\frac{1}{2}y[n-1]=x[n]$

여기서 $y[-1]=1$ 이고 $x[n]=\left(\frac{1}{2}\right)^n u[n]$ 이다.

3-13 문제 3-12에 주어진 시스템들의 임펄스 응답을 구하라.

3-14 신호 $x[n]$은 길이가 $N_1 \leq n \leq N_2$ 인 신호이고 $h[n]$은 $M_1 \leq n \leq M_2$ 의 길이를 갖는 신호이다.

(a) 두 신호의 컨벌루션 결과 신호의 범위 $L_1 \leq n \leq L_2$ 를 N_1, N_2, M_1, M_2 가지고 표현하라.

(b) 다음 두 신호의 컨벌루션을 구하여 위의 결과가 타당함을 보여라.

$$x[n]=\begin{cases} 3, & -2 \leq n \leq 4 \\ 0, & \text{다른 경우} \end{cases}$$

$$h[n]=\begin{cases} 4, & -1 \leq n \leq 2 \\ 0, & \text{다른 경우} \end{cases}$$

CHAPTER

04

연속 신호의 주파수 해석

단 / 원 / 개 / 요

2장과 3장에서 연속 및 이산 신호를 시간 영역에서 표현하고 해석하는 방법을 배웠다. 이 장에서는 주파수에 대한 개념을 배우고, 연속 신호를 주파수 영역에서 표현하고 해석하는 방법들을 배운다. 먼저, 연속 코사인 신호를 주파수 축의 그래프로 표현하는 개념을 설명하고, 이를 일반 연속 신호로 확장하여 신호의 스펙트럼을 정의한다. 다음으로 연속 주기 신호를 주파수 영역에서 해석하는 연속 시간 푸리에 급수(continuous-time Fourier series)를 배우고, 연속 주기 신호를 연속 비주기 신호로 변환하는 개념을 바탕으로 연속 비주기 신호의 주파수 해석을 위한 연속 시간 푸리에 변환(continuous-time Fourier transform)을 배운다.
또한, 연속 시간 푸리에 변환 성질을 활용하여 연속 시스템의 주파수 응답(frequency response)을 정의하고, 연속 시스템의 동작을 주파수 영역에서 해석하는 방법을 설명한다. 마지막으로, 연속 시간 푸리에 급수와 연속 시간 푸리에 변환 사이의 관계를 유도하여, 연속 주기 및 비주기 신호의 주파수 해석을 하나의 통합된 방법으로 정리한다.

04 CHAPTER 연속 신호의 주파수 해석

4.1 주파수 개념 및 신호의 주파수 표현

4.1.1 주파수에 대한 기본 신호

그림 4-1(a)와 (b)의 두 신호를 비교하여 보자. 두 신호는 모두 1초에 한 번 동일한 모양이 반복되는 “기본 주기 = 1초”, “기본 주파수 = 1Hz”인 주기 신호이다. 그러나 그림에서 알 수 있듯이 두 신호의 “기본 주파수”는 1Hz로 동일하지만 (b)는 (a)보다 빨리 변하는 신호이고 (b)는 분명 1Hz보다 높은 주파수를 포함하고 있을 것이다. 따라서 “(b) 신호의 주파수는 1Hz이다”라고 단순히 말하는 것은 결코 (b)에 대한 충분한 설명이 아니다. 그렇다면, (a)와 (b)는 어떠한 주파수 차이점을 가지고, (b)는 1Hz 이외에 구체적으로 어떤 주파수가 얼마의 크기로 포함되어 있는가? 이것에 대한 답을 구하는 과정이 바로 (b) 신호의 주파수를 해석하는 과정이다.

신호의 주파수를 수학적으로 분석하기 위하여 주파수에 대한 기본 신호(basis signal)를 정의하는 것이 필요하다. 그림 4-1(b) 신호는 기본 주파수가 1Hz인 신호이지만 내부적으로 1Hz보다 큰 주파수를 포함하므로 1Hz 주파수를 대표할 수 없다. 반면, 그림 4-1(a)의 코사인(cosine) 신호는 1초 한 번 반복되면서 가장 완만하게 변하고 1Hz 성분만 유일하게 가지는 신호이다. 따라서 주파수를 다루는 과정에서 코사인 신호를 기본 신호로 사용하며, 앞으로 “1Hz 신호”는 바로 1Hz 주파수를 가지는 코사인 신호를 의미한다. 더욱이 코사인 신호는 수학적으로 매우 다루기 쉽고 편리한 성질들을 가지고 있고 기본 신호로 이용하기 매우 좋다.

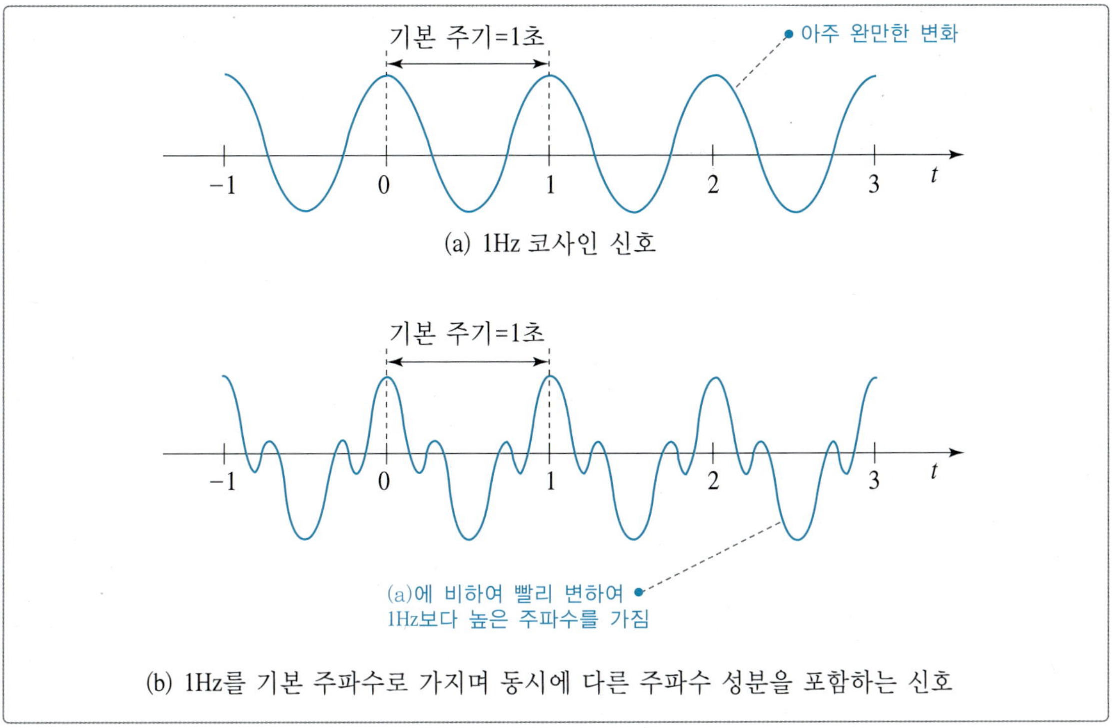

[그림 4-1] 기본 주파수 1Hz를 가지는 두 종류의 신호

4.1.2 코사인 신호의 그래프

주파수에 대한 기본 신호인 코사인 신호에 대하여 자세히 살펴보자. 진폭 A, 주파수 f_0 Hz, 위상 ϕ를 가지는 연속 코사인 신호는 식 (4.1)과 같이 표시되고 시간 축에 대한 그래프로 그리면 그림 4-2와 같다.

$$x(t) = A\cos(2\pi f_0 t + \phi) \tag{4.1}$$

위상은 $t=0$에서 신호가 한 주기의 어느 위치에 있는지를 표시하는 것이며, 위상이 ϕ이면 $t=0$에서 한 주기의 $\frac{\phi}{2\pi}$ 가 이미 진행된 시점이 되며 이를 시간으로 표시하면 ($\frac{\phi}{2\pi} \times \frac{1}{f_0}$)초가 진행된 상태이다.(주1)

그림 4-2는 코사인 신호 $x(t)$를 시간에 대한 함수(function)로 보고 모든

주1) 가장 간단하게 위상이 0이면 $t=0$에서 주기의 출발점(즉, 최댓값)이 된다.

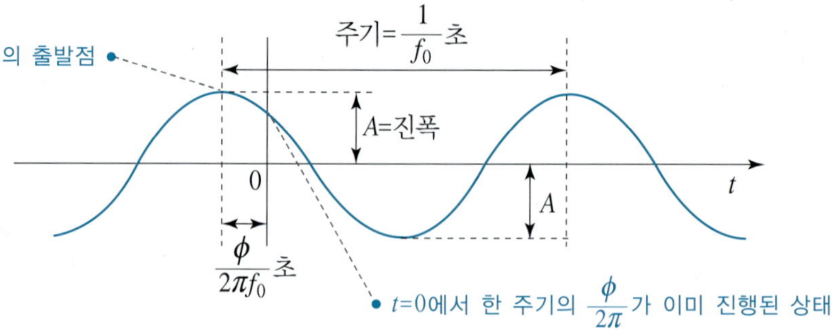

[그림 4-2] 코사인 신호의 시간 축 그래프

시간 t 에서의 $x(t)$ 값을 구하여 2차원 좌표 $(t, x(t))$의 점을 연결한 그림이다.[주2] 따라서 시간 축 그래프를 그리기 위하여 모든 시간에 대한 신호 값을 알아야 한다. 그러나 우리는 코사인의 모든 신호 값을 계산하여 시간 축 그래프를 그리는 것이 아니라 실제로는 원점에서의 출발을 어떻게 하고(위상) 얼마의 크기(진폭)로 얼마나 빨리 반복되는지(주파수)에 대한 정보만을 가지고 그림을 그리게 된다. 역으로, 그림 4-2를 보고 우리가 인식하는 것은 각 시간에서의 신호 값이 아니라 얼마의 크기로 얼마나 빨리 신호가 반복하는지에 대한 정보이다. 이렇듯, 코사인 신호의 시간 축 그래프는 표현하는 정보와 우리가 실제 이용하는 정보를 밀접하게 연관시키지 못하므로 결코 효율적인 정보 표현 방법이 되지 못한다. 이와 반대되는 예로, 그림 4-3과 같은 구형

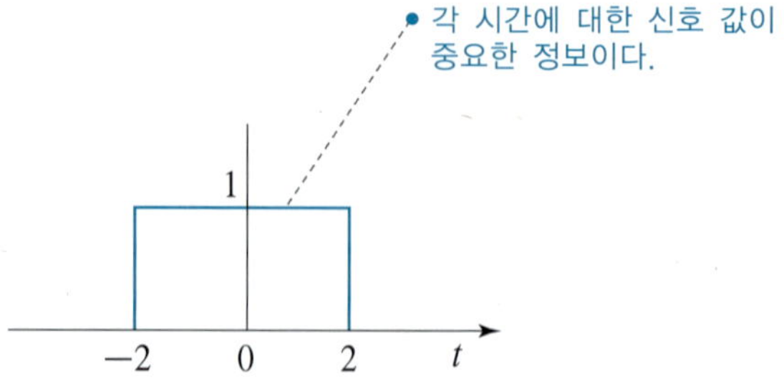

[그림 4-3] 구형파의 시간 축 그래프

주2) 앞으로는 이를 "신호를 시간의 함수로 그린 것", 또는 간단히 "시간의 함수 그래프", "시간 축 그래프"라 한다.

파는 시간에 따라 신호 값이 0, 1, 0으로 변하는 과정을 중심으로 그래프를 그리며, 이 그림을 보면서 우리가 얻는 정보도 이와 같은 각 시간 구간에서의 신호 값들이며, 이 경우에는 시간 축 그래프가 효율적인 신호의 표현 방법이 될 것이다.

4.1.3 코사인 신호의 스펙트럼

코사인 신호를 시간에 대한 함수로 이해하고 시간 축 그래프로 표현하는 것이 결코 효율적이지 않다고 하였다. 이제, 코사인 신호를 보다 쉽고 효율적인 그래프로 표현하는 방법을 생각해 보자. 만일 코사인 신호를 "**주파수에 대한 함수**"로 표시하면 어떻게 될까? 설명을 간단히 하기 위하여 위상을 0으로 하여

$$x(t) = A\cos(2\pi f_0 t) \tag{4.2}$$

라 정한다. 오일러 공식(Euler's identity)에 의하면

$$x(t) = A\cos(2\pi f_0 t) = \frac{A}{2}e^{j2\pi f_0 t} + \frac{A}{2}e^{-j2\pi f_0 t} \tag{4.3}$$

주파수 f_0와 진폭 $A/2$를 가지는 주기 신호

주파수 $-f_0$와 진폭 $A/2$를 가지는 주기 신호

와 같이 서로 다른 주파수를 가지는 두 개의 항으로 분해되고, 이를 주파수의 함수로 표현하면

$$X(f) = \begin{cases} \frac{A}{2}, & f = f_0 \text{ 일 때} \\ \frac{A}{2}, & f = -f_0 \text{ 일 때} \\ 0, & \text{다른 경우} \end{cases} \tag{4.4}$$

이 되고,(주3) 이를 주파수 축 그래프로 그리면 그림 4-4(a)가 된다.(주4)

주3) 여기서 마이너스 주파수는 물리적인 의미는 없지만 수학적인 필요에 따라 사용한다.
주4) 앞으로 이 책에서는 시간의 함수는 $x(t)$처럼 소문자로, 주파수에 대한 함수는 $X(f)$처럼 대문자로 표시한다.

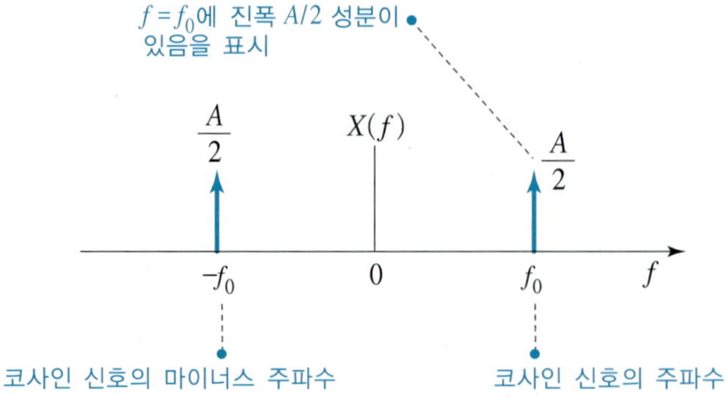

(a) Hz 단위의 주파수 축 그래프

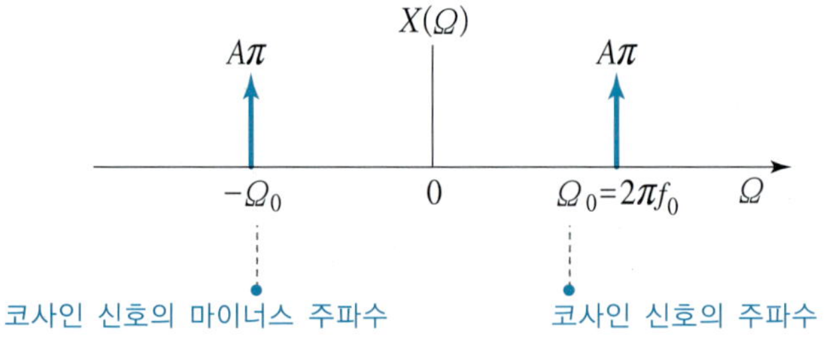

(b) rad/sec 단위의 주파수 축 그래프

[그림 4-4] 코사인 신호를 주파수의 함수로 표시한 그림

코사인 신호를 식 (4.4) 또는 그림 4-4(a)와 같이 주파수 축으로 표시하는 것은 앞으로 신호의 주파수를 해석하는데 있어서 가장 기본이 되는 매우 중요한 결과이다. 이와 같이 신호를 주파수의 함수로 표시한 것을 그 신호의 "**스펙트럼(spectrum)**"이라 하고 $X(f)$로 표시한다.(주5)

만일, 주파수를 Hz 단위가 아니라 rad/sec 단위로 표시하면 $\Omega = 2\pi f$ rad/sec 관계에 따라 코사인 신호의 주파수 함수 $X(\Omega)$는 $\Omega = \pm 2\pi f_0$에서 $2\pi \frac{A}{2} = A\pi$가 되며, 이를 그림으로 그리면 그림 4-4(b)와 같이 펄스의 위치와 크기에 각각 2π를 곱하여 주면 된다. 앞으로 주파수는 항상 Hz 단위

주5) 이 용어는 원래 광학에서 정의되는 용어로서, 빛을 여러 주파수별로 분해하여 무지개 형태로 보여주듯이, 여기서도 신호를 주파수별로 분해하여 각 주파수 성분 값을 표시한 것이다.

를 사용하며, $\Omega = 2\pi f$ 축에 대한 결과는 Hz 단위 축을 좌우로 2π배 척도 조절(scaling)하고, 펄스의 크기에 2π를 곱하여 구한다.(주6)

식 (4.5)에 정의된 $y(t)$ 신호는 80Hz와 100Hz 주파수를 가지는 두 개의 코사인 신호가 더해진 신호이며, 두 종류의 주파수를 가지는 신호이다.

$$y(t) = 10\cos(2\pi 80t) + 20\cos(2\pi 100t) \tag{4.5}$$

먼저, 이 신호의 시간 축 그래프를 상상해 보자. 각 시간에서의 신호 값을 간단히 구할 수 없기 때문에 대략적인 그림조차 도저히 구할 수 없고, 만일

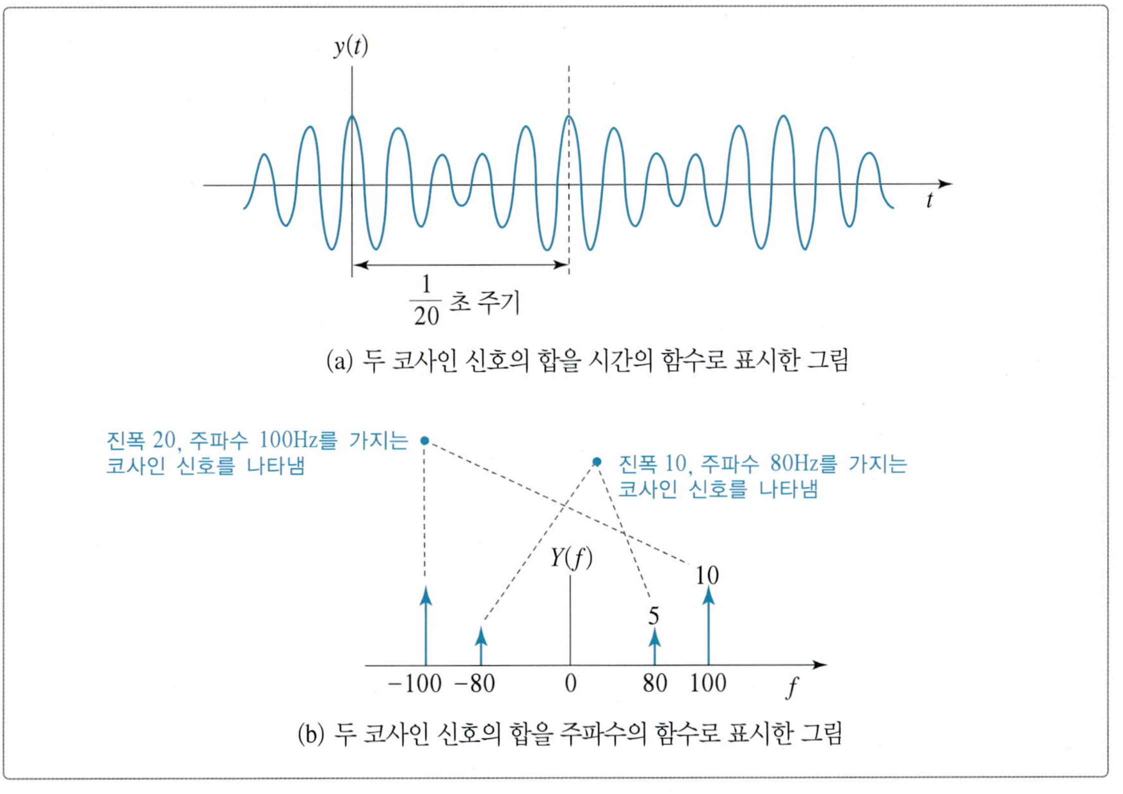

[그림 4-5] 두 코사인 신호의 합을 두 가지 형태로 표시한 그림

주6) 연속 신호의 주파수에 대하여 Hz 단위는 f로 표시하고, rad/sec 단위는 Ω로 표시한다. 또한, Ω 단위의 펄스에 2π를 곱하는 것은 임펄스 함수의 성질에 의한 것으로 펄스 이외의 다른 모양에는 크기 변화가 없다.

컴퓨터를 이용하여 그림을 그리면 그림 4-5(a)와 같이 매우 복잡한 그림이 나온다. 그러나 이 신호를 주파수의 함수로 생각하면 두 코사인 신호의 합이고 각각의 코사인 신호의 주파수와 진폭을 알고 있으므로, 이를 그림으로 그리면 그림 4-5(b)와 같이 매우 간단하게 표시되고 이 그림을 통하여 $y(t)$에 대한 정보가 완벽하게 표현된다.

반대의 방향으로 문제를 생각해 보자. 먼저 그림 4-5(a) 그래프가 주어질 때 이 신호에 대한 어떠한 성질을 알 수 있나? 이 신호가 주기 신호라는 것은 알 수 있지만 두 종류의 주파수를 포함하는 신호, 즉 두 개의 코사인 신호가 합쳐서 만들어진 신호라는 매우 중요한 성질을 알 수 없다.(주7) 그러나 그림 4-5(b)가 주어지면 이를 보고 이와 같은 사실을 매우 쉽게 확인할 수 있다. 이렇듯, 주파수 축에서 신호를 표현하면 시간 축에서 표현하기 어려웠던 정보를 쉽게 알려줄 수 있게 된다.

이제, 임의의 위상을 포함하여 일반적인 코사인 신호의 스펙트럼을 구하여 보자. 오일러 공식에 의하여 위상 ϕ를 가지는 코사인 신호는 그림 4-6과 같이 표시된다.

$$\begin{aligned} A\cos(2\pi f_0 t+\phi) &= \frac{A}{2}e^{j(2\pi f_0 t+\phi)}+\frac{A}{2}e^{-j(2\pi f_0 t+\phi)} \\ &= \frac{A}{2}e^{j\phi}e^{j2\pi f_0 t}+\frac{A}{2}e^{-j\phi}e^{-j2\pi f_0 t} \end{aligned}$$

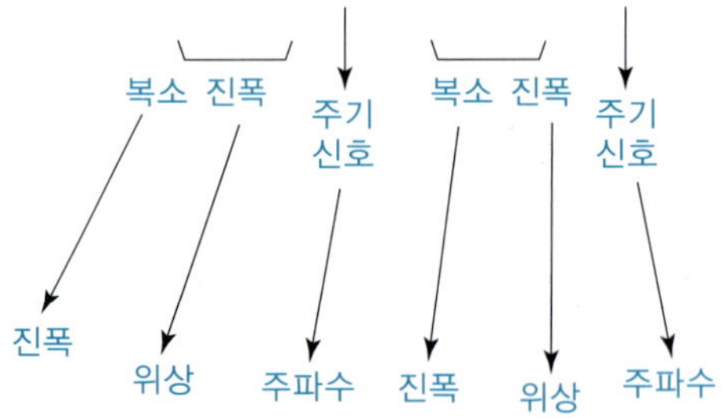

[그림 4-6] 일반적인 코사인 신호의 분해

주7) 그림 4-5(a)의 시간 축 그래프에도 분명 이 신호가 80Hz와 100Hz 주파수를 가지는 코사인 신호의 합이라는 정보를 가지고 있으나 이 그래프에는 이와 같은 정보가 효과적으로 표현되지 못하고 있다.

앞에서 설명하였듯이 $[\frac{A}{2}e^{j\phi}]e^{j2\pi f_0 t}$는 주파수 f_0, 진폭 $\frac{A}{2}e^{j\phi}$인 주기 신호이고, 특히 $\frac{A}{2}e^{j\phi}$ 값은 일반적으로 복소수이므로 이를 "복소 진폭"이라 한다.(주8) 이를 주파수의 함수로 표시하면 식 (4.6)이 되고 스펙트럼으로 표시하면 그림 4-7(a)가 된다.

$$X(f)=\begin{cases}\frac{A}{2}e^{j\phi}, & f=f_0\text{일 때}\\ \frac{A}{2}e^{-j\phi}, & f=-f_0\text{일 때}\\ 0, & \text{다른 경우}\end{cases} \tag{4.6}$$

동일한 개념으로 사인(sine) 신호의 스펙트럼을 구하여보면, 사인 신호는 오일러 공식에 의하여

$$\begin{aligned}A\sin(2\pi f_0 t+\phi)&=\frac{A}{2j}e^{j(2\pi f_0 t+\phi)}-\frac{A}{2j}e^{-j(2\pi f_0 t+\phi)}\\ &=\frac{A}{2j}e^{j\phi}e^{j2\pi f_0 t}-\frac{A}{2j}e^{-j\phi}e^{-j2\pi f_0 t}\end{aligned} \tag{4.7}$$

와 같이 분해되어 사인 신호의 스펙트럼은 그림 4-7(b)가 된다.(주9)

사인 신호의 복소 진폭을 이해하기 쉽도록 아래와 같이 진폭과 위상으로 분리하여 보자.

$$\frac{A}{2j}e^{j\phi}=\frac{A}{2}(-j)e^{j\phi}=\frac{A}{2}e^{-j\frac{\pi}{2}}e^{j\phi}=\frac{A}{2}e^{j(\phi-\frac{\pi}{2})} \tag{4.8-1}$$

$$-\frac{A}{2j}e^{-j\phi}=\frac{A}{2}je^{-j\phi}=\frac{A}{2}e^{j\frac{\pi}{2}}e^{-j\phi}=\frac{A}{2}e^{-j(\phi-\frac{\pi}{2})} \tag{4.8-2}$$

주8) 복소 진폭은 코사인 신호의 진폭과 위상을 동시에 알려주며, 복소 진폭의 크기(절댓값)가 진폭의 1/2이고 각도가 위상이 된다.

주9) 이 그림에서 마이너스 복소 진폭을 위로 향하도록 그렸는데, 그 이유는 이 값들이 복소수이므로 위/아래의 방향으로 양/음을 표현하는 것이 무의미하기 때문이다.

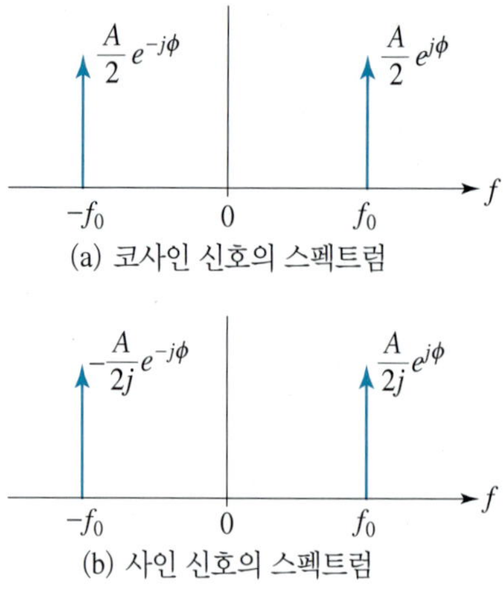

[그림 4-7] 코사인 신호와 사인 신호의 스펙트럼

이를 그림 4-6의 코사인 복소 진폭과 비교하면 절댓값(즉, 진폭)은 $\frac{A}{2}$로 동일하고 단지 위상이 ϕ 대신에 $\phi - \frac{\pi}{2}$로 바뀐 것을 알 수 있고, 이로부터 사인 신호는 코사인 신호에서 위상이 $-\frac{\pi}{2}$ 바뀐 것을 확인할 수 있다.

일반적으로 실수(real number) $x(t)$에 대하여서도 스펙트럼 $X(f)$는 복소수가 되므로 이를 정확하게 그림으로 표시하는 것은 불가능하며, 보통 $|X(f)|$ 또는 $|X(f)|^2$를 표시한다. 예로, 그림 4-8은 코사인 신호와 사인 신호에 대하여 $|X(f)|$를 그린 것이며, 코사인과 사인에 대하여 동일한 결과가 나온다.

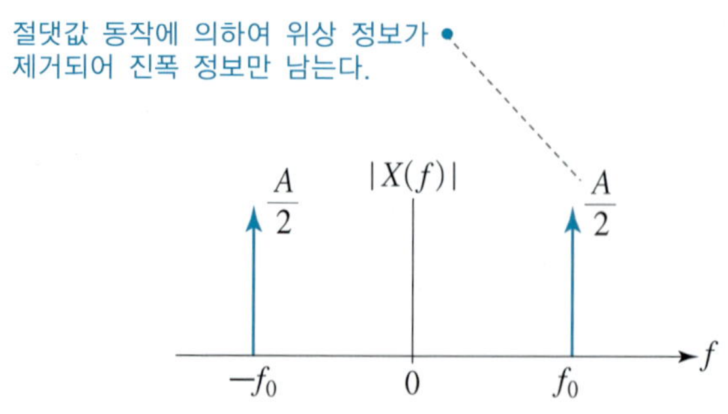

[그림 4-8] 코사인 신호와 사인 신호의 스펙트럼의 절댓값

4.2 연속 주기 신호의 주파수 해석

4.2.1 실수 주기 신호의 코사인 분해

앞에서 배운 코사인 신호의 스펙트럼을 기반으로 일반적인 주기 신호에 대한 스펙트럼을 구해보자. 먼저, 서로 다른 특성을 가지는 N+1개의 코사인 신호를 정의(주10)하고 모든 코사인 신호를 더하여 새로운 신호 $y(t)$를 정의한다.

$$y(t) = \sum_{k=0}^{N} A_k \cos(2\pi f_k t + \phi_k) \tag{4.9}$$

이렇게 정의된 신호는 매우 복잡한 신호이지만 코사인 신호들의 단순한 합이므로 각 코사인 신호의 스펙트럼을 모두 합하여 전체 스펙트럼을 쉽게 구할 수 있다. 예로, 그림 4-9(b)는 그림 4-9(a)에 주어진 정보에 대한 $y(t)$를 시간 축에서 그린 것이며, 그림 4-9(c)는 $y(t)$의 스펙트럼이다.

이와 같은 과정을 도식화하면 그림 4-10(a)가 된다. 즉, 코사인 신호의 주파수 f_k, 진폭 A_k, 위상 ϕ_k가 주어지고 모든 코사인 신호를 더하여 새로운 주기 신호 $y(t)$를 만드는 과정이며, 신호의 스펙트럼 정보가 주어지고 이 스펙트럼 정보를 가지는 주기 신호 $y(t)$를 만드는 "**주파수 합성**" 과정이다.

이제, 그림 4-10(b)와 같이 반대 방향으로 문제를 생각해 보자. 주기 신호 $x(t)$가 주어지고 이를 여러 개의 코사인 신호의 합으로 "분해"하여 $x(t)$를

$$x(t) = \sum_{k=0}^{N} A_k \cos(2\pi f_k t + \phi_k) \tag{4.10}$$

의 형태로 표시 가능하도록 f_k, A_k, ϕ_k를 구하는 과정이며, 주기 신호 $x(t)$의 스펙트럼 $X(f)$를 구하는 "**주파수 분해**" 과정(주11)이다.

주10) 각 코사인의 주파수, 진폭, 위상을 각각 f_k, A_k, ϕ_k라 한다.

주11) 이에 대한 예로 그림 4-9(b) 신호가 주어질 때 이로부터 그림 4-9(a) 정보 또는 그림 4-9(c)를 구하는 과정과, 이 장 처음에서 언급하였듯이 그림 4-1(b)는 분명 1Hz 이외의 주파수를 가지고 있는데 구체적으로 어떤 주파수가 어떤 크기로 존재하는지를 분석하는 과정이 있다.

k	f_k	A_k	ϕ_k
0	10	4	0
1	20	2	$\frac{\pi}{2}$
2	30	1	0
3	60	1	$-\frac{\pi}{2}$

(a) 코사인 신호의 합을 위한 각 코사인 성분

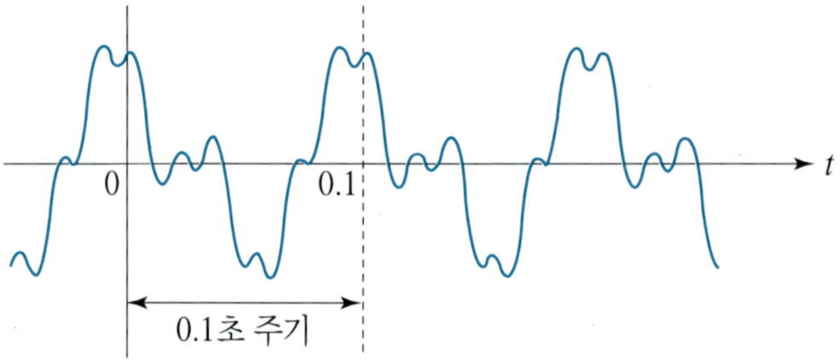

(b) 4개의 코사인 신호의 합을 시간 축에서 그린 그래프

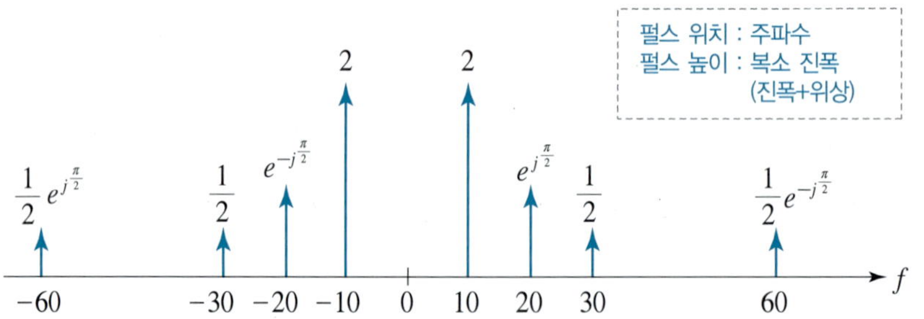

(c) 4개의 코사인 신호의 합에 대한 스펙트럼

[그림 4-9] 코사인 신호 4개를 더하여 새로운 주기 신호를 정의하고 이 신호의 시간 축 및 주파수 축 그래프를 구하는 예

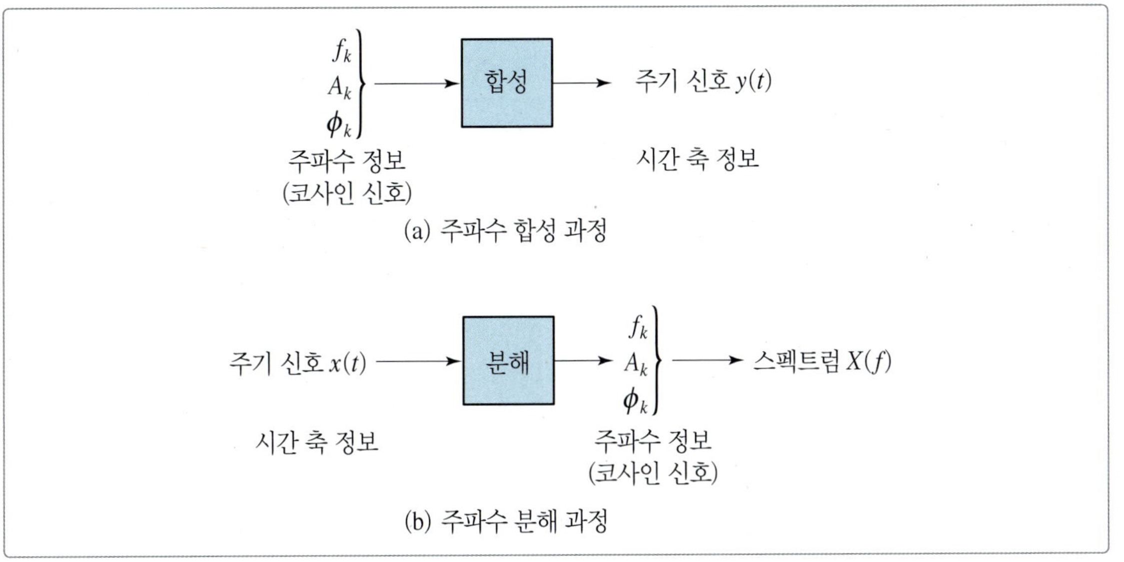

[그림 4-10] 주파수 합성 및 주파수 분해 과정

주파수 합성 과정에는 아무 제약 조건이 없으며 어떠한 내용의 스펙트럼이 주어지더라도 이를 합성하여 신호를 만드는 것이 항상 가능하다. 그런데, 분해 과정도 항상 가능한가? 즉, 임의의 주기 신호가 주어지면 이 신호는 항상 식 (4.10)과 같이 여러 개의 코사인 신호로 분해될까? 예로, 그림 4-11에 있는 주기적으로 반복되는 구형파도 완만한 곡선 모양인 코사인 신호의 합으로 표현하는 것이 가능한가? 이론적으로 분석하면, 유한인 $N+1$ 개의 코사인으로 분해되지는 않지만 만일 무한개의 코사인이 주어지면 분해가 가능하다. 따라서 임의의 실수 주기 신호는 무한개의 코사인 신호를 포함하여 항상 다음과 같이 표현된다.

$$x(t) = \sum_{k=0}^{\infty} A_k \cos(2\pi f_k t + \phi_k) \tag{4.11}$$

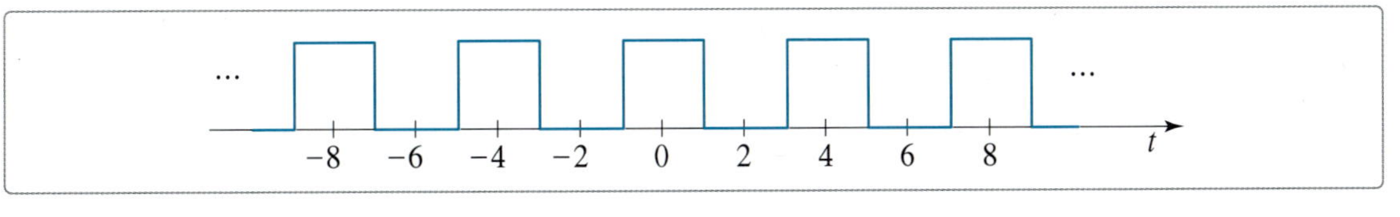

[그림 4-11] 4초 주기로 반복되는 주기 구형파 함수

식 (4.11)과 같이 실수 주기 신호가 코사인의 합으로 분해될 때 각 코사인의 주파수 f_k는 반드시 $x(t)$의 기본 주파수의 정수배가 된다. 즉, $x(t)$의 기본 주파수를 f_0, 기본 주기를 $T=\frac{1}{f_0}$라 하면 분해에 포함되는 k번째 코사인 신호의 주파수는 $f_k = kf_0$가 되며, 식 (4.11)은 다음과 같이 정리된다.

$$\begin{aligned} x(t) &= \sum_{k=0}^{\infty} A_k \cos(2\pi f_k t + \phi_k) \\ &= \sum_{k=0}^{\infty} A_k \cos(2\pi k f_0 t + \phi_k) \\ &= \sum_{k=0}^{\infty} A_k \cos(\frac{2\pi}{T} kt + \phi_k) \end{aligned} \tag{4.12}$$

따라서 주기 신호를 분해하는 과정에서 주파수는 $f_k = kf_0$로 구하여졌고, 나머지 진폭과 위상만 구하여지면 최종 스펙트럼 $X(f)$가 구하여진다.

여기서 몇 가지 용어를 정의한다. 연속 "실수" 주기 신호가 항상 코사인 신호의 합으로 분해되는 성질은 프랑스 수학자 푸리에(Fourier)가 처음 발견하였으며, 그림 4-10(a) 같이 주파수 정보로부터 신호를 합성하는 과정을 "**푸리에 합성(Fourier synthesis)**" 과정, 그림 4-10(b)와 같이 주기 신호를 코사인 신호로 분해하는 과정을 "**푸리에 해석(Fourier analysis)**" 과정, 주기 신호를 식 (4.12)와 같이 표시하는 것을 "**연속 시간 푸리에 급수(continuous-time Fourier series: CTFS)**" 전개라 한다.

4.2.2 일반적인 연속 시간 푸리에 급수

지금까지는 "실수" 주기 신호에 대하여서만 설명하였는데, 만일 $x(t)$가 복소 신호이면 이 신호는 코사인의 합으로 표현되지 않는다.(주12) 따라서 실수와 복소 신호를 포함하는 일반적인 주기 신호 $x(t)$에 대하여 좀 더 일반적인 분해를 위하여 식 (4.12)에서의 코사인 신호를 한 단계 더 분해하여 아래와 같이 $e^{j2\pi kf_0 t}$의 합으로 표현한다.

$$\begin{aligned} x(t) &= \sum_{k=-\infty}^{\infty} X_k \, e^{j2\pi k f_0 t} \\ &= \sum_{k=-\infty}^{\infty} X_k \, e^{j\frac{2\pi}{T}kt} \end{aligned} \tag{4.13}$$

X_k는 주파수 kf_0를 가지는 $e^{j2\pi kf_0 t}$의 복소 진폭으로서 진폭과 위상을 나타낸다.

주12) 그 이유는 실수 코사인 신호들만의 합으로는 복소 신호를 표현하는 것은 불가능하기 때문이다.

이 식은 실수 및 복소 신호를 포함하는 모든 주기 신호에 대하여 동작하는 가장 일반적인 "연속 시간 푸리에 급수" 전개 식이며, 식 (4.12)은 식 (4.13)의 특별한 경우로서 $x(t)$가 실수일 때만 사용한다.

식 (4.13)에서 X_k를 $x(t)$의 **"연속 시간 푸리에 급수 계수"**라 하며, 아래 식으로 구하여진다.

$$X_k = \frac{1}{T}\int_{<T>} x(t)\, e^{-j2\pi k f_0 t}\, dt \tag{4.14}$$

여기서, T는 $x(t)$의 기본 주기이고 적분 구간은 임의의 시간에서 T만큼 적분하면 된다.(주13)

주기 신호에 대하여 식 (4.14)에 의하여 연속 시간 푸리에 급수 계수가 구하여지면 이 신호의 스펙트럼은 주파수 kf_0에서 X_k를 가지며 그림 4-12와 같이 된다.

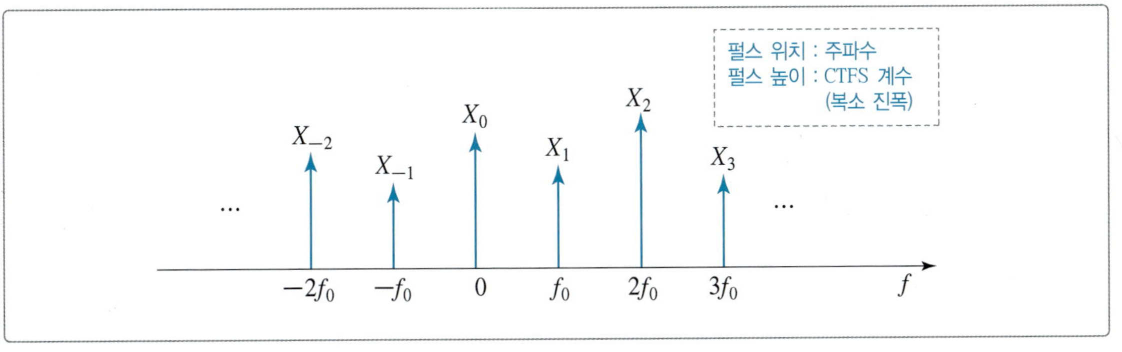

[그림 4-12] 주기 신호의 연속 시간 푸리에 급수 계수와 스펙트럼

또한, 연속 시간 푸리에 급수 계수와 기본 주파수(또는 스펙트럼)가 주어지면 이로부터 주기 신호 $x(t)$를 구할 수 있다. 예로, 그림 4-13(a)와 같은 연속 시간 푸리에 급수 계수가 주어지고 신호의 기본 주파수가 10Hz이면 $x(t)$는

주13) 예로, $\int_{<T>}(\cdot)\,dt = \int_0^T(\cdot)\,dt = \int_{-\frac{T}{2}}^{\frac{T}{2}}(\cdot)\,dt$ 등의 여러 방법이 가능하며, 적분 구간은 주어진 신호의 특성을 고려하여 적분이 가장 편한 구간을 T 만큼 정하면 된다.

$$\begin{aligned} x(t) &= \sum_{k=-\infty}^{\infty} X_k e^{j2\pi k f_0 t} \\ &= X_0 + X_1 e^{j2\pi f_0 t} + X_{-1} e^{-j2\pi f_0 t} + X_3 e^{j2\pi 3 f_0 t} + X_{-3} e^{-j2\pi 3 f_0 t} \\ &= 4 + 2e^{j2\pi 10t} + 2e^{-j2\pi 10t} + e^{j2\pi 30t} + e^{-j2\pi 30t} \\ &= 4 + 4\cos(2\pi 10t) + 2\cos(2\pi 30t) \end{aligned} \tag{4.15}$$

X_k가 0이 아닌 항만 표시

X_k 값과 f_0=10Hz 대입

코사인 신호로 정리

이 된다. 그런데 만일 동일한 연속 시간 푸리에 급수 계수를 가지지만 기본 주파수 = 15Hz라 가정하면 $x(t)$는

$$x(t) = 4 + 4\cos(2\pi 15t) + 2\cos(2\pi 45t)$$

가 되어 완전히 다른 신호가 된다. 그림 4-13(b)의 연속 시간 푸리에 급수 계수에 대하여 기본 주파수 = 10Hz로 합성하면 그 결과는

$$\begin{aligned} x(t) &= \sum_{k=-\infty}^{\infty} X_k e^{j2\pi k f_0 t} \\ &= X_1 e^{j2\pi f_0 t} + X_{-1} e^{-j2\pi f_0 t} + X_2 e^{j2\pi 2 f_0 t} \\ &= 2e^{j2\pi 10t} + 2e^{-j2\pi 10t} + e^{j2\pi 20t} \\ &= 4\cos(2\pi 10t) + e^{j2\pi 20t} \end{aligned} \tag{4.16}$$

가 되어 복소 신호가 된다.

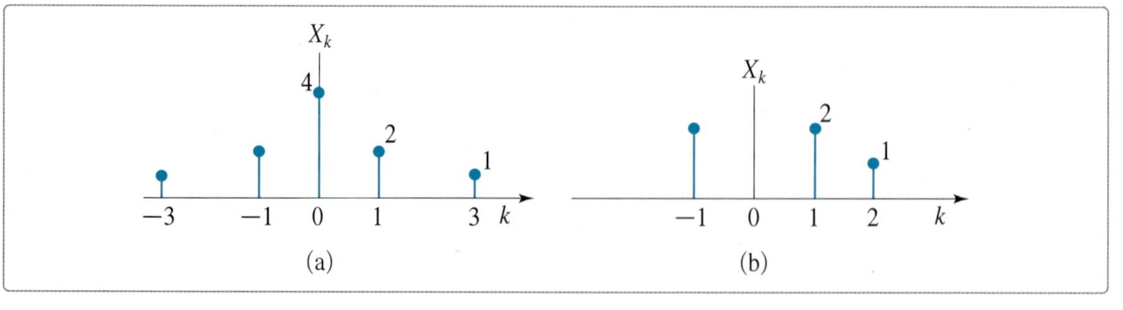

[그림 4-13] 주기 신호의 연속 시간 푸리에 급수 계수 값

이상에서 배운 연속 시간 푸리에 급수 내용을 정리하면 다음과 같다.

(i) 기본 주파수 f_0를 가지는 연속 주기 함수(실수 또는 복소수) $x(t)$는 항상 $x(t)=\sum_{k=-\infty}^{\infty} X_k e^{j2\pi k f_0 t}$와 같이 $e^{j2\pi k f_0 t}$의 합으로 분해되며, 분해된 각 성분의 합으로 표시하는 것을 연속 시간 푸리에 급수 전개라 하며, X_k를 연속 시간 푸리에 급수 계수라 한다.

(ii) 연속 시간 푸리에 급수 계수 X_k는 $X_k=\frac{1}{T}\int_{<T>} x(t)e^{-j2\pi k f_0 t}\,dt$로 구해진다.

(iii) 만일 주기 신호 $x(t)$가 실수이면 $x(t)$는 코사인 신호의 합만으로 분해된다.

(iv) 주기 신호 $x(t)$의 스펙트럼은 주파수 kf_0에서 X_k 값을 가진다.

(v) 주기 신호의 스펙트럼은 이산 신호 모양을 가지는 선 스펙트럼(line spectrum)이 된다.

4.2.3 연속 시간 푸리에 급수 예제

예제 4.1 $\cos(2\pi 100t)$를 연속 시간 푸리에 급수 전개로 표시하고 연속 시간 푸리에 급수 계수를 구해보자.

풀이 $\cos(2\pi 100t)=\frac{1}{2}e^{j2\pi 100t}+\frac{1}{2}e^{-j2\pi 100t}$이며 이미 식 (4.13)과 같은 $e^{j2\pi k f_0 t}$의 합으로 표현되었으므로 이것이 그대로 연속 시간 푸리에 급수 전개가 되고, f_0 = 100Hz이므로 각 항은 k = 1과 k = −1에 해당하므로 $X_1=X_{-1}=\frac{1}{2}$이다.

예제 4.2 그림 4-14(a) 신호의 스펙트럼을 구해보자.

풀이 신호가 0.5초마다 반복되므로 기본 주파수는 2Hz이며, $x(t)$가 좌우 대칭이므로 적분 구간을 (−0.25, 0.25)로 하여 적분 계산을 쉽게 한다.

$$X_k=\frac{1}{T}\int_{<T>} x(t)e^{-j2\pi k f_0 t}\,dt$$

$$=2\int_{-0.25}^{0.25} x(t)e^{-j2\pi k 2t}\,dt$$ ← 대칭으로 적분하여 계산을 간단히 함

$$=2\int_{-0.125}^{0.125} e^{-j2\pi k2t}\,dt$$ ······ $x(t)$가 0이 아닌 구간만 적분

$$=2\frac{1}{-j2\pi k2}e^{-j2\pi k2t}\Big|_{-0.125}^{0.125},\ \text{if } k\neq 0$$ ······ k가 분모에 포함되므로 이 조건이 필요

$$=2\frac{e^{j2\pi\frac{k}{4}}-e^{-j2\pi\frac{k}{4}}}{j2\pi k2},\ \text{if } k\neq 0$$

$$=\frac{\sin(\frac{2\pi}{4}k)}{\pi k},\ \text{if } k\neq 0$$ ······ 사인 형태로 간단히 정리

만일 $k=0$이면 $X_0=2\int_{-0.125}^{0.125}(1)\,dt=\frac{1}{2}$이 된다. 다음 각 k 값에 대하여 X_k 값을 계산하여 푸리에 급수 계수를 그래프로 그리면 그림 4-14(b)와 같고 마지막으로 $x(t)$의 스펙트럼을 구하면 그림 4-14(c)가 된다. 이 스펙트럼을 통하여 $x(t)$는 0Hz에서 가장 큰 성분을 가지고 주파수가 증가하면 전반적으로 크기가 감소하고, 특히 주파수가 4Hz, 8Hz, 12Hz 등에서는 성분이 영(zero)이 되는 것을 알 수 있다.

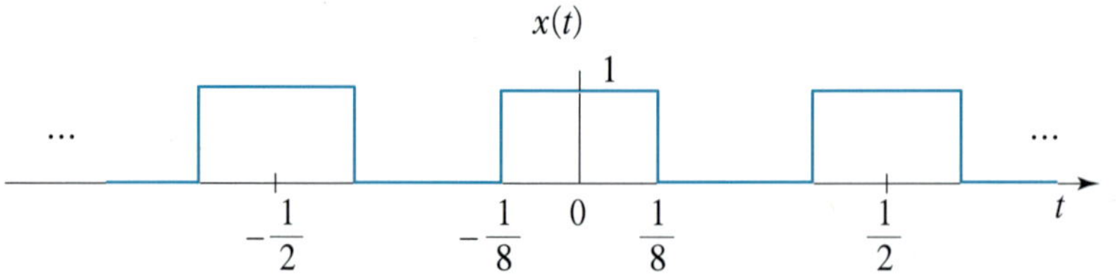

(a) 연속 주기 신호

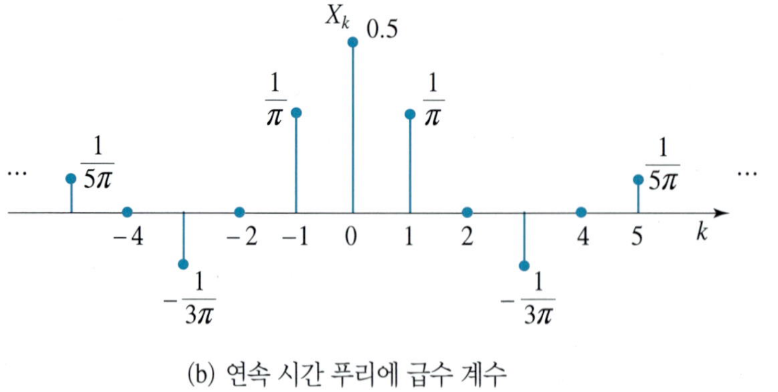

(b) 연속 시간 푸리에 급수 계수

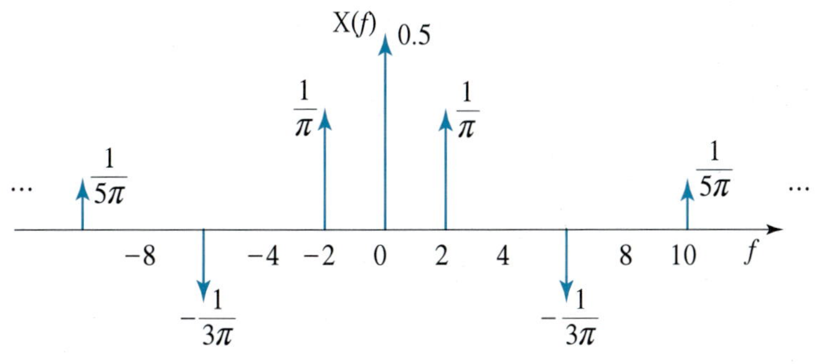

(c) 주기 신호의 스펙트럼

[그림 4-14] 주기 신호의 푸리에 급수 계수 및 스펙트럼을 구하는 예제

이 문제를 푸리에 합성 과정의 개념으로 다시 살펴보자. 앞에서 구한 연속 시간 푸리에 급수 계수를 이용하여 $x(t)$를 연속 시간 푸리에 급수 전개하면 다음과 같이 정리된다.

$$
\begin{aligned}
x(t) &= \sum_{k=-\infty}^{\infty} X_k e^{j2\pi k f_0 t} \\
&= X_0 + \sum_{k=1}^{\infty} X_k e^{j2\pi k f_0 t} + \sum_{k=-\infty}^{-1} X_k e^{j2\pi k f_0 t} \\
&= \frac{1}{2} + \sum_{k=1}^{\infty} X_k e^{j2\pi k2t} + \sum_{k=\infty}^{1} X_{-k} e^{-j2\pi k2t} \\
&= \frac{1}{2} + \sum_{k=1}^{\infty} X_k e^{j2\pi k2t} + \sum_{k=1}^{\infty} X_k e^{-j2\pi k2t} \\
&= \frac{1}{2} + \sum_{k=1}^{\infty} (X_k e^{j2\pi k2t} + X_k e^{-j2\pi k2t}) \\
&= \frac{1}{2} + 2\sum_{k=1}^{\infty} X_k \cos(2\pi 2kt)
\end{aligned}
$$

- $k=0$, $k>0$, $k<0$ 구간으로 구분하여 전개
- 마지막 항에서 k를 $-k$ 치환
- 마지막 항에 $X_k = X_{-k}$ 성질을 적용하고 더하기의 순서를 바꿈
- 하나의 합으로 묶고 코사인으로 정리

이 결과에 따라 그림 4-14(a) 신호는 이론적으로 주파수 0Hz, 2Hz, 4Hz, 6Hz, 8Hz …를 가지는 무한개의 코사인 신호의 합으로 구하여지는 것을 알 수 있다. 이것을 그림으로 확인하기 위하여 단계별로 합성되는 과정을 그림으로 그리면 그림 4-15와 같다. 그림 4.15(a)는 첫 항, 즉 0Hz 성분만 그린 것이고 그림 4-15(b)는 k = 1, 즉 2Hz까지 더한 것이며, 그림 4-15(c)는 k = 13, 26Hz까지, 그림 4-15(d)는 k = 39, 78Hz까지 더한 것이다. k 값이 커짐에 따라 고주파 성분이 포함되어 합성 결과가 점점 $x(t)$에 근접하는 현상을 보이며, $k = \infty$가 되면 모든 주파수를 포함하여 결국 $x(t)$가 완벽하게 만들어진다. 이 결과로부터 무한개의 코사인 신호를 합하여 그림 4-14(a) 신호가 만들어지는 개념을 확인할 수 있다.

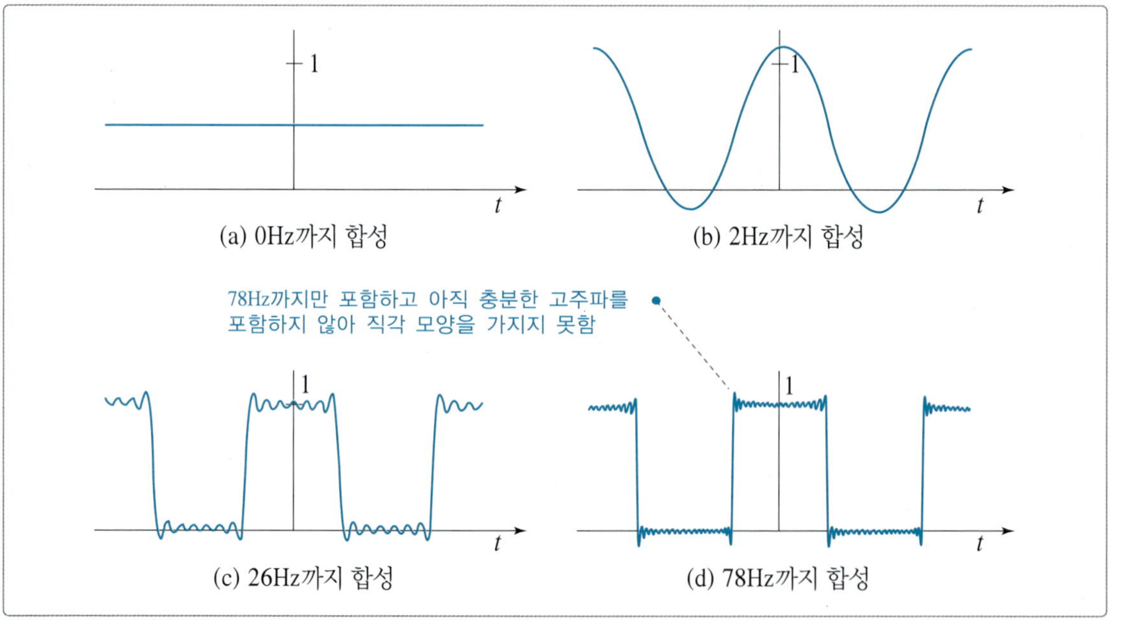

[그림 4-15] 연속 시간 푸리에 급수에 의한 주기 신호 합성

4.2.4 연속 시간 푸리에 급수의 성질

연속 주기 신호의 연속 시간 푸리에 급수 계수는 신호의 주파수 성질을 반영하므로 신호의 특성에 따라 중요한 성질을 가진다.

(i) X_k와 X_{-k}의 관계: $x(t)$가 실수이면 이는 항상 코사인 신호의 합으로 분해되고, 각 코사인 신호는

$$A_k \cos(2\pi k f_0 t + \phi_k) = \frac{A_k}{2} e^{j\phi_k} e^{j2\pi k f_0 t} + \frac{A_k}{2} e^{-j\phi_k} e^{-j2\pi k f_0 t}$$

로 분해되므로

$$X_k = \frac{A_k}{2} e^{j\phi_k}$$
$$X_{-k} = \frac{A_k}{2} e^{-j\phi_k}$$

가 되고, 따라서 $X_k = X_{-k}^*$ 성질을 가진다. 역으로, 연속 시간 푸리에 급수 계수가 $X_k = X_{-k}^*$ 관계를 만족하면 $x(t)$는 반드시 실수 주기 신호이다.

(ii) $x(t)$의 시간 이동 성질: 주파수는 시간에 따른 신호의 변화율과 관계있으므로 신호를 단순히 시간 축에서 이동시키면 진폭 및 주파수 성질은 변하지 않는다. 단, 위상은 기준 시간에 대한 신호의 위치를 알려주는 정보이므로, 시간 축 이동에 따라 위상 정보는 변하게 된다.(주14) 따라서 신호를 시간 축에서 이동시키면 연속 시간 푸리에 급수 계수의 위상이 변하며 이를 정리하면 그림 4-16과 같다.

(iii) Parseval 정리: 주기 신호 $x(t)$에 대한 전력(power)은 $P = \frac{1}{T}\int_{\langle T \rangle} |x(t)|^2 dt$로 정의되며, 이 값은 시간 축에서 구한 값이다. 시간 축 표현과 스펙트럼은 동일한 신호를 서로 다른 방법으로 표시한 것에 불과하므로 신호의 전력 값은 스펙트럼에서도 구할 수 있다. 그 결과 주파수의 관점으로 보면 $P = \sum_{k=-\infty}^{\infty} |X_k|^2$이 되며, 결국 다음과 같은 "**Parseval 정리**"가 정의된다.

$$\frac{1}{T}\int_{\langle T \rangle} |x(t)|^2 dt = \sum_{k=-\infty}^{\infty} |X_k|^2 \tag{4.17}$$

주14) 간단한 예로, 코사인 신호를 시간 축에서 좌우로 이동시키면 진폭과 주파수는 변하지 않고 이동 거리에 따라 위상이 변하게 된다.

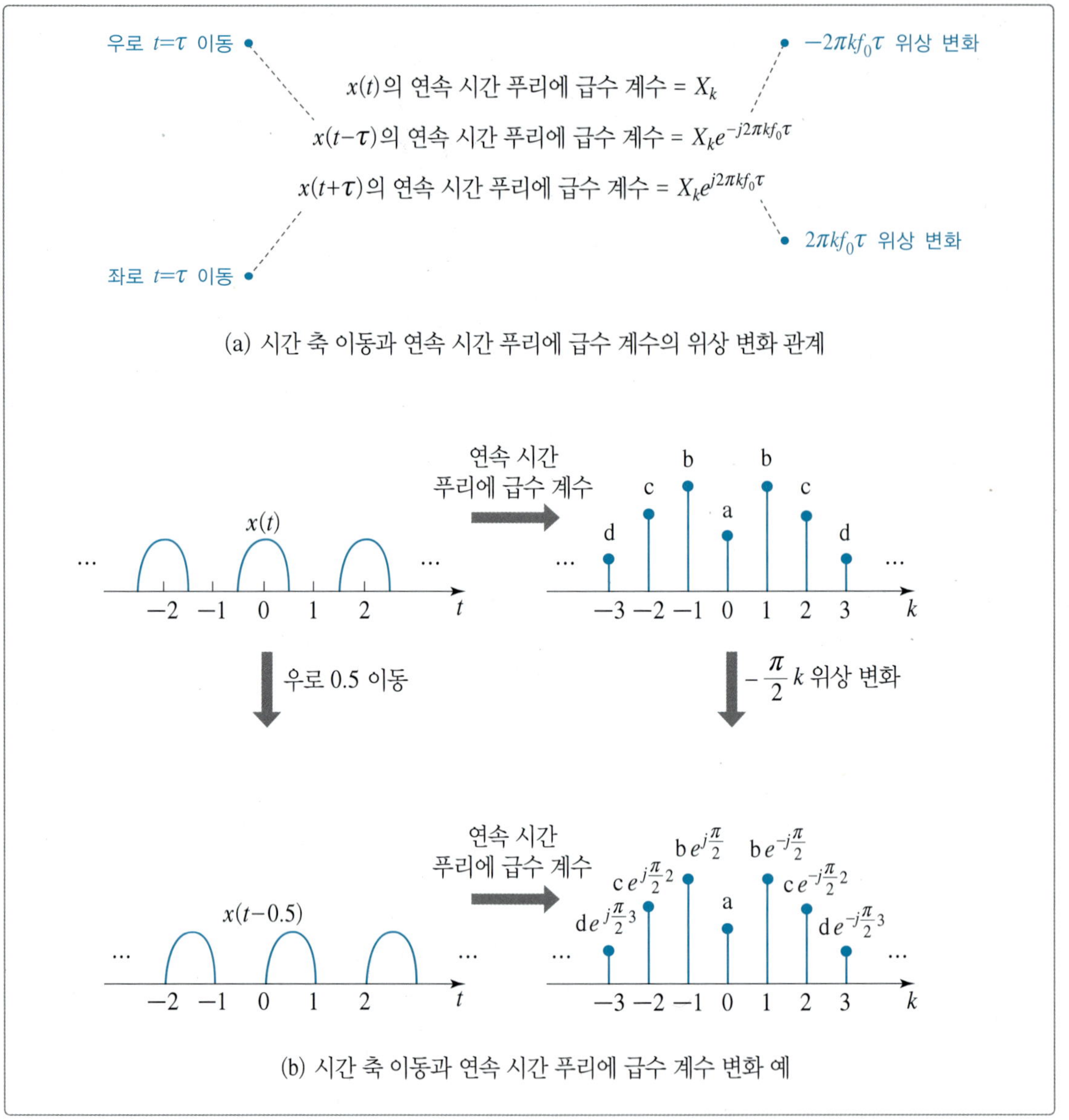

[그림 4-16] 시간 축 이동과 연속 시간 푸리에 급수 계수 성질

4.3 연속 비주기 신호의 주파수 해석

4.3.1 연속 시간 푸리에 변환 정의

주기 신호의 스펙트럼은 그림 4-12와 같이 크기 X_k의 펄스가 f_0 간격으로 나타난다. 따라서 주기 신호의 주기를 점점 크게 하면 그림 4-17과 같이 스펙트럼의 펄스 간격은 점점 줄어들며, 극단적으로 주기를 무한대로 하면 펄스가 연속적으로 연결된 형태가 될 것이다.(주15) 즉, 비주기 신호는 주기가 무한대인 특별한 경우의 주기 신호로 생각할 수 있고, 비주기 신호의 스펙트럼은 그림 4-17과 같이 연속된 형태의 스펙트럼이 된다.

비주기 신호는 연속 스펙트럼을 가지므로 연속적으로 변하는 모든 주파수에서 성분을 가진다.(주16) 따라서 주파수 성분의 크기를 $X(f)$라 하면

$$x(t)=\int_{-\infty}^{\infty} X(f)\,e^{j2\pi ft}\,df \tag{4.18}$$

가 된다. 이는 주기 신호 $x(t)$에 대하여 $x(t)=\sum_{k=-\infty}^{\infty} X_k e^{j2\pi kf_0 t}$와 동일한 의미를 가지는 것이며, 단지 주파수 변화가 연속이냐 불연속이냐에 따라 적분 또는 합의 모양을 가지는 것에 불과하다. 식 (4.18)을 "연속 시간 푸리에 역변환 (inverse continuous-time Fourier transform: ICTFT)"이라 한다.

비주기 연속 신호 $x(t)$로부터 $X(f)$를 구하는 것을 "연속 시간 푸리에 변환 (continuous-time Fourier transform: CTFT)"이라 하며 이는

$$X(f)=\int_{-\infty}^{\infty} x(t)\,e^{-j2\pi ft}\,dt \tag{4.19}$$

로 주어지며,(주17) 이들의 관계는 보통 다음과 같이 표시한다.

$x(t) \Rightarrow X(f)$	연속 시간 푸리에 변환
$x(t) \Leftarrow X(f)$	연속 시간 푸리에 역변환
$x(t) \Leftrightarrow X(f)$	상호 변환을 강조

$F\{x(t)\}=x(t)$의 연속 시간 푸리에 변환 $=X(f)$

주15) 이 그림에서는 주파수 펄스의 간격만 의미가 있고 각 펄스의 크기는 임의로 그린 것이다.
주16) 앞에서 배웠듯이 주기 신호는 기본 주파수의 정수배 주파수에서만 성분을 갖는다.
주17) 식 (4.14)의 연속 시간 푸리에 급수 공식과 매우 유사한 모양을 갖는 것을 볼 수 있다.

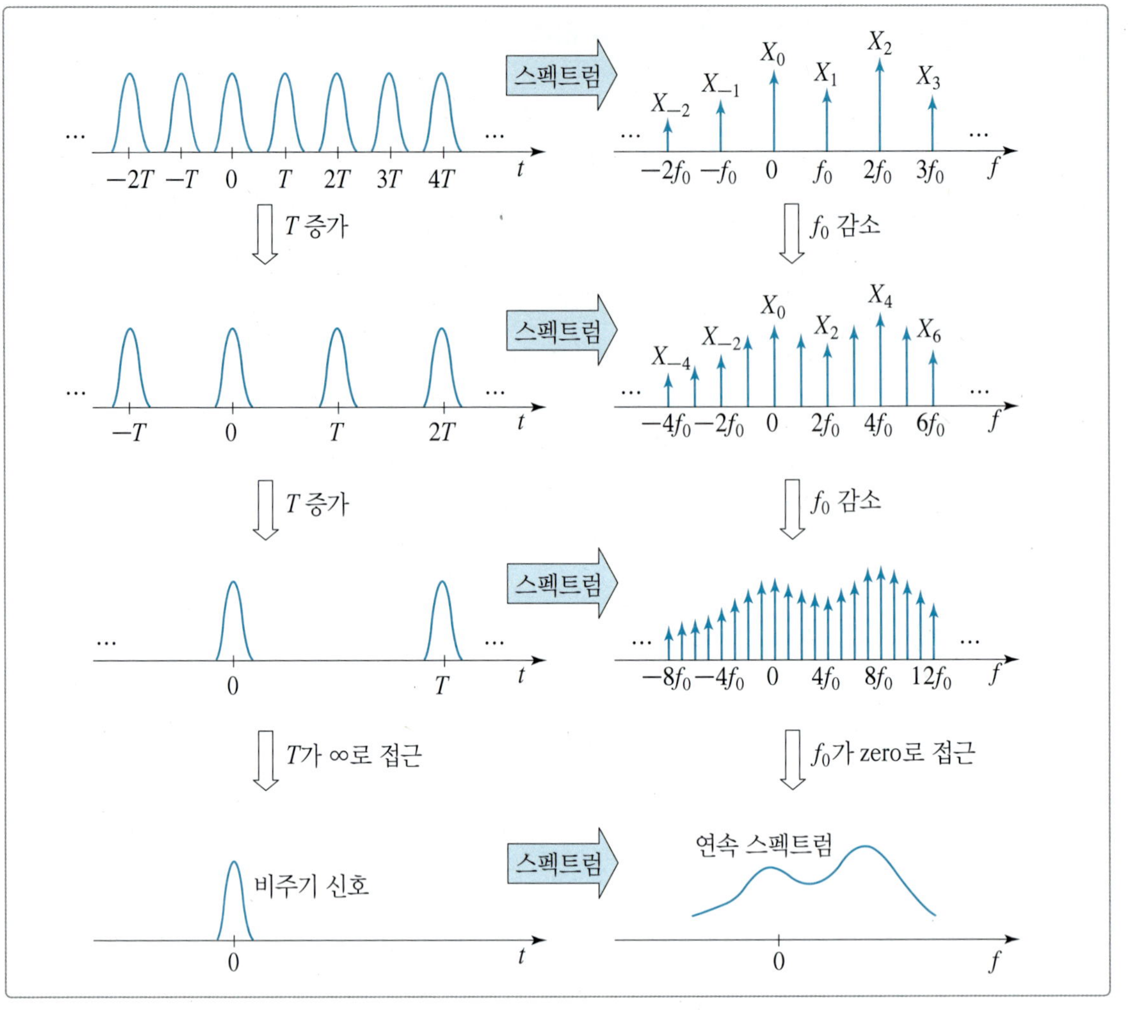

[그림 4-17] 주기 신호의 주기를 증가시키는 과정을 통하여 연속 시간 푸리에 급수부터 연속 시간 푸리에 변환을 유도하는 과정

예제 4.3 그림 4-18(a)에 있는 연속 비주기 신호 $x(t)$의 스펙트럼을 구해 보자.

풀이 $x(t)$는 비주기 신호이므로 연속 시간 푸리에 변환을 이용하여 스펙트럼을 구할 수 있고, 다음과 같이 적분 계산을 통하여 $X(f)$를 구하고 그래프로 그리면 그림 4-18(b)가 된다.

$$
\begin{aligned}
X(f) &= \int_{-\infty}^{\infty} x(t)\, e^{-j2\pi ft}\, dt \\
&= \int_{-1}^{1} (1)\, e^{-j2\pi ft}\, dt \\
&= \frac{1}{-j2\pi f} e^{-j2\pi ft} \Big|_{-1}^{1}, \quad f \neq 0 \\
&= \frac{e^{j2\pi f} - e^{-j2\pi f}}{j2\pi f}, \quad f \neq 0 \\
&= \frac{\sin(2\pi f)}{\pi f}, \quad f \neq 0 \\
X(f=0) &= \int_{-\infty}^{\infty} x(t)\, dt \\
&= 2
\end{aligned}
$$

f가 분모에 포함되므로 이 조건이 필요

사인 신호 형태로 간단히 정리

$f = 0$에 대하여 별도로 계산

$X(f)$의 분자가 사인 신호이며 분모가 f를 포함하므로 전체 모양은 사인 형태를 가지면서 f 증가에 따라 진폭이 점점 작아지는 모양을 가지며, 특히 f = 1/2, 1, 3/2 등에서 $X(f)$ 값이 0이 되고 f = 0에서는 특별히 값이 2가 된다. 이 스펙트럼은 그림 4-14의 스펙트럼과 유사한 점이 많은데, 두 신호가 시간 축에서의 반복 특성을 제외하면 동일한 성질을 가지므로 스펙트럼도 반복에 해당하는 성질, 즉 불연속 또는 연속 주파수 성질을 제외하면 동일한 모양을 가진다.

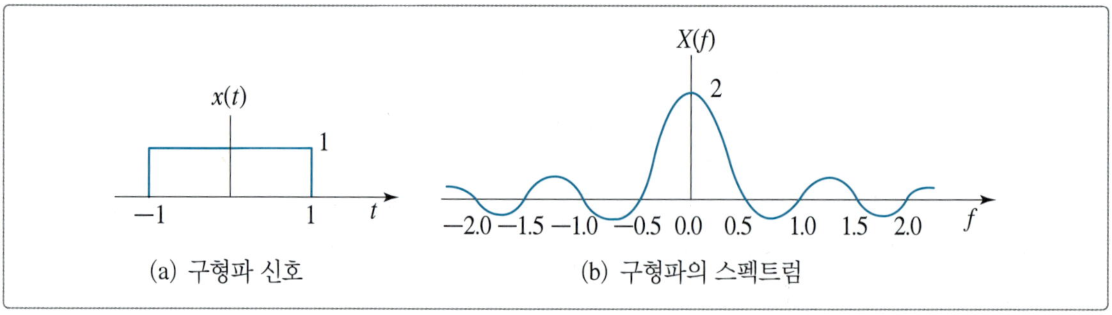

[그림 4-18] 구형파의 연속 시간 푸리에 변환

그림 4-18(a)와 같은 구형파에 대한 스펙트럼은 앞으로 자주 나오는 문제이므로 기억해 두는 것이 편리하다. 전체 모양은 진폭이 감소하는 사인 신호(이를 싱크(sinc) 함수라 함)이고, $X(f=0)$의 값은 구형파 면적이고, 구형파 밑변의 길이를 a라 하면 $f = 1/a$의 정수배에서 $X(f) = 0$이 된다.

Matlab 예제 4.1 Sinc 신호의 스펙트럼을 Matlab을 사용하여 그려보자.

풀이 연속 시간 신호에 대한 연산을 Matlab으로 구현하기 위하여 시간 축과 주파수 축을 일정 간격으로 분할하는 과정이 필요하고, CTFT 적분은 더하기로 변환하여 구현한다. 또한, sinc 함수의 CTFT는 무한대 영역 적분을 해야 하지만, Matlab에서는 $-T<t<T$ 영역에 대한 적분만 구한다. 따라서 다음 Matlab 코드가 제공하는 결과는 이론적으로 정확한 값이 아니라 근사적인 값이다. 스펙트럼은 복소수 값을 가지므로 스펙트럼의 실수와 허수 그래프를 각각 그린다. Sinc의 스펙트럼을 이론적으로 계산하면 구형파이고 허수는 0이며, Matlab 결과에서 이를 확인할 수 있다.

Matlab 코드

```
clear;

% Sinc 함수 생성.
T=10000;
t=-T:1.0:T; % 시간 축을 -T부터 T까지 1 간격으로 표시
x=sinc(t/5);

% x(t) 그래프
figure;
plot(t,x,'k');
axis([-25,25,-0.5,1]); % 축 범위 설정
xlabel('time (t)'); ylabel('x(t)');
grid on

% Fourier transform 수행.
% 일반적으로 Matlab의 fft( ) 함수를 사용하지만,
% 예제에서는 CTFT 공식을 활용하는 과정을 보여주기 위하여
% Fourier transform 공식을 code로 구현하였음
F=2000;
f=-0.5:1/F:0.5; % 주파수 축을 -0.5부터 0.5까지 1/F 간격으로 표시
X(1:F+1)=0;

for t=-T:T
    X=X+x(t+T+1)*exp(-1j*2*pi*t*f);
end

% 스펙트럼의 real과 imaginary part를 plot 함.
figure;
plot(f, real(X),'k');
axis([-0.5,0.5,-1,6]);
xlabel('frequency (f)'); ylabel('Real part of X(f)');
grid on

figure;
plot(f, imag(X),'k');
axis([-0.5,0.5,-1,6]);
xlabel('frequency (f)'); ylabel('Imaginary part of X(f)');
grid on
```

Matlab 결과

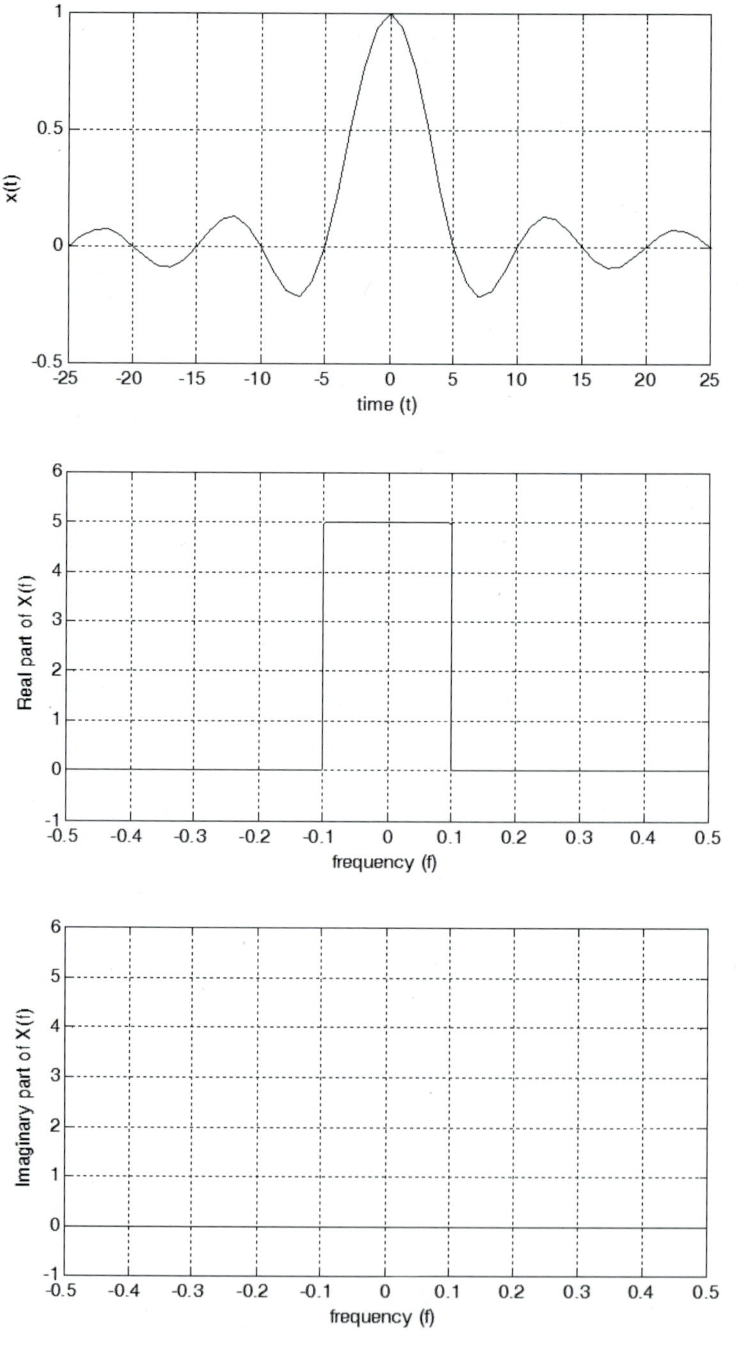

x(t)
time (t)
Real part of X(f)
frequency (f)
Imaginary part of X(f)
frequency (f)

4.3.2 주요 연속 시간 푸리에 변환 관계

앞의 예제와 같이 앞으로 자주 사용되는 신호 및 그의 스펙트럼을 미리 알고 있으면 편리하다. 코사인파, 사인파, 구형파 이외에 대표적인 신호의 스펙트럼을 정리한다.

(1) $x(t)=1$

식 (4.19)에 직접 대입하면 $X(f)=\int_{-\infty}^{\infty}(1)e^{-j2\pi ft}\,dt$ 가 되는데 이 적분은 쉽게 풀리지 않으므로 연속 시간 푸리에 역변환을 이용한다. 즉, 주어진 신호를 식 (4.18)에 대입하면 $x(t)=1=\int_{-\infty}^{\infty}X(f)e^{j2\pi ft}\,df$ 이 되고 이를 만족시키는 $X(f)$를 찾으면 된다. 앞에서 배운 임펄스 함수의 성질에 따라 만일 $X(f)=\delta(f)$ 이면 $\int_{-\infty}^{\infty}X(f)e^{j2\pi ft}\,df=e^{2\pi 0t}=1$ 이 되므로 $X(f)=\delta(f)$ 가 구하고자 하는 연속 시간 푸리에 변환 결과이다.

$$x(t)=1 \Leftrightarrow \delta(f) \tag{4.20}$$

동일한 방법으로 $x(t)=a$(상수)이면 $X(f)=a\delta(f)$가 되며, 이 결과는 그림 4-19(a)에 정리되어 있다.

(2) $x(t)=\delta(t)$

직접 연속 시간 푸리에 변환 공식에 대입하면 $X(f)=\int_{-\infty}^{\infty}\delta(t)e^{-j2\pi ft}\,dt=1$ 이 되어 스펙트럼은 $X(f)=1$이 된다. 즉, $\delta(t)$는 모든 주파수 성분을 동일한 크기로 가지고 있는 신호이며, $\delta(t)$의 매우 중요한 성질이다. 이를 정리하면 그림 4-19(b)와 같다.

$$\delta(t) \Leftrightarrow X(f)=1$$
$$a\delta(t) \Leftrightarrow X(f)=a$$

(3) $x(t)=e^{j2\pi at}$

공식에 대입하여 적분을 풀면

$$X(f) = \int_{-\infty}^{\infty} e^{j2\pi at} e^{-j2\pi ft}\, dt$$
$$= \int_{-\infty}^{\infty} e^{-j2\pi(f-a)t}\, dt$$
$$= \delta(f-a)$$

가 되어

$$Ae^{j2\pi at} \Leftrightarrow A\delta(f-a)$$

를 얻는다. 물론 $x(t) = e^{j2\pi at}$는 주기 신호이므로 연속 시간 푸리에 급수를 이용하여 주기 신호의 스펙트럼을 구하지만, 연속 시간 푸리에 변환을 이용하여도 주기 신호의 스펙트럼을 구할 수 있는 것을 보여준다. 이에 대한 상세한 설명은 다음 절에서 한다.

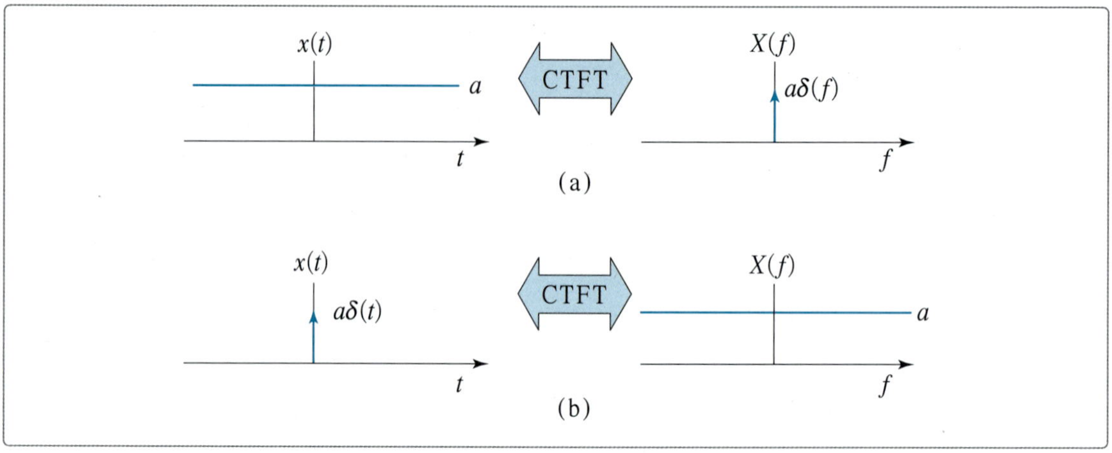

[그림 4-19] 상수 값과 임펄스 함수의 연속 시간 푸리에 변환

4.3.3 연속 시간 푸리에 변환 성질

(1) 시간 이동

주기 신호 $x(t)$를 시간 축에서 이동시키면 연속 시간 푸리에 급수 계수의 위상이 변하는 것과 동일하게, 비주기 신호의 시간 이동에 따라 $X(f)$의 위상이 변한다.

$$x(t) \Leftrightarrow X(f)$$

$$x(t-\tau) \Leftrightarrow X(f)e^{-j2\pi f\tau} \quad \text{-------- } -2\pi f\tau \text{ 위상 변화}$$

$$x(t+\tau) \Leftrightarrow X(f)e^{j2\pi f\tau} \quad \text{-------- } 2\pi f\tau \text{ 위상 변화}$$

이 성질을 이용하면 다음과 같은 푸리에 변환 결과를 쉽게 구할 수 있다.

$$\delta(t-\tau) \Leftrightarrow e^{-j2\pi f\tau}$$

$$e^{j2\pi a(t-\tau)} \Leftrightarrow \delta(f-a)e^{-j2\pi f\tau} = \delta(f-a)e^{-j2\pi a\tau}$$

(2) 주파수 이동

스펙트럼을 주파수 축에서 이동시키면 시간 축 신호는 다음과 같이 구하여진다.

f를 $f+\tau$로 치환

$$\int_{-\infty}^{\infty} X(f-\tau)e^{j2\pi ft}df = \int_{-\infty}^{\infty} X(f)e^{j2\pi(f+\tau)t}df$$

$$= e^{j2\pi\tau t}\int_{-\infty}^{\infty} X(f)e^{j2\pi ft}df$$

$$= e^{j2\pi\tau t}x(t)$$

$$x(t) \Leftrightarrow X(f)$$

$$e^{j2\pi\tau t}x(t) \Leftrightarrow X(f-\tau)$$

$$e^{-j2\pi\tau t}x(t) \Leftrightarrow X(f+\tau)$$

즉, 주파수 이동량에 따라 복소 진폭 $e^{j2\pi\tau t}$가 곱하여진다. 이 성질을 이용하면 앞에서 구하였던 $e^{j2\pi\tau t}$에 대한 연속 시간 푸리에 변환이 쉽게 구하여진다.

$$1 \Leftrightarrow \delta(f)$$

$$e^{j2\pi at} \Leftrightarrow \delta(f-a)$$

(3) 시간/주파수 척도 조절

신호 $x(t)$를 시간 축에서 일정 비율로 좌우로 줄이거나 넓히면, 스펙트럼이 어떠한 변화를 가지는지 살펴보자. 그림 4-20과 같이 신호를 시간 축에서 반으로 줄이면 시간 축에서 변화의 속도가 증가하므로(주18) 주파수는 원래보다 고주파가 강조될 것이고 이에 따라 스펙트럼의 모양이 좌우로 확산되는 형태가 될 것이다. 반대로, 시간 축에서 좌우로 확산시키면 신호의 변화율이 낮아지므로 주파수는 저주파가 강조되도록 좌우로 줄어드는 결과가 나올 것이다.

이와 같은 결과를 수학적으로 유도하면 다음과 같다. 시간 축에서의 척도 조절을 $x(at)$로 표시하며, $|a|<1$이면 확산, $|a|>1$이면 축소이고, 만일 $a<0$이면 $t=0$을 중심으로 회전을 포함한다. $x(at)$에 대한 연속 시간 푸리에 변환은 다음과 같이 구하여진다.

$$\int_{-\infty}^{\infty} x(at)e^{-j2\pi ft}\,dt = \int_{\frac{-\infty}{a}}^{\frac{\infty}{a}} x(t)e^{-j2\pi f\frac{t}{a}}\frac{dt}{a}$$

----- at를 t로 치환 : $t \to t/a$

$$= \begin{cases} \dfrac{1}{a}\displaystyle\int_{-\infty}^{\infty} x(t)e^{-j2\pi f\frac{t}{a}}\,dt & \text{if } a>0 \\ \dfrac{1}{a}\displaystyle\int_{\infty}^{-\infty} x(t)e^{-j2\pi f\frac{t}{a}}\,dt & \text{if } a<0 \end{cases}$$

------ a의 부호에 따라 적분 구간이 달라짐

$$= \begin{cases} \dfrac{1}{a}\displaystyle\int_{-\infty}^{\infty} x(t)e^{-j2\pi f\frac{t}{a}}\,dt & \text{if } a>0 \\ -\dfrac{1}{a}\displaystyle\int_{-\infty}^{\infty} x(t)e^{-j2\pi f\frac{t}{a}}\,dt & \text{if } a<0 \end{cases}$$

----- 적분 구간을 반대로 하고 − 부호 추가

$$= \frac{1}{|a|}X\left(\frac{f}{a}\right)$$

$$x(at) \Leftrightarrow \frac{1}{|a|}X\left(\frac{f}{a}\right)$$

주18) 원 신호에서 1초 동안 발생하는 변화가 척도 조절 후에는 0.5초 동안 모두 발생한다.

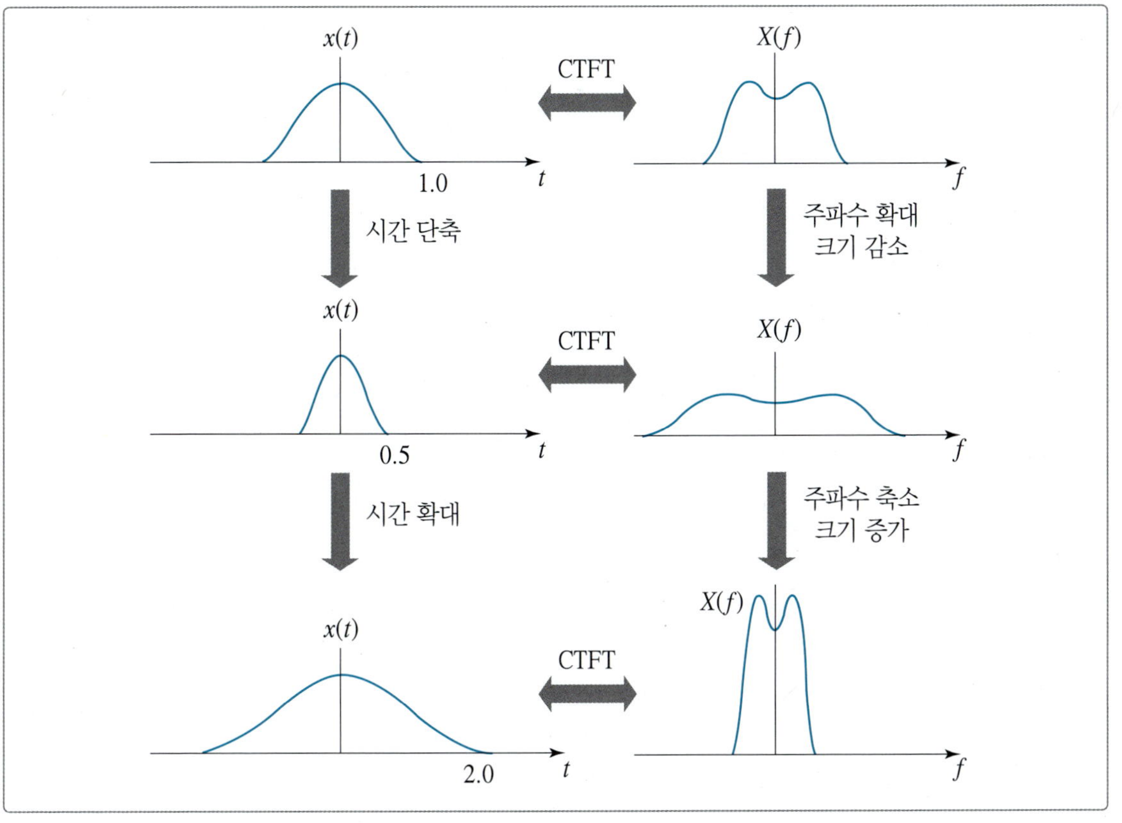

[그림 4-20] 연속 시간 푸리에 변환의 시간 및 주파수 척도 조절 성질

따라서 시간 축에서의 a배 축소/확산은 주파수 축에서 a배 확산/축소가 되며 추가로 $\frac{1}{|a|}$의 크기 변화가 발생하고 그림 4-20 결과가 도출된다. 동일한 방법으로 $\frac{1}{|a|}x\left(\frac{t}{a}\right) \Leftrightarrow X(af)$가 얻어진다.

척도 조절 성질과 앞에서 배운 그림 4-18의 연속 시간 푸리에 변환 결과와의 관계를 다시 살펴보자. 그림 4-21(a), (b), (c)는 구형파를 시간 축에서 척도 조절한 결과이며, 구형파 면적과 밑변 길이로부터 스펙트럼의 모양을 알 수 있고 그 결과가 각각 그림 4-21(d), (e), (f)이다. 이를 척도 조절 관점에서 보면, 그림 4-21(a)를 2배 확산하여 그림 4-21(b)를 얻으므로 스펙트럼은 2배 축소하고 크기는 2배 증가하여 그림 4-21(e)가 되며, 그림 4-21(a)를 2배 축소하여 그림 4-21(c)를 얻으므로 스펙트럼은 2배 확산하고 크기는 2배 감소하여 그림 4-21(f)가 된다.

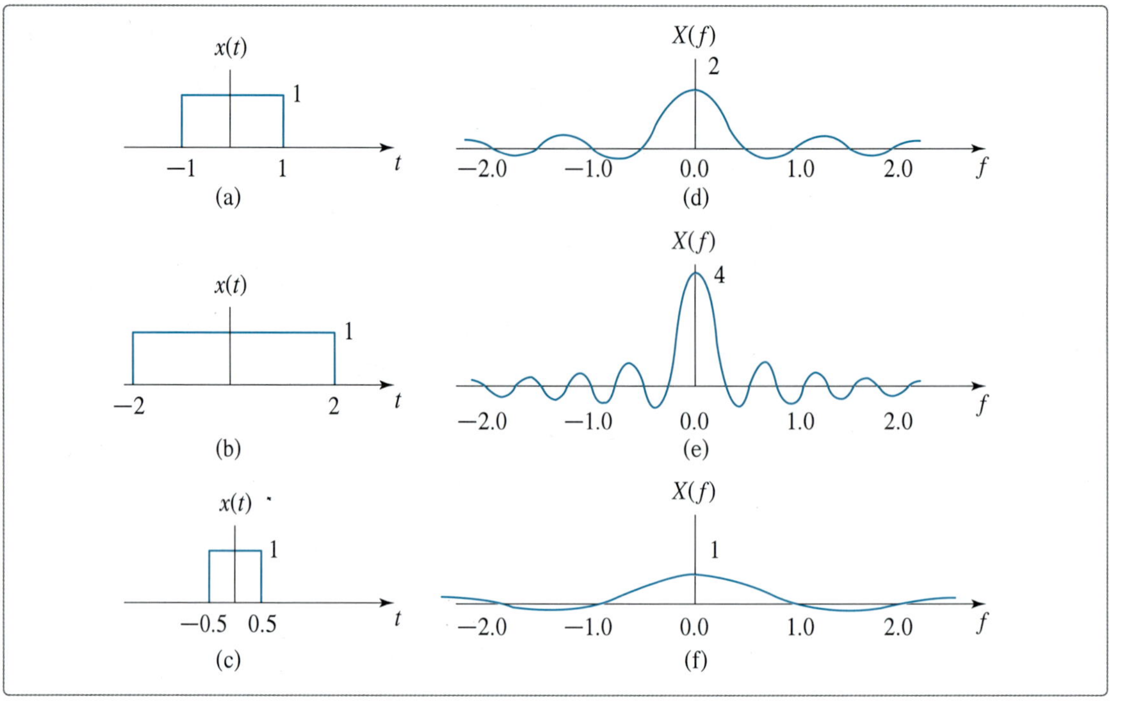

[그림 4-21] 연속 시간 푸리에 변환의 척도 조절 성질을 이용한 구형파의 연속 시간 푸리에 변환

(4) Parseval 정리

비주기 신호에 대하여 $x(t)$의 에너지와 $X(f)$의 에너지는 동일하다.(주19)

$$\int_{-\infty}^{\infty} |x(t)|^2 \, dt = \int_{-\infty}^{\infty} |X(f)|^2 \, df \tag{4.21}$$

(5) 컨벌루션과 곱 연산

연속 시간 푸리에 변환 연산과 곱하기 및 컨벌루션 연산에는 교환법칙이 성립하지 않는다.

$$F\{x(t)y(t)\} \neq F\{x(t)\}F\{y(t)\}$$
$$F\{x(t)*y(t)\} \neq F\{x(t)\}*F\{y(t)\}$$

주19) 이 성질은 연속 시간 푸리에 급수에서의 성질과 유사하고 단지 주기 신호에서는 에너지 대신에 평균 전력을 다루었다($\frac{1}{T}\int_{<T>} |x(t)|^2 = \sum_{k=-\infty}^{\infty} |X_k|^2$). 주기 신호는 전력 신호이므로 무한대 에너지를 가져 에너지에 대한 해석은 의미가 없다.

그러나 단순한 교환법칙은 성립하지 않지만 다음과 같은 매우 특이한 성질을 가진다.

$$F\{x(t)y(t)\} = F\{x(t)\} * F\{y(t)\}$$
$$F\{x(t) * y(t)\} = F\{x(t)\}F\{y(t)\}$$

$$x(t)y(t) \Leftrightarrow X(f) * Y(f) \tag{4.22-1}$$
$$x(t) * y(t) \Leftrightarrow X(f)Y(f) \tag{4.22-2}$$

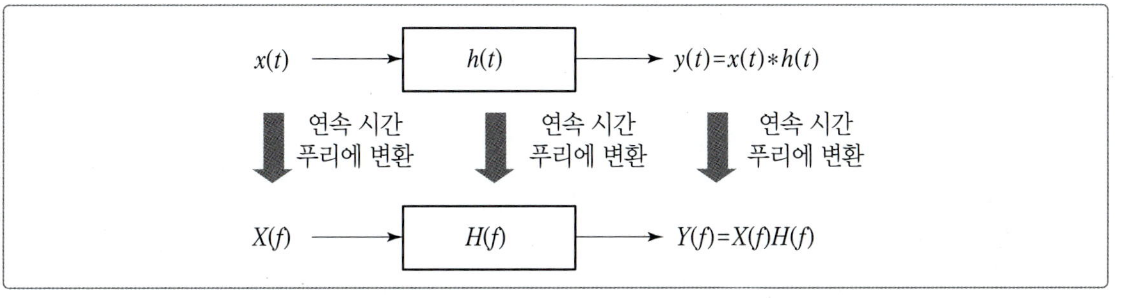

[그림 4-22] 연속 시간 푸리에 변환을 이용한 시스템의 출력 계산

식 (4.22-2)에 주어진 연속 시간 푸리에 변환의 컨벌루션 성질은 시스템의 동작을 해석하는 새로운 방법을 제시하여 준다. 그림 4-22와 같이 선형 시불변 시스템의 임펄스 응답을 $h(t)$라 하면 출력 신호는 $y(t) = x(t) * h(t)$가 되며, 이 관계를 스펙트럼으로 표현하면 $Y(f) = X(f)H(f)$가 된다. 이로부터 출력 신호의 $f = f_1$에서의 성분 $Y(f_1)$는 입력 신호의 f_1 성분 $X(f_1)$과 시스템의 f_1 성분 $H(f_1)$의 곱이 된다. 즉, 입력 신호는 시스템을 통과하면서 각 주파수별로 $H(f)$만큼의 이득이 곱해져 출력으로 나오며, 이와 같이 $H(f)$는 주파수별로 시스템의 동작을 정의하므로 이를 시스템의 주파수 응답(frequency response)이라 한다.

예로, 시스템의 주파수 응답이 그림 4-23(a)로 주어지고 이 시스템에 $x(t) = 2\cos(2\pi 10t) + 4\sin(2\pi 20t)$가 입력될 때의 출력 신호를 구하여보자. 시스템의 동작은 $f < 15\,\text{Hz}$에서 이득이 2가 되고, 나머지 주파수에서는 이득이 0이므로 입력 신호의 $f = 10\,\text{Hz}$ 성분은 2배가 되고 $f = 20\,\text{Hz}$ 성분은 제거되어 출력 신호는 $y(t) = 4\cos(2\pi 10t)$가 된다. 이와 같은 시스템은 $f = 15$ Hz 이상의 모든 주파수 성분을 제거시키므로 차단 주파수(cutoff frequency) 15Hz를 가지는 **저역 통과 필터(lowpass filter)**라 한다. 만일 동일한 입력 신호가 (b)의 시스템에 입력되면 출력 신호는 $y(t)=12\sin(2\pi 20t)$가 되며, 이와 같은 시스템은 특정 주파수 대역의 성분만 통과시키므로 **대역 통과 필터(bandpass filter)**라 한다.

그림 4-23(c)~(f)는 연속 시간 푸리에 변환의 컨벌루션 성질을 이용한 예제를 보여준다. 두 신호 $x(t)=\cos(2\pi 5t)$와 $y(t)=\cos(2\pi 10t)$가 주어지고, 각 신호의 스펙트럼은 그림 4-23(c), (d)의 $X(f)$, $Y(f)$가 된다. 이 때 새로운 신호 $z(t)=x(t)*y(t)$, 즉 주기 컨벌루션을 구하려 할 때 직접 컨벌루션을 계산하는 것은 매우 어려운 작업이 되지만, 연속 시간 푸리에 변환 성질을 이용하면 $Z(f)=X(f)Y(f)=0$이 되고, 그 결과 $z(t)=0$ 이 된다. 이 예제에서 또 다른 신호 $g(t)=x(t)y(t)$를 정의하면 $G(f)=X(f)*Y(f)$가 되며, 앞에서 배웠듯이 임펄스 함수와의 컨벌루션은 단순한 이동에 불과하므로 $G(f)$는 그림 4-23(f)가 된다. 다시 이를 연속 시간 푸리에 역변환하여 시간 함수로 변환하면 $g(t)=\frac{1}{2}\cos(2\pi 5t)+\frac{1}{2}\cos(2\pi 15t)$가 된다.

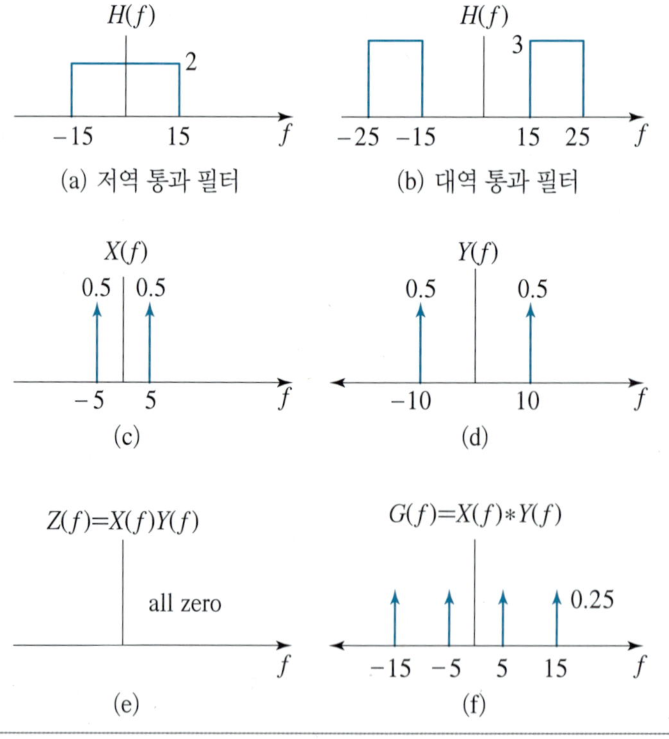

[그림 4-23] 연속 시간 푸리에 변환을 이용한 컨벌루션 예제

4.4 연속 신호의 통합적 주파수 해석

지금까지는 그림 4-24와 같이 연속 신호 $x(t)$의 주기 성질에 따라 서로 다른 방법을 적용하여 $X(f)$를 구하였다. 그러나 이 두 가지 방법은 근본적으로 동일한 개념이며 단지 신호의 성질에 적합하도록 서로 다른 형태를 사용하는 것에 불과하다. 이 절에서는 주기 성질에 관계없이 한 가지 방법을 사용하여 $X(f)$를 구하는 방법을 설명하고, 연속 시간 푸리에 급수와 연속 시간 푸리에 변환을 서로 구별하지 않고 연속 시간 푸리에 변환이라는 통합적 방법으로 모든 연속 신호의 주파수를 해석하는 방법을 설명한다.

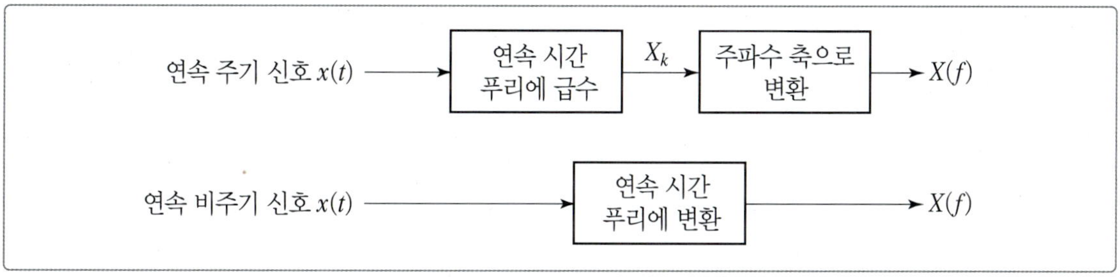

[그림 4-24] 연속 주기 신호와 연속 비주기 신호의 스펙트럼을 구하는 방법

연속 시간 푸리에 급수를 연속 시간 푸리에 변환의 개념을 바탕으로 설명하여 보자. 이를 위해 먼저 그림 4-25(a)에 주어진 주기 임펄스 신호 $p(t)$를 정의한다. 만일 그림 4-25(b)에 주어진 $x(t)$를 $p(t)$와 컨벌루션 연산시켜 $y(t)$를 만들면 임펄스 함수의 성질에 따라 $y(t)$는 그림 4-25(c)와 같이 $x(t)$가 T 마다 반복된 형태가 된다. 따라서 $y(t)$는 주기 신호가 되고 $Y(f)$를 구하려면 $y(t)$에 대한 연속 시간 푸리에 급수 계수를 구하여야 한다. 그러나 이제는 다른 방법으로 $Y(f)$를 구하기로 한다. $y(t)=x(t)*p(t)$이므로 연속 시간 푸리에 변환 성질에 따라 $Y(f)=X(f)P(f)$가 된다. $x(t)$는 비주기 신호이므로 $X(f)$는 일반적인 연속 시간 푸리에 변환을 통하여 구하여지고 이를 그림 4-25(d)라 가정한다. $p(t)$는 주기 신호이므로 다음과 같이 연속 시간 푸리에 급수 계수 P_k를 구한다.

$$P_k = \frac{1}{T}\int_{-\frac{T}{2}}^{\frac{T}{2}} \delta(t)\, e^{-j2\pi k f_0 t}\, dt$$
$$= \frac{1}{T} e^{-j2\pi k f_0 t}\big|_{t=0}$$
$$= \frac{1}{T}$$

$p(t)$의 기본 주파수 $f_0 = \frac{1}{T}$ 이므로 $p(t)$의 스펙트럼 $P(f)$는

$$P(f) = \sum_{k=-\infty}^{\infty} \frac{1}{T}\delta\left(f - \frac{k}{T}\right)$$

가 되고 그림 4-25(e)가 된다. 마지막으로 $X(f)$와 $P(f)$를 곱하면 $Y(f)$가 되는데, $P(f)$의 모양이 여전히 임펄스 함수들의 합이므로 $P(f)$와의 곱은 샘플링(sampling) 동작, 즉 특정 위치에서의 값만 취하고 나머지 위치에서는 모두 영으로 만드는 동작이므로, $Y(f)$는 $X(f)$에서 $f = kf_0$ 에서의 값만 취하고 $\frac{1}{T}$만큼 크기 조정한 결과가 된다. 이를 식으로 표시하면

$$Y(f) = \frac{1}{T} X(f)\big|_{f = kf_0}$$

가 된다. 이 과정을 정리하면 다음과 같다.

(i) 주기 신호 $y(t)$의 기본 주파수 $f_0 = \frac{1}{T}$ 를 구한다.
(ii) $y(t)$의 한 주기에 해당하는 비주기 신호 $x(t)$를 구한다.
(iii) 연속 시간 푸리에 변환을 통하여 비주기 신호 $x(t)$의 스펙트럼 $X(f)$를 구한다.
(iv) $X(f)$를 f_0 간격으로 샘플링하고 전체적으로 f_0 를 곱하면 $Y(f)$가 된다.

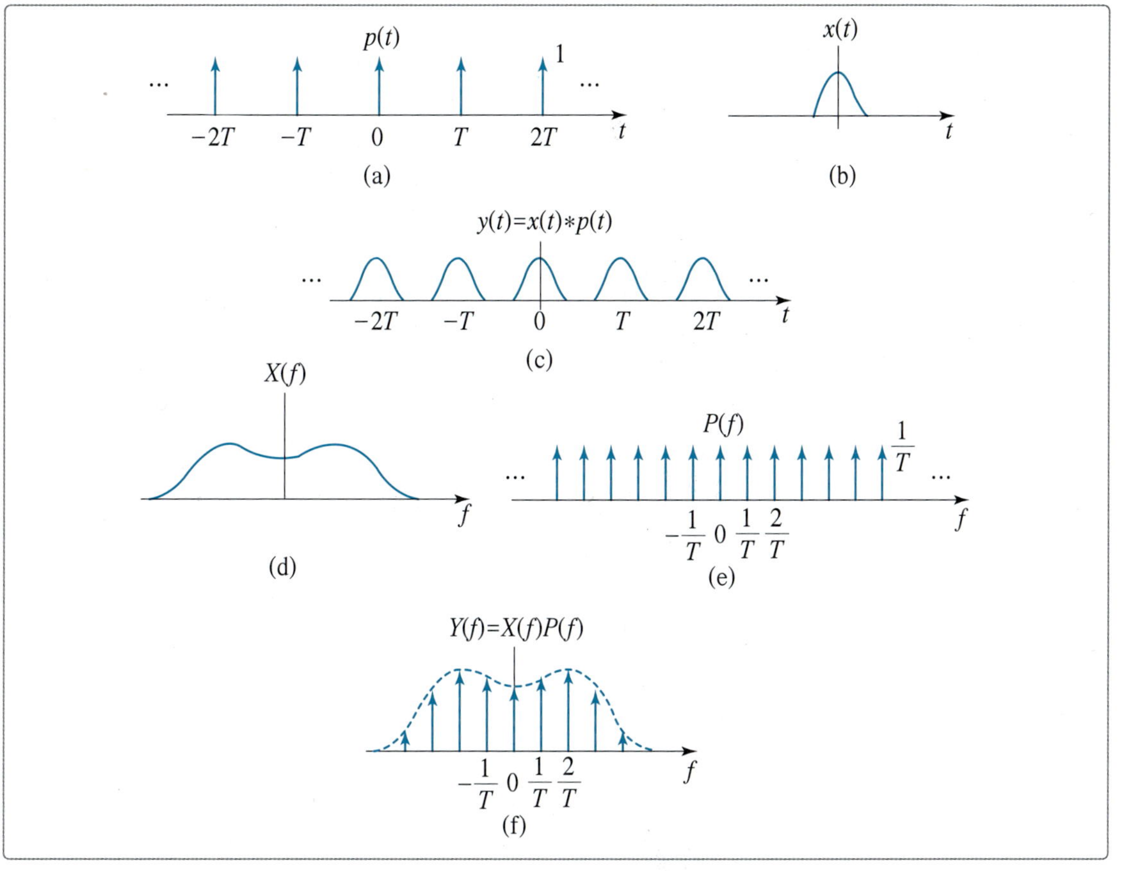

[그림 4-25] 연속 주기 신호의 스펙트럼을 구하는 과정

이 과정에서는 연속 시간 푸리에 급수에 대한 개념은 전혀 없고, 한번의 연속 시간 푸리에 변환과 샘플링 과정을 거쳐 $Y(f)$를 구하였다.(주20) 따라서 연속 주기 신호에 대한 스펙트럼을 구할 때 연속 시간 푸리에 급수 계수를 구하는 과정 없이 연속 시간 푸리에 변환을 기반으로 그림 4-26과 같이 스펙트럼을 구할 수 있다.

주20) 주기 신호 스펙트럼의 성질인 선 스펙트럼 형태는 $X(f)$의 샘플링을 통하여 반드시 성립된다.

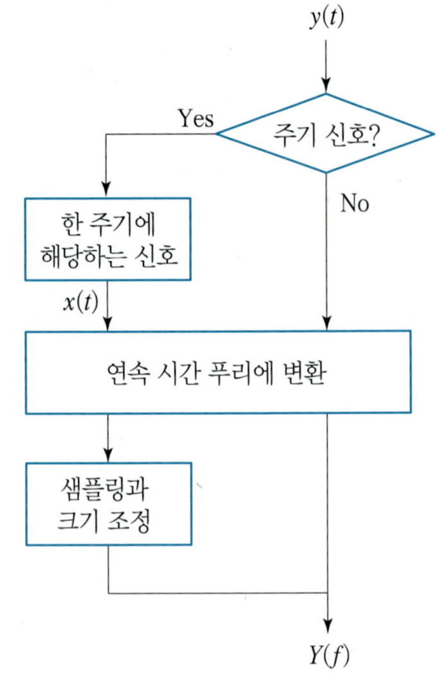

[그림 4-26] 연속 주기 신호와 연속 비주기 신호의 스펙트럼을 구하는 통합적 방법

여기서 우리는 매우 중요한 연속 시간 푸리에 변환의 성질을 발견하게 된다. 그림 4-25에서 $x(t)$를 시간 축에서 반복하면 $y(t)$가 되고, $X(f)$를 샘플링하면 $Y(f)$가 된다. 즉, 시간 축에서의 반복 동작은 주파수 축에서의 샘플링 동작에 대응하며, 반복 주기 간격이 T 이면 샘플링 간격은 $1/T$ 이고 $1/T$ 만큼의 크기 변화를 적용하여야 한다. 그림 4-27에 이 관계가 정리되어 있으며 이는 앞으로 이산 신호의 스펙트럼을 배우기 위한 기초가 되는 중요한 결과이다.[주21]

주21) 여기서 크기 변화는 생략되어 있다.

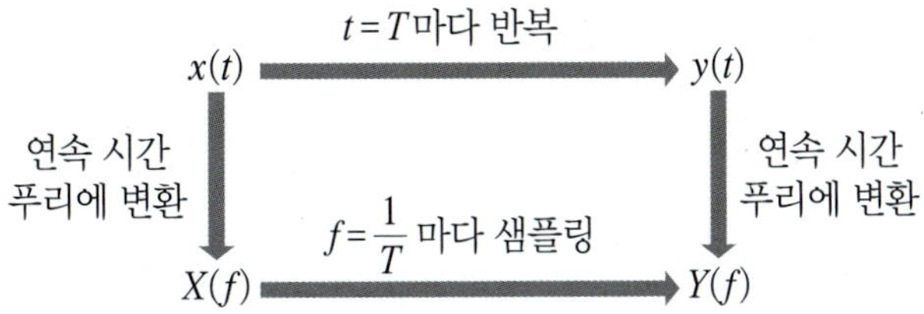

(a) 시간 축에서의 반복은 주파수 축에서의 샘플링에 해당함

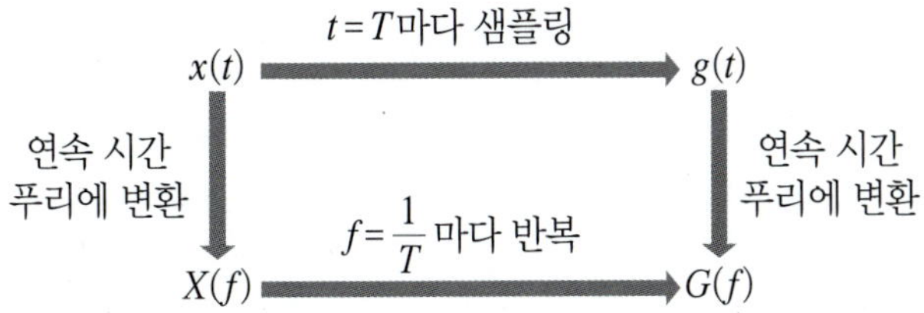

(b) 시간 축에서의 샘플링은 주파수 축에서의 반복에 해당함

[그림 4-27] 시간 축과 주파수 축에서 반복과 샘플링의 관계

연 / 습 / 문 / 제

4-1 다음 연속 주기 신호 $x(t)$의 연속 시간 푸리에 급수 계수를 구하라.

(a) $x(t) = 10e^{j2\pi 100t}$

(b) $x(t) = 2\cos(2\pi 2t) + \sin(2\pi 6t)$

(c) $x(t) = 1 + 2\cos(\pi t + \frac{\pi}{3}) + \sin(2\pi t + \frac{\pi}{6})$

(d) $x(t) = \sin(2\pi t) + e^{-j2\pi 3t}$

4-2 그림 P4.1에 주어진 $x(t)$의 연속 시간 푸리에 급수 계수를 구하라.

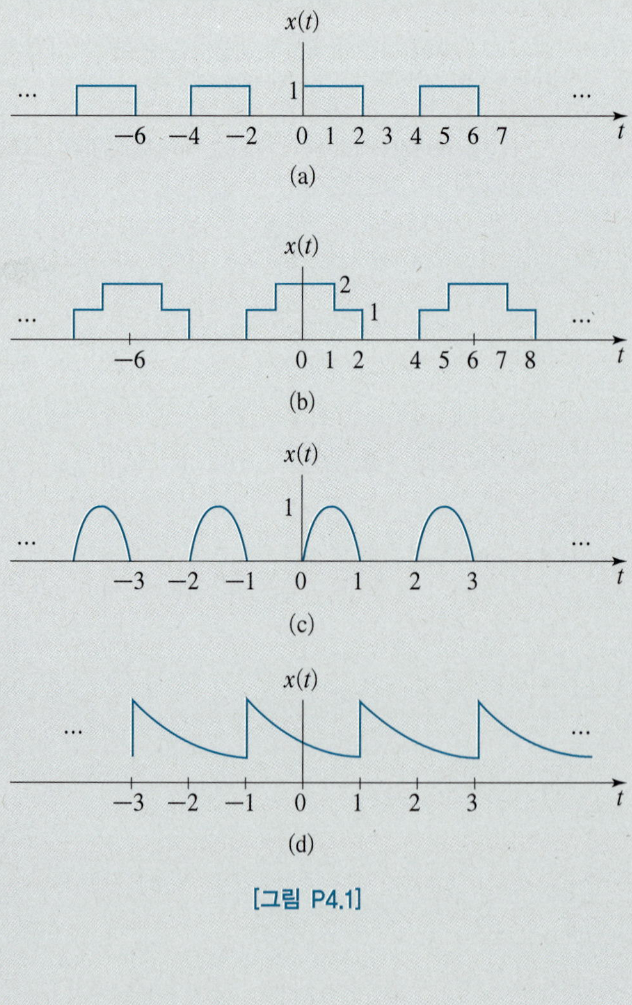

[그림 P4.1]

(a) 그림 P4.1(a)

(b) 그림 P4.1(b)

(c) 그림 P4.1(c), 단 $0 < t < 1$에서 $x(t) = \sin(\pi t)$

(d) 그림 P4.1(d), 단 $-1 < t < 1$에서 $x(t) = e^{-t}$

4-3 문제 4-2 신호의 스펙트럼을 구하라.

4-4 $x(t) = \sum_{k=-\infty}^{\infty} \delta(t-k)$에 대하여 다음을 구하라.

(a) $x(t)$의 그래프를 그려라.

(b) $x(t)$의 기본 주기와 연속 시간 푸리에 급수 계수를 구하라.

(c) $x(t)$의 스펙트럼 $X(f)$를 그래프로 그려라.

4-5 그림 P4.2의 $x(t)$의 연속 시간 푸리에 급수 계수를 a_k라 할 때 다음을 구하라.

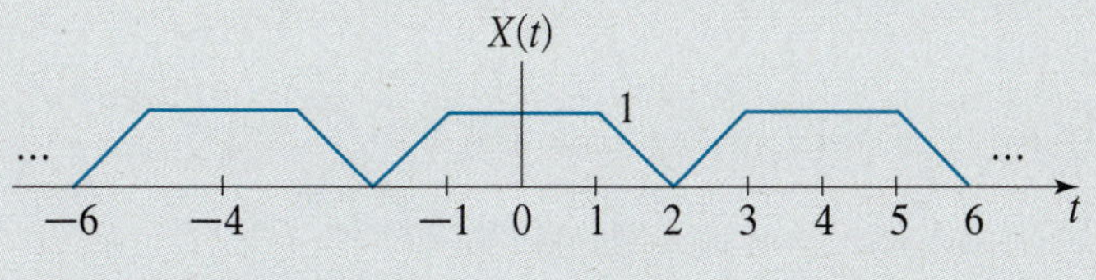

[그림 P4.2]

(a) a_0 값은 얼마인가?

(b) $\sum_{k=-\infty}^{\infty} a_k$ 값은 얼마인가?

(c) $x(t-2)$의 연속 시간 푸리에 급수 계수를 b_k라 할 때, a_k와 b_k의 관계식을 구하라.

4-6 그림 P4.3의 $g(t)$에 대하여 $x(t) = \sum_{k=-\infty}^{\infty} g(t-k)$, $y(t) = \sum_{k=-\infty}^{\infty} g(t-2k)$ 라 한다.

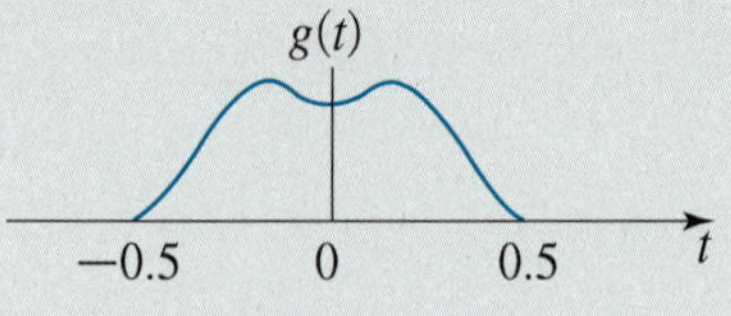

[그림 P4.3]

(a) $x(t)$와 $y(t)$ 신호의 주기를 각각 구하라.

(b) $x(t)$의 연속 시간 푸리에 급수 계수를 α_k, $y(t)$의 연속 시간 푸리에 급수 계수를 β_k 라 할 때 α_k 와 β_k 의 관계를 식으로 표시하라.

4-7 다음 $x(t)$의 연속 시간 푸리에 변환을 구하라.

(a) $x(t) = e^{-2t}u(t)$

(b) $x(t) = e^{-2(t+1)}u(t+1)$

(c) $x(t) = e^{-t}\cos(2\pi t)u(t)$

4-8 그림 P4.4의 $x(t)$의 연속 시간 푸리에 변환을 구하라.

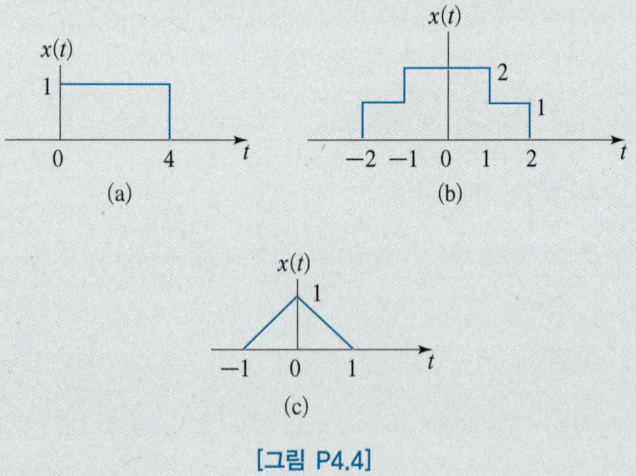

[그림 P4.4]

(a) 그림 P4.4(a)

(b) 그림 P4.4(b)

(c) 그림 P4.4(c)

4-9 그림 P4.5의 스펙트럼을 가지는 신호 $x(t)$를 구하라.

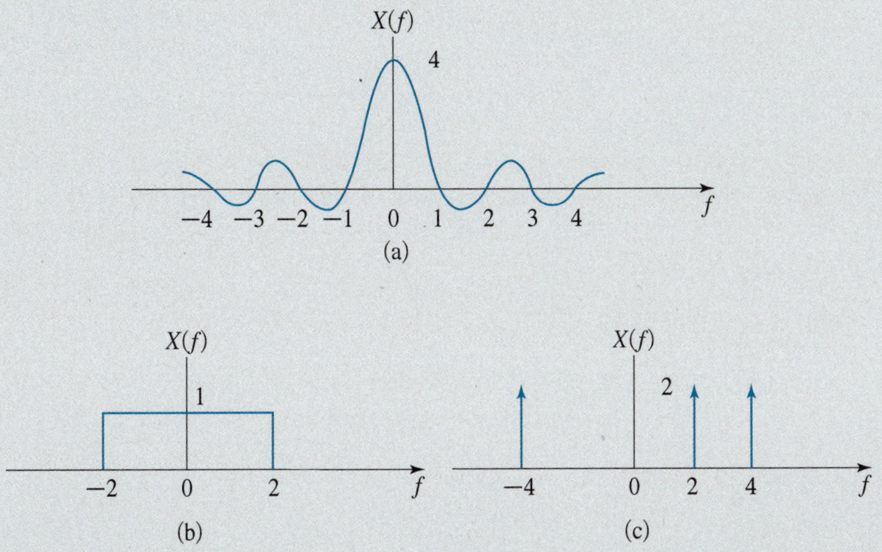

[그림 P4.5]

(a) 그림 P4.5(a)에 주어진 싱크(sinc) 함수

(b) 그림 P4.5(b)

(c) 그림 P4.5(c)

4-10 그림 P4.6의 $x(t)$에 대하여 다음을 구하라.

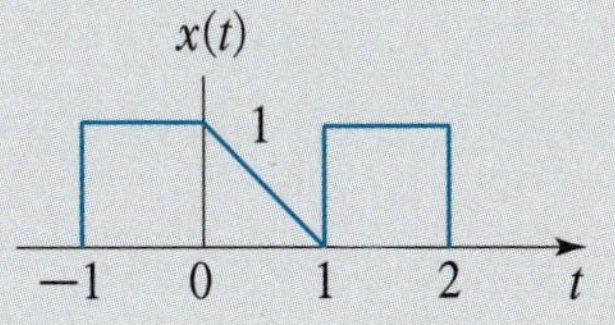

[그림 P4.6]

(a) $X(0)$

(b) $\int_{-\infty}^{\infty} X(f)\,df$

(c) $\int_{-\infty}^{\infty} X(f)e^{-j\pi f}\,df$

4-11 $x(t)$의 연속 시간 푸리에 변환 $X(f)$가 그림 P4.7과 같다.

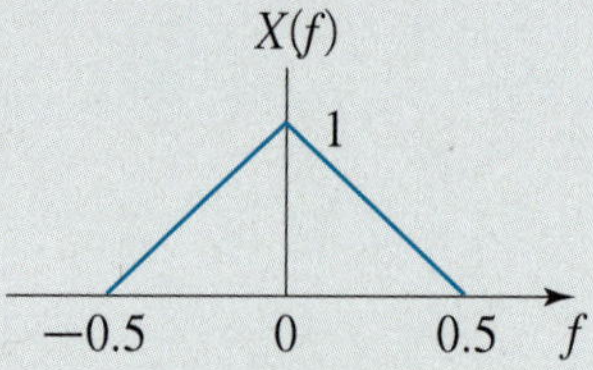

[그림 P4.7]

(a) $\int_{-\infty}^{\infty} x(t)\,dt$ 값을 구하라.

(b) $x(t)$를 $T = 0.5$로 샘플링 한 결과의 연속 시간 푸리에 변환을 그려라.

4-12 $x(t)$의 스펙트럼을 $X(f)$라 할 때 다음을 구하라.

(a) $x(t) + x(-t)$ 의 스펙트럼

(b) $x(t)\cos(2\pi 2t)$ 의 스펙트럼

(c) $x(t)e^{j2\pi 10t}$ 의 스펙트럼

(d) $x(t) * \cos\left(\frac{\pi}{2}t\right)$ 의 스펙트럼

4-13 다음을 구하라.

(a) $\cos(2\pi t) * \sin(2\pi 2t)$

(b) $\int_{-\infty}^{\infty} e^{-j2\pi t}\,dt$

4-14 $x(t) = \cos\left(\frac{\pi}{2}t\right)$이 임펄스 응답 $h(t) = \cos(\pi t)$을 가지는 연속 LTI 시스템에 입력될 때의 출력 신호 $y(t)$를 구하라.

4-15 임펄스 응답이 그림 P4.8의 $h(t)$ 인 연속 LTI 시스템이 주어졌다($h(t)$는 주기 신호가 아니다).

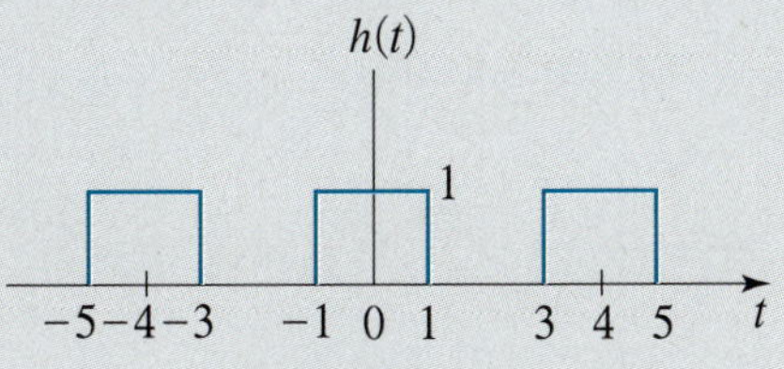

[그림 P4.8]

(a) 입력 신호 $x(t) = \cos(\pi t)$에 대한 출력 신호 $y(t)$를 구하라.

(b) 입력 신호 $x(t) = \cos\left(\frac{\pi}{2}t\right)$에 대한 출력 신호 $y(t)$를 구하라.

4-16 그림 P4.9의 시스템에 입력 신호 $x(t) = 2\cos\left(2\pi t + \frac{\pi}{2}\right) + 5\sin\left(2\pi\frac{5}{2}t - \frac{\pi}{3}\right) + \cos(2\pi 3t)$가 입력된다. $y_1(t)$, $y_2(t)$, $y_3(t)$, $y(t)$를 각각 구하라.

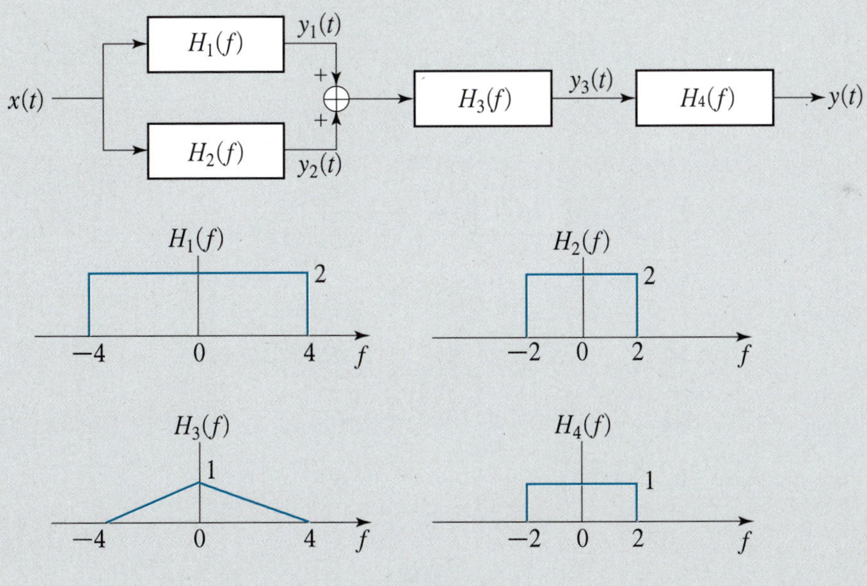

[그림 P4.9]

4-17 그림 P4.9 시스템의 전체 주파수 응답 $H(f)$를 구하라.

4-18 $x(t)=\sin(3\pi t)$이다.

(a) $x(t)$를 그림 P4.10에 주어진 시스템에 입력시킬 때의 출력 신호 $y(t)$를 구하라.

(b) $x(t)$를 $T=\frac{1}{2}$로 샘플링 한 신호를 $g(t)$라 할 때 $g(t)$의 스펙트럼을 그려라.

(c) $g(t)$를 그림 P4.10에 주어진 시스템에 입력시킬 때의 출력 신호 $y(t)$를 구하라.

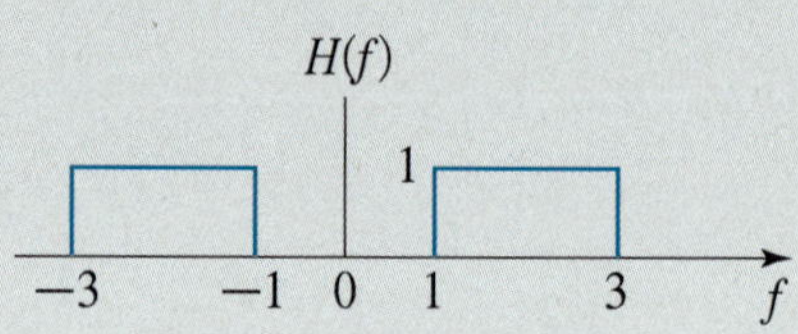

[그림 P4.10]

4-19 그림 P4.11에 주어진 시스템의 출력 신호의 스펙트럼을 구하라. 단, $H(f)$는 $\pm j$ 값을 가지는 복소 함수이다.

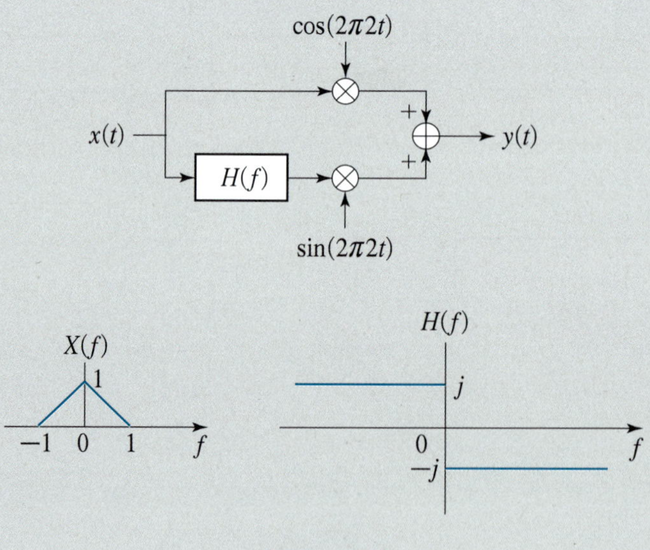

[그림 P4.11]

4-20 $x(t) = 2\sin\left(\frac{3}{5}\pi t + \frac{\pi}{3}\right)$가 그림 P4.12에 주어진 충격 응답을 가지는 시스템에 입력될 때의 출력 신호 $y(t)$를 구하라.

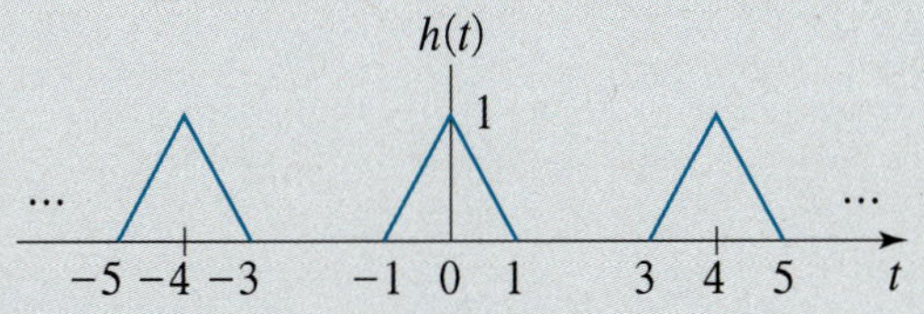

[그림 P4.12]

CHAPTER

05

이산 신호의 주파수 해석

단 / 원 / 개 / 요

이 장에서는 4장에서 배운 연속 신호의 주파수 해석 방법을 이산 신호로 확장하여, 이산 신호의 주파수 해석 방법을 배운다. 먼저, 이산 코사인 신호의 성질을 설명하고, 이로부터 이산 코사인 신호의 스펙트럼을 유도하고 특징을 살펴본다. 다음, 이산 주기 신호의 주파수 해석을 위한 이산 시간 푸리에 급수(discrete-time Fourier series)와 이산 비주기 신호의 주파수 해석을 위한 이산 시간 푸리에 변환(discrete-time Fourier transform)을 배우고, 각각의 성질을 정리하고 이를 활용하는 예제들을 살펴본다.
한편, 이산 시간 푸리에 급수와 이산 시간 푸리에 변환 사이의 관계를 유도하여, 이산 주기 및 비주기 신호의 주파수 해석을 하나의 통합된 방법으로 정리한다. 마지막으로, 연속 및 이산, 주기 및 비주기 신호를 포함하여 모든 종류의 신호에 대한 주파수 해석을 통합적으로 진행하는 방법을 설명하고, 예제를 통하여 신호와 스펙트럼 사이의 관계를 정리한다.

05
CHAPTER

이산 신호의 주파수 해석

5.1 이산 신호의 주파수 개념

5.1.1 이산 코사인 신호의 주파수

그림 5-1(a)와 (b)는 연속 코사인 신호를 샘플링하여 이산 코사인 신호를 만든 결과를 보여준다. (a)의 이산 코사인 신호는 4 샘플마다 신호가 반복되므로 주기는 4 샘플이고 주파수는 1/4이며, (b)의 이산 코사인 신호는 8 샘플마다 반복되므로 주기는 8 샘플이고 주파수는 1/8이라 말할 수 있다. 이와 같이 이산 코사인 신호에 대해서도 반복 주기를 통하여 쉽게 주파수를 정의할 수 있다. 그러나 이산 신호의 시간 축 변수 n은 초 단위가 아니라 단순히 샘플의 일련 번호에 불과하므로 여기서 말하는 주파수는 Hz 단위의 주파수와 다른 개념을 가질 것이다.(주1) 따라서 먼저 이산 신호의 주파수를 정확히 정의하는 것이 필요하다.

식 (5.1-1)에 정의된 주파수 f_0Hz를 가지는 연속 코사인 신호를 T_s초마다 샘플링하여 이산 코사인 신호를 만들면 식 (5.1-2)가 된다.

$$x(t) = \cos(2\pi f_0 t) \tag{5.1-1}$$

$$x[n] = \cos[2\pi f_0 T_S n] = \cos[2\pi \frac{f_0}{f_S} n] \tag{5.1-2}$$

주1) 그림 5-1(a)의 이산 코사인 신호의 주기는 4 샘플을 의미하고 4초를 의미하지 않으므로 주파수를 $\frac{1}{4}$ Hz라 말할 수 없다.

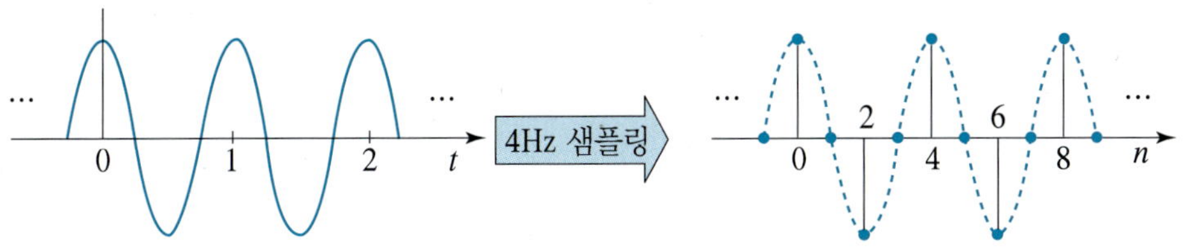

(a) 1Hz 연속 코사인 신호와 이를 4Hz로 샘플링하여 만든 이산 코사인 신호

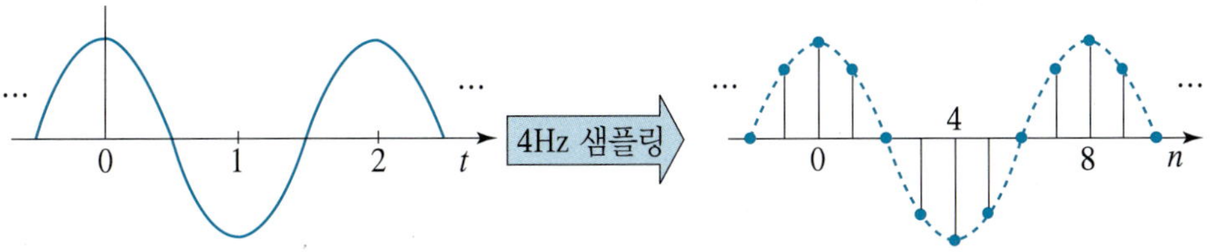

(b) 0.5Hz 연속 코사인 신호와 이를 4Hz로 샘플링하여 만든 이산 코사인 신호

[그림 5-1] 연속 코사인 신호를 샘플링하여 만든 이산 코사인 신호

즉, 모든 t 에서 신호 값을 가지지는 않고 0, $\pm T_s$, $\pm 2T_s$, $\pm 3T_s$ 등에서만 값을 가지므로 t를 nT_s으로 치환하여 표시한 것이다. 따라서 주파수 f_0 Hz인 연속 코사인 신호를 $f_S = \frac{1}{T_S}$ Hz로 샘플링하면 주파수 $\frac{f_0}{f_S}$ 를 가지는 이산 코사인 신호가 된다. 단, f_0와 f_s는 모두 연속 신호에서 정의된 주파수이므로 새롭게 정의된 이산 신호의 주파수는 "$\frac{\text{주파수}}{\text{주파수}}$" 형태가 된다. 이와 같이 연속 신호의 주파수와 이산 신호의 주파수는 완전히 다른 물리적 의미를 가지며, 이를 구별하기 위하여 이산 신호의 주파수는 $\hat{f}$ 또는 $\omega = 2\pi\hat{f}$이라 정의한다.(주2)

한편, 그림 5-2(a)의 연속 코사인 신호를 4Hz로 샘플링하여 이산 코사인 신호를 구하면 (b)가 되고, 이 신호의 주파수는 $\hat{f} = \frac{f_0}{f_S} = 1.25$가 되어 분명 그림 5-1(a) 신호와 다른 주파수 값을 가진다. 그러나 두 신호의 그래프를 비교하면 그림 5-2(b)의 이산 코사인 신호는 그림 5-1(a)의 이산 코사인 신호와 동일한 신호가 된다. 즉, 두 이산 코사인 신호는 서로 다른 주파수 $\hat{f} = 0.25$와

주2) 연속 신호의 주파수는 f(Hz) 또는 $\Omega = 2\pi f$ (rad/sec)로 표시한다. 따라서 그림 5-1(a)의 이산 코사인 신호의 주파수는 $\hat{f} = 0.25$, (b)의 이산 코사인 신호의 주파수는 $\hat{f} = 0.125$로 표시한다.

$\hat{f} = 1.25$를 가지지만 궁극적으로 동일한 신호이고, 이산 신호의 주파수 관점에서 보면 0.25와 1.25는 동일한 주파수를 나타낸다.

이 관계를 수학적으로 유도하면 다음과 같다.

$\hat{f} = 1.25$인 이산 코사인 신호

$$
\begin{aligned}
\cos[2\pi \tfrac{5}{4} n] &= \frac{1}{2} e^{j2\pi \frac{5}{4} n} + \frac{1}{2} e^{-j2\pi \frac{5}{4} n} \\
&= \frac{1}{2} e^{j2\pi (\frac{1}{4}+1) n} + \frac{1}{2} e^{-j2\pi (\frac{1}{4}+1) n} \\
&= \frac{1}{2} e^{j2\pi \frac{1}{4} n} e^{j2\pi n} + \frac{1}{2} e^{-j2\pi \frac{1}{4}} e^{-j2\pi n} \\
&= \frac{1}{2} e^{j2\pi \frac{1}{4} n} + \frac{1}{2} e^{-j2\pi \frac{1}{4} n} \\
&= \cos[2\pi \tfrac{1}{4} n]
\end{aligned}
$$

$\hat{f} = 0.25$인 이산 코사인 신호

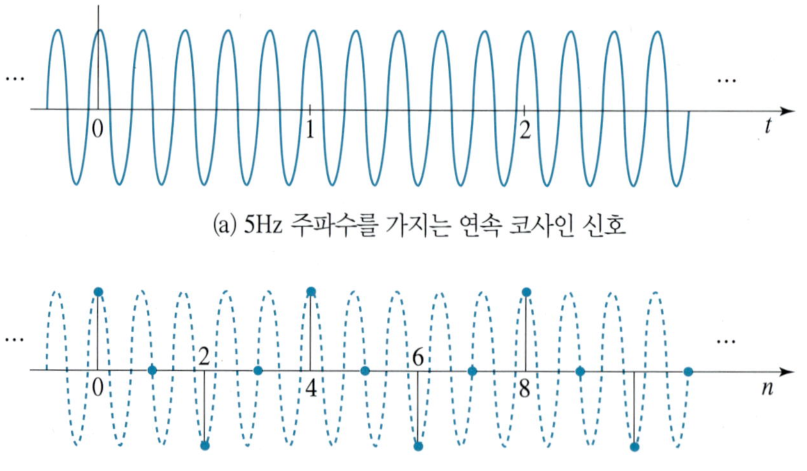

(a) 5Hz 주파수를 가지는 연속 코사인 신호

(b) 5Hz 코사인 신호를 4Hz로 샘플링하여 만든 이산 코사인 신호

[그림 5-2] 연속 코사인 신호를 샘플링하여 만든 이산 코사인 신호

이 과정에서 사용된 중요한 성질은 $e^{j2\pi n}=1$ 이며, n 값은 항상 정수 값이므로 이 성질이 만족된다.(주3) 이상의 내용을 일반화하여 정리하면 다음과 같다.(주4)

(i) 주파수 f_0 Hz인 연속 코사인 신호를 $f_S=\frac{1}{T_S}$ Hz로 샘플링하면 주파수 $\hat{f}=\frac{f_0}{f_S}$ 를 가지는 이산 코사인 신호가 된다.

(ii) 두 이산 코사인 신호의 주파수의 차이가 정수이면 두 주파수는 동일한 주파수이다.

(iii) 이산 신호의 주파수를 $-0.5 \le \hat{f} < 0.5$ 사이로 한정하여도 모든 주파수 값을 빠짐없이 표시할 수 있다.

5.1.2 이산 코사인 신호의 스펙트럼

연속 코사인 신호의 샘플링을 통하여 이산 코사인 신호의 스펙트럼을 유도하여보자. 그림 5-3(a)의 1Hz 연속 코사인 신호를 4Hz로 샘플링하면 (c)의 연속 코사인 신호가 얻어지고,(주5) 이 신호의 스펙트럼은 (d)가 된다.(주6) 다음, (c) 신호에서 샘플링된 각 시간 $t=0,\ 0.25,\ 0.5\ ....$ 에 대하여 시간 정보를 제거하고 샘플의 순서대로 $n=0,\ 1,\ 2,\ ...$을 할당하여 이산 신호로 변환시키면 (e)와 같이 $\frac{1}{4}$ 주파수를 가지는 이산 코사인 신호 $\cos[2\pi\frac{1}{4}n]$ 가 된다. 이 때 연속 신호의 주파수 f와 이산 신호의 주파수 $\hat{f}$ 사이에 $\hat{f}=\frac{f}{f_S}$ 관계가 성립하므로 (d)의 스펙트럼을 $\hat{f}=\frac{f}{4}$ 로 척도 조절하고, 척도 조절에 의하여 펄스의 크기를 $\frac{1}{4}$ 배 하면 (f)와 같은 이산 코사인의 스펙트럼이 구하여진다. 이 스펙트럼은 이산 코사인 신호의 주파수에 해당하는 $\hat{f}=\pm\frac{1}{4}$ 위치

주3) 연속 신호에서 t는 임의의 실수 값이므로 $e^{j2\pi t}\neq 1$이 되어 위와 같은 성질이 성립하지 않는다.

주4) 만일 ω단위의 주파수를 사용하면 주파수 차이가 2π의 정수배이면 동일한 주파수이고 $-\pi \le \omega < \pi$ 구간에 모든 주파수 값을 포함한다.

주5) 그림 5-3(c) 신호는 아직 연속 신호(즉, 가로축이 여전히 t 축)에 해당하며, t 축에서 특정 위치에서만 값을 가지는 신호가 된다.

주6) 연속 시간 푸리에 변환 성질에 따라 4Hz 샘플링에 의하여 스펙트럼은 4Hz마다 반복되고 펄스 크기가 4배가 된다.

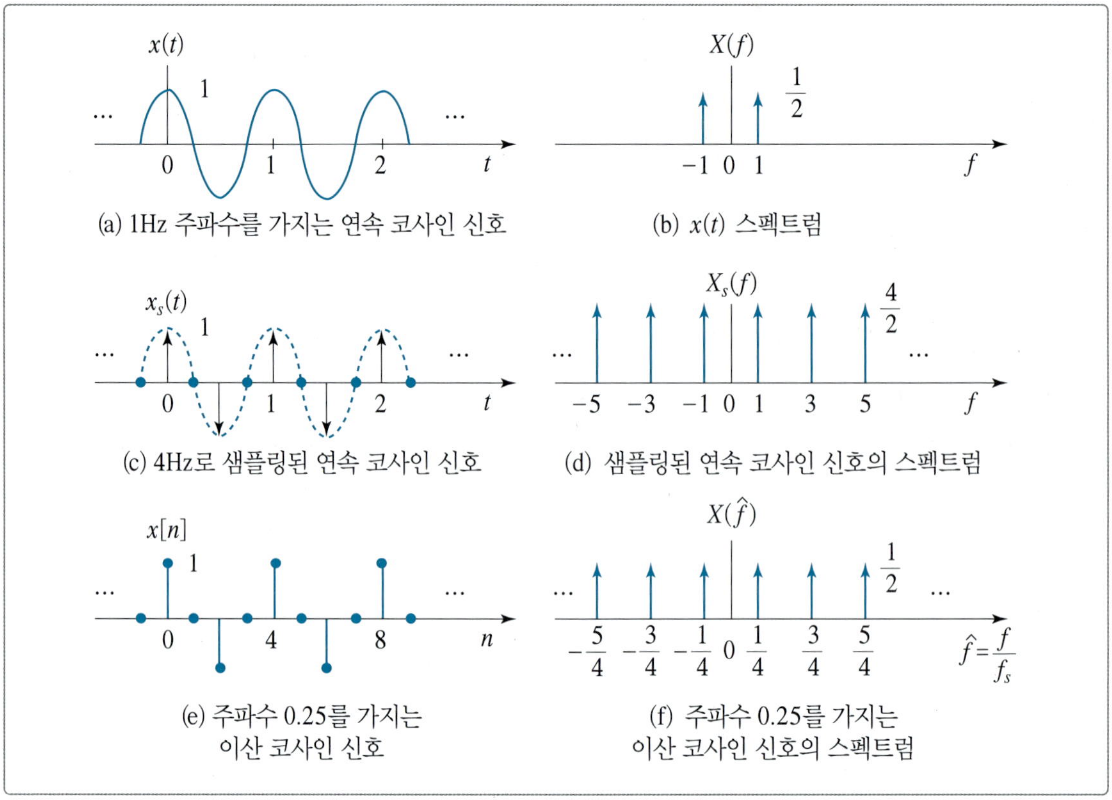

[그림 5-3] 이산 코사인 신호의 스펙트럼

에 $\frac{1}{2}$ 크기의 펄스가 존재하고, 이들이 $\hat{f}=1$을 주기로 하여 반복되는 형태를 가진다.(주7)

이를 일반화하면 주파수 $\hat{f}=\hat{f}_0$ 를 가지는 이산 코사인과 이산 사인 신호, 즉 $\cos[2\pi\hat{f}_0 n]$ 와 $\sin[2\pi\hat{f}_0 n]$ 의 스펙트럼은 그림 5-4가 되고, 만일 ω 주파수 축을 사용하면 $\cos[\omega_0 n]$ 와 $\sin[\omega_0 n]$ 의 스펙트럼은 그림 5-5가 된다.

주7) 앞에서 이산 신호의 주파수는 −0.5부터 0.5 범위에서만 정의하면 된다고 하였는데, 이산 신호의 스펙트럼은 반드시 동일한 모양이 1 마다 반복되는 형태를 가지므로 이 구간 밖의 스펙트럼이 새로운 정보를 주지 못하는 것과 동일한 개념을 나타낸다.

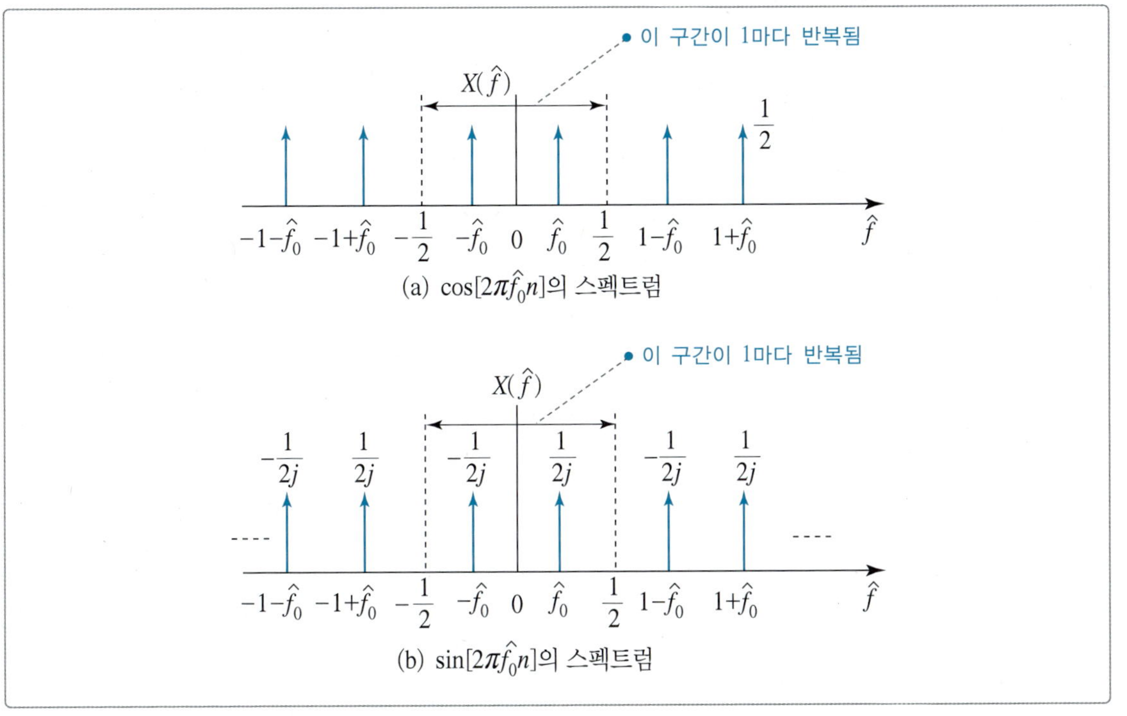

[그림 5-4] 주파수 $\hat{f}_0$ 를 가지는 이산 코사인 및 이산 사인 신호의 스펙트럼($0 < \hat{f}_0 < 0.5$)

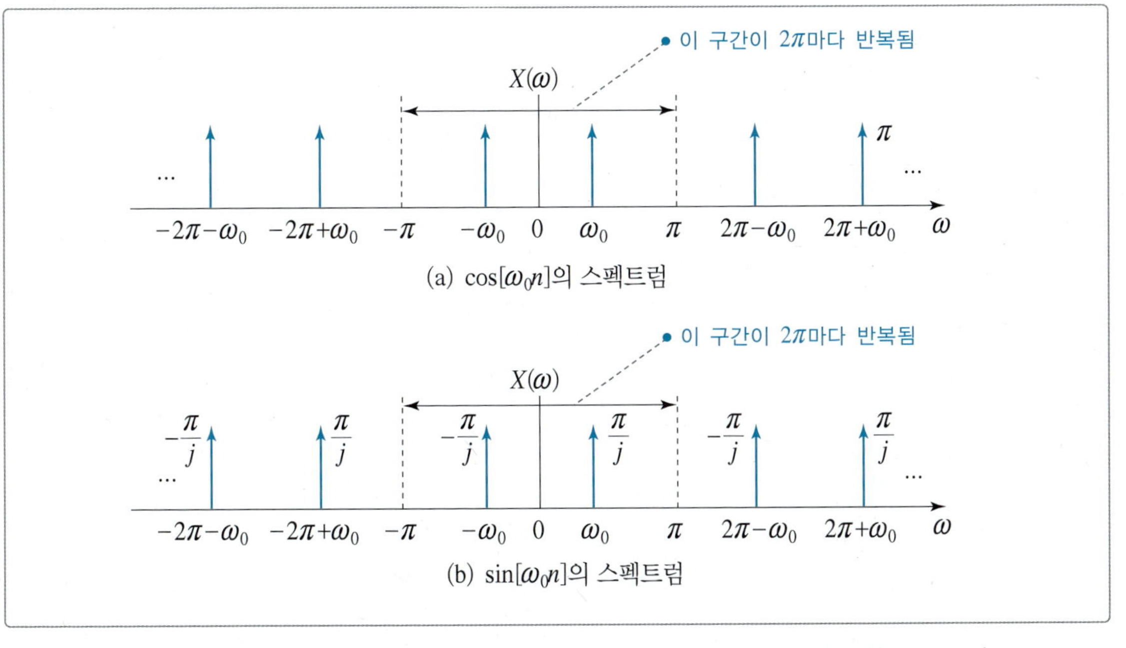

[그림 5-5] 주파수 ω_0 를 가지는 이산 코사인 및 이산 사인 신호의 스펙트럼($0 < \omega_0 < \pi$)

앞에서 이산 신호의 주파수 $\hat{f}=\frac{1}{4}$과 $\hat{f}=\frac{5}{4}$는 동일한 주파수라 하였는데, 이 성질을 스펙트럼의 관점에서 확인하여 보자. $\cos[2\pi\frac{5}{4}n]$의 스펙트럼은 $\hat{f}=\pm\frac{5}{4}$ 위치에 각각 펄스가 존재하고 이것이 $\hat{f}=1$마다 반복되는 형태를 가지는데, 이 과정을 위하여 먼저 그림 5-6(a)과 같이 $\hat{f}=\pm\frac{5}{4}$에 펄스가 위치한 그림을 구하고 이것을 $\hat{f}=1$마다 반복시키면 (b)가 된다. 즉, $\cos[2\pi\frac{5}{4}n]$의 스펙트럼은 그림 5-3(f)와 동일하며, $\hat{f}=\frac{1}{4}$과 $\hat{f}=\frac{5}{4}$ 주파수를 가지는 두 이산 코사인 신호의 스펙트럼은 동일하고 두 주파수는 동일한 것을 의미한다.

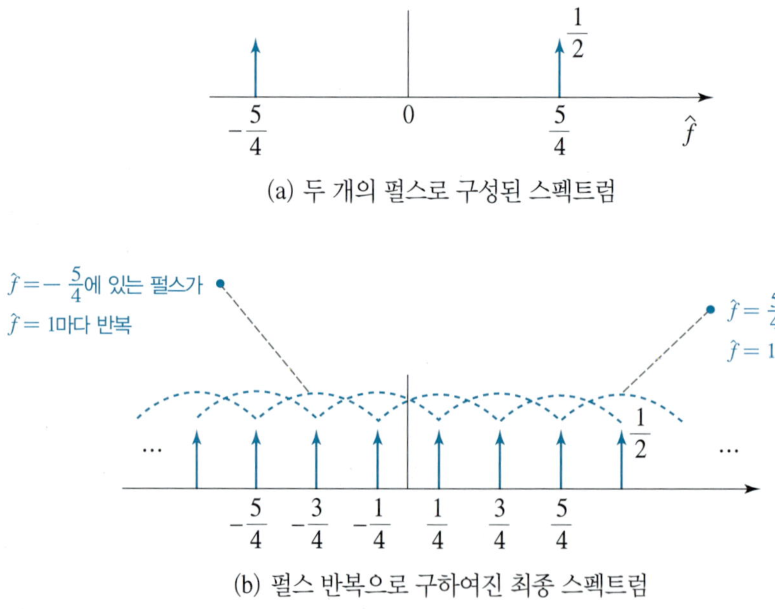

[그림 5-6] $\cos[2\pi\frac{5}{4}n]$ 신호의 스펙트럼

이산 신호의 스펙트럼은 $\hat{f}=1$마다 반복되고 $-0.5\le\hat{f}<0.5$에서만 의미를 가지는데, 이산 신호의 최고 주파수는 얼마일까?(주8) 먼저, 매우 빨리 변하는 높은 주파수의 이산 코사인 신호를 상상하여 보자. 주파수가 높기 위하여 주

주8) 연속 신호에서는 $-\infty$부터 ∞까지의 모든 주파수를 포함하므로 최대 주파수는 ∞이다.

기가 짧아야 하므로 $n=0$에서 출발하여 가능한 빨리 동일한 값이 되어야한다. 만일 $n=1$에서 동일한 값을 가지면 변하지 않는 신호가 되므로 이는 오히려 최저 주파수 신호가 된다. 따라서 가장 빨리 반복되기 위하여 $n=2$에서 동일한 값이 반복되어야 하며, 결국 그림 5-7과 같이 기본 주기=2, 기본 주파수 $\hat{f}=0.5$ 인 이산 코사인 신호가 된다. 즉, 이산 신호의 최고 주파수는 0.5이고, 이산 신호의 주파수를 -0.5부터 0.5까지만 정의하여도 이 구간 안에 최저 주파수 0부터 최고 주파수 0.5까지 모두 포함되어 있다.

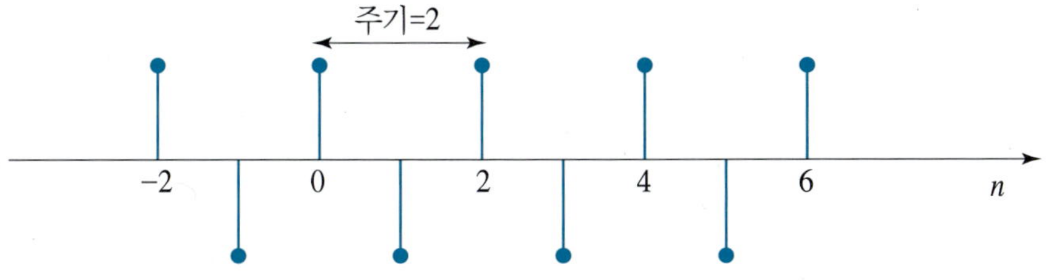

[그림 5-7] 최고 주파수를 가지는 이산 신호

지금까지 배운 이산 신호의 주파수와 스펙트럼을 정리하면 다음과 같다.

(i) 주파수 $\hat{f}=\hat{f}_0$ 를 가지는 이산 코사인 및 이산 사인 신호의 스펙트럼은 그림 5-4와 같이 $\hat{f}=\pm\hat{f}_0$ 에 펄스가 위치하고, 이것이 $\hat{f}=1$ 마다 반복되는 모양을 가진다.

(ii) 이산 신호의 주파수는 -0.5부터 0.5 범위에서만 다루면 되고, 이산 신호의 최고 주파수는 0.5이다.

이제 방향을 바꾸어 이산 신호의 스펙트럼이 주어질 때 이로부터 시간 축 이산 신호를 구하는 과정을 살펴보자. 그림 5-8에 주어진 이산 신호의 스펙트럼에서 $-0.5 \le \hat{f} < 0.5$ 구간의 신호가 $\hat{f}=1$ 마다 반복되는 것을 알 수 있고 이 구간만 살펴보면 $\hat{f}=0$ 에 크기 1 성분이 있고, $\hat{f}=\pm 0.4$ 에 크기 0.5 성분이 있으므로 시간 축 신호는 $x[n]=1+\cos[2\pi 0.4n]$ 인 것을 쉽게 알 수 있다. 물론 $x[n]=1+\cos[2\pi 1.4n]=1+\cos[2\pi 2.4n]$ 등으로 표시하여도 동일한 신호를 나타낸다.

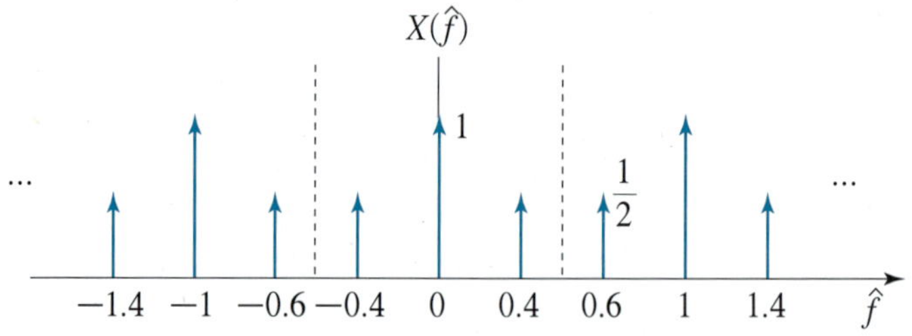

[그림 5-8] 이산 신호의 스펙트럼

5.2 이산 주기 신호의 주파수 해석

5.2.1 이산 시간 푸리에 급수 정의

이산 코사인 신호의 스펙트럼을 확장하여 일반적인 이산 주기 신호의 스펙트럼을 구하는 방법을 배우도록 한다. 4장에서 배웠듯이 모든 "연속" 주기 신호는 항상 기본 주파수 f_0의 정수배의 주파수 성분의 합으로 표현되고, 각 주파수 성분의 크기는 연속 시간 푸리에 급수 계수이고, 이 성질은 다음 식으로 정리된다.

$$x(t) = \sum_{k=-\infty}^{\infty} X_k e^{j2\pi f_0 kt} = \sum_{k=-\infty}^{\infty} X_k e^{j\frac{2\pi}{T}kt}$$

이산 주기 신호도 동일한 성질을 가지며, 기본 주기 N, 기본 주파수 $\hat{f}_0 = \frac{1}{N}$을 가지는 이산 주기 신호 $x[n]$은 다음과 같이 표현된다.

$$x[n] = \sum_{k=<N>} X_k e^{j2\pi kn\hat{f}_0} = \sum_{k=<N>} X_k e^{j\frac{2\pi}{N}kn} \tag{5.2}$$

이 때 $\sum_{k=<N>}$ 의 의미는 임의의 k 값부터 시작하여 N개에 대한 합을 구하는 것이다. 특히, 만일 $x[n]$이 실수이면 다음과 같이 코사인 신호만의 합으로 표시된다.

$$\text{실수 } x[n] = \sum_{k=0}^{M} A_k \cos[2\pi\hat{f}_0 kn + \phi_k] = \sum_{k=0}^{M} A_k \cos[\frac{2\pi}{N}kn + \phi_k]$$

여기서 M 은 $\frac{N-1}{2}$ 또는 $\frac{N}{2}$ 중에서 정수 값을 의미한다.

식 (5.2)를 이산 주기 신호 $x[n]$의 **이산 시간 푸리에 시리즈(discrete-time Fourier series: DTFS)** 전개라 하고, X_k를 "**이산 시간 푸리에 급수 계수**"라 하며

$$X_k = \frac{1}{N}\sum_{n=<N>} x[n]e^{-j\frac{2\pi}{N}kn} \tag{5.3}$$

으로 주어진다. 이는 연속 주기 신호에 대한 연속 시간 푸리에 급수 계수 공식 $X_k = \frac{1}{T}\int_{<T>} x(t)e^{-j\frac{2\pi}{T}kt}dt$ 와 동일한 의미를 가지는 것을 알 수 있다.

연속 신호에서는 무한개의 주파수 성분을 모두 더하여야 원 신호가 합성되지만 이산 신호에서는 식 (5.2)와 같이 N 개의 주파수 성분만 더하면 원 신호가 합성된다. 이는 이산 신호의 스펙트럼이 주기적으로 반복되므로 한 주기에 해당하는 N 개의 주파수 성분이 모든 주파수 정보를 표현하기 때문이다.

이산 주기 신호의 이산 시간 푸리에 급수 계수로부터 신호의 스펙트럼을 구하는 방법은 연속 주기 신호의 경우와 동일하다. 즉, 그림 5-9(a)와 같이 주파수 $\hat{f} = k\hat{f}_0 = \frac{k}{N}$ 에서 이산 시간 푸리에 급수 계수 X_k를 가지며, 앞에서 배웠듯이 이산 신호의 스펙트럼이므로 반드시 $\hat{f} = 1$ 마다 주기적으로 반복된다. 즉, $\hat{f} = \frac{k}{N}$에서의 성분이 X_k이고 $\hat{f} = \frac{k}{N} + 1 = \frac{k+N}{N}$ 에서의 성분이 X_{k+N} 이므로 $X_k = X_{k+N}$ 관계가 성립하며 이와 같은 이산 시간 푸리에 급수 계수의 주기 성질은 식 (5.3)의 공식으로부터 다시 유도할 수 있다.

$$\begin{aligned}
X_{k+N} &= \frac{1}{N}\sum_{n=<N>} x[n]e^{-j\frac{2\pi}{N}(k+N)n} \\
&= \frac{1}{N}\sum_{n=<N>} x[n]e^{-j\frac{2\pi}{N}kn}e^{-j\frac{2\pi}{N}Nn} \\
&= \frac{1}{N}\sum_{n=<N>} x[n]e^{-j\frac{2\pi}{N}kn}e^{-j2\pi n} \\
&= \frac{1}{N}\sum_{n=<N>} x[n]e^{-j\frac{2\pi}{N}kn} \\
&= X_k
\end{aligned}$$

만일 ω축을 사용하여 스펙트럼 $X(\omega)$를 구하면 그림 5-9(b)와 같이 각 펄스의 위치는 $\omega = \frac{2\pi}{N}k$ 가 되고 각 펄스의 크기는 $2\pi X_k$ 가 된다.

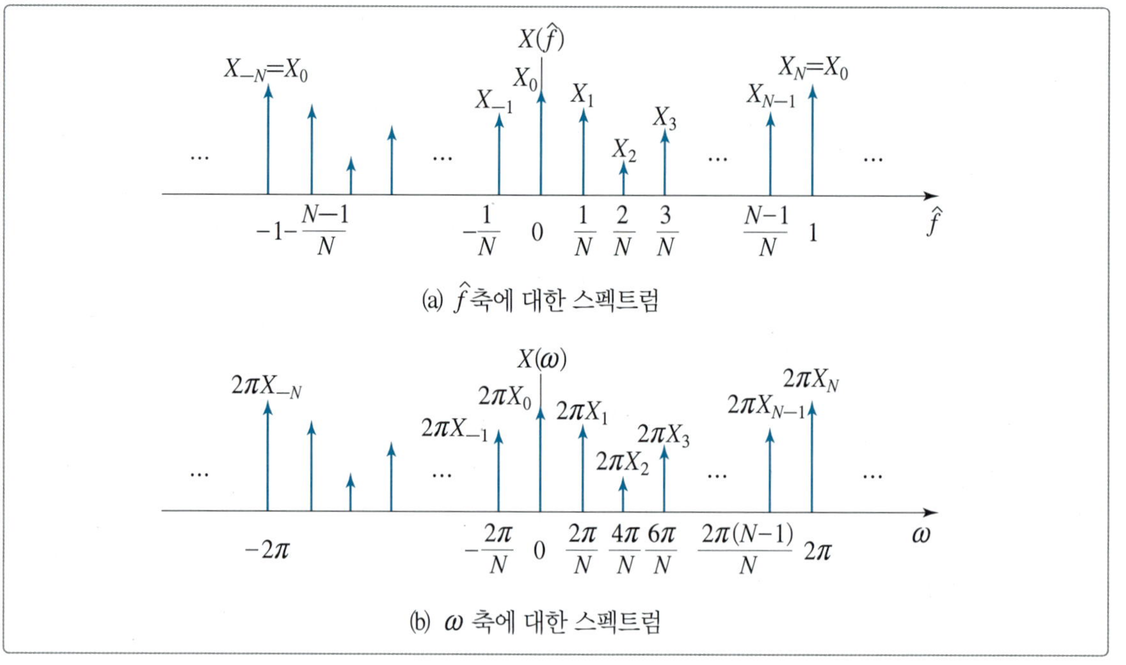

[그림 5-9] 이산 주기 신호의 DTFS 계수 X_k와 스펙트럼의 관계

5.2.2 이산 시간 푸리에 급수 예제

예제 5.1 그림 5-10(a)에 주어진 이산 주기 신호 $x[n]$의 이산 시간 푸리에 급수 계수와 스펙트럼을 구해보자.

풀이 이 신호는 주기 $N=5$를 가지는 주기 신호이며, 이 신호를 식 (5.3)의 이산 시간 푸리에 급수 계수 공식에 대입하여 계수를 구하면 다음과 같다.

$$
\begin{aligned}
X_{k,\ k\neq 0} &= \frac{1}{N}\sum_{n=<N>} x[n]e^{-j\frac{2\pi}{N}kn} \\
&= \frac{1}{5}\sum_{n=-1}^{1}(1)e^{-j\frac{2\pi}{5}kn} \\
&= \frac{1}{5}\frac{e^{j\frac{2\pi}{5}k}\left(1-e^{-j\frac{2\pi}{5}k3}\right)}{1-e^{-j\frac{2\pi}{5}k}}
\end{aligned}
$$

--- $\sum_{n=a}^{b} g^n = \frac{g^a(1-g^{b-a+1})}{1-g}$ 공식 사용

$$=\frac{1}{5}\frac{e^{j\frac{2\pi}{5}k}e^{-j\frac{2\pi}{5}\frac{3k}{2}}(e^{j\frac{2\pi}{5}\frac{3k}{2}}-e^{-j\frac{2\pi}{5}\frac{3k}{2}})}{e^{-j\frac{2\pi}{5}\frac{k}{2}}(e^{j\frac{2\pi}{5}\frac{k}{2}}-e^{-j\frac{2\pi}{5}\frac{k}{2}})}$$

분자에서 $e^{-j\frac{2\pi}{5}\frac{3k}{2}}$를 공통으로 추출

분모에서 $e^{-j\frac{2\pi}{5}\frac{k}{2}}$를 공통으로 추출

$$=\frac{1}{5}\frac{e^{-j\frac{2\pi}{5}\frac{k}{2}}2j\sin(\frac{2\pi}{5}\frac{3k}{2})}{e^{-j\frac{2\pi}{5}\frac{k}{2}}2j\sin(\frac{2\pi}{5}\frac{k}{2})}$$

사인 신호로 정리

$$=\frac{1}{5}\frac{\sin(\frac{2\pi}{5}\frac{3k}{2})}{\sin(\frac{2\pi}{5}\frac{k}{2})}$$

$$=\frac{1}{5}\frac{\sin(\frac{3\pi}{5}k)}{\sin(\frac{\pi}{5}k)}$$

$$X_0=\frac{1}{N}\sum_{n=<N>}x[n]$$

$$=\frac{3}{5}$$

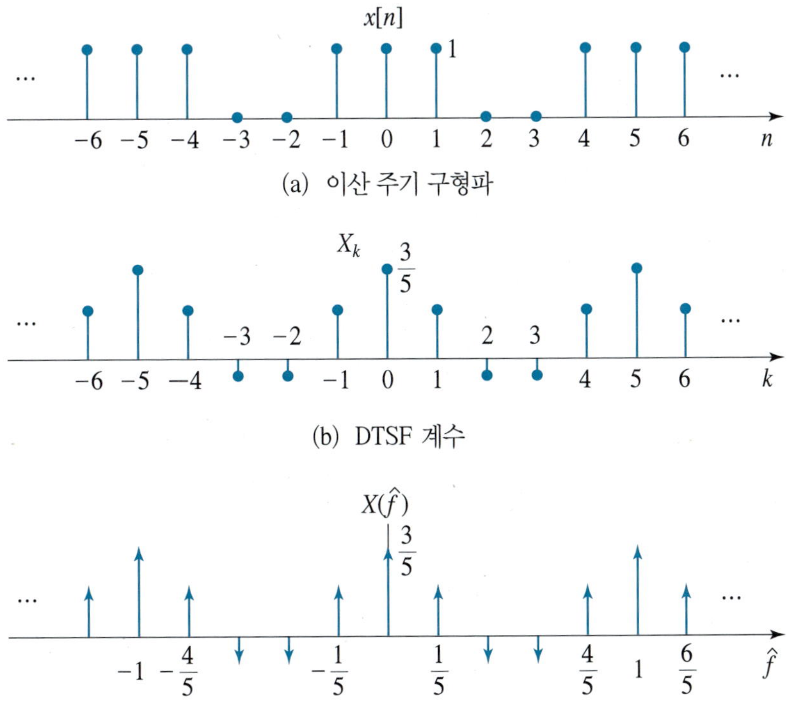

(a) 이산 주기 구형파

(b) DTSF 계수

(c) 스펙트럼

[그림 5-10] 이산 주기 구형파의 DTFS 계수와 스펙트럼

X_k 그래프는 그림 5-10(b)에 주어지며 싱크 함수 형태가 $k=5$ 마다 반복되는 것을 알 수 있다. 이산 시간 푸리에 급수 계수 값들을 스펙트럼으로 변환하기 위하여 k 에 해당하는 주파수 $\hat{f}$ 를 구하면 주기가 5이므로 $\hat{f}=\frac{k}{5}$ 가 되어 (c)의 스펙트럼이 구하여지고 $\hat{f}=1$ 마다 반복되는 주기적 성질을 확인할 수 있다.

5.2.3 이산 시간 푸리에 급수 성질

이산 시간 푸리에 급수 계수는 연속 신호에 대한 연속 시간 푸리에 급수 계수와 유사한 성질을 가지며 대표적인 성질만 간단히 정리하도록 한다.

(i) X_k의 주기 성질: 주기 N을 가지는 이산 주기 신호의 이산 시간 푸리에 급수 계수는 주기 N을 가지며 반복된다. 즉, $X_k=X_{k+N}$이 성립한다.

(ii) X_k와 X_{-k}의 관계: 만일 $x[n]$이 실수이면 $X_k=X^*_{-k}$ 관계가 성립한다. 즉, X_k는 좌우 복소 대칭이며 $|X_k|=|X_{-k}|$ 이다.

(iii) $x[n]$의 시간 이동 성질: 주기 N 인 이산 주기 신호 $x[n]$을 시간 축에서 이동시키면 이산 시간 푸리에 급수 계수의 위상이 변한다.

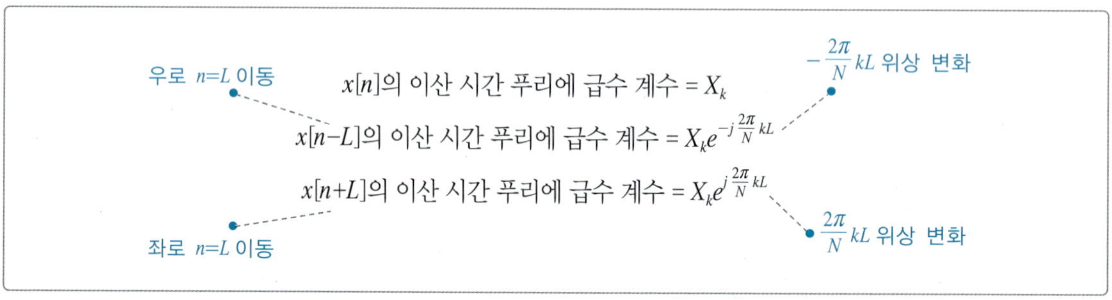

[그림 5-11] 시간 이동과 이산 시간 푸리에 급수 계수의 위상 변화 관계

5.3 이산 비주기 신호의 주파수 해석

5.3.1 이산 시간 푸리에 변환 정의

그림 5-9에서 주기 이산 신호의 주기 N이 커지면 스펙트럼의 펄스 간격이 좁아지게 되며, 극단적으로 $N \to \infty$이 되면 연속된 스펙트럼을 얻게 된다. 따라서 이산 비주기 신호의 스펙트럼은 연속 스펙트럼이 되고 신호와 스펙트럼의 관계는 아래의 공식으로 정의되고 각각 **이산 시간 푸리에 변환**(discrete-time Fourier transform: DTFT), **이산 시간 푸리에 역변환**이라 한다.

$$X(\hat{f}) = \sum_{n=-\infty}^{\infty} x[n] e^{-j2\pi\hat{f}n}$$
$$x[n] = \int_{<1>} X(\hat{f}) e^{j2\pi\hat{f}n} d\hat{f} \tag{5.4}$$

만일 주파수를 $\omega = 2\pi\hat{f}$ 단위로 표시하면

$$X(\omega) = \sum_{n=-\infty}^{\infty} x[n] e^{-j\omega n}$$
$$x[n] = \frac{1}{2\pi}\int_{<2\pi>} X(\omega) e^{j\omega n} d\omega \tag{5.5}$$

가 된다. $X(\hat{f})$ 또는 $X(\omega)$로부터 $x[n]$을 구하는 이산 시간 푸리에 역변환 공식에서 적분의 구간이 1 또는 2π로 한정되는데, 이는 $X(\hat{f})$가 $\hat{f} = 1$, $X(\omega)$가 $\omega = 2\pi$를 주기로 하여 반복되는 신호이므로 한 주기에서의 적분만 필요하기 때문이다.(주9) $X(\hat{f})$가 주기인 것은 식 (5.4)로부터 쉽게 유도할 수 있다.

$$X(\hat{f}+1) = \sum_{n=-\infty}^{\infty} x[n] e^{-j2\pi n(\hat{f}+1)}$$
$$= \sum_{n=-\infty}^{\infty} x[n] e^{-j2\pi\hat{f}n} e^{-j2\pi n}$$

주9) 연속 신호에서는 모든 주파수에 대한 적분을 한다.

$$= \sum_{n=-\infty}^{\infty} x[n] e^{-j2\pi\hat{f}n}$$
$$= X(\hat{f})$$

예제 5.2 그림 5-12(a)의 이산 구형파의 스펙트럼을 구해보자.

풀이 이 신호를 식 (5.4)에 대입하면(주10)

$$X(\hat{f}) = \sum_{n=-\infty}^{\infty} x[n] e^{-j2\pi\hat{f}n}$$
$$= \sum_{n=-2}^{2} (1) e^{-j2\pi\hat{f}n}$$
$$= \frac{e^{j2\pi 2\hat{f}}(1 - e^{-j2\pi 5\hat{f}})}{1 - e^{-j2\pi\hat{f}}}, \quad \hat{f} \neq 0$$
$$= \frac{\sin(2\pi \frac{5}{2}\hat{f})}{\sin(2\pi \frac{1}{2}\hat{f})}$$
$$X(0) = \sum_{n=-\infty}^{\infty} x[n] = 5$$

를 얻으며, 이를 그래프로 그리면 그림 5-12(b)가 된다. $\hat{f}=1$마다 반복되는 싱크 함수 모양을 가지며, $\hat{f}=\frac{1}{5}$의 배수 중에서 정수가 아닌 $\hat{f}$에서 $X(\hat{f})=0$이 되고,(주11) $X(0)=5$이다.

이 결과를 일반화시키면 매우 중요한 이산 푸리에 변환 결과가 나온다. 그림 5-12(c)와 같이 높이 b를 가지고 $n=-a$부터 $n=a$까지 존재하는 이산 구형파의 스펙트럼은 반복되는 싱크 함수 모양을 가지며 $\hat{f}=\frac{m}{2a+1}$ (단, 정수 $\hat{f}$ 제외)에서 0이 되고 $X(0)=(2a+1)b$ 이다.(주12)

주10) 자세한 계산 과정은 5.2.2절을 참조한다.

주11) 주기 성질에 따라 정수인 $\hat{f}$ 에서의 값은 항상 $X(0)$와 동일하다.

주12) 연속 구형파 신호의 스펙트럼과 동일한 성질이다.

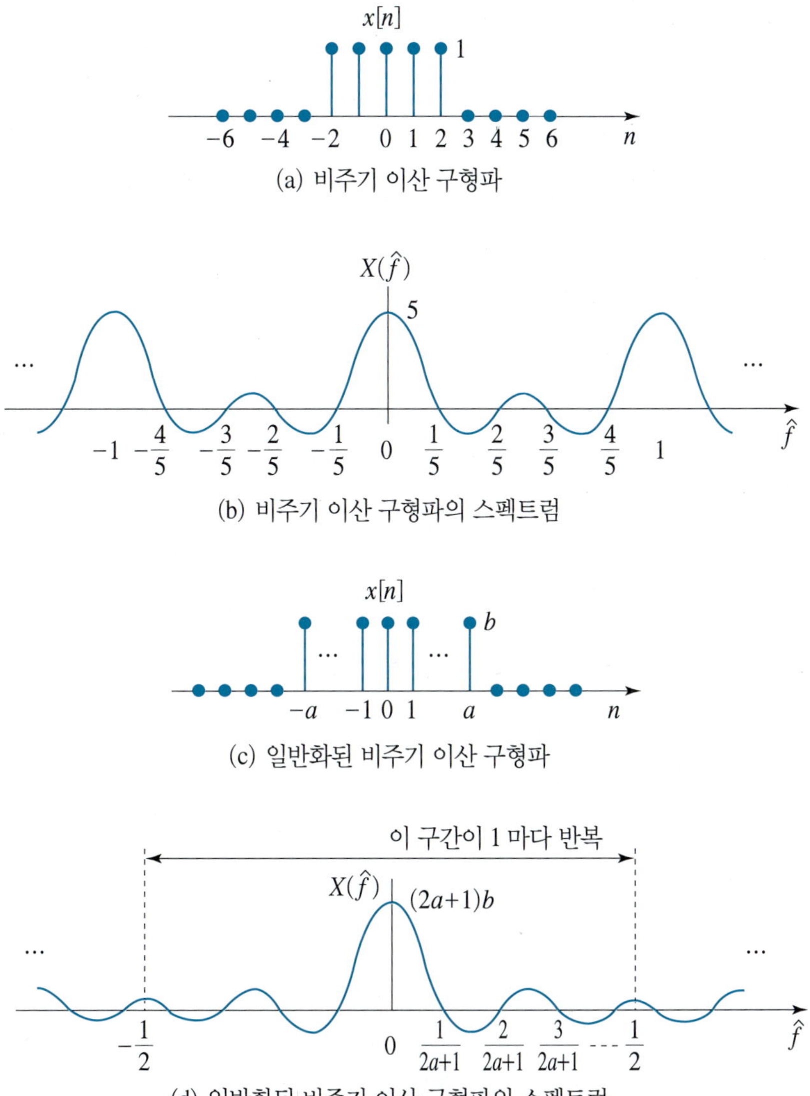

[그림 5-12] 비주기 이산 구형파의 스펙트럼

5.3.2 주요 이산 시간 푸리에 변환 관계

대표적인 이산 신호에 대한 이산 시간 푸리에 변환을 정리하면 다음과 같다.

(i) **구형파**: 앞의 예제에서 다루었듯이 반복되는 싱크 함수 형태를 가지며 구형파의 폭과 높이에 따라 $X(\hat{f})=0$ 이 되는 주파수와 $X(0)$ 값이 결정된다.

(ii) **코사인** 및 **사인** 신호: 그림 5-4에 정리되어 있다.

(iii) **이산 펄스** 신호와 **상수** 신호: 시간 축 이산 펄스 신호 $x[n]=a\delta[n]$를 이산 푸리에 변환 공식에 대입하면

$$\begin{aligned} X(\hat{f}) &= \sum_{n=-\infty}^{\infty} a\delta[n]e^{-j2\pi\hat{f}n} \\ &= a \end{aligned}$$

이 되어 스펙트럼은 상수가 되며, 모든 주파수에서 동일한 크기를 가지는 성질을 보여준다. 또한, 주파수에서의 반복되는 펄스 신호 $X(\hat{f})=X(\hat{f})=\sum_{k=-\infty}^{\infty} a\delta(\hat{f}-k)$를 이산 시간 푸리에 역변환 공식에 대입하면

$$\begin{aligned} x[n] &= \int_{-0.5}^{0.5} a\delta(\hat{f})e^{j2\pi\hat{f}n}\,d\hat{f} \\ &= a \end{aligned}$$

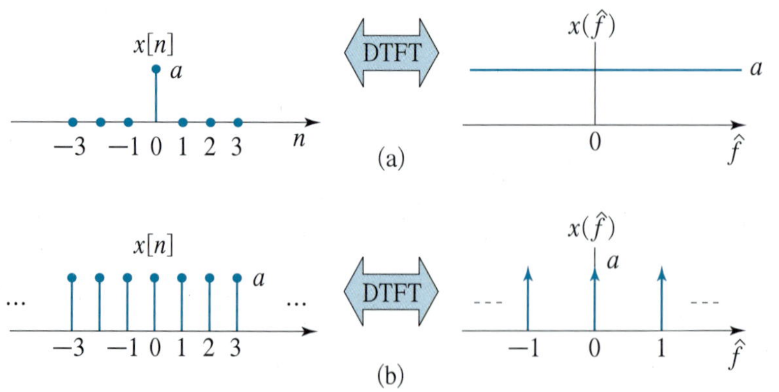

[그림 5-13] 이산 펄스와 상수 신호의 이산 시간 푸리에 변환

가 되어 시간 축에서 상수가 된다. 이 관계를 그림으로 정리하면 그림 5-13과 같고, 이는 그림 4-19에 있는 연속 신호의 결과와 유사하다.

(iv) $x[n]=e^{j2\pi an} : X(\hat{f})=\sum_{k=-\infty}^{\infty}\delta(\hat{f}-a-k)$ 을 이산 시간 푸리에 역변환 공식에 대입하면

$$
\begin{aligned}
x[n] &= \int_{<1>} X(\hat{f})e^{j2\pi \hat{f}n}d\hat{f} \\
&= \int_{<1>} \delta(\hat{f}-a)e^{j2\pi \hat{f}n}d\hat{f} \\
&= e^{j2\pi an}
\end{aligned}
$$

가 되어

$$
e^{j2\pi an} \Leftrightarrow \sum_{k=-\infty}^{\infty}\delta(\hat{f}-a-k)
$$

가 성립한다.

Matlab 예제 5.1 구형파의 스펙트럼을 Matlab을 사용하여 그려보자.

풀이 Matlab의 fft( ) 함수를 이용하여 DTFT를 구현한다. 단, fft( ) 함수는 DTFT가 아니라 이산 주파수 축을 가지는 DFT(discrete Fourier transform)을 실행하므로, 이 예제에서 DTFT를 구하기 위하여 추가적인 연산들이 필요하다. 구형파의 스펙트럼을 이론적으로 계산하면 sinc이고 허수는 0이며, Matlab 결과에서 이를 확인할 수 있다.

Matlab 코드

```
clear;

% 구형파 x[n] 생성
K=7; % 구형파 폭
N=100; n=-N:N; % x[n]의 시간 축 범위
x=rectpuls(n/K); % 파형 생성
```

```
% x[n] 그래프
figure;
stem(n, x, 'ok', 'MarkerFaceColor', 'k','MarkerSize', 5);
axis([-10,10,-0.5,2]); % n = -10~10 영역에서만 plot
xlabel('time (n)'); ylabel('x[n]');
grid on

% Fourier 변환 실행
x1=circshift(x', -N); % n=0가 첫 샘플이 되도록 x[n] 이동 -> x1[n]
X1=fft(x1); % x1의 DFT 실행
X=fftshift(X1); % f=0 가 그래프 중심에 오도록 주파수 축 이동 -> X(f)

% 스펙트럼의 real과 imaginary part를 plot 함.
figure;
plot(n/2/N, real(X),'k');
axis([-0.5,0.5,-2,8]); % f = -0.5~0.5 에서만 plot
xlabel('frequency (f)'); ylabel('Real part of X(f)');
grid on

figure;
plot(n/2/N, imag(X),'k');
axis([-0.5,0.5,-2,8]);
xlabel('frequency (f)'); ylabel('Imaginary part of X(f)');
grid on
```

Matlab 결과

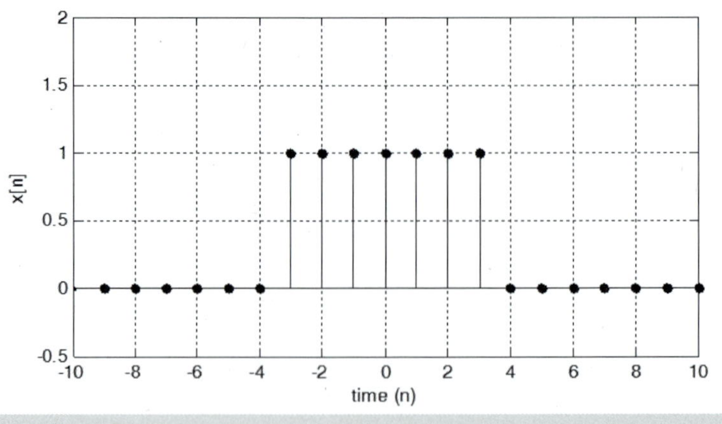

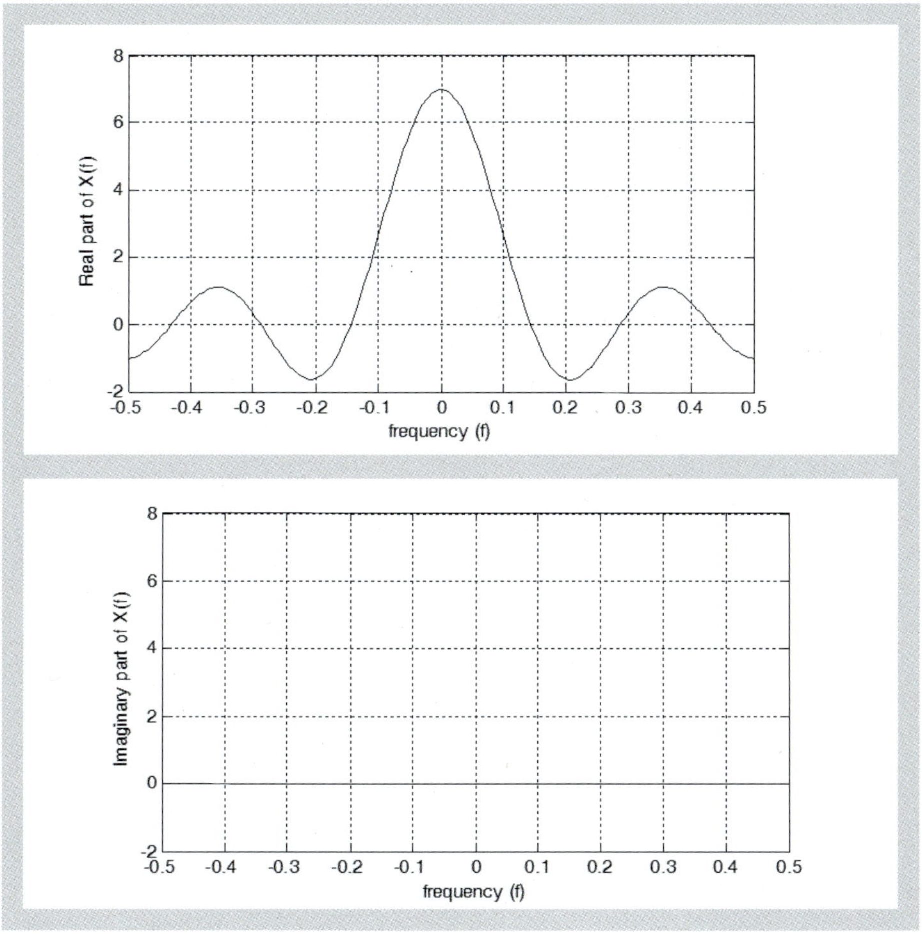

5.3.3 이산 시간 푸리에 변환 성질

이산 시간 푸리에 변환의 대표적인 성질을 정리하면 다음과 같다.

(i) **대칭 성질**: $x[n]$이 실수이면 $X(\hat{f})$ 는 좌우 복소 대칭이다. 즉, $X(\hat{f}) = X^*(-\hat{f})$가 성립한다. 따라서 스펙트럼 절댓값 $\left|X(\hat{f})\right|$은 좌우 대칭이며 주기 1로 반복되므로 그림 5-14(a)와 같이 매우 제한적인 모양을 가진다.

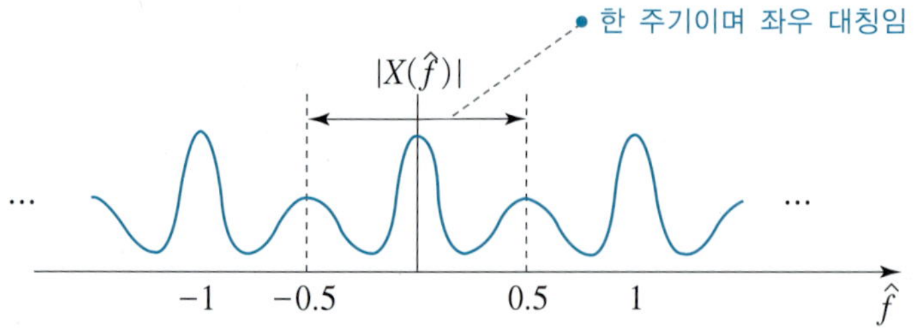

(a) 실수 $x[n]$의 스펙트럼 절댓값

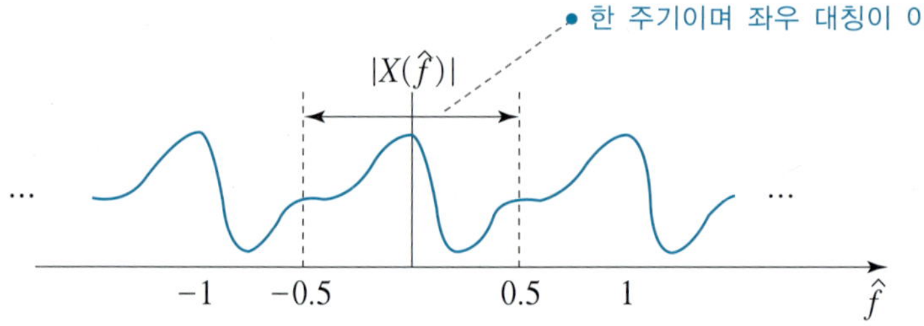

(b) 복소 $x[n]$의 스펙트럼 절댓값

[그림 5-14] 실수 및 복소 이산 신호의 스펙트럼의 좌우 대칭 성질

(ii) **시간 및 주파수 이동 성질**: $x[n]$의 이산 푸리에 변환을 $X(\hat{f})$ 라 할 때, 다음 관계가 성립한다.

$$x[n-a] \Leftrightarrow X(\hat{f})e^{-j2\pi\hat{f}\hat{a}}$$
$$e^{j2\pi an}x[n] \Leftrightarrow X(\hat{f}-a)$$

(iii) **Parseval 정리**: 연속 시간 푸리에 변환과 동일하게 이산 신호에 대하여 시간과 주파수 영역에서 구한 에너지는 동일하다.

$$\sum_{n=-\infty}^{\infty}|x[n]|^2 = \int_{<1>}\left|X(\hat{f})\right|^2 d\hat{f}$$

(iv) **컨벌루션 성질과 곱 성질**: 시간 영역에서의 컨벌루션 연산은 주파수 영역에서의 곱하기 연산과 같다.

$$x[n] \Leftrightarrow X(\hat{f})$$
$$y[n] \Leftrightarrow Y(\hat{f})$$
$$x[n]*y[n] \Leftrightarrow X(\hat{f})Y(\hat{f})$$

이 성질을 이용하면 그림 4-22와 동일한 방법으로 이산 시스템의 출력 신호를 이산 시간 푸리에 변환을 이용하여 쉽게 구할 수 있다.

5.4 신호의 주파수 해석 정리

4장과 5장에서 우리는 신호에 대한 주파수를 해석하는 다양한 방법을 배웠으며, 크게 연속 신호와 이산 신호, 그리고 주기 신호와 비주기 신호를 구별하여 각각 **연속 시간 푸리에 급수**, **연속 시간 푸리에 변환**, **이산 시간 푸리에 급수**, **이산 시간 푸리에 변환** 등의 서로 다른 방법을 적용하였다. 그러나, 신호의 주파수를 분석하는 방법은 모두 동일한 이론에 근거하며, 식 (4.19)의 연속 시간 푸리에 변환을 가장 기본으로 하여 각 신호의 성질에 맞도록 변형된 것에 불과하다.(주13) 이에 따라 본 절에서는 지금까지 배운 모든 종류의 신호에 대하여 통합된 푸리에 변환 개념을 적용하여 스펙트럼을 구하고 스펙트럼 사이의 상호 관계를 정리하여 본다.

5.4.1 주기 신호와 비주기 신호의 스펙트럼 관계

먼저 주기 신호와 비주기 신호의 스펙트럼을 비교하여 보자. 비주기 신호를 일정한 시간 간격으로 반복하면 주기 신호가 되고, 그림 5-15(a) 또는 (b) 신호와의 컨벌루션을 통하여 연속 신호에 대하여 $t=T$ 마다 반복, 이산 신호에 대하여 $n=N$ 마다 반복시킬 수 있다. 또한, 푸리에 변환의 컨벌루션 성질에 따라 주기 신호의 스펙트럼은 비주기 신호의 스펙트럼에 $P(f)$ 또는 $P(\hat{f})$ 를 곱하면 되므로 $f=\frac{1}{T}$ 또는 $\hat{f}=\frac{1}{N}$ 간격의 샘플링과 크기 변화 동작

주13) 이미 4.4절에서 연속 주기 신호와 연속 비주기 신호의 스펙트럼의 관계를 설명하고 주기/비주기 신호를 모두 연속 시간 푸리에 변환의 개념으로 해석하는 방법을 배웠다.

이 일어나며, 그림 5-15(e)와 같이 정리된다.

이에 대한 예제는 그림 4-25와 그림 5-16에 있다. 그림 5-16(a)가 비주기 이산 신호이고 이를 $N=6$마다 반복하여 주기 이산 신호 (b)를 구한다. 만일 (a)의 스펙트럼을 (c)라 하면 (b)의 스펙트럼은 (c)를 $\frac{1}{6}$ 마다 샘플링하고 $\frac{1}{6}$ 크기 조정하여 구하여진다. 즉, 그림 4-26과 동일한 방법으로 이산 시간 푸리에 변환을 이용하여 이산 주기 신호의 스펙트럼을 구할 수 있다.

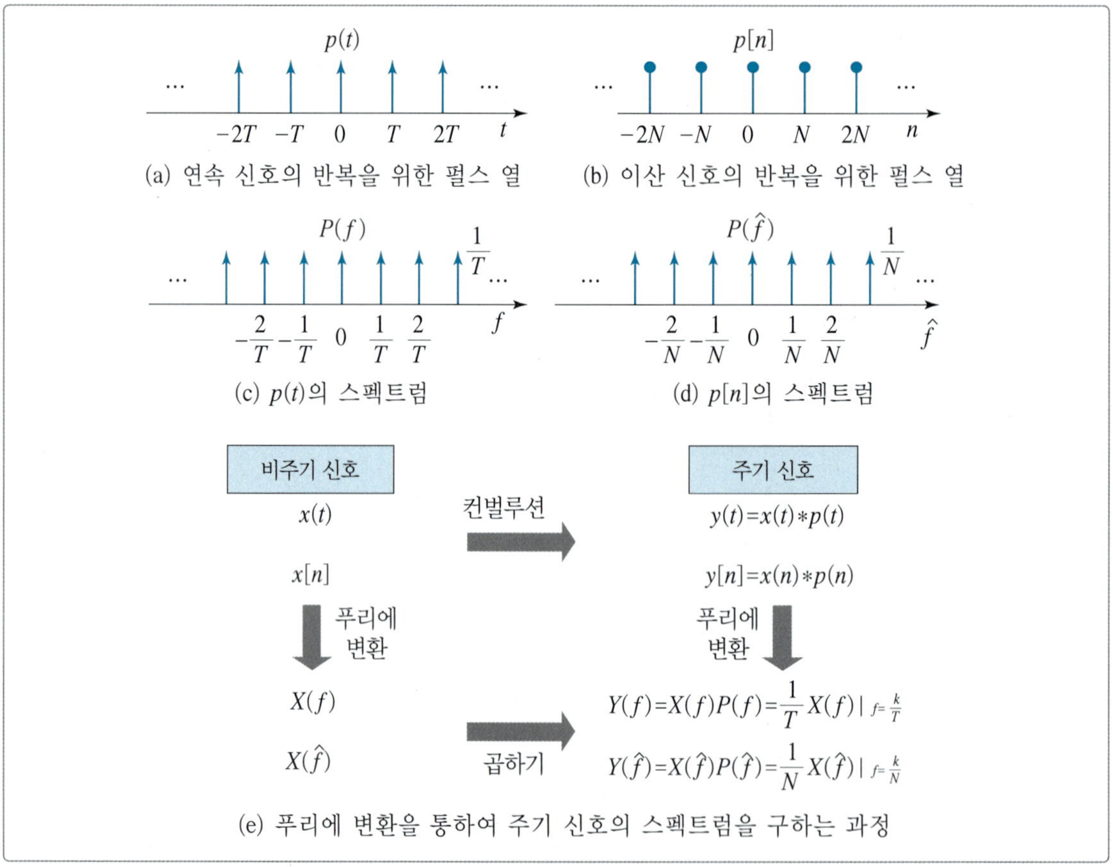

[그림 5-15] 비주기 신호와 주기 신호의 스펙트럼 관계

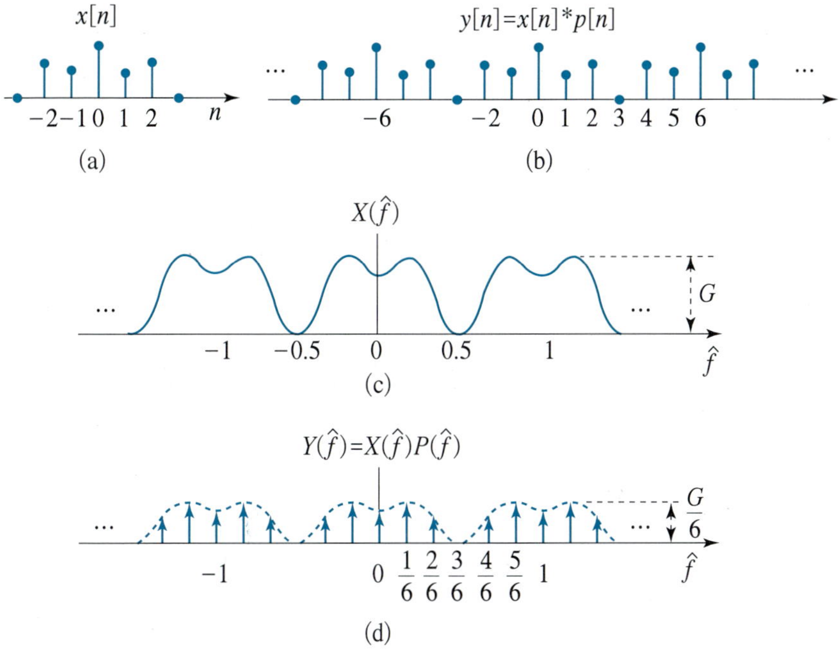

[그림 5-16] 이산 비주기 신호와 이산 주기 신호의 스펙트럼 예제

5.4.2 연속 신호와 이산 신호의 스펙트럼 관계

연속 신호를 $t=T$ 간격으로 샘플링하고 시간 축을 n으로 변환하면 이산 신호가 되며, 연속 시간에 대한 시간 축 샘플링은 연속 신호에 그림 5-15(a) 신호를 곱하는 것이고, 푸리에 변환 성질에 따라 주파수 영역에서는 그림 5-15(c)와 컨벌루션 하는 것이므로 주파수 영역에서 동일한 모양이 $f=\frac{1}{T}$ 간격으로 반복되고 크기가 변한다. 또한, 시간 축을 n으로 변환하는 과정은 시간 척도 조절이므로 이는 주파수 영역에서의 역 척도 조절이 된다.(주14)

이상의 과정에 대한 예제는 그림 5-17에 있다. (a)는 연속 신호이고 (b)는 (a)를 3Hz로 샘플링하여 구한 연속 신호이고, (c)가 이로부터 구한 이산 신호이다. 만일 (a)의 스펙트럼을 (d)라 하면,(주15) (b)의 스펙트럼은 반복 동작에 의하여 (e)가 되고, 마지막으로 f 축을 $\hat{f}=\frac{f}{3}$ 축으로 변경하면 (f)가 되

주14) 시간 축에서 $t=T$ 가 $n=1$로 매핑되도록 시간 축을 변환시킨다.
주15) 이론적으로는 스펙트럼의 모양이 이와 같이 될 수 없지만 설명을 간단하게 하기 위하여 사용한다.

며 이것이 (c)의 이산 신호의 스펙트럼이다. (e)에서 (f)로의 변환은 (f)가 이산 신호의 스펙트럼이므로 반드시 주기 1로 반복되어야 하는 성질을 이용하면 쉽게 알 수 있다.

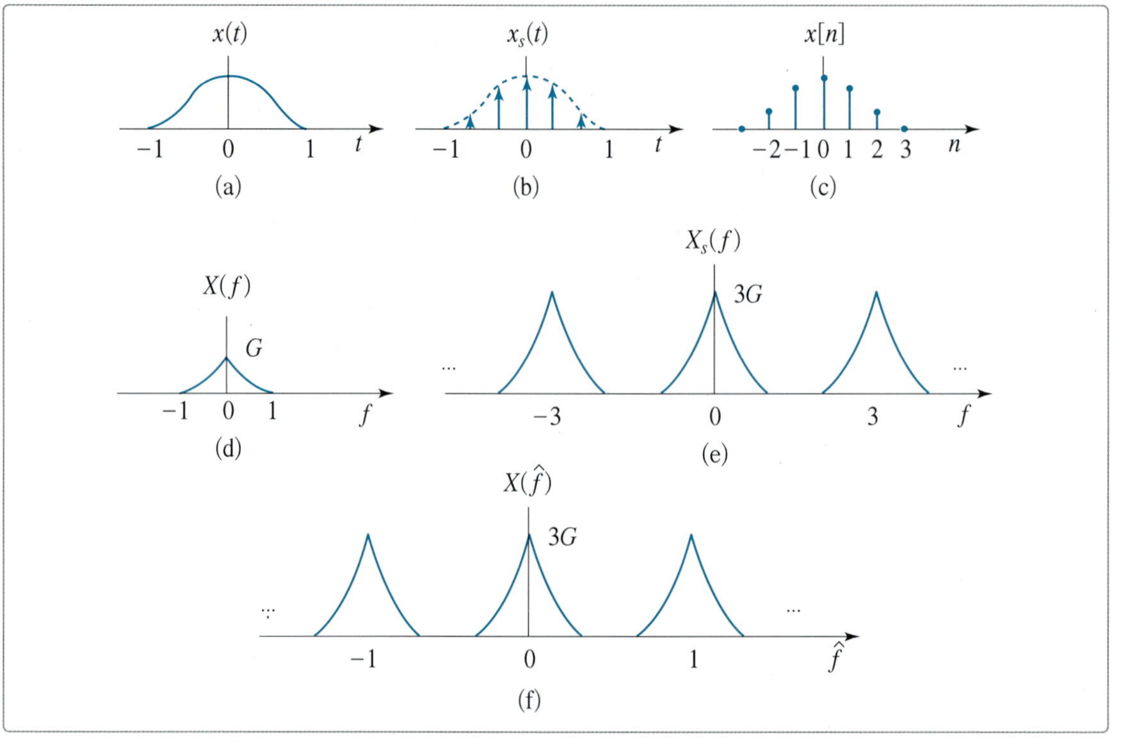

[그림 5-17] 연속 신호와 이산 신호의 스펙트럼 관계

5.4.3 신호와 스펙트럼의 관계

모든 종류의 신호와 스펙트럼의 관계를 하나의 그림으로 정리하면 그림 5-18이 된다. (a)에서 시간 영역에서의 샘플링 동작과 반복 동작을 통하여 연속 주기, 연속 비주기, 이산 주기, 이산 비주기 신호 사이의 관계를 정의할 수 있고, 이에 따른 주파수 영역에서의 상관 관계를 유도할 수 있다. $x(t)$, $x[n]$은 비주기 신호이고 $g(t)$와 $g[n]$은 주기 신호를 나타낸다. 여기서 가장 핵심이 되는 성질은 한 영역에서의 샘플링은 다른 영역에서의 반복 동작이고 샘플링 간격과 반복 간격은 역 관계를 가진다는 것이며, 이에 따라 시간 영역 신호와 스펙트럼의 성질이 결정되며 그림 5-18(b)에 정리되어 있다.

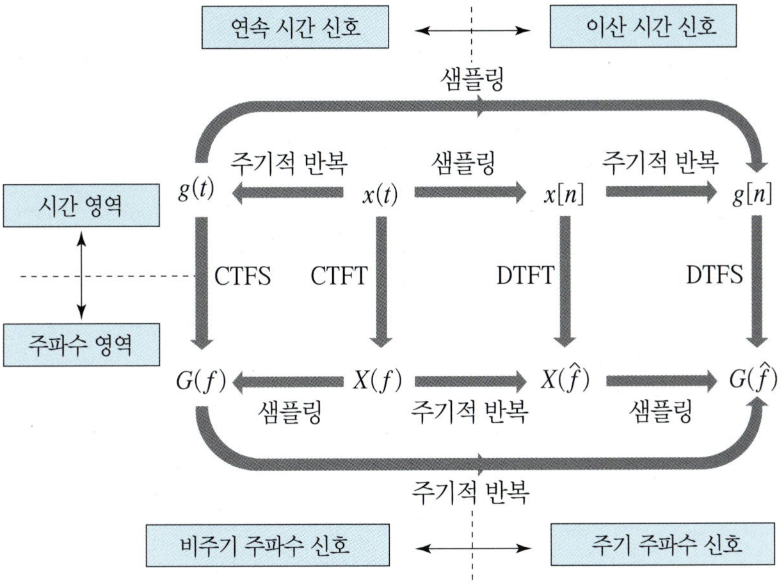

(a) 시간 영역 신호와 주파수 영역 신호와의 관계

시간 영역 성질	주기	비주기
연속	이산, 비주기	연속, 비주기
이산	이산, 주기	연속, 주기

(b) 시간 영역의 성질에 따른 주파수 영역 성질

[그림 5-18] 연속/이산, 주기/비주기 신호의 시간 및 주파수 영역 성질

예로, 시간 영역 신호가 주기/이산 신호이면 이 신호의 스펙트럼은 반드시 이산/주기 신호이고, 만일 스펙트럼이 연속/비주기 신호이면 여기에 해당하는 시간 영역 신호는 비주기/연속 신호이다. 마지막으로 이들의 관계를 보여주는 예제가 그림 5-19에 있다. 이론적으로 $x(t)$의 스펙트럼이 $X(f)$ 모양을 가질 수 없지만 설명을 간단히 하기 위하여 사용한다.

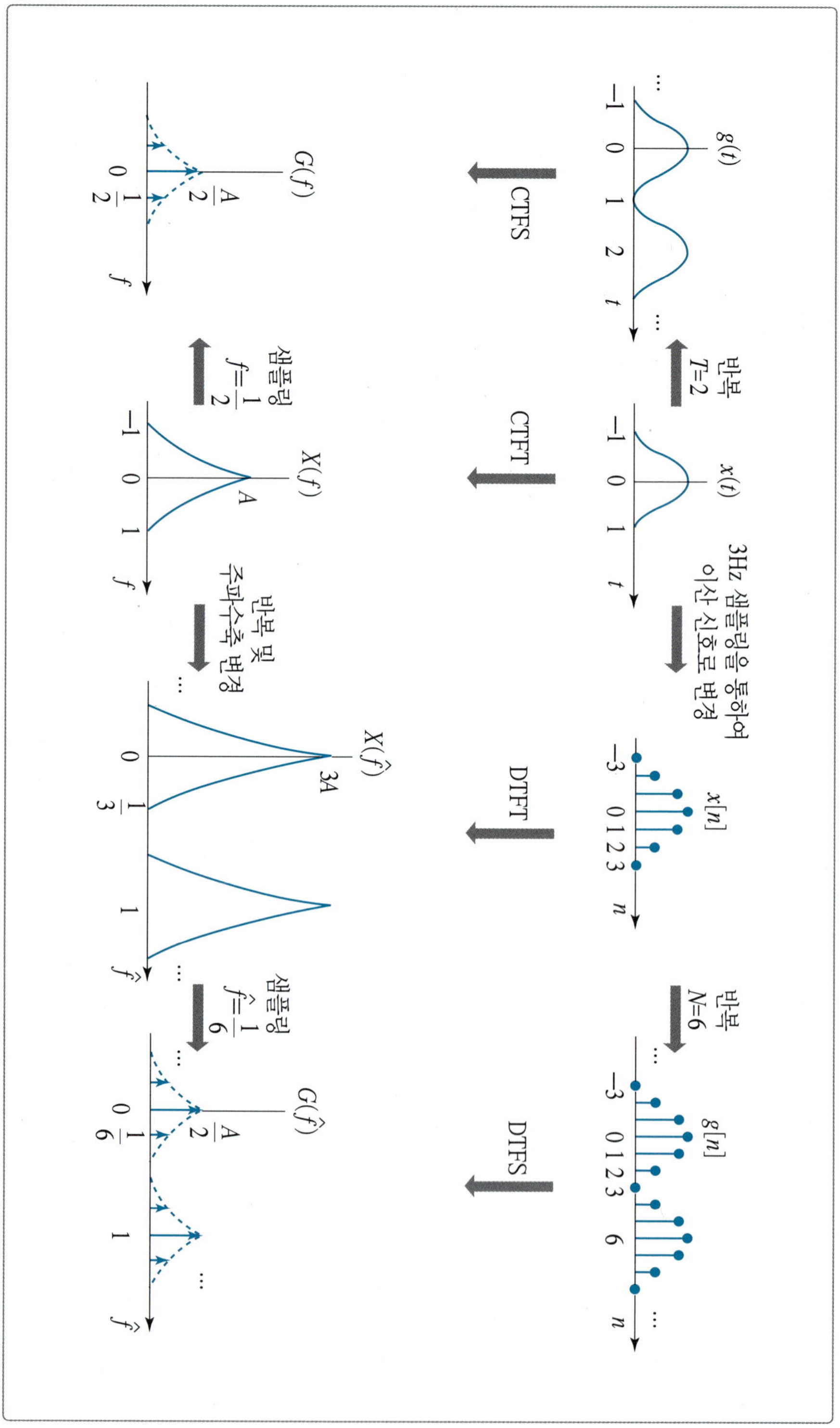

[그림 5-19] 연속/이산, 주기/비주기 신호의 스펙트럼 관계 예제

연 / 습 / 문 / 제

5-1 다음 주기 신호 $x[n]$의 이산 시간 푸리에 급수 계수를 구하라.

(a) $x[n] = \cos[\frac{5\pi}{2} n]$

(b) $x[n] = \sin[\frac{\pi}{2} n + \frac{\pi}{3}]$

(c) $x[n] = 2\cos[\frac{3\pi}{4} n] + \sin[\frac{\pi}{3} n]$

(d) $x[n] = (-1)^n$

5-2 그림 P5.1에 주어진 $x[n]$의 이산 시간 푸리에 급수 계수를 구하라.

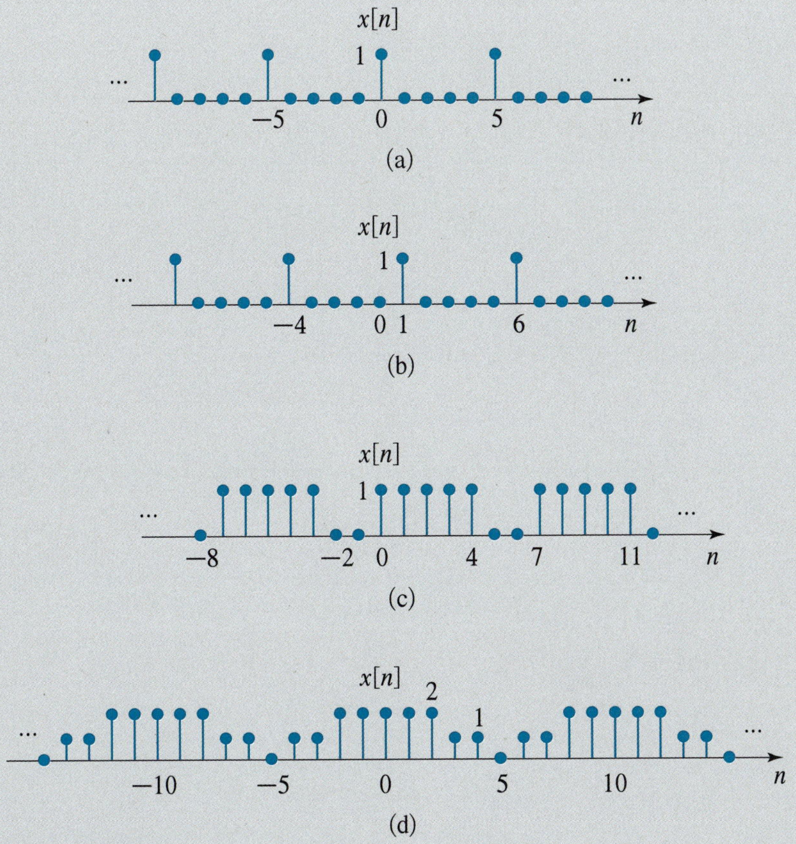

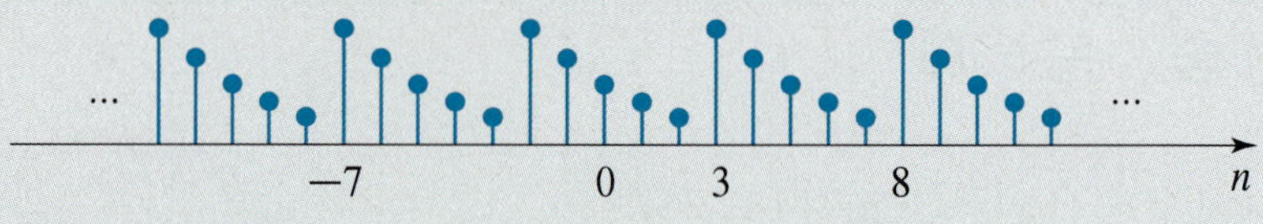

(e)

[그림 P5.1]

(a) 그림 P5.1(a)

(b) 그림 P5.1(b)

(c) 그림 P5.1(c)

(d) 그림 P5.1(d)

(e) 그림 P5.1(e), 단 $-2 \le n \le 2$ 에서 $x[n] = 2^{-n}$

5-3 문제 5-1 신호의 스펙트럼을 구하라.

5-4 다음의 이산 시간 푸리에 급수 계수 X_k를 가지는 이산 주기 신호 $x[n]$을 구하라.

(a) $X_k = 1$

(b) $X_k = (-1)^k$

(c) $X_k = \begin{cases} 1, & 0 \le k \le 3 \\ 0, & 4 \le k \le 7 \end{cases}$, X_k는 주기 8로 반복

5-5 주기 신호 $x[n]$의 이산 시간 푸리에 급수 계수를 X_k라 할 때 다음 신호의 이산 시간 푸리에 급수 계수를 구하라.

(a) $x[n+2]$

(b) $(-1)^n x[n]$ (단, 주기는 짝수이다.)

(c) $x[n] + x[-n]$

5-6 주기 신호 $x[n]$의 이산 시간 푸리에 급수 계수 X_k가 그림 P5.2와 같을 때 다음을 구하라.

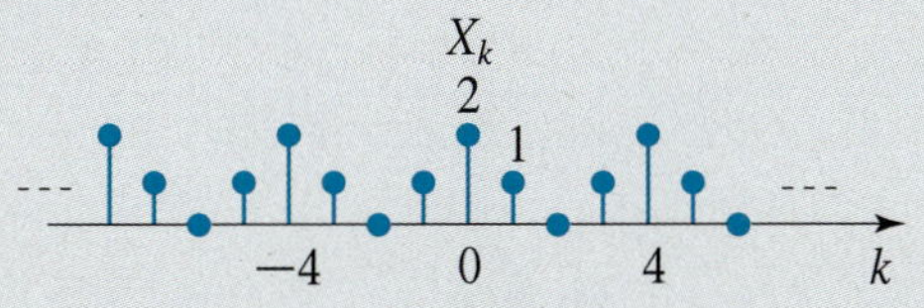

[그림 P5.2]

(a) $x[n]$의 기본 주기는 얼마인가?

(b) $x[0]$ 값은 얼마인가?

(c) $x[n-2]$의 이산 시간 푸리에 급수 계수를 구하라.

5-7 다음 신호의 이산 시간 푸리에 변환을 구하라.

(a) $x[n]=\delta[n]+\delta[n-1]+\delta[n+1]$

(b) $x[n]=e^{j\frac{\pi}{2}n}$

(c) $x[n]=\left(\frac{1}{2}\right)^{n}u[n]$

(d) $x[n]=\left(\frac{1}{2}\right)^{|n|}$

5-8 그림 P5.3의 $x[n]$의 이산 시간 푸리에 변환을 구하라.

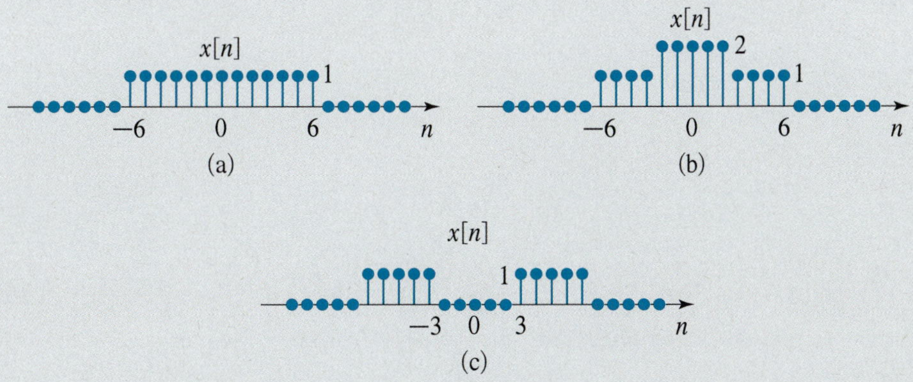

[그림 P5.3]

(a) 그림 P5.3(a)

(b) 그림 P5.3(b)

(c) 그림 P5.3(c)

5-9 그림 P5.4의 스펙트럼을 가지는 이산 신호 $x[n]$을 구하라.

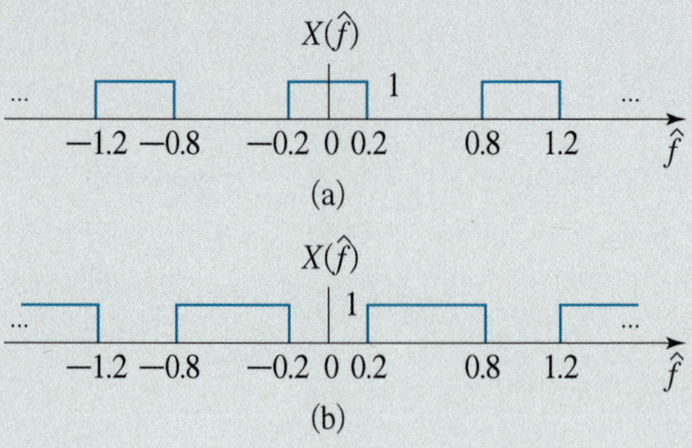

[그림 P5.4]

(a) 그림 P5.4(a)

(b) 그림 P5.4(b)

5-10 그림 P5.5의 $x[n]$에 대하여 다음을 구하라(주기 신호가 아님).

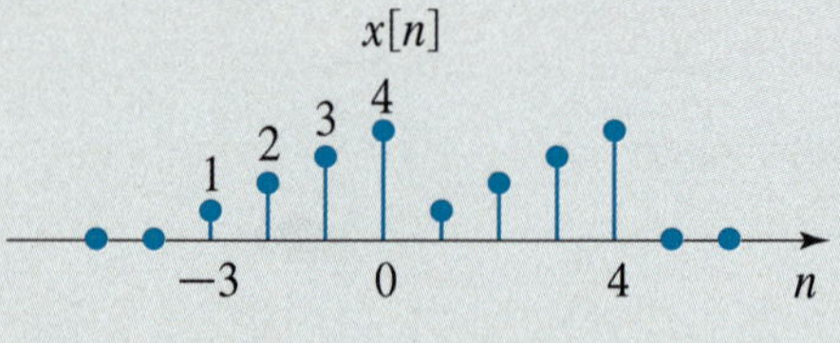

[그림 P5.5]

(a) $X(\hat{f}=0)$

(b) $\int_{-0.5}^{0.5} X(\hat{f})\, d\hat{f}$

(c) $\int_{-0.5}^{0.5} \left|X(\hat{f})\right|^2 d\hat{f}$

5-11 $x[n]=\cos[\frac{\pi}{2}n]$ 이 임펄스 응답 $h[n]=\sin[\frac{\pi}{6}n]$ 을 가지는 이산 LTI 시스템에 입력될 때의 출력 신호 $y[n]$을 구하라.

5-12 임펄스 응답이 그림 P5.3(a)인 이산 LTI 시스템이 있다.

(a) 입력 신호 $x[n]=2$에 대한 출력 신호 $y[n]$을 구하라.

(b) 입력 신호 $x(t)=\cos[\frac{2\pi}{13}n]$에 대한 출력 신호 $y[n]$을 구하라.

5-13 주파수 응답이 그림 P5.4(a)인 이산 LTI 시스템이 있다.

(a) 입력 신호 $x[n]=\delta[n]+\cos[\frac{\pi}{10}n]$에 대한 출력 신호 $y[n]$을 구하라.

(b) 입력 신호 $x[n]=2+\cos[\frac{8\pi}{10}n]+\sin[\frac{22\pi}{10}n]$에 대한 출력 신호 $y[n]$을 구하라.

(c) 입력 신호 $x[n]=e^{j\frac{\pi}{5}n}+e^{-j\frac{3\pi}{5}n}$에 대한 출력 신호 $y[n]$을 구하라.

5-14 주파수 응답이 그림 P5.4(b)인 이산 LTI 시스템이 있다.

(a) 입력 신호 $x[n]=2+\cos[\frac{8\pi}{10}n]+\sin[\frac{22\pi}{10}n]$에 대한 출력 신호 $y[n]$을 구하라.

(b) 입력 신호 $x[n]=e^{j\frac{\pi}{5}n}+e^{-j\frac{3\pi}{5}n}$ 에 대한 출력 신호 $y[n]$을 구하라.

5-15 그림 P5.6의 시스템에 입력 신호 $x[n]=2+\cos[\frac{\pi}{10}n+\frac{\pi}{3}]+\sin[\frac{6\pi}{20}n]+\cos[\frac{8\pi}{10}n]$ 에 대한 출력 신호 $y[n]$을 구하라. 단, $H_1(\hat{f})$, $H_2(\hat{f})$, $H_3(\hat{f})$는 주어진 모양이 $\hat{f}=1.0$ 주기로 반복되는 신호이다.

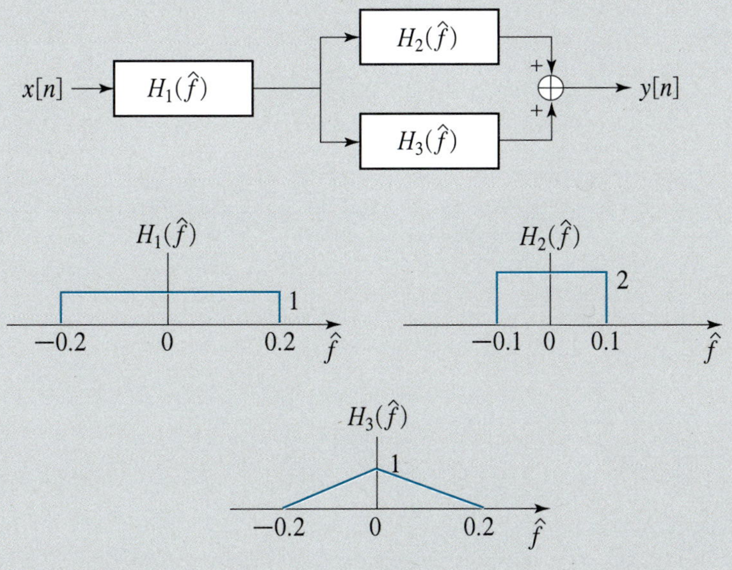

[그림 P5.6]

5-16 그림 P5.6 시스템의 전체 주파수 응답 $H(\hat{f})$ 을 구하라.

5-17 그림 P5.6 시스템에서 $H_1(\hat{f})$ 과 $H_2(\hat{f})$ 을 서로 교환할 경우의 전체 주파수 응답 $H(\hat{f})$ 를 구하라.

5-18 $x[n] = 2\sin\left[\frac{2\pi}{4}n + \frac{\pi}{3}\right]$ 가 그림 P5.7에 주어진 임펄스 응답을 가지는 이산 시스템에 입력될 때의 출력 신호 $y[n]$을 구하라.

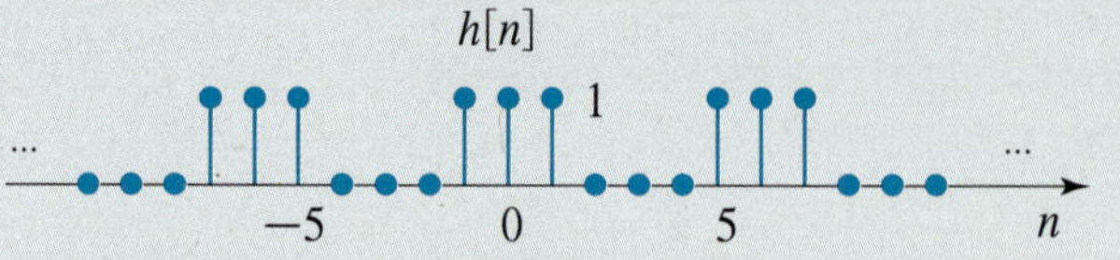

[그림 P5.7]

5-19 $x[n] = (-1)^n$ 이 임펄스 응답 $h[n] = \delta[n] + \delta[n-1] + \delta[n-2]$ 을 가지는 이산 시스템에 입력될 때 출력 신호 $y[n]$ 을 구하라.

CHAPTER

06

불규칙 신호 및 시스템

단 / 원 / 개 / 요

이 장에서는 불규칙 신호를 정의하고, 불규칙 신호의 특성을 통계적으로 표현하기 위한 시간 평균, 앙상블 평균, 상관 관계, 자기 상관 함수 등을 배운다. 또한, 4장과 5장에서 배운 스펙트럼 개념을 불규칙 신호로 확장하여, 불규칙 신호의 스펙트럼 특성을 나타내는 전력 밀도 스펙트럼(power density spectrum, power spectral density)을 배운다. 마지막으로, 불규칙 신호에 대한 시스템의 동작을 설명하고, 출력 불규칙 신호의 특성을 구하는 방법을 배운다.

06

CHAPTER

불규칙 신호 및 시스템

6.1 불규칙 신호 개요

6.1.1 불규칙 신호의 정의

지금까지 우리가 다루어 온 모든 신호는 시간에 따라 신호의 모양을 정확히 정의할 수 있는 신호들이었다. 예로, $x(t)=\cos(2\pi t)$ 신호는 항상 그림 6-1(a)와 같은 형태를 가지며 특정 시간 $t=a$에서의 값은 항상 $\cos(2\pi a)$이며 절대로 변하지 않는 고정 값이다. 그러나 식 (6.1)과 같이 정의된 코사인 신호를 생각해보자.

$$y(t)=\cos(2\pi t+\theta),\ \theta \text{ 는 } 0\le\theta<2\pi \text{ 에서 균일한 분포를 가짐} \tag{6.1}$$

위상 값이 고정 값이 아니라 $0\le\theta<2\pi$ 에서 임의로 선택되므로, 선택되는 위상 값에 따라 $y(t)$의 모양은 변하게 된다. 그림 6-1(b)에 4가지 예가 있으며, 이 신호에서는 특정 시간에서의 값을 명확하게 정의할 수 없고 대신 확률을 이용하여 정의하게 되며, 이와 같은 신호를 "**불규칙(random)**" 신호라 한다. 예로, "$t=1$에서 값이 0.5보다 클 확률은 p", 또는 "$t=2$에서 $0.5\le y(t)\le 0.6$ 일 확률은 q"의 형태로 확률을 이용하여 정의된다. 이와 반대 개념으로 그림 6-1(a)를 "**결정적(deterministic)**" 신호라 하며, 모든 시간에서의 신호 값이 항상 고정 값이므로 각 시간에서의 신호 값에 대한 확률은 항상 0 또는 1이 된다.

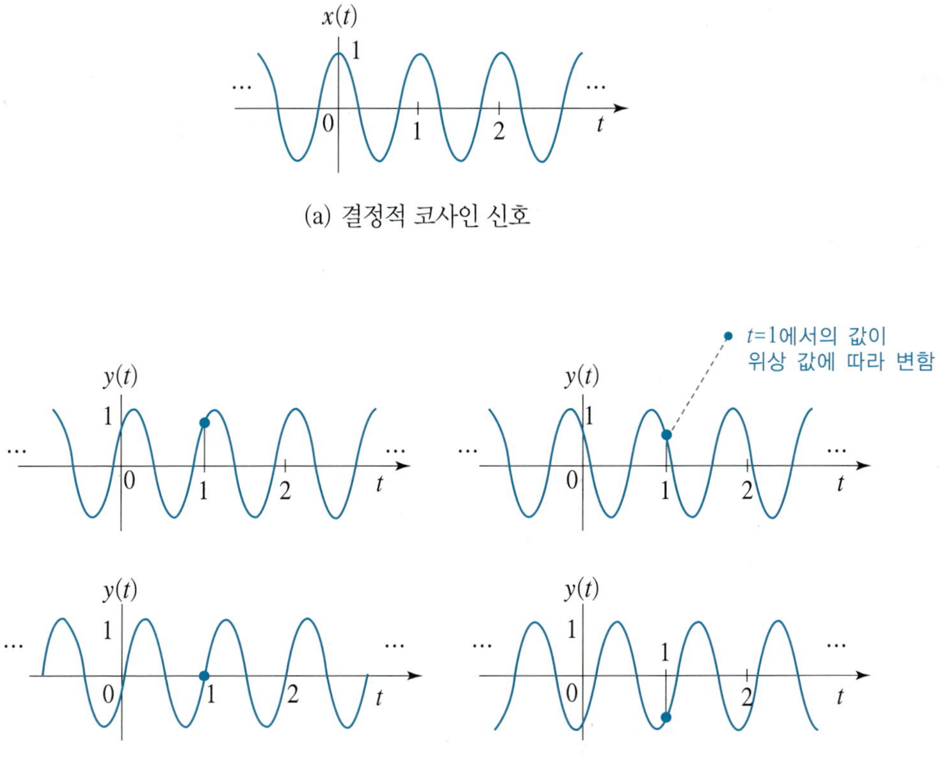

(a) 결정적 코사인 신호

(b) 위상이 불규칙한 코사인 신호(각 신호마다 서로 다른 위상을 가진다.)

[그림 6-1] 결정적 코사인 신호와 위상이 변하는 불규칙 코사인 신호

결정적 신호에서는 신호 값이 명확히 정의되므로 푸리에 변환 공식을 이용하여 주파수를 해석하고, 컨벌루션 연산을 통하여 LTI 시스템에 대한 출력 신호를 구할 수 있다. 그러나 불규칙 신호에서는 각 시간에서의 신호 값을 알 수 없고 단지 확률적으로 정의되므로 지금까지 배웠던 공식을 그대로 사용하여 신호를 분석할 수 없다. 따라서 불규칙 신호를 분석하고 시스템의 입출력 관계를 정의하기 위한 새로운 방법이 필요하다.(주1)

불규칙 신호 및 시스템은 확률 및 통계를 바탕으로 랜덤 변수(random variable), 랜덤 프로세스(random process), 확률 분포 등의 매우 많은 전

주1) 가장 대표적인 불규칙 신호의 예가 통신 시스템의 신호 전달 과정에서 포함되는 잡음 신호이다. 잡음 신호를 포함한 신호가 수신기에 입력되고 수신기의 동작에 따라 잡음의 성질이 변하며 그 결과에 따라 최종 수신기의 출력 신호가 결정된다. 따라서 수신기를 설계하고 성능을 분석하기 위하여 입력된 잡음 신호를 정확히 분석하고 시스템에 의한 변화를 정확히 구하는 과정이 필요하다.

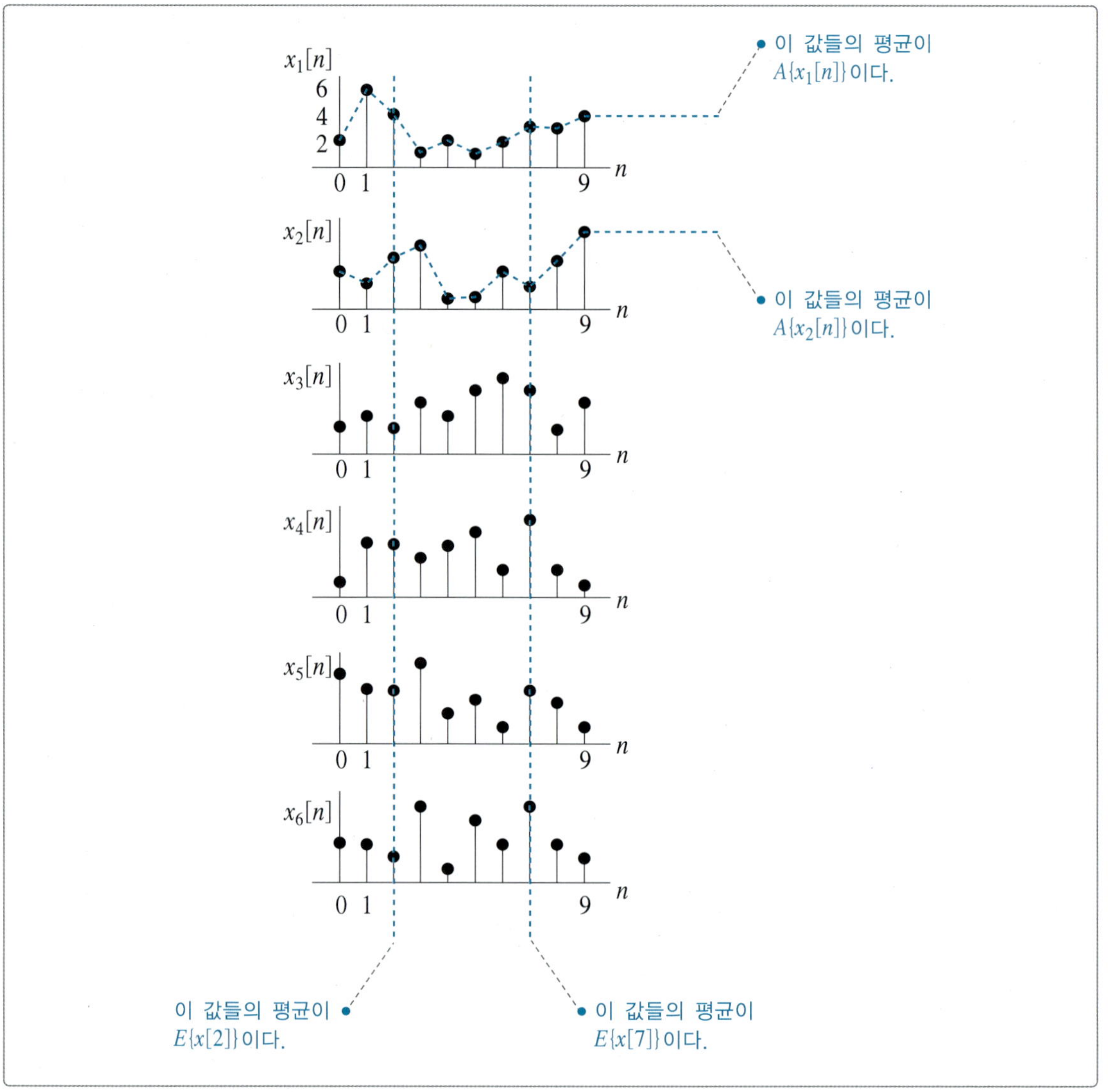

[그림 6-2] 주사위를 던지는 실험으로 정의된 랜덤 프로세스로부터 만들어진 불규칙 신호의 예와 두 가지 평균 $E[\cdot]$, $A[\cdot]$를 구하는 방법

문 영역을 포함하여 일반적으로 별도의 과목으로 강의가 진행된다. 그러나 이 책에서는 불규칙 신호를 다루는 많은 이론적 내용은 생략하고 신호 및 시스템의 범위 안에서 불규칙 신호의 주파수 해석과 시스템 출력에 대한 내용만 간단히 정리한다. 이를 위하여 먼저 가장 기본이 되는 불규칙 신호의 정확한 정의를 하여보자. **불규칙 신호**는 랜덤 프로세스(random process)의

표본 함수(sample function)로 정의되고, 랜덤 프로세스는 각 시간에서 정의된 확률 특성에 의하여 신호 값이 결정되는 신호들에 대한 전체 집합으로 정의된다. 예로, 10초 동안 1초에 한번씩 주사위를 던져 나오는 수를 그 시간의 신호 값으로 하여 10개의 샘플을 가지는 신호를 생성하는 경우, 생성된 모든 신호의 집합을 랜덤 프로세스라 하고 각각의 10-샘플 신호를 불규칙 신호라 한다. 이와 같은 랜덤 프로세스로부터 만들어진 몇 가지 불규칙 신호 $x_i[n]$이 그림 6.2에 주어지며, 각 시간에서의 신호 값은 고정 값이 아니고 이를 미리 알 수 없고 단지 1부터 6까지의 각각의 값이 나올 확률이 $\frac{1}{6}$ 인 것만 주어질 뿐이다.

6.1.2 불규칙 신호의 특성

불규칙 신호에 대하여 각 시간에서의 신호 값은 아무런 의미가 없다. 왜냐하면 항상 그 값을 가지는 것이 아니라 전체 랜덤 프로세스 중에서 특별히 이번에 선택된(표본화된) 불규칙 신호에서만 그 값을 가진 것에 불과하기 때문이다. 더 의미가 있는 것은 각 시간에서의 신호의 평균값 등과 같은 통계적 특성이다.

그림 6-2에 주어진 불규칙 신호에 대하여 $n=2$ 에서의 평균을 구하여보자. 여기에서 평균의 의미는 **앙상블(ensemble) 평균**으로서, 랜덤 프로세스에 포함된 모든 불규칙 신호 $x[n]$에 대하여 $n=2$ 에서의 값에 대한 평균을 의미하고 $E\{x[2]\}$로 표시한다. 따라서 $n=2$ 에서의 평균은 주사위를 한 번 던질 때 나오는 수의 평균이 되므로 3.5가 된다. 또한, $n=7$ 에서의 평균도 동일하게 $E\{x[7]\}=3.5$가 되며, 결론적으로 각 시간에서의 앙상블 평균은 시간에 관계없이 동일하다.(주2) 반면, 시간에 대한 평균은 하나의 불규칙 신호 $x_i[n]$에 대하여 모든 시간에서의 값에 대한 평균으로서 $A\{x_i[n]\}=\frac{1}{10}\sum_{n=0}^{9} x_i[n]$ 로 구하여진다.(주3)

여기서 시간 평균 $A[\cdot]$와 앙상블 평균 $E[\cdot]$의 차이점을 명확히 이해하여야 한다. $E[\cdot]$는 **특정 시간에서 랜덤 프로세스의 모든 불규칙 신호의 평균**

주2) 각 시간에 정의된 확률 특성이 동일하므로 이 결과가 나온다.

주3) 일반적인 경우 $A\{x[n]\}=\lim_{N\to\infty}\frac{1}{2N+1}\sum_{n=-N}^{N} x[n]$ 로 정의된다.

을 구하는 것으로 각 시간마다 정의되고, $A[\cdot]$는 하나의 불규칙 신호에 대하여 신호 값의 시간에 대한 평균을 구하는 것이다. 그러나 많은 랜덤 프로세스에 대하여 $E[\cdot]$ 값이 시간에 관계없이 일정하고,(주4) 또한 $A[\cdot]$와 $E[\cdot]$의 결과가 동일하다는 가정을 하며,(주5) 이 책에서는 항상 이 조건이 만족된다고 가정한다.

연속 신호에 대하여서도 동일한 결과가 나오며, $A[x(t)] = \lim_{T \to \infty} \frac{1}{2T} \int_{-T}^{T} x(t)\,dt$로 정의된다. 또한, 불규칙 신호의 분산(variance)은 $E\{(x[n] - E\{x[n]\})^2\}$ 또는 $E[\{x(t) - E[x(t)]\}^2]$ 로 주어지며, 많은 경우에 분산이 시간에 관계없이 일정하고 다음과 같이 정의된 시간에 대한 분산과 동일하다고 가정한다.

$$\lim_{N \to \infty} \frac{1}{2N+1} \sum_{n=-N}^{N} [x[n] - A\{x[n]\}]^2$$

$$\lim_{T \to \infty} \frac{1}{2T} \int_{-T}^{T} \{x(t) - A[x(t)]\}^2\,dt$$

불규칙 신호에서 서로 다른 두 시간에서의 신호 값들의 상관 관계(correlation)가 매우 중요한 통계적 특성이 된다. 만일 불규칙 신호가 그림 6-3(a)와 같이 주기 성질을 가지면 시간 축에서 T 떨어진 두 위치의 구체적인 신호 값은 알 수 없지만 두 값은 반드시 동일하게 된다. 반면, (b) 신호에서 T 떨어진 두 위치의 값 사이에는 아무런 관련이 없으며, 이는 (a) 신호와 매우 다른 결과이다.

이 관계는 $x(t)$ 및 $x[n]$의 자기 상관 함수(autocorrelation)(주6)로 정의된다.

$$R_X(\tau) = E[x(t)x(t+\tau)] \tag{6.2}$$

$$R_X[k] = E\{x[n]x[n+k]\} \tag{6.3}$$

주4) 이를 만족하는 프로세스를 1차 정상(stationary) 프로세스라 한다.

주5) 이 가정이 주어지면 불규칙 신호의 앙상블 평균 $E[\cdot]$을 구하기 위하여 많은 불규칙 신호가 필요하지 않고, 하나의 불규칙 신호만 사용하여 시간 평균을 구하면 된다.

주6) 일반적으로 이 값은 시간에 따라 변하므로 시간 변수를 포함하여 $R_X(t, \tau)$와 $R_X[n, k]$로 표시되지만, 이 값이 시간 t 또는 n에 관계없이 일정하고 단지 두 시간의 차이 τ 또는 k에만 관계된다고 가정하여 간단히 $R_X(\tau)$와 $R_X[k]$로 표시한다. 이 가정을 만족하는 랜덤 프로세스를 "2차 정상 프로세스"라 하고, 1차 및 2차 정상 프로세스 조건을 동시에 만족하는 프로세스를 "넓은 의미의 정상 프로세스"라 한다.

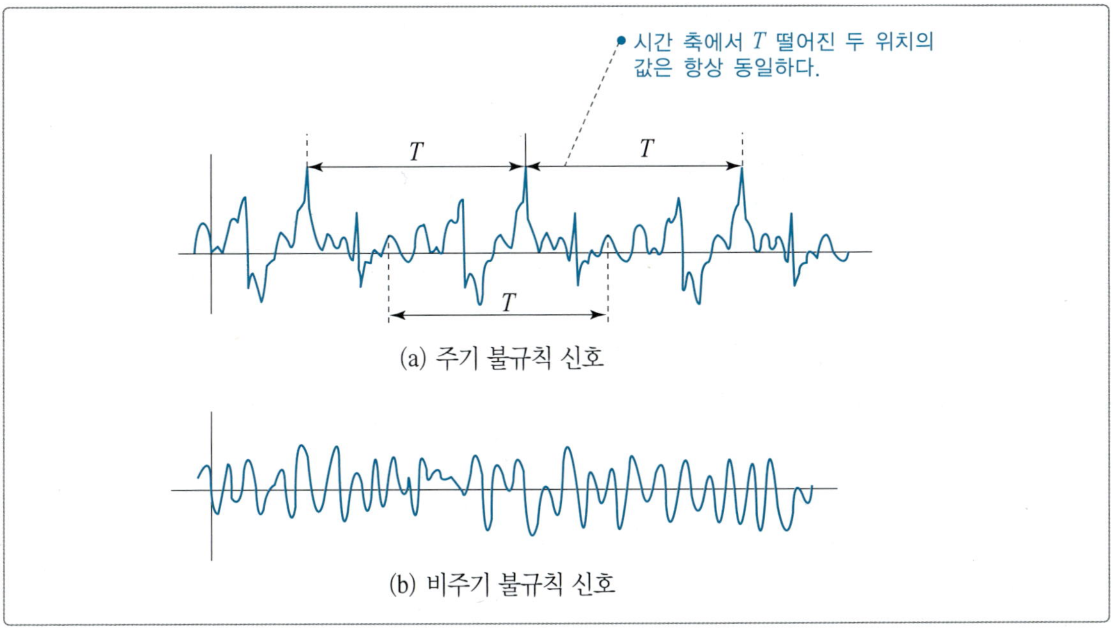

[그림 6-3] 주기 성질이 다른 두 종류의 불규칙 신호

여기서, 앙상블 평균을 시간 평균으로 치환하여도 동일한 결과가 나온다고 가정하면 다음과 같이 표시할 수 있다.(주7)

$$E[x(t)x(t+\tau)] = A[x(t)x(t+\tau)]$$
$$E\{x[n]x[n+k]\} = A\{x[n]x[n+k]\}$$

이 경우 그림 6-4와 같이 주어진 불규칙 신호 $x[n]$으로부터 새로운 신호 $y[n, k]=x[n]x[n+k]$를 정의하고 이 신호에 대한 시간 평균을 모든 k에 대하여 계산하면 전체 $R_X[k]$가 구하여진다.

불규칙 신호의 자기 상관 함수는 불규칙 신호의 성질을 정의하고 주파수를 분석하는데 아주 중요한 역할을 한다. 만일 불규칙 신호 $x(t)$가 주기 T를 가지는 주기 신호이면 T 만큼 떨어진 신호 값들은 모두 동일하므로

주7) 이 조건과 $E[x(t)]=A[x(t)]$ 또는 $E\{x[n]\}=A\{x[n]\}$ 조건을 동시에 만족하는 프로세스를 "에르고딕(ergodic) 프로세스"라 한다.

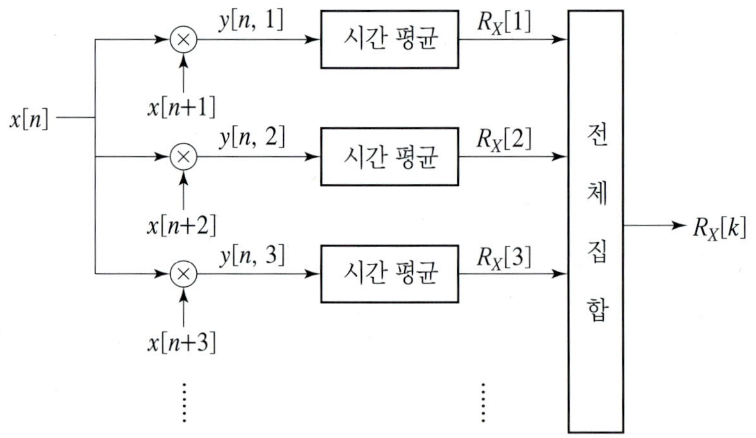

[그림 6-4] 이산 불규칙 신호의 자기 상관 함수를 구하는 과정

$$x(t) = x(t+T) = x(t+2T) = \cdots = x(t+nT)$$

이고 이를 자기 상관 함수 공식에 대입하면

$$R_X(T) = E[x(t)x(t+T)] = E[x(t)x(t+2T)] = R_X(2T) = \cdots = R_X(nT)$$

가 되어 $R_X(\tau)$도 $x(t)$와 동일한 주기를 가지는 주기 신호가 된다. 자기 상관 함수의 성질을 정리하면 다음과 같다.(주8)

(i) $|R(\tau)| \le R(0)$: $\tau = 0$에서 최댓값을 가짐
(ii) $R(-\tau) = R(\tau)$: 좌우 대칭 성질
(iii) $R(0) = E[x^2(t)]$: $R(0)$는 $x(t)$의 전력
(iv) $x(t)$가 주기 신호이면 $R(\tau)$도 동일한 주기를 가짐
(v) $x(t)$가 비주기 신호이면 $\lim_{|\tau| \to \infty} R(\tau) = E^2[x(t)]$ (단, $x(t)$가 에르고딕)

만일 불규칙 신호가 $R_X(\tau) = \delta(\tau)$ 또는 $R_X[k] = \delta[k]$를 만족하면 이 신호를 **백색(white) 불규칙 신호**라 하며, 서로 다른 시간에 있는 신호 값들 사이에

주8) 이산 불규칙 신호의 자기 상관 함수도 동일한 성질을 가진다.

상관 관계가 전혀 없는 매우 특별한 신호이다.(주9) 백색 불규칙 신호는 앞으로 불규칙 신호의 스펙트럼을 분석하고 통신 시스템의 잡음 신호를 분석할 때 가장 많이 사용되는 매우 중요한 신호이다.

6.2 불규칙 신호의 스펙트럼 성질

6.2.1 불규칙 신호의 스펙트럼 정의

불규칙 신호의 스펙트럼을 구하기 위하여 주어진 불규칙 신호 $x(t)$를 연속 시간 푸리에 변환 공식에 대입하면 $X(f)$가 구하여진다. 그러나 이렇게 얻은 $X(f)$는 우리가 원하는 스펙트럼 성질을 알려주지 못한다. 왜냐하면, $x(t)$는 랜덤 프로세스의 표본 함수에 불과하고 $X(f)$는 특정 표본 함수에 국한된 결과만 보여주기 때문이며, 이를 해결하기 위하여 전체 랜덤 프로세스를 대표할 수 있도록 평균의 의미가 포함되어야 한다. 따라서 불규칙 신호 $x(t)$의 스펙트럼 특성은 다음과 같이 정의되는 $S_X(f)$를 이용한다.

$$
\begin{aligned}
S_X(f) &= \lim_{T \to \infty} \frac{E\{|X_T(f)|^2\}}{2T} \\
X_T(f) &= \int_{-T}^{T} x(t)\, e^{-j2\pi ft}\, dt
\end{aligned}
\tag{6.4}
$$

$S_X(f)$를 $x(t)$의 전력 밀도 스펙트럼(power density spectrum, power spectral density)이라 하며, 단위 주파수당 전력을 나타낸다. 따라서 신호의 전체 전력은 주파수에 대한 $S_X(f)$의 적분 $P = \int_{-\infty}^{\infty} S_X(f)\, df$ 가 되며, 이를 전력 공식(power formula)이라 한다. 결국, 불규칙 신호의 스펙트럼 $X(f)$는 정의되지 못하고 단지 전력 밀도 스펙트럼 $S_X(f)$가 정의되며, 이로부터 불규칙 신호 전력의 주파수 분포를 알 수 있다. $S_X(f)$의 성질은 다음과 같다.(주10)

주9) 서로 다른 t_1, t_2 에 대하여 $E[x(t_1)x(t_2)] = 0$을 의미한다.
주10) 이산 불규칙 신호의 전력 밀도 스펙트럼도 동일한 성질을 가진다.

(i) $S_X(f) \geq 0$

(ii) $S_X(-f) = S_X(f)$

(iii) $S_X(f)$는 실수

불규칙 신호의 스펙트럼 성질에서 가장 중요한 것은 **전력 밀도 스펙트럼과 자기 상관 함수와의 관계**이다. 식 (6.4)에 의하면 $S_X(f)$를 구하기 위하여 $x(t)$에 대한 제한된 영역에서의 연속 시간 푸리에 변환을 구하고 이에 대한 절댓값 제곱의 평균을 구하게 된다. 만일, 개념적으로 연속 시간 푸리에 변환과 절댓값 제곱 평균의 순서를 바꾸어 불규칙 신호에 대한 절댓값 제곱의 평균 동작을 먼저 취하고 그 후에 연속 시간 푸리에 변환을 하여도 동일한 결과가 나오는데, 이 과정을 수학적으로 정확히 유도하면 다음과 같다.

$$R_X(\tau) = E[x(t)x(t+\tau)] \quad \text{------• 제곱 평균 동작을 먼저 함}$$

$$S_X(f) = \int_{-\infty}^{\infty} R_X(\tau) e^{-j2\pi f\tau} d\tau \quad \text{--• 그 결과를 연속 시간 푸리에 변환시킴} \tag{6.5}$$

또한, 연속 시간 푸리에 역변환을 적용하면 다음 관계식이 유도된다.

$$R_X(\tau) = \int_{-\infty}^{\infty} S_X(f) e^{j2\pi f\tau} df \tag{6.6}$$

이산 불규칙 신호 $x[n]$에 대하여서도 다음과 같은 관계를 가진다.

$$S_X(\hat{f}) = \sum_{k=-\infty}^{\infty} R_X[k] e^{-j2\pi \hat{f} k} \tag{6.7}$$

$$R_X[k] = \int_{<1>} S_X(\hat{f}) e^{j2\pi \hat{f} k} d\hat{f} \tag{6.8}$$

식 (6.5)~(6.8)에서 자기 상관 함수는 시간 영역 성질이고 $S_X(f)$는 주파수 영역 특성으로서 두 항목이 푸리에 변환 관계로 연결되어 있음을 보여주는 아주 중요한 결과이며, 도식적으로 정리하면 그림 6-5가 된다.

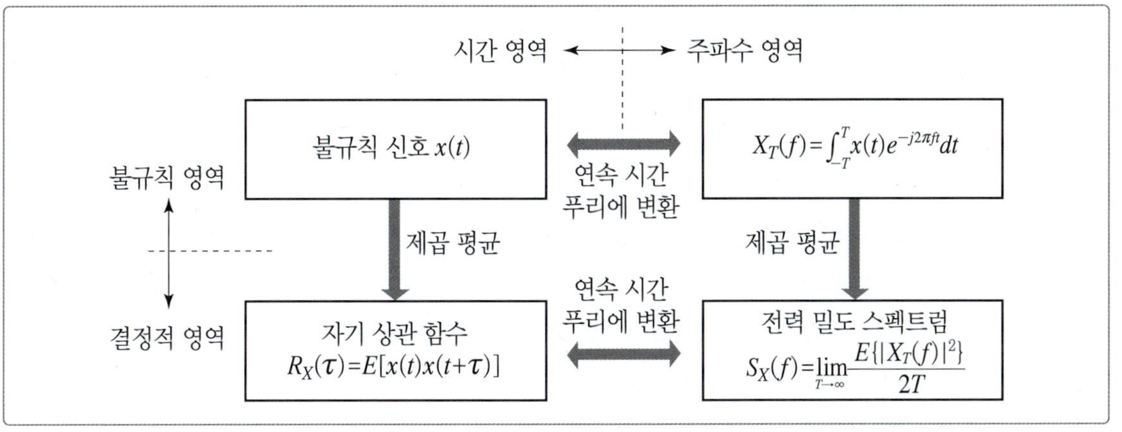

[그림 6-5] 불규칙 신호의 자기 상관 함수와 전력 밀도 스펙트럼 함수의 관계

6.2.2 불규칙 신호의 스펙트럼 예제

예제 6.1 백색 불규칙 신호 $x(t)$의 전력 밀도 스펙트럼을 구해보자.

풀이 백색 불규칙 신호의 정의에 의하여 자기 상관 함수는 그림 6-6(a)와 같이 $R_X(\tau)=G\delta(\tau)$가 되며, 이에 대한 연속 시간 푸리에 변환은 (b)와 같이 $S_X(f)=G$가 된다. 따라서 백색 불규칙 신호는 모든 주파수 영역에서 동일한 전력 밀도를 가지며, 이에 따라 백색 불규칙 신호를 "**모든 주파수에서 동일한 전력 밀도를 가지는 신호**"로 정의할 수 있다.

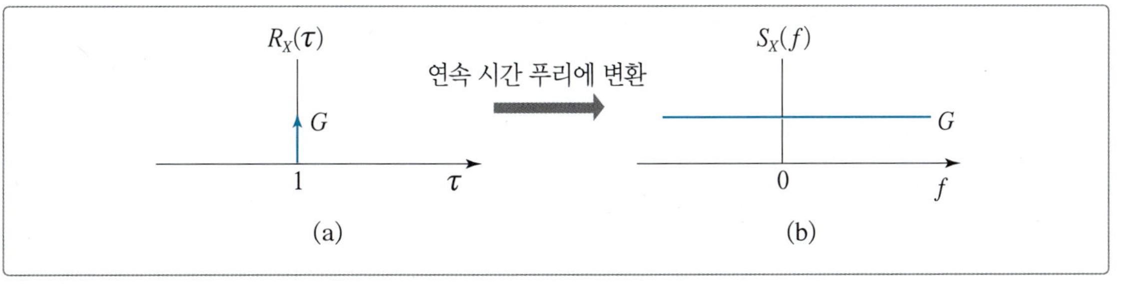

[그림 6-6] 백색 불규칙 신호의 자기 상관 함수와 전력 밀도 스펙트럼 함수

예제 6.2 예제 6.1에 주어진 백색 불규칙 신호의 전력을 구해보자.

풀이 전력 공식에 의하여 전력은 전력 밀도 스펙트럼의 적분이 되며

$$P=\int_{-\infty}^{\infty} S_X(f)\,df=\int_{-\infty}^{\infty} G df=\infty$$

와 같이 무한대가 되어 실제 응용 분야에서 사용하기 어려워진다. 따라서 실제로는 대역 제한 백색 불규칙 신호(band-limited white random signal)를 주로 사용하며, 그림 6-7(a)과 같이 특정 주파수 대역에서만 동일한 크기의 전력 밀도 스펙트럼을 가지고 나머지 주파수 대역에서는 0을 가지는 불규칙 신호를 의미한다. 그림 6-7(a)의 대역 제한 백색 불규칙 신호의 전력은 $2WG$이고, 연속 시간 푸리에 역변환을 통하여 이 신호의 자기 상관 함수를 구하면 (b)와 같이 싱크 함수가 된다.

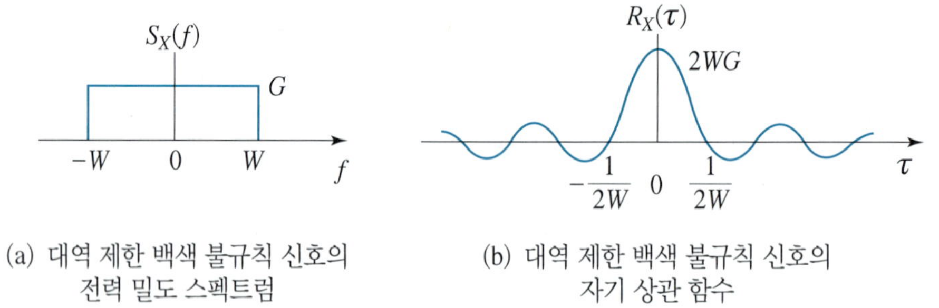

[그림 6-7] 대역 제한 백색 불규칙 신호의 전력 밀도 스펙트럼과 자기 상관 함수

예제 6.3 이산 불규칙 신호 $x[n]$의 전력 밀도 스펙트럼이 그림 6-8일 때, $x[n]$의 자기 상관 함수를 구해보자.

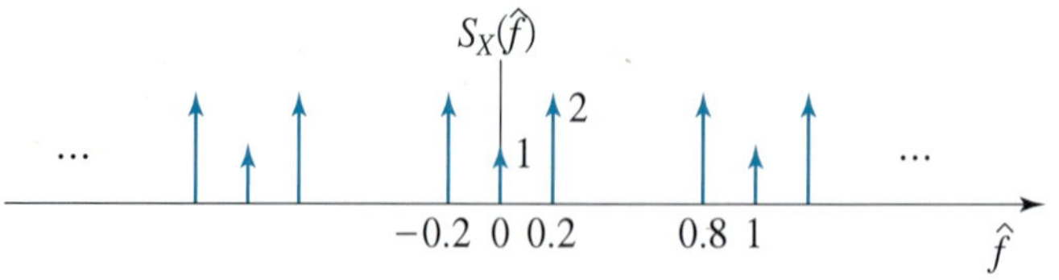

[그림 6-8] 이산 불규칙 신호의 전력 밀도 스펙트럼

풀이 $\hat{f}=0$와 $\hat{f}=\pm 0.2$에서만 성분을 가지고 $\hat{f}=1$ 마다 반복되므로, 5장에서 배운 이산 시간 푸리에 역변환을 이용하면 시간 영역 신호는 $R_X[k] = 1+4\cos[2\pi 0.2k]$가 되며, 자기 상관 함수가 주기 신호이므로 $x[n]$도 주기 불규칙 신호가 된다.

6.3 불규칙 신호에 대한 시스템 출력

6.3.1 출력 신호의 통계적 특성

지금까지의 시스템 문제에서 가장 중요한 과제는 주어진 입력 신호와 시스템에 대하여 출력 신호를 구하는 것이었다. 그러나 불규칙 신호가 시스템의 입력으로 주어지면 출력 불규칙 신호의 파형보다는 출력 신호의 통계적 특성, 예로 평균, 분산, 자기 상관 함수, 전력 밀도 스펙트럼 등이 더 중요한 항목이 된다. 이를 구하기 위하여 랜덤 프로세스의 모든 표본 신호 $x(t)$에 대한 출력을 구하고 이로부터 출력 신호의 통계적 성질을 구하여야 하는데, 이를 위해 반복적으로 시스템 출력을 구하여야 하는 문제점이 있으므로 보다 간단하게 출력 신호의 통계적 특성을 분석하는 방법이 필요하다.

먼저 출력 신호의 평균을 구하여보자. $x(t)$의 평균을 X_{ave}라 하면

$$\begin{aligned} E[y(t)] &= E[x(t) * h(t)] \\ &= E[\int_{-\infty}^{\infty} x(t-\tau)h(\tau)d\tau] \\ &= \int_{-\infty}^{\infty} E[x(t-\tau)]h(\tau)d\tau \\ &= X_{ave}\int_{-\infty}^{\infty} h(\tau)d\tau \\ &= X_{ave}H(f=0) \end{aligned} \tag{6.9}$$

가 되어, 출력 신호의 평균은 (입력의 평균)$\times H(f=0)$가 되어 매우 간단히 구하여진다.(주11) 출력 신호의 분산은 $E[y^2(t)]-E[y(t)]^2$ 으로 주어지므로

주11) $H(f)$는 시스템의 주파수 응답으로서, 임펄스 응답의 푸리에 변환 결과이다.

$E[y^2(t)]$만 구하면 된다.

$$\begin{aligned} E[y^2(t)] &= E[\int_{-\infty}^{\infty} x(t-\tau)h(\tau)d\tau \int_{-\infty}^{\infty} x(t-u)h(u)du] \\ &= \int_{-\infty}^{\infty}\int_{-\infty}^{\infty} E[x(t-\tau)x(t-u)]h(\tau)h(u)d\tau du \\ &= \int_{-\infty}^{\infty}\int_{-\infty}^{\infty} R_X(\tau-u)h(\tau)h(u)d\tau du \end{aligned} \tag{6.10}$$

가 되어 입력 신호의 자기 상관 함수와 시스템 임펄스 응답을 이용하여 구할 수 있다. 만일 입력 신호가 백색 불규칙 신호이면

$$\begin{aligned} E[y^2(t)] &= \int_{-\infty}^{\infty}\int_{-\infty}^{\infty} R_X(\tau-u)h(\tau)h(u)d\tau du \\ &= \int_{-\infty}^{\infty}\int_{-\infty}^{\infty} G\delta(\tau-u)h(\tau)h(u)d\tau du \\ &= G\int_{-\infty}^{\infty} h^2(\tau)d\tau \end{aligned}$$

이 되어 매우 간단하게 분산을 구할 수 있다.

출력 신호의 자기 상관 함수는

$$\begin{aligned} R_Y(\tau) &= E[y(t)y(t+\tau)] \\ &= E[\int_{-\infty}^{\infty} x(t-u)h(u)du \int_{-\infty}^{\infty} x(t+\tau-v)h(v)dv] \\ &= \int_{-\infty}^{\infty}\int_{-\infty}^{\infty} E[x(t-u)x(t+\tau-v)]h(u)h(v)dudv \\ &= \int_{-\infty}^{\infty}\int_{-\infty}^{\infty} R_X(\tau+u-v)h(u)h(v)dudv \\ &= R_X(\tau)*h(\tau)*h(-\tau) \end{aligned} \tag{6.11}$$

가 되어 두 번의 컨벌루션 연산을 통하여 구할 수 있다. 만일 백색 불규칙 신호가 입력되면 출력 신호의 자기 상관 함수는 $R_Y(\tau)=Gh(\tau)*h(-\tau)$ 이며, 따라서 출력 신호는 일반적으로 백색 불규칙 신호가 되지 않는다.

출력 신호의 전력 밀도 스펙트럼을 구하려면 식 (6.5)를 이용하여 출력 신호의 자기 상관 함수를 구하고 이에 대한 푸리에 변환을 구하면 된다. 그러나 보다 간단하게 출력 신호의 전력밀도 스펙트럼을 구하는 방법이 있다.

$$
\begin{aligned}
S_Y(f) &= \int_{-\infty}^{\infty} R_Y(\tau) e^{-j2\pi f\tau} d\tau \\
&= \int_{-\infty}^{\infty}\int_{-\infty}^{\infty}\int_{-\infty}^{\infty} R_X(\tau+u-v) h(u) h(v) e^{-j2\pi f\tau} d\tau du dv
\end{aligned}
$$

가 되고, 변수를 $r=\tau+u-v$로 치환하면

$$
\begin{aligned}
S_Y(f) &= \int_{-\infty}^{\infty}\int_{-\infty}^{\infty}\int_{-\infty}^{\infty} R_X(r) h(u) h(v) e^{-j2\pi f(r-u+v)} dr du dv \\
&= \int_{-\infty}^{\infty} h(u) e^{j2\pi fu} du \int_{-\infty}^{\infty} h(v) e^{-j2\pi fv} dv \int_{-\infty}^{\infty} R_X(r) e^{-j2\pi fr} dr \\
&= H^*(f) H(f) S_X(f) \qquad (6.12) \\
&= S_X(f) |H(f)|^2
\end{aligned}
$$

가 되어, 시스템의 주파수 응답 $H(f)$가 주어지면 $S_Y(f)$를 간단하게 구할 수 있다. 또한, 이 결과로부터 출력 신호의 전력은 $P_Y = \int_{-\infty}^{\infty} S_X(f)|H(f)|^2 df$ 가 된다.

마찬가지로 이산 신호 및 이산 시스템에 대한 결과를 구할 수 있으며, 입력 신호 $x[n]$, 시스템 임펄스 응답 $h[n]$, 주파수 응답 $H(\hat{f})$, 출력 신호 $y[n]$에 대하여 다음과 같이 정리된다.

$$\text{평균} : E\{y[n]\} = E\{x[n]\} \sum_{n=-\infty}^{\infty} h[n] = E\{x[n]\} H(\hat{f}=0) \qquad (6.13)$$

$$\text{전력} : E\{y^2[n]\} = \sum_{k=-\infty}^{\infty} \sum_{n=-\infty}^{\infty} R_X[n-k] h[n] h[k] \qquad (6.14)$$

$$\text{자기 상관 함수} : R_Y[k] = R_X[k] * h[k] * h[-k] \qquad (6.15)$$

$$\text{전력 밀도 스펙트럼} : S_Y(\hat{f}) = S_X(\hat{f}) \left| H(\hat{f}) \right|^2 \qquad (6.16)$$

6.3.2 출력 신호의 특성 예제

예제 6.4 그림 6-9(a)의 자기 상관 함수를 가지는 백색 불규칙 신호 $x(t)$가 (b)의 주파수 응답을 가지는 저역 통과 필터를 통과한 신호의 전력 밀도 스펙트럼과 전력을 구해보자.

풀이 먼저 입력 신호의 전력 밀도 스펙트럼은 (c)가 되고, 식 (6.12)에 주어진 입력 신호와 출력 신호 사이의 전력 밀도 스펙트럼의 관계를 이용하여 출력 신호의 전력 밀도 스펙트럼을 구하면 (d)가 된다. 출력 신호의 전력은 이를 적분하면 되고, 그 결과 $G^2 N_0 B$ 가 된다. 이 예제를 통하여 대역폭이 BHz 이고 전력이 $G^2 N_0 B$ 인 **저역 통과 백색 불규칙 신호**가 만들어진다.

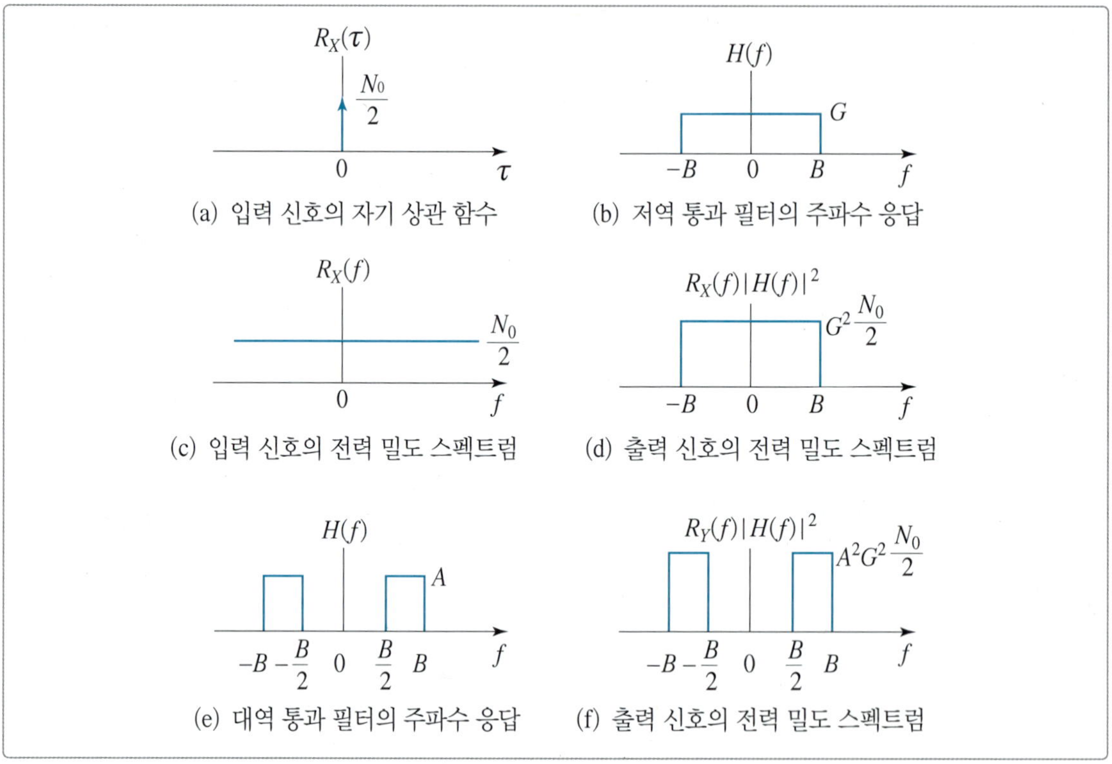

[그림 6-9] 불규칙 신호에 대한 시스템의 출력 예제

예제 6.5 예제 6.4의 출력 신호인 대역 제한 백색 불규칙 신호가 그림 6-9(e)의 주파수 응답을 가지는 대역 통과 필터를 통과한 출력 불규칙 신호의 전력을 구해보자.(주12)

풀이 식 (6.12)를 이용하여 출력 신호의 전력 밀도 스펙트럼을 구하면 그림 6-9(f)가 되고 이로부터 전력을 구하면 $\dfrac{A^2 G^2 N_0 B}{2}$ 가 된다.

주12) 이 신호를 특히 대역 통과 백색 불규칙 신호라 한다.

연 / 습 / 문 / 제

6-1 불규칙 신호 $x(t) = A\cos(2\pi f_0 t + \theta)$ 가 주어진다. 여기서, A와 f_0는 고정 값이고 θ는 $(0,\ 2\pi)$ 구간에서 균일한 분포를 가지는 랜덤 변수이다.

(a) $x(t)$의 평균값 $E[x(t)]$를 구하라.

(b) $x(t)$의 자기 상관 함수 $E[x(t)x(t+\tau)]$를 구하라.

6-2 불규칙 신호 $x(t) = \cos(2\pi f_0 t + \theta)$ 가 주어진다. 여기서, f_0는 고정 값이고 θ는 $(0,\ \frac{\pi}{2})$ 구간에서 균일한 분포를 가지는 랜덤 변수이다.

(a) $E[x^2(t)]$를 구하라.

(b) $A\{E[x^2(t)]\}$를 구하라.

6-3 정상 에르고딕 불규칙 신호 $x(t)$의 자기 상관 함수가 $R_X(\tau) = 4 + \dfrac{1}{(1+\tau^2)}$로 주어진다.

(a) $x(t)$의 평균을 구하라.

(b) $E[x^2(t)]$을 구하라.

(c) $x(t)$의 분산(variance)을 구하라.

6-4 그림 P6.1과 같은 불규칙 구형파 $x(t)$가 주어진다. 여기서 τ는 $-1 < \tau < 1$ 범위에서 균일한 분포를 가지는 랜덤 변수이다. $x(t)$의 평균값 $E[x(t)]$를 구하라.

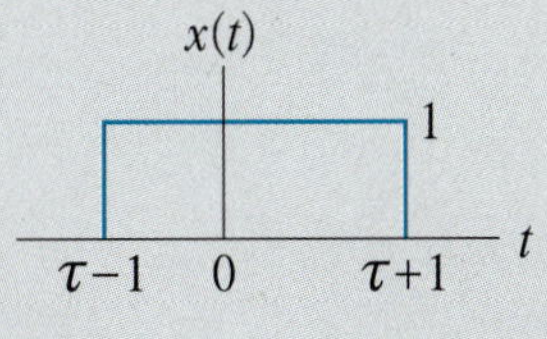

[그림 P6.1]

6-5 불규칙 신호 $x(t)$의 자기 상관 함수가 $R_X(\tau) = \cos(2\pi f_0 \tau)$ 로 주어진다.

(a) $x(t)$가 주기 신호임을 설명하고, 기본 주기를 구하라.

(b) $x(t)$의 전력 밀도 스펙트럼 $S_X(f)$을 구하라.

(c) $x(t)$의 전력을 구하라.

6-6 이산 시간 불규칙 신호 $x[n]$의 자기 상관 함수가 다음과 같이 주어진다.

$$R_X[k] = \begin{cases} 2 - |k| & \text{if } |k| \le 2 \\ 0 & \text{else} \end{cases}$$

(a) $x[n]$의 전력 밀도 스펙트럼 $S_X(\hat{f})$ 을 구하라.

(b) $x[n]$의 전력을 구하라.

6-7 정상 불규칙 신호 $x(t)$에 코사인 신호를 곱하여 새로운 불규칙 신호 $y(t) = x(t)\cos(2\pi f_0 t)$ 를 얻었다.

(a) $x(t)$와 $y(t)$의 전력 밀도 스펙트럼 사이의 관계식을 구하라.

(b) $x(t)$의 전력을 1이라 할 때, $y(t)$의 전력을 구하라.

6-8 불규칙 신호 $x(t)$의 자기 상관 함수가 $R_X(\tau) = \delta(\tau)$ 이고, $x(t)$를 그림 P6.2의 주파수 응답을 가지는 시스템에 입력시켜 출력 신호 $y(t)$를 얻었다.

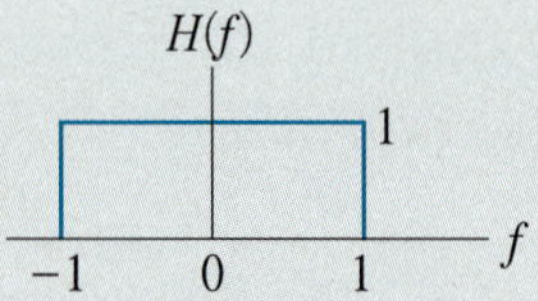

[그림 P6.2]

(a) $x(t)$의 전력 밀도 함수를 구하라.

(b) $x(t)$의 전력을 구하라.

(c) $y(t)$의 전력 밀도 함수를 구하라.

(d) $y(t)$의 전력을 구하라.

(e) $y(t)$의 자기 상관 함수를 구하라.

6-9 불규칙 신호 $x(t)$의 자기 상관 함수가 $R_X(\tau)=2\cos(2\pi\tau)+\cos(2\pi 2\tau)$ 이고, 이 신호를 그림 P6.3의 주파수 응답을 가지는 시스템에 입력시켜 출력 신호 $y(t)$를 얻었다.

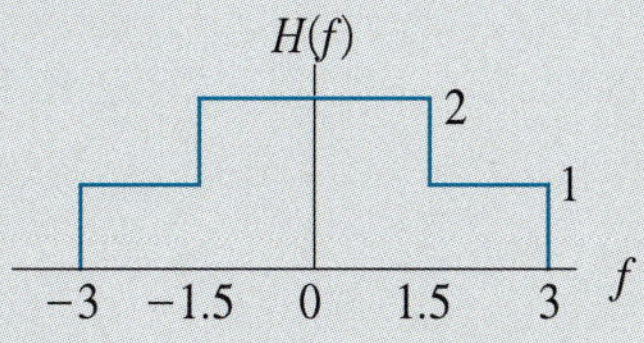

[그림 P6.3]

(a) $x(t)$의 전력 밀도 스펙트럼을 구하라.

(b) $y(t)$의 전력 밀도 스펙트럼을 구하라.

(c) $x(t)$와 $y(t)$의 전력을 각각 구하라.

(d) 새로운 불규칙 신호 $u(t)=y(t)\cos(2\pi 10t)$ 의 전력 밀도 스펙트럼을 구하라.

6-10 이산 시간 불규칙 신호 $x[n]$의 전력 밀도 스펙트럼이 그림 P6.4(a)와 같다.

(a) $x[n]$은 주기 신호인가? 이유를 설명하라.

(b) $x[n]$의 전력을 구하라.

(c) 그림 P6.4(b)의 주파수 응답을 가지는 이산 시스템에 대한 출력 신호의 자기 상관 함수를 구하라.

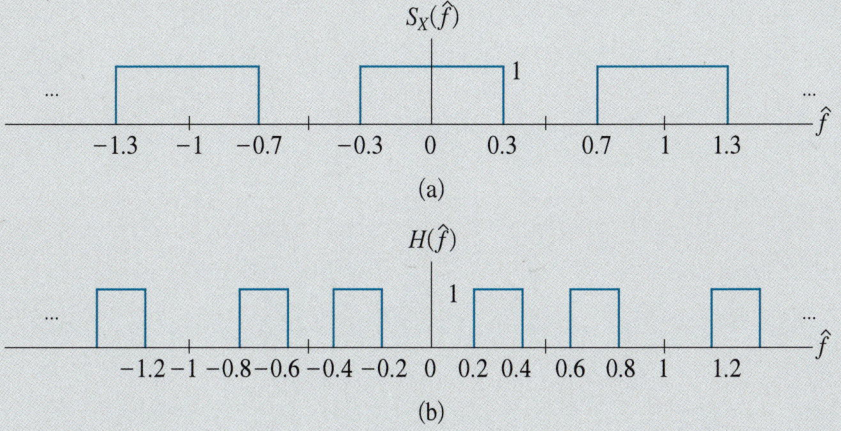

[그림 P6.4]

CHAPTER

07

라플라스 변환과 아날로그 시스템

단 / 원 / 개 / 요

이 장에서는 시간 영역의 신호를 s-영역으로 변환하는 라플라스 변환(Laplace transform)을 배운다. 먼저, 라플라스 변환을 정의하고, 예제를 통하여 라플라스 변환의 수렴 영역(region of convergence) 개념을 배운다. 또한, 라플라스 변환의 성질을 정리하고, 라플라스 역변환을 구하는 방법을 배운다.

한편, 라플라스 변환을 이용하여 시스템의 동작을 분석하는 방법을 배운다. 시스템의 전달 함수(transfer function)를 정의하고, 시스템의 전달 함수와 미분 방정식 사이의 관계를 정리한다. 또한, 시스템 전달 함수의 극점(pole)과 영점(zero)을 정의하고, 극점과 영점을 이용하여 시스템 동작을 주파수 영역에서 간단히 분석하는 방법을 배운다.

07 CHAPTER 라플라스 변환과 아날로그 시스템

7.1 라플라스 변환

7.1.1 라플라스 변환 정의

4장에서 연속 시간 푸리에 변환을 이용하여 연속 신호를 주파수 영역 신호로 변환하는 방법을 배웠고 이를 통하여 연속 신호의 주파수 성질을 해석하였다. 그러나 특정 $x(t)$에 대하여 연속 시간 푸리에 공식의 적분이 발산하여 $X(f)$가 존재하지 않는 경우가 발생하며, 이러한 연속 시간 푸리에 변환의 한계를 극복하고 보다 효율적으로 시스템의 동작을 분석하기 위하여 연속 시간 푸리에 변환을 확장한 개념인 라플라스 변환(Laplace transform)을 도입한다.

연속 신호 $x(t)$에 대한 라플라스 변환은 다음과 같이 정의된다.

$$X(s) = \int_{-\infty}^{\infty} x(t) e^{-st} dt \tag{7.1}$$

여기서 변수 s는 $s = \sigma + j\Omega$ 로 주어지는 복소 변수이고, $\Omega = 2\pi f$ 관계를 가진다. 따라서 $X(s)$는 그림 7-1(a)와 같이 σ 축과 Ω 축을 가지는 2차 공간(복소 공간)에서 정의되는 3차원 그래프이며,[주1] (b)와 같이 σ 축과 Ω 축으로 구성된 2차 공간을 s-영역 또는 s-평면(s-domain)이라 한다. 또한, 식 (7.1)과 연속 시간 푸리에 변환 공식을 비교하면, 라플라스 변환 중에서 특

주1) 연속 시간 푸리에 변환은 1차원 주파수 변수를 가지는 2차원 그래프가 된다.

히 $\sigma = 0$ 인 영역(즉, $s = j\Omega$)에서의 $X(s)$ 값이 $x(t)$의 연속 시간 푸리에 변환과 동일한 것을 알 수 있다. $x(t)$의 라플라스 변환은 보통

$$X(s) = L\{x(t)\}$$
$$x(t) \overset{L}{\longleftrightarrow} X(s)$$

로 표시한다.

[그림 7-1] 라플라스 변환의 그래프 및 s−영역

먼저 예제를 통하여 라플라스 변환의 필요성을 확인하여 보자.

예제 7.1 $x(t) = e^{2t}u(t)$ 의 연속 시간 푸리에 변환과 라플라스 변환을 구해 보자.

풀이 그림 7-2(a)에서 $x(t)$를 연속 시간 푸리에 변환 공식에 그대로 대입하면(주2)

$$\begin{aligned} X(\Omega) &= \int_0^\infty e^{2t} e^{-j\Omega t}\, dt \\ &= \int_0^\infty e^{(2-j\Omega)t}\, dt \\ &= \frac{1}{2-j\Omega} e^{2t} e^{-j\Omega t}\Big|_0^\infty \\ &= \infty \end{aligned}$$

주2) 연속 시간 푸리에 변환에서 주파수 변수를 f 대신에 $\Omega = 2\pi f$ 를 사용하도록 한다.

가 되어 적분이 발산하고 연속 시간 푸리에 변환이 존재하지 않는다. 동일한 신호에 대한 라플라스 변환을 구하면

$$\begin{aligned} X(s) &= \int_0^\infty e^{2t} e^{-st}\,dt \\ &= \int_0^\infty e^{(2-s)t}\,dt \\ &= \frac{1}{2-s} e^{(2-\sigma)t} e^{-j\Omega t}\Big|_0^\infty \\ &= \frac{1}{s-2} \quad \text{if} \quad 2-\sigma<0 \end{aligned}$$

가 된다. 즉, $2-\sigma<0$ 조건이 주어지면 $X(s)$ 값이 존재하므로 전체 s-영역 중에서 $2<\sigma$ 영역에서는 $x(t)$를 분석할 수 있다.(주3) 풀이 과정에서 실수 a에 대하여 $e^{at}\big|_{t=\infty} \neq \infty$일 조건이 $a<0$이고, 모든 Ω에 대하여 $e^{-j\Omega t}\big|_{t=\infty} \neq \infty$인 성질을 이용하였다.

이 예제에서 알 수 있듯이 라플라스 변환을 구할 때 적분이 발산하지 않을 s의 조건(특히, $Re\{s\}$ 또는 σ의 조건)이 명시되며, 이를 라플라스 변환의 **수렴 영역(region of convergence: *ROC*)**이라 하며, 일반적으로 그림 7-2(b)와 같이 *ROC*는 s-영역에서 빗금으로 표시하고 $\sigma=2$ 경계선은 *ROC*에 포함되지 않으므로 점선으로 표시한다. 또한 *ROC*는 Ω 값에 관계없고 항상 σ에 대한 조건만으로 주어진다.

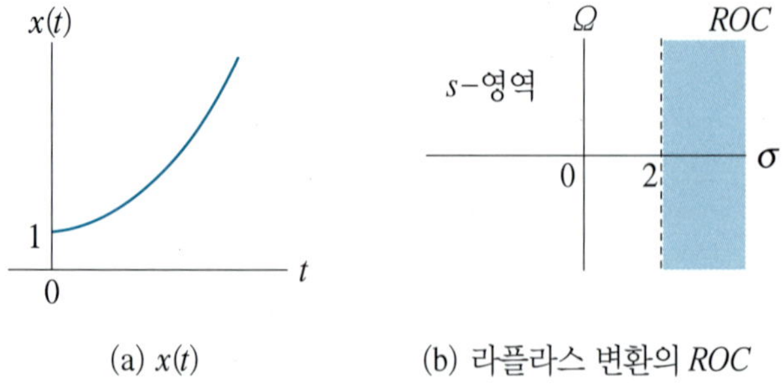

[그림 7-2] $x(t)=e^{2t}u(t)$ 신호와 라플라스 변환의 *ROC*

주3) $X(s)$가 존재할 조건이 $\sigma>2$이므로 $\sigma=0$에서는 $X(s)$가 존재하지 않고 결국 $X(\Omega)$는 존재하지 않는다.

예제 7.2 그림 7.3(a)의 $x(t) = -e^{2t}u(-t)$의 라플라스 변환을 구해보자.

풀이

$$
\begin{aligned}
X(s) &= -\int_{-\infty}^{0} e^{2t} e^{-st}\, dt \\
&= -\int_{-\infty}^{0} e^{(2-s)t}\, dt \\
&= \frac{-1}{2-s} e^{(2-\sigma)t} e^{-j\Omega t}\Big|_{-\infty}^{0} \\
&= \frac{1}{s-2} \quad \text{if} \quad 2-\sigma > 0
\end{aligned}
$$

예제 7.1과 비교하면, 서로 다른 $x(t)$에 대하여 동일한 $X(s)$가 나온다. 그러나 각각의 *ROC*가 $\sigma > 2$와 $\sigma < 2$로 서로 다르므로 두 라플라스 변환 결과는 분명히 다른 결과이고, 이로부터 라플라스 변환은 $X(s)$뿐만 아니라 *ROC*도 반드시 포함하여야 하는 것을 알 수 있다. 일반적으로 라플라스 변환 결과는 아래와 같은 형태로 표시한다.

$$X(s) = \frac{1}{s-2}, \quad ROC : Re\{s\} < 2$$

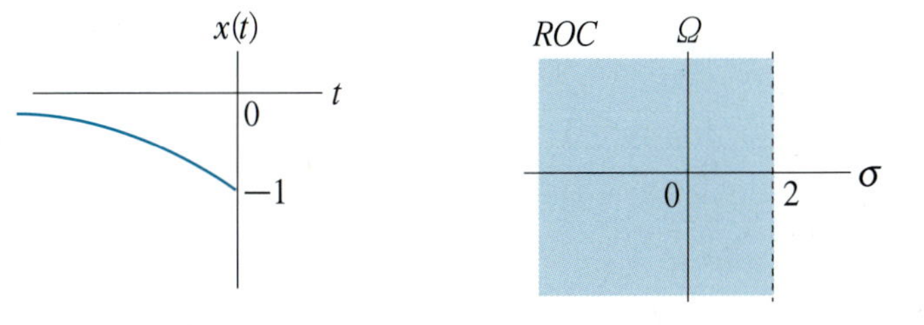

(a) $x(t)$ (b) 라플라스 변환의 *ROC*

[그림 7-3] $x(t) = -e^{2t}u(-t)$ 신호와 라플라스 변환의 *ROC*

이상의 예제를 일반화하면 다음의 라플라스 변환 결과가 나온다.

$$e^{-at}u(t) \overset{L}{\longleftrightarrow} \frac{1}{s+a}, \quad ROC : Re\{s\} > Re\{-a\}$$
$$-e^{-at}u(-t) \overset{L}{\longleftrightarrow} \frac{1}{s+a}, \quad ROC : Re\{s\} < Re\{-a\} \tag{7.2}$$

예제 7.3 그림 7-4(a) $x(t) = e^{-2|t|}$ 의 라플라스 변환을 구해보자.

풀이 주어진 신호를 전개하면 $x(t) = e^{-2t}u(t) + e^{2t}u(-t)$ 이 되고

$$\begin{aligned} X(s) &= \int_{-\infty}^{0} e^{2t} e^{-st}\,dt + \int_{0}^{\infty} e^{-2t} e^{-st}\,dt \\ &= \frac{1}{2-s} e^{(2-\sigma)t} e^{-j\Omega t}\Big|_{-\infty}^{0} + \frac{-1}{2+s} e^{-(2+\sigma)t} e^{-j\Omega t}\Big|_{0}^{\infty} \\ &= -\frac{1}{s-2} + \frac{1}{s+2} \ \text{ if } 2-\sigma > 0 \text{ and } 2+\sigma > 0 \end{aligned}$$

이 된다. 두 적분이 모두 수렴하여야 전체 $X(s)$가 존재하므로 ROC는 각 적분의 수렴 조건의 공통 영역이 되어 $-2 < \sigma < 2$ 가 되며 그림으로 표시하면 그림 7-4(b)가 된다.

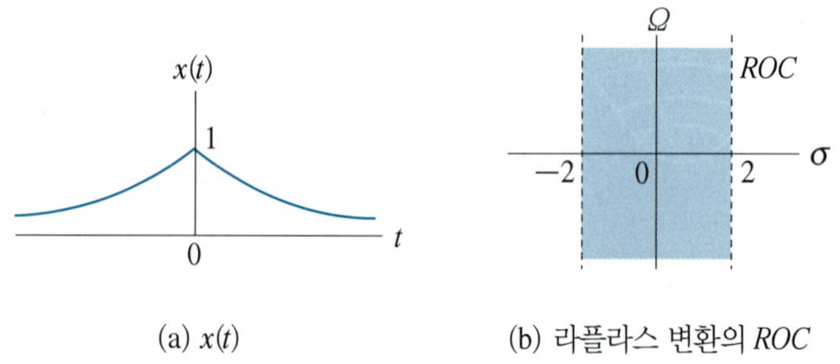

[그림 7-4] $x(t) = e^{-2|t|}$ 신호와 라플라스 변환의 ROC

예제 7.4 그림 7-5의 $x(t) = e^{2|t|}$ 신호의 라플라스 변환을 구해보자.

풀이

$$X(s) = \int_{-\infty}^{0} e^{-2t} e^{-st}\,dt + \int_{0}^{\infty} e^{2t} e^{-st}\,dt$$

$$= \frac{1}{-2-s} e^{(-2-\sigma)t} e^{-j\Omega t} \Big|_{-\infty}^{0} + \frac{1}{2-s} e^{(2-\sigma)t} e^{-j\Omega t} \Big|_{0}^{\infty}$$

$$= -\frac{1}{s+2} + \frac{1}{s-2} \text{ if } \sigma < -2 \text{ and } \sigma > 2$$

가 된다. 그러나 각 적분이 동시에 수렴하는 공통 영역이 없으므로 *ROC*는 공집합이 되고 $X(s)$는 존재하지 않는다.

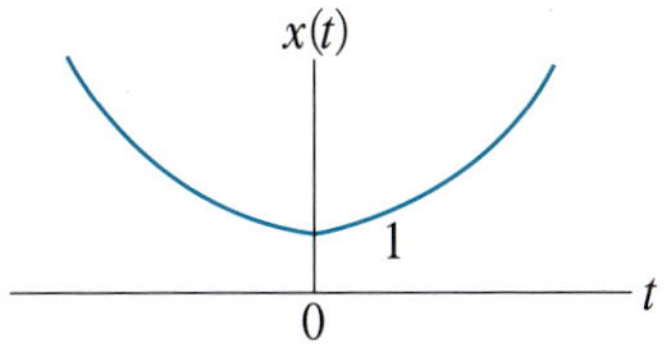

[그림 7-5] $x(t) = e^{2|t|}$ 신호

7.1.2 수렴 영역의 성질

이상의 예제들을 통하여 $x(t)$가 존재하는 영역과 수렴 영역(*ROC*) 모양의 관계를 정리하면 표 7-1 및 그림 7-6과 같다.

〈표 7-1〉 신호의 존재 영역과 *ROC*의 관계

$x(t)$의 존재 영역	*ROC*의 형태
$u < t < v$ 영역에서만 $x(t)$ 존재 (유한 영역 신호)	모든 s-영역
$t > a$ 영역에서만 $x(t)$ 존재 (우측 신호, right-sided signal)	$Re\{s\} > b$ (s-평면의 오른쪽 영역)
$t < c$ 영역에서만 $x(t)$ 존재 (좌측 신호, left-sided signal)	$Re\{s\} < d$ (s-평면의 왼쪽 영역)
$x(t)$ $-\infty$ 부터 ∞ 까지 존재 (양측 신호, two-sided signal)	$e < Re\{s\} < h$ (s-평면의 수직띠 영역) 또는 공집합

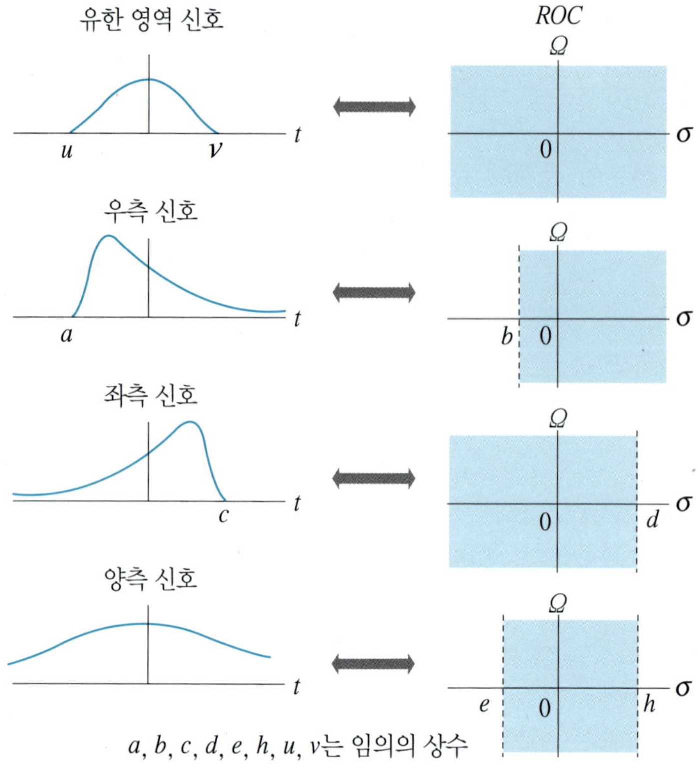

[그림 7-6] 신호의 존재 영역과 *ROC* 관계

7.2 라플라스 변환의 성질

라플라스 변환은 연속 시간 푸리에 변환과 유사한 성질을 가지며, 중요한 라플라스 변환의 성질을 알아보고 예제를 통하여 확인하여 본다.

(1) 선형성

$X_1(s) = L\{x_1(t)\}$, $X_2(s) = L\{x_2(t)\}$ 라 하면, 임의의 상수 a_1, a_2에 대하여 $x(t) = a_1 x_1(t) + a_2 x_2(t) \overset{L}{\longleftrightarrow} X(s) = a_1 X_1(s) + a_2 X_2(s)$가 성립한다. 이때, $X(s)$의 *ROC*는 $X_1(s)$의 *ROC*와 $X_2(s)$의 *ROC*의 교집합을 포함하는 영역이 된다.

예제 7.5 $x(t)=\cos(\Omega_0 t)u(t)$ 의 라플라스 변환을 구해보자.

풀이 오일러 공식에 의하여 $x(t)=\frac{1}{2}e^{j\Omega_0 t}u(t)+\frac{1}{2}e^{-j\Omega_0 t}u(t)$와 같이 두 개의 신호로 분해되고 식 (7.2)를 이용하여 각 신호의 라플라스 변환을 구하고 선형 성질을 이용하여 더하면 된다.

$$\frac{1}{2}e^{j\Omega_0 t}u(t) \xleftrightarrow{L} \frac{1}{2}\frac{1}{s-j\Omega_0},\ ROC\ :\ Re\{s\}>0$$

$$\frac{1}{2}e^{-j\Omega_0 t}u(t) \xleftrightarrow{L} \frac{1}{2}\frac{1}{s+j\Omega_0},\ ROC\ :\ Re\{s\}>0$$

$$\cos(\Omega_0 t)u(t) \xleftrightarrow{L} \frac{1}{2}\frac{1}{s-j\Omega_0}+\frac{1}{2}\frac{1}{s+j\Omega_0}=\frac{s}{s^2+\Omega_0^2}$$
$$ROC\ :\ Re\{s\}>0$$

동일한 방법으로 사인 신호에 대한 라플라스 변환은 다음과 같다.

$$\sin(\Omega_0 t)u(t) \xleftrightarrow{L} \frac{\Omega_0}{s^2+\Omega_0^2},\ ROC\ :\ Re\{s\}>0$$

(2) 시간 이동 성질

$x(t)$를 시간 축에서 a 만큼 이동시킨 $x(t-a)$의 라플라스 변환은 $e^{-as}X(s)$가 되고 ROC는 변하지 않는다.

$$x(t-a) \xleftrightarrow{L} e^{-as}X(s),\ ROC\ :\ X(s)\text{ 의 }ROC$$

예제 7.6 그림 7-7(a)에 주어진 $x(t)=e^{-(t-1)}u(t-1)$ 의 라플라스 변환을 두 가지 방법으로 구해보자.

풀이 먼저 공식에 직접 대입하면

$$\begin{aligned} X(s) &= \int_1^{\infty} e^{-(t-1)}e^{-st}\,dt \\ &= \int_1^{\infty} e^1 e^{-(1+s)t}\,dt \\ &= -\frac{e^1}{s+1}e^{-(1+\sigma)t}e^{-j\Omega t}\Big|_1^{\infty} \end{aligned}$$

$$= \frac{e^1}{s+1} e^{-(1+s)} \text{ if } 1+\sigma > 0$$
$$= \frac{e^{-s}}{s+1} \text{ if } Re\{s\} > -1$$

가 된다. 다음, 시간 이동 성질을 이용하면 $y(t) = e^{-t}u(t)$ 라 할 때 $x(t) = y(t-1)$이므로

$$X(s) = e^{-s}Y(s) = \frac{e^{-s}}{s+1},\ ROC : Re\{s\} > -1$$

이 되어 동일한 결과가 나온다.

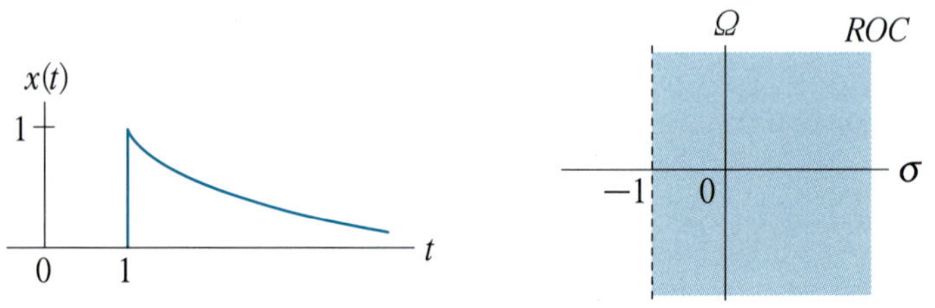

(a) $x(t)$ (b) 라플라스 변환의 *ROC*

[그림 7-7] $x(t) = e^{-(t-1)}u(t-1)$ 신호와 라플라스 변환의 *ROC*

(3) s-영역 이동 성질

$X(s)$를 s-영역에서 a만큼 이동시킨 $X(s-a)$에 대응하는 시간 영역 신호는 다음과 같다.

$$e^{at}x(t) \overset{L}{\longleftrightarrow} X(s-a), \quad ROC : X(s)\text{의 } ROC\text{를 } a \text{ 이동}$$

예제 7.7 그림 7-8(a)의 $x(t) = e^{-2t}\cos(\Omega_0 t)u(t)$의 라플라스 변환을 구해 보자.

풀이 s-영역 이동 성질을 이용하면 코사인 신호의 라플라스 변환을 s-영역에서 -2 이동시키면 된다.

$$\cos(\Omega_0 t)u(t) \stackrel{L}{\longleftrightarrow} \frac{s}{s^2+\Omega_0^2}, \quad ROC : Re\{s\}>0$$

$$e^{-2t}\cos(\Omega_0 t)u(t) \stackrel{L}{\longleftrightarrow} \frac{s+2}{(s+2)^2+\Omega_0^2}, \quad ROC : Re\{s\}>-2$$

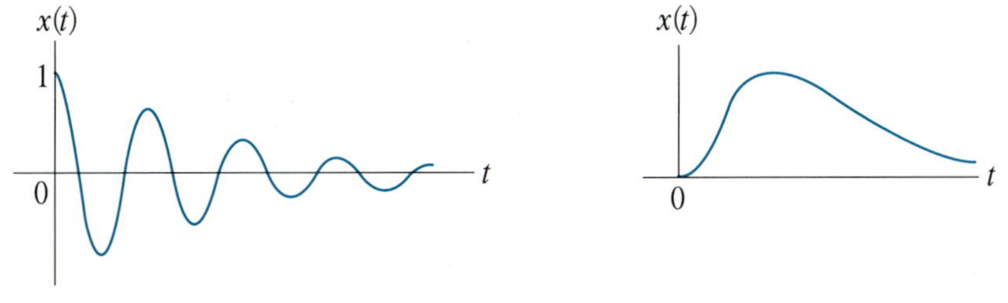

(a) $x(t)=e^{-2t}\cos(\Omega_0 t)u(t)$ 신호 (b) $x(t)=te^{-t}u(t)$ 신호

[그림 7-8] 라플라스 변환을 위한 신호

(4) 척도 조절

$x(t)$에 대한 라플라스 변환을 $X(s)$라 하고 ROC를 R이라 할 때, 시간 영역 및 s-영역에서의 척도 조절 성질은 다음과 같다.

$$x(at) \stackrel{L}{\longleftrightarrow} \frac{1}{|a|}X\left(\frac{s}{a}\right). \quad ROC : R\text{을 } a\text{만큼 척도 조절}$$

(5) 미분 성질

$x(t)$에 대한 라플라스 변환을 $X(s)$라 할 때, 다음 성질을 가진다.

$$\frac{dx(t)}{dt} \stackrel{L}{\longleftrightarrow} sX(s), \quad ROC : X(s)\text{ 의 } ROC\text{를 포함}$$

$$-tx(t) \stackrel{L}{\longleftrightarrow} \frac{dX(s)}{ds}, \quad ROC : X(s)\text{ 의 } ROC$$

예제 7.8 그림 7-8(b)의 $x(t)=te^{-t}u(t)$의 라플라스 변환을 구해보자.

풀이 이 식을 라플라스 변환 공식에 직접 대입하면 매우 복잡한 적분 계산이 필요하지만 미분 성질을 이용하면 쉽게 $X(s)$를 구할 수 있다.

$$e^{-t}u(t) \xleftrightarrow{L} \frac{1}{s+1}, \quad ROC : Re\{s\} > -1$$

$$te^{-t}u(t) \xleftrightarrow{L} -\frac{d}{ds}\frac{1}{s+1} = \frac{1}{(s+1)^2}, \quad ROC : Re\{s\} > -1$$

(6) 컨벌루션 성질

$x_1(t)$, $x_2(t)$의 라플라스 변환이 각각 $X_1(s)$, $X_2(s)$이고 ROC를 R_1, R_2라 할 때,

$$x_1(t) * x_2(t) \xleftrightarrow{L} X_1(s)X_2(s), \quad ROC : R_1 \cap R_2 \text{ 를 포함}$$

가 된다. 이 성질을 이용하면 그림 7-9과 같이 연속 LTI 시스템의 출력을 쉽게 구할 수 있다.

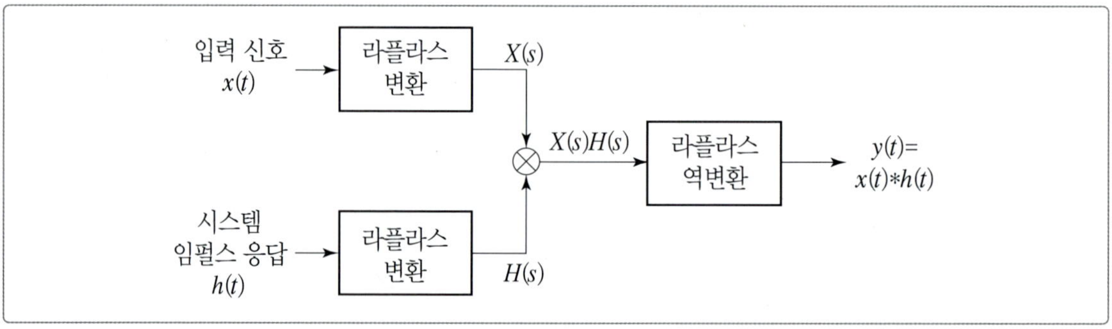

[그림 7-9] 라플라스 변환의 컨벌루션 성질을 이용하여 연속 LTI 시스템의 출력을 구하는 과정

이상에서 라플라스 변환의 성질과 이를 이용하여 여러 신호의 라플라스 변환 결과를 구하였다. 이를 일반화하여 주요 신호의 라플라스 변환 관계를 정리하면 표 7-2가 된다.

〈표 7-2〉 주요 신호의 라플라스 변환

$x(t)$	$X(s)$	ROC
$\delta(t)$	1	All s
$u(t)$	$\frac{1}{s}$	$Re\{s\} > 0$
$-u(-t)$	$\frac{1}{s}$	$Re\{s\} < 0$
$e^{-at}u(t)$	$\frac{1}{(s+a)}$	$Re\{s\} > -a$
$-e^{-at}u(-t)$	$\frac{1}{(s+a)}$	$Re\{s\} < -a$
$\frac{t^{n-1}}{(n-1)!}e^{-at}u(t)$	$\frac{1}{(s+a)^n}$	$Re\{s\} > -a$
$-\frac{t^{n-1}}{(n-1)!}e^{-at}u(-t)$	$\frac{1}{(s+a)^n}$	$Re\{s\} < -a$
$\cos(\Omega_0 t)u(t)$	$\frac{s}{s^2+\Omega_0^2}$	$Re\{s\} > 0$
$\sin(\Omega_0 t)u(t)$	$\frac{\Omega_0}{s^2+\Omega_0^2}$	$Re\{s\} > 0$
$e^{-at}\cos(\Omega_0 t)u(t)$	$\frac{s+a}{(s+a)^2+\Omega_0^2}$	$Re\{s\} > -a$
$e^{-at}\sin(\Omega_0 t)u(t)$	$\frac{\Omega_0}{(s+a)^2+\Omega_0^2}$	$Re\{s\} > -a$

7.3 라플라스 역변환

라플라스 역변환(inverse Laplace transform)은 수학적으로

$$x(t) = \frac{1}{j2\pi}\int_{\sigma - j\infty}^{\sigma + j\infty} X(s)e^{st}\,ds$$

로 주어진다. 그러나 이 적분은 복소 적분으로서 우리가 이해하기 매우 어려운 내용이므로 여기서는 다루지 않고, 대신 앞에서 구하였던 라플라스 변환 결과를 이용하여 라플라스 역변환을 구하는 방법을 배운다. 예제를 통하여 그 방법을 이해하도록 한다.

예제 7.9 $X(s)=\frac{1}{(s+1)(s+2)}$, $Re\{s\}>-1$에 대한 $x(t)$를 구해보자.

풀이 먼저 $X(s)=\frac{A}{s+1}+\frac{B}{s+2}$ 가 되도록 상수 A, B를 구한다.(주4)

$$\frac{A}{s+1}+\frac{B}{s+2}=\frac{A(s+2)+B(s+1)}{(s+1)(s+2)}$$
$$=\frac{(A+B)s+(2A+B)}{(s+1)(s+2)}$$
$$=\frac{1}{(s+1)(s+2)}$$

$$A+B=0$$
$$2A+B=1$$

즉, $A=1$, $B=-1$이 되고 $X(s)=\frac{1}{s+1}-\frac{1}{s+2}$ 이 된다. 다음, 라플라스 변환의 선형 성질을 이용하면 각 항의 역변환을 구하여 더하면 되고, 주어진 ROC과 표 7-2를 이용하여 각 항의 역변환을 구하면,

$$\frac{1}{s+1}\xrightarrow{L^{-1}}e^{-t}u(t)$$
$$-\frac{1}{s+2}\xrightarrow{L^{-1}}-e^{-2t}u(t)$$

가 되고 최종적으로 $x(t)=e^{-t}u(t)-e^{-2t}u(t)$ 가 된다. 여기서 $X(s)$를 $\frac{A}{s+1}$과 $\frac{B}{s+2}$ 의 두 개의 항으로 분리시킨 이유는 각 항의 라플라스 역변환을 이미 알고 있기 때문이며, 이와 같이 역변환이 가능한 형태의 합으로 $X(s)$를 분리시키는 것이 중요한 과정이다.(주5)

예제 7.10 $X(s)=\frac{s+1}{s^2+5s+6}$, $-3<Re\{s\}<-2$ 에 대한 라플라스 역변환을 구해보자.

풀이 예제 7.9와 같이 $X(s)$를 역분해 가능한 형태로 분해하기 위하여 먼저

주4) 분해된 결과를 다시 합하여 원 신호가 나오도록 A와 B에 대한 연립 방정식을 풀면 된다.
주5) 이와 같은 과정을 부분 분수 전개라 한다.

분모를 s에 대하여 인수 분해하여 $(s+2)(s+3)$를 구하고 다음과 같이 전개한다.

$$\begin{aligned} X(s) &= \frac{s+1}{(s+2)(s+3)} \\ &= \frac{A}{s+2} + \frac{B}{s+3} \\ &= \frac{(A+B)s+(3A+2B)}{(s+2)(s+3)} \end{aligned}$$

$$A+B=1, \quad 3A+2B=1$$

따라서 $A=-1$, $B=2$가 되고 $X(s)=\frac{-1}{s+2}+\frac{2}{s+3}$ 이므로 주어진 ROC $-3<Re\{s\}<-2$ 와 표 7-2에 의하여 $x(t)=e^{-2t}u(-t)+2e^{-3t}u(t)$가 된다.

예제 7.11 $X(s)=\frac{s}{s^2-2s+1}$, $Re\{s\}>1$일 때 라플라스 역변환을 구해보자.

풀이 분모를 인수 분해하면 $(s-1)^2$ 가 되고, 이 경우 $X(s)$는

$$X(s)=\frac{A}{(s-1)^2}+\frac{B}{(s-1)}$$

의 형태가 되어야 한다. 즉, 각 인수에 대하여 최고차 항부터 1차 항까지 모두 포함하여야 한다. 다음,

$$\begin{aligned} \frac{A}{(s-1)^2}+\frac{B}{s-1} &= \frac{A+B(s-1)}{(s-1)^2} \\ &= \frac{Bs+(A-B)}{(s-1)^2} \\ &= \frac{s}{(s-1)^2} \end{aligned}$$

$$B=1$$
$$A-B=0$$

이 되어 $X(s)=\frac{1}{(s-1)^2}+\frac{1}{s-1}$이 되고, ROC가 $Re\{s\}>1$이므로 $x(t)=te^t u(t)+e^t u(t)$이다.

예제 7.12 $X(s)=\dfrac{2s^2+9s+11}{s^2+4s+4}$, $Re\{s\}>-2$의 라플라스 역변환을 구해보자.

풀이 먼저, 분자와 분모의 차수가 같으므로 나누기 동작을 통하여 분자의 차수를 작게 하는 과정이 추가로 필요하다.

$$
\begin{aligned}
X(s) &= 2+\frac{s+3}{(s+2)^2} \\
&= 2+\frac{A}{(s+2)^2}+\frac{B}{s+2} \\
&= 2+\frac{Bs+(A+2B)}{(s+2)^2}
\end{aligned}
$$

$$B=1,\ A+2B=3 \rightarrow A=1,\ B=1$$

과 같이 분해되어 $x(t)=2\delta(t)+te^{-2t}u(t)+e^{-2t}u(t)$가 된다.

예제 7.13 $X(s)=\dfrac{3s^2-2s+1}{(s^2+1)(s-1)}$, $0<Re\{s\}<1$의 라플라스 역변환을 구해보자.

풀이 $\dfrac{\Omega_0}{s^2+\Omega_0^2}$ 또는 $\dfrac{s}{s^2+\Omega_0^2}$의 라플라스 역변환을 이미 알고 있으므로 분모의 (s^2+1) 항은 더 이상 인수 분해하지 않고 다음과 같이 전개한다.

$$
\begin{aligned}
X(s) &= \frac{A}{s^2+1}+\frac{B}{s-1} \\
&= \frac{Bs^2+As+(B-A)}{(s^2+1)(s-1)}
\end{aligned}
$$

$$B=3,\ A=-2,\ B-A=1$$

그러나 이와 같은 A, B는 존재하지 않으므로 다음 전개를 시도한다.

$$
\begin{aligned}
X(s) &= \frac{As}{s^2+1}+\frac{B}{s-1} \\
&= \frac{(A+B)s^2-As+B}{(s^2+1)(s-1)}
\end{aligned}
$$

$$A+B=3,\ A=2,\ B=1$$

이것을 만족하는 A와 B가 존재하므로 이로부터 역변환을 구할 수 있다. 주어진 ROC가 0부터 1이므로 첫 항은 우측 신호이고 둘째 항은 좌측 신호가 되어 $x(t)=2\cos(t)u(t)-e^{t}u(-t)$ 이다.

예제 7.14 $x(t)=e^{-t}u(t)$ 가 임펄스 응답 $h(t)=e^{-2t}u(t)$ 를 가지는 시스템에 입력될 때 출력 신호를 두 가지 방법으로 구해보자.

풀이 먼저 두 신호 사이의 컨벌루션을 통하여 출력 신호를 구하면 다음과 같다.

$$\begin{aligned}
y(t)&=x(t)*h(t)\\
&=\int_{-\infty}^{\infty}x(t-\tau)h(\tau)d\tau\\
&=\int_{-\infty}^{\infty}e^{-(t-\tau)}u(t-\tau)e^{-2\tau}u(\tau)d\tau\\
&=e^{-t}\int_{-\infty}^{\infty}e^{-\tau}u(\tau)u(t-\tau)d\tau\\
&=e^{-t}\int_{0}^{t}e^{-\tau}d\tau,\quad \text{if } t>0\\
&=e^{-t}(1-e^{-t}),\quad \text{if } t>0\\
&=e^{-t}-e^{-2t},\quad \text{if } t>0\\
&=(e^{-t}-e^{-2t})u(t)
\end{aligned}$$

$u(\tau)u(t-\tau)\neq 0$인 구간만 적분하면 된다.

$t\leq 0$이면 항상 $u(\tau)u(t-\tau)=0$이므로 이 조건이 필요하다.

다음 라플라스 변환을 이용하여 출력 신호를 구하면, 각 신호의 라플라스 변환이

$$X(s)=\frac{1}{s+1},\ Re\{s\}>-1$$

$$H(s)=\frac{1}{s+2},\ Re\{s\}>-2$$

가 되고, 그 결과 $Y(s)=\frac{1}{(s+1)(s+2)}$, $Re(s)>-1$ 이 되며, 출력 신호는 예제 7.9에 의하여 $y(t)=e^{-t}u(t)-e^{-2t}u(t)$ 이 된다. 두 결과는 당연히 동일하다.

7.4 라플라스 변환을 이용한 시스템 분석

앞에서 우리는 연속 LTI 시스템을 정의하고 동작을 분석하는 방법을 두 가지 배웠다. 첫째, 임펄스 응답 $h(t)$로 시스템을 정의하고 입력 신호와 $h(t)$의 컨벌루션 연산으로 출력 신호를 구한다. 둘째, 주파수 응답 $H(f)$로 시스템을 정의하고 입력 신호의 스펙트럼 $X(f)$와 $H(f)$의 곱을 통하여 출력 신호의 스펙트럼을 구한다. 첫 방법은 시간 영역에서의 시스템 분석이고 둘째 방법은 주파수 영역에서의 시스템 분석이다.

임펄스 응답 $h(t)$와의 컨벌루션 연산은 수학적으로 명확하게 정의되고 적분을 통하여 출력 신호를 구할 수 있다. 그러나 컨벌루션은 단순히 수학적 계산일 뿐이며 시스템이 구체적으로 어떤 물리적인 동작을 실행하는지 알려주지 못한다. 예로, $h(t)=e^{-t}u(t)$ 인 시스템에서 입력 신호가 구체적으로 어떠한 동작에 의하여 출력으로 나오는지 알기 어렵다. 또한, $H(f)$는 시스템의 주파수별 이득을 의미하는데 복잡한 $H(f)$ 식이 주어질 때 $|H(f)|$의 주파수별 이득 분포를 구하는 것이 쉽지 않다. 이와 같이 시간 및 주파수 영역에서 시스템을 분석하는 방법을 배웠지만 아직 시스템의 정확한 동작을 알기에는 부족한 점이 많이 있다.

7.4.1 시간 영역에서의 시스템 분석

라플라스 변환을 이용하여 연속 시스템을 분석하면 보다 구체적으로 시간 영역에서의 동작을 볼 수 있다. 예로, 시스템의 임펄스 응답이 $h(t)=e^{-t}u(t)$일 때, $H(s)=\frac{1}{s+1}$, $Re\{s\}>-1$ 이 되며,(주6) 라플라스 변환의 컨벌루션 성질에 따라 $Y(s)=X(s)H(s)$가 되어

$$\begin{aligned} Y(s) &= \frac{X(s)}{s+1} \\ (s+1)Y(s) &= X(s) \\ sY(s)+Y(s) &= X(s) \end{aligned} \tag{7.3}$$

가 된다. 식 (7.3)의 마지막 식 전체에 라플라스 역변환을 적용하고 미분 성

주6) $H(s)$를 시스템의 전달 함수(transfer function)라 한다.

질을 이용하면

$$L^{-1}\{sY(s)+Y(s)\}=L^{-1}\{X(s)\}$$
$$L^{-1}\{sY(s)\}+L^{-1}\{Y(s)\}=x(t)$$
$$\frac{dy(t)}{dt}+y(t)=x(t)$$

가 되어 최종적으로

$$y(t)=x(t)-\frac{dy(t)}{dt} \tag{7.4}$$

와 같이 미분 방정식으로 입출력 관계가 설명되고, 시간 영역에서의 시스템의 블록도(block diagram)는 그림 7-10(a)가 된다. 만일, 그림 7-10(b)와 같이 컨벌루션으로 출력을 구하면

$$\begin{aligned} y(t) &= x(t)*h(t) \\ &= \int_{-\infty}^{t} x(\tau)e^{-(t-\tau)}d\tau \\ &= e^{-t}\int_{-\infty}^{t} x(\tau)e^{\tau}d\tau \end{aligned}$$

가 되고 이론적으로 이 식은 식 (7.4)와 동일한 의미를 가지지만 식 (7.4)가 의미하는 시스템 동작을 알려주지는 못한다.

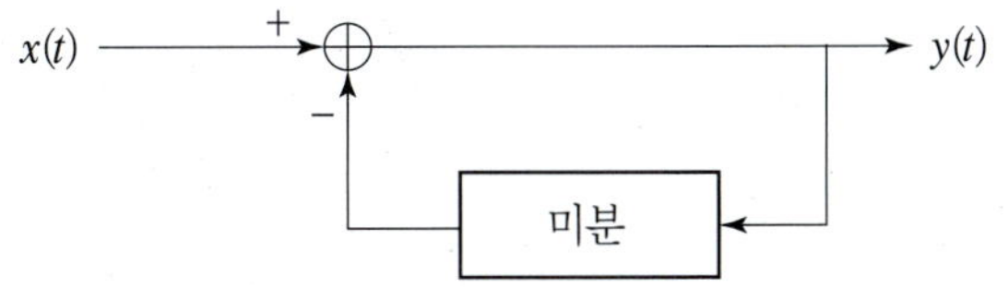

(a) 라플라스 변환을 이용하여 연속 LTI 시스템의 동작을 미분 방정식으로 표현

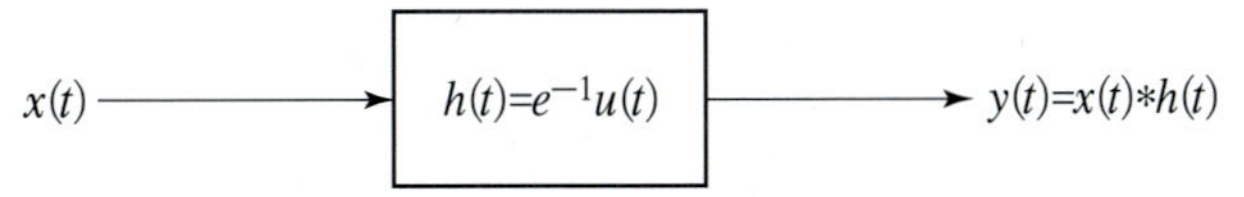

(b) 연속 LTI 시스템의 동작을 입력 신호와 시스템 임펄스 응답과의 컨벌루션으로 표현

[그림 7-10] 연속 LTI 시스템 동작을 표현하는 두 가지 방법

예제 7.15 전달 함수 $H(s)=\dfrac{s+2}{s^2+s-1}$를 가지는 시스템의 입출력 관계를 미분 방정식으로 표현하고 전체 시스템 동작을 블럭도로 그려보자.

풀이

$$Y(s)=X(s)\frac{s+2}{s^2+s-1}$$
$$(s^2+s-1)Y(s)=(s+2)X(s)$$
$$\frac{d^2y(t)}{dt^2}+\frac{dy(t)}{dt}-y(t)=\frac{dx(t)}{dt}+2x(t)$$
$$y(t)=-\frac{dx(t)}{dt}-2x(t)+\frac{d^2y(t)}{dt^2}+\frac{dy(t)}{dt}$$

이 되고 블럭도는 그림 7-11이다.

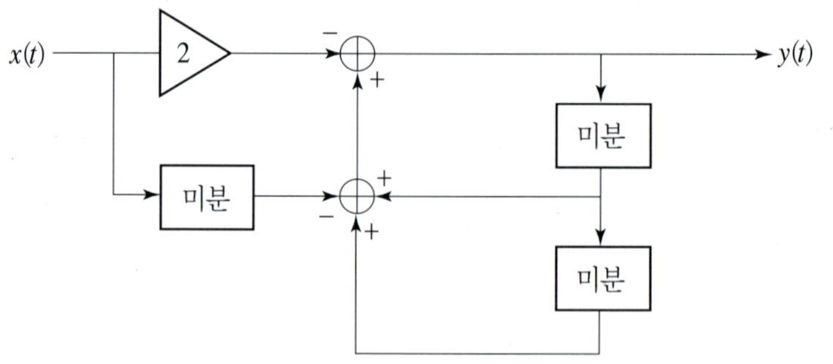

[그림 7-11] 예제 7.15 시스템 동작의 블럭도

다음, 시스템의 입출력 관계가 미분 방정식으로 주어질 때 시스템의 전달 함수 및 임펄스 응답을 구하는 문제를 다루어보자. 만일 연속 LTI 시스템의 입력 신호 $x(t)$와 출력 신호 $y(t)$의 관계가

$$\frac{d^2y(t)}{dt^2}-2\frac{dy(t)}{dt}+y(t)=\frac{dx(t)}{dt}$$

로 정의될 때,[주7] 양변에 라플라스 변환을 적용하고 미분 성질을 이용하면

주7) 시스템은 모두 0으로 초기화되어 있다.

$$L\left\{\frac{d^2y(t)}{dt^2}\right\}-L\left\{2\frac{dy(t)}{dt}\right\}+L\{y(t)\}=L\left\{\frac{dx(t)}{dt}\right\}$$
$$s^2Y(s)-2sY(s)+Y(s)=sX(s)$$
$$(s^2-2s+1)Y(s)=sX(s)$$
$$Y(s)=X(s)\frac{s}{s^2-2s+1}$$

가 되어 $H(s)=\dfrac{s}{s^2-2s+1}$가 되고, $Re\{s\}>1$일 때 예제 7.11로부터 $h(t)=te^tu(t)+e^tu(t)$가 된다. 이와 같이 라플라스 변환을 이용하면 미분 방정식으로 표현되는 시스템의 임펄스 응답을 구할 수 있다.

7.4.2 주파수 영역에서의 시스템 분석

주파수 영역에서의 시스템 분석은 시스템의 동작을 주파수별 이득의 분포 개념으로 분석하는 것으로, 시스템의 주파수 응답(주8)에 대하여 $|H(\Omega)|$의 그래프를 통하여 쉽게 이루어진다. 예로, 그림 7-12(a) 시스템은 저주파를 강조하고 고주파 성분을 억제하는 동작을 하고, 그림 7-12(b) 시스템은 $\Omega=\Omega_0$를 중심으로 주파수를 강조하고 나머지 영역의 주파수 성분을 억제한다. 이론적으로 어떠한 $H(\Omega)$이 주어지더라도 이와 같은 그래프를 그리는 것은 가능하다. 그러나 보다 간단하게 $|H(\Omega)|$의 대략적인 모양을 알 수 있다면 복잡한 과정을 거치지 않고 시스템의 동작을 근사적으로 알 수 있으므로 유용하게 사용될 것이다. 라플라스 변환을 이용하여 대략적인 $|H(\Omega)|$ 모양을 구하는 방법을 배워보자.

일반적으로 $H(s)$은 $H(s)=\dfrac{N(s)}{D(s)}$와 같이 s의 다항식인 $N(s)$와 $D(s)$의 유리 함수 형태를 가진다. 만일 분모와 분자를 각각 s에 대하여 1차항으로 인수 분해를 하면

$$H(s)=G\frac{\prod_{i=1}^{R}(s-\beta_i)}{\prod_{k=1}^{P}(s-\alpha_k)} \tag{7.5}$$

주8) 즉, 시스템 임펄스 응답의 연속 시간 푸리에 변환 결과

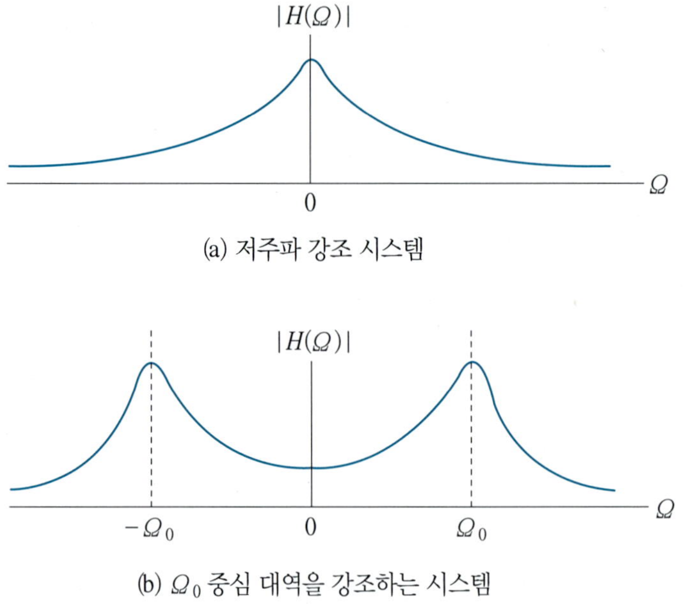

[그림 7-12] 시스템의 주파수 응답

가 된다. 여기서, R와 P은 각각 $N(s)$와 $D(s)$의 차수이고, G는 $N(s)$와 $D(s)$의 최고차 항 계수의 비이며, α_k와 β_i은 각 다항식의 근(root)이다. 특히, α_k를 시스템의 **극점(pole)**이라 하고, β_i를 시스템의 **영점(zero)**이라 하며,(주9) 극점에서 $H(s)=\infty$ 가 되고,(주10) 영점에서 $H(s)=0$ 이 된다. 시스템의 주파수 분석에서 극점과 영점의 위치가 매우 중요한 역할을 하며 s−영역에 표시하여 준다. 예로, $H(s)=\dfrac{s-1}{s^2+1}=\dfrac{s-1}{(s-j)(s+j)}$ 의 극점은 $s=\pm j$ 이고 영점은 $s=1$ 이며 그림 7-13과 같은 방법으로 s−영역에 위치를 표시한다.

식 (7.5)와 같이 $H(s)$가 인수 분해되면

$$|H(s)|=\left|G\frac{\prod_{i=1}^{R}(s-\beta_i)}{\prod_{k=1}^{P}(s-\alpha_k)}\right|$$

주9) 극점은 분모가 0이 되는 s 값이고, 영점은 분자가 0이 되는 s 값이다.
주10) 따라서 $H(s)$의 ROC에는 극점이 절대 포함될 수 없다.

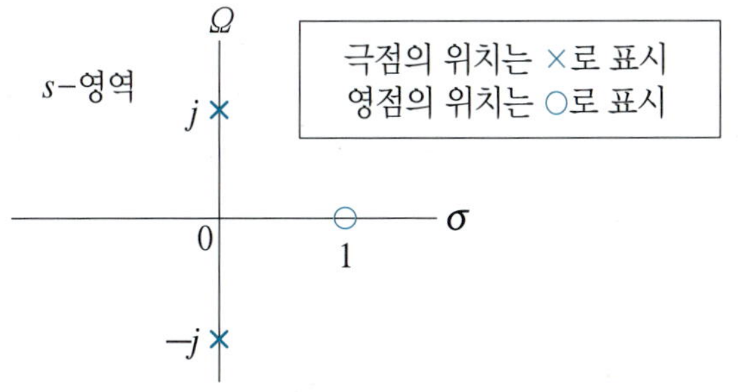

[그림 7-13] 시스템의 극점과 영점을 s-영역에 표시하는 방법

$$=|G|\frac{\prod_{i=1}^{R}|s-\beta_i|}{\prod_{k=1}^{P}|s-\alpha_k|}$$

가 되며, $|s-\beta_i|$는 s와 각 영점 사이의 거리이고 $|s-\alpha_k|$는 s와 각 극점 사이의 거리이므로 특정 s_0에서의 $|H(s_0)|$ 값은

$$|H(s_0)|=|G|\frac{\prod_{i=1}^{R}(s_0\text{와 영점 }\beta_i\text{까지의 거리})}{\prod_{k=1}^{P}(s_0\text{와 극점 }\alpha_k\text{까지의 거리})} \tag{7.6}$$

이 된다. 따라서 그림 7-14와 같이 s-영역에 극점과 영점을 표시하고, 각 s 점에서의 거리를 구하면 그 점에서의 $|H(s)|$ 값이 구하여진다.

한편 연속 시간 푸리에 변환과 라플라스 변환 사이의 관계에 따라 $H(\Omega)=H(s=\sigma+j\Omega)|_{\sigma=0}$가 되어 s-영역에서 $\sigma=0$인 위치, 즉 Ω 축을 따라 $H(s)$를 구하면 그것이 곧 $H(\Omega)$가 된다. 따라서 최종적으로 $|H(\Omega)|$ 값은 $H(s)$의 극점 및 영점과 Ω 축 위의 모든 점까지의 거리를 구하여 얻을 수 있다.

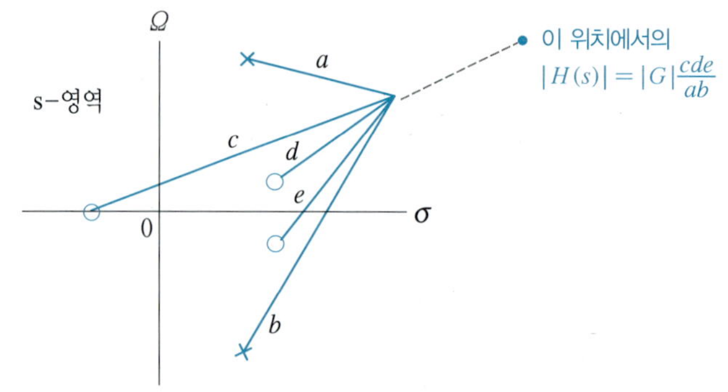

[그림 7-14] 시스템의 극점과 영점까지의 거리를 이용하여 $|H(s)|$를 구하는 방법

예제 7.16 $H(s)=\dfrac{1}{(s+0.9)^2+4}$ 인 시스템의 주파수 응답 그래프를 대략적으로 구해보자.

풀이 먼저 분모의 근을 계산하여 극점을 구하면 $s=-0.9\pm j2$ 가 되어 그림 7-15(a)와 같이 극점이 위치하고, 각 극점까지의 거리를 a, b라 하면 $|H(\Omega)|=\dfrac{1}{ab}$ 이 된다. Ω 값에 따른 a, b의 크기 변화를 살펴보면 Ω가 극점에 최대한 근접할 때, 즉 $\Omega=\pm 2$일 때 a 또는 b가 0.9로 최솟값이 되어 $\Omega=\pm 2$ 부근에서 ab 값이 매우 작아지고 $|H(\Omega)|$가 큰 값을 가진다.(주11) 또한, $\Omega=0$에서 각 극점까지의 거리가 $\sqrt{2^2+0.9^2}=\sqrt{4.81}$이므로 $H(0)=\dfrac{1}{4.81}\simeq 0.208$ 이다. 따라서 대략적인 주파수 응답 그래프는 그림 7-15(b)가 된다.

예제 7.17 $H(s)=\dfrac{1}{(s+0.1)^2+4}$ 의 시스템의 주파수 응답 그래프를 구하고 예제 7.16과 비교해보자.

풀이 이 시스템의 극점이 $-0.1\pm j2$ 가 되며, s-영역에서 극점의 위치는 그림 7-15(c)가 되고, $\Omega=\pm 2$에서 a, b 값이 예제 7.16보다 훨씬 작아지므로 $\Omega=\pm 2$ 부근에서 $|H(\Omega)|$는 더 큰 값을 가지며, $H(0)=\dfrac{1}{2^2+0.1^2}\simeq 0.249$가 된다. 따라서 그림 7-15(d)와 같은 주파수 응답을 가진다. 예제 7.16에 비하여

주11) 실제로 $|\Omega|=2$ 보다 약간 작은 위치에서 $|H(\Omega)|$ 의 최댓값을 가진다.

주파수 응답이 $\Omega = \pm 2$ 부근에서 매우 급격하게 변한다.

예제 7.18 $H(s) = \dfrac{s}{(s+0.9)^2+4}$ 의 시스템의 주파수 응답 그래프를 대략적으로 구해보자.

풀이 그림 7-15(e)와 같이 극점 $s = -0.9 \pm j2$ 와 영점 $s=0$을 가지며, 특히 $\Omega = 0$ 가 영점에 해당하므로 $H(0) = 0$ 이 되어 그림 7-15(f)의 주파수 응답을 가진다.

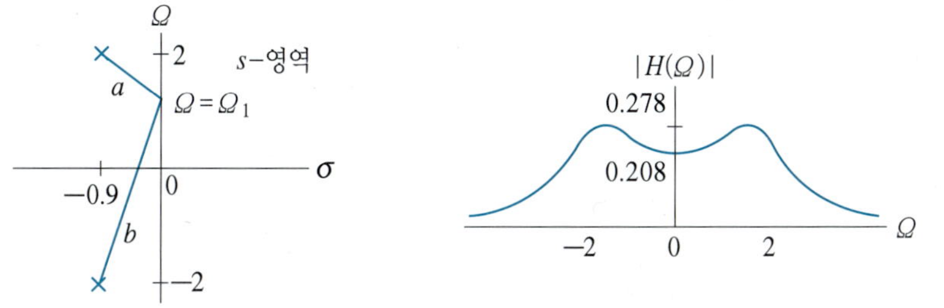

(a) 예제 7.16 시스템의 극점 위치
(b) 예제 7.16 시스템의 주파수 응답 크기

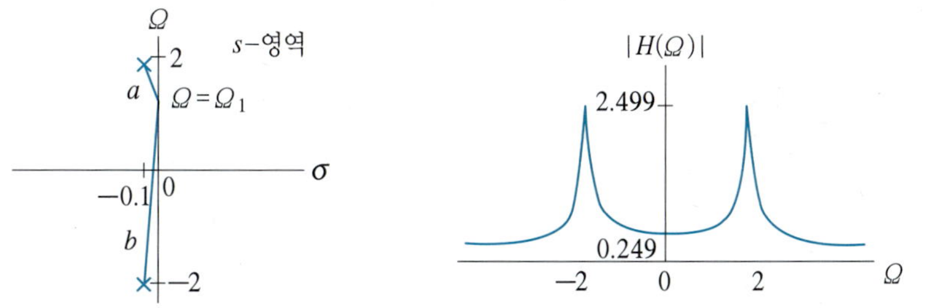

(c) 예제 7.17 시스템의 극점 위치
(d) 예제 7.17 시스템의 주파수 응답 크기

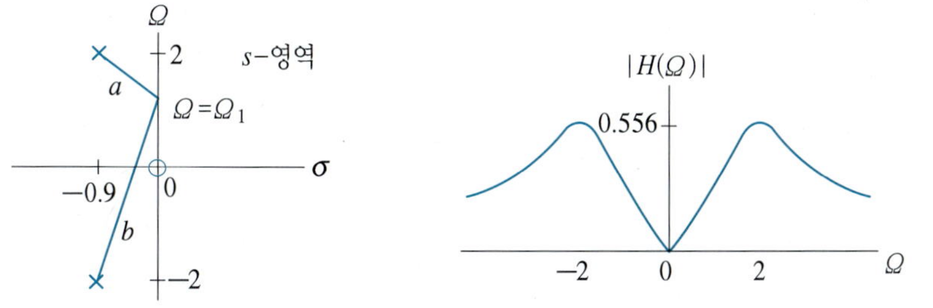

(e) 예제 7.18 시스템의 극점과 영점의 위치
(f) 예제 7.18 시스템의 주파수 응답 크기

[그림 7-15] 라플라스 변환을 이용하여 연속 LTI 시스템의 주파수 응답을 구하는 방법

이상의 세 가지 예제에서 알 수 있듯이 라플라스 변환을 이용하여 시스템의 전달 함수 $H(s)$를 구하고 $H(s)$의 극점과 영점의 위치를 분석하면 대략적인 주파수 응답을 구할 수 있다.

7.4.3 시스템의 성질과 전달 함수의 수렴 영역

2장에서 배웠듯이 연속 선형 시불변 시스템이 인과적(causal)이면 시스템의 임펄스 응답 $h(t)$는 다음을 만족한다.

$$h(t) = 0, \quad t < 0$$

$h(t)$의 라플라스 변환을 구하면 이 시스템의 전달 함수 $H(s)$를 구할 수 있고, 그림 7-6에 의하여 수렴 영역은 $Re\{s\} > a$와 같이 s-영역에서 특정 위치보다 오른쪽 부분이 된다. 따라서, 시스템이 인과적이면 그 시스템의 전달 함수는 반드시 s-영역의 오른쪽 부분에 해당하는 수렴 영역을 가진다. 이 성질을 이용하면 인과적 시스템의 전달 함수가 주어질 때 시스템의 임펄스 응답을 구할 수 있다.

예제 7.19 인과적 시스템의 전달 함수 $H(s)$가 다음과 같다. 이 시스템의 임펄스 응답을 구해보자.

$$H(s) = \frac{1}{s^2 - 1}$$

풀이 라플라스 역변환을 구하기 위하여 수렴 영역이 정의되어야 하며, 주어진 전달 함수의 극점이 $s = \pm 1$ 이므로, 가능한 수렴 영역은 다음의 3가지이다.

$$ROC : Re\{s\} < -1, \quad -1 < Re\{s\} < 1, \quad Re\{s\} > 1$$

한편, 시스템이 인과적이므로 수렴 영역은 s-영역의 오른쪽 부분이 되고, 결국 전달 함수의 수렴 영역은 $Re\{s\} > 1$ 이 된다. $H(s)$를 부분 분수 전개하면

$$H(s) = \frac{1}{(s-1)(s+1)}$$
$$= \frac{1}{2}\left\{\frac{1}{s-1} - \frac{1}{s+1}\right\}$$

이 되고, 수렴 영역을 적용하여 라플라스 역변환을 구하면

$$h(t) = \frac{1}{2}e^{t}u(t) - \frac{1}{2}e^{-t}u(t)$$

가 된다.

2장에서 설명하였듯이 연속 선형 시불변 시스템이 BIBO 안정이면 임펄스 응답은 다음을 만족한다.

$$\int_{-\infty}^{\infty} |h(t)|\, dt < \infty \tag{7.7}$$

또한, 라플라스 변환 공식에 의하여

$$\begin{aligned} H(s) &= \int_{-\infty}^{\infty} h(t) e^{-st}\, dt \\ |H(s)| &= \left| \int_{-\infty}^{\infty} h(t) e^{-st}\, dt \right| \\ &\le \int_{-\infty}^{\infty} |h(t)| \left| e^{-st} \right| dt \end{aligned} \tag{7.8}$$

이 되고, 만일 식 (7.8)에 $|e^{-st}| = 1$, 즉 $Re\{s\} = 0$ 을 대입하고 식 (7.7)의 BIBO 안정 시스템 성질을 적용하면

$$|H(s)| \le \int_{-\infty}^{\infty} |h(t)|\, dt < \infty$$

가 된다. 즉, $Re\{s\} = 0$ 에서 $H(s)$가 수렴하므로 $Re\{s\} = 0$ 는 반드시 수렴 영역에 포함되어야 한다. 결론적으로 선형 시불변 시스템이 BIBO 안정이면 시스템의 전달 함수는 반드시 $Re\{s\} = 0$ 를 포함하는 수렴 영역을 가진다.

예제 7.20 예제 7.19에 주어진 시스템이 BIBO 안정일 경우 시스템의 임펄스 응답을 구하라.

풀이 시스템이 BIBO 안정이므로 전달 함수의 수렴 영역은 $Re\{s\}=0$을 포함하고, 따라서 수렴 영역은 $-1<Re\{s\}<1$ 이 된다. 이를 이용하여 라플라스 역변환을 구하면

$$h(t)=-\frac{1}{2}e^{t}u(-t)-\frac{1}{2}e^{-t}u(t)$$

가 된다.

이상의 두 성질을 결합하면 다음과 같은 결론을 얻을 수 있다. 만일 연속 선형 시불변 시스템이 인과적이고 BIBO 안정이면 시스템 전달 함수의 수렴 영역은 $Re\{s\}=0$ 을 포함하면서 s–영역의 오른쪽 부분이 된다. 따라서 만일 $Re\{s\}>0$ 영역에 시스템 전달 함수의 극점이 존재하면 이 시스템은 인과적이면서 BIBO 안정 시스템이 절대로 될 수 없다. 예로, 예제 7.19의 시스템은 인과적이며 동시에 BIBO 안정이 될 수 없다.

이상의 성질을 정리하면 그림 7-16이 된다.

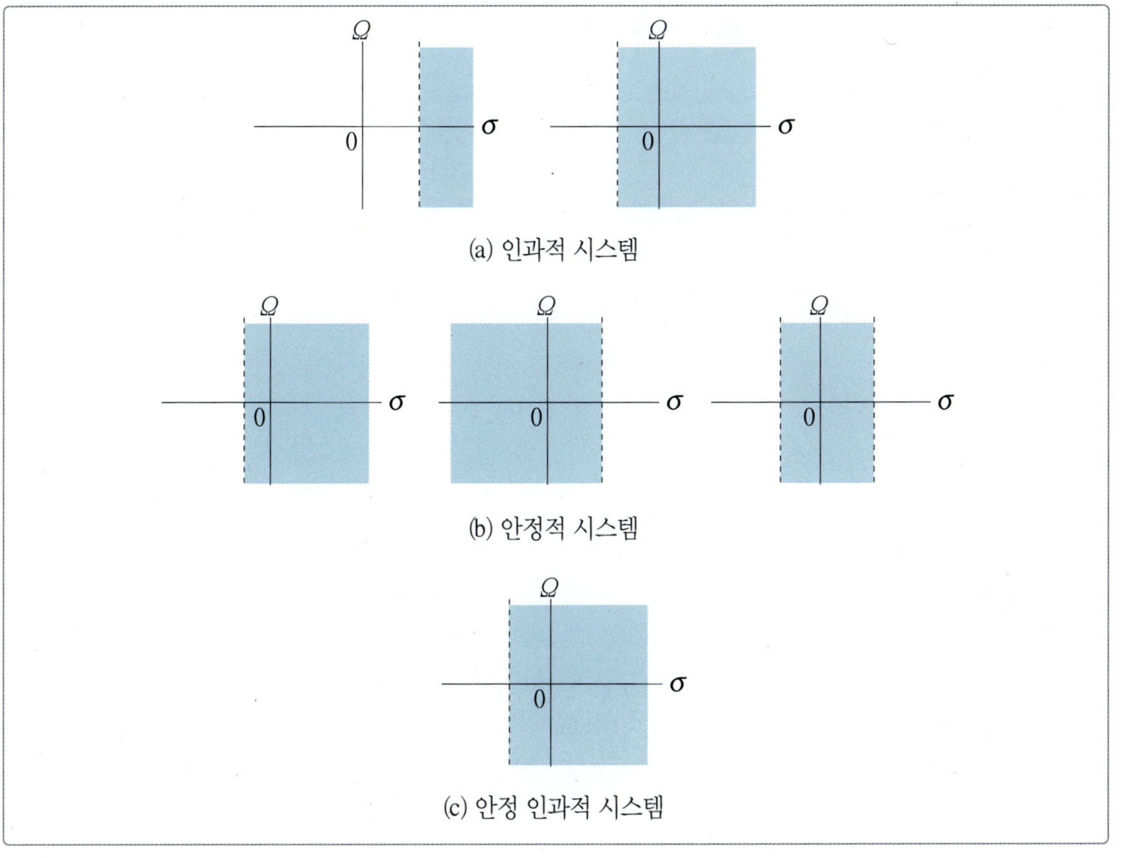

[그림 7-16] 연속 시스템의 인과 및 안정 성질에 따른 전달 함수의 수렴 영역 형태

연 / 습 / 문 / 제

7-1 다음 신호의 라플라스 변환과 ROC를 구하라.

(a) $-e^{2t}u(-t)$

(b) $\delta(t)+\delta(t-2)$

(c) $\cos(2\pi t+\frac{\pi}{3})u(t)$

(d) $t^3e^{-2t}u(t)$

(e) $\sum_{k=0}^{\infty}\left(\frac{1}{2}\right)^k\delta(t-k)$

7-2 $x(t)$의 라플라스 변환을 $X(s)$라 할 때 다음 신호의 라플라스 변환을 구하라.

(a) $x(3t)$

(b) $tx(t)$

(c) $e^{3t}x(t)$

7-3 다음의 라플라스 역변환을 구하라.

(a) $\frac{1}{s+2}$, $Re\{s\}>-2$

(b) $\frac{2}{s+2}$, $Re\{s\}<-2$

(c) $\frac{s}{s^2+4}$, $Re\{s\}>0$

(d) $\frac{e^{-2s}(s+2)}{s^2-s-2}$, $-1<Re\{s\}<2$

(e) $\frac{s+2}{(s+2)^2+9}$, $Re\{s\}>-2$

7-4 $x(t)=\begin{cases}e^{-t}, & 0<t<2\\ 0, & else\end{cases}$ 이다.

(a) 라플라스 변환 $X(s)$과 ROC를 구하라.

(b) $X(s)$의 극점과 영점을 구하고 s-평면에 표시하라.

7-5 아래의 임펄스 응답을 가지는 연속 시스템의 전달 함수를 구하고, 극점과 영점을 s-평면에 표시하라.

(a) $h(t) = e^{-t}\cos(2\pi t)u(t)$

(b) $h(t) = e^{-t}u(t) + e^{-2t}u(t)$

(c) $h(t) = e^{-t}u(t) + e^{2t}u(-t)$

7-6 $x(t) = e^{-2t}u(t)$가 임펄스 응답 $h(t) = e^{-t}u(t)$를 가지는 연속 시스템에 입력된다.

(a) 출력 신호의 라플라스 변환 $Y(s)$를 구하라.

(b) $Y(s)$의 라플라스 역변환을 통하여 출력 신호 $y(t)$를 구하라.

(c) 입력 신호와 임펄스 응답의 컨벌루션 연산을 통하여 출력 신호 $y(t)$를 구하여 (b)의 결과와 비교하라.

7-7 $x(t) = e^{-2t}u(t)$가 연속 LTI 시스템에 입력되어 $y(t) = e^{-t}u(t) - e^{-2t}u(t)$가 출력되었다.

(a) 이 시스템의 전달 함수 $H(s)$를 구하라.

(b) 이 시스템의 임펄스 응답 $h(t)$를 구하라.

(c) 위에서 구한 $h(t)$에 대하여 $x(t) * h(t) = y(t)$를 확인하라.

7-8 전달 함수 $H(s) = \dfrac{s^2}{s^2 + 3s + 2}$ 을 가지는 연속 시스템이 있다.

(a) 이 시스템의 입출력 관계를 미분 방정식으로 표현하라.

(b) 이 시스템의 임펄스 응답으로 가능한 모든 $h(t)$를 구하라.

7-9 연속 LTI 시스템의 입력과 출력의 관계가 다음의 미분 방정식으로 정의된다. 단, 시스템은 모두 0으로 초기화되어 있다.

$$\frac{d^2y(t)}{dt^2} + 5\frac{dy(t)}{dt} + 6y(t) = 3\frac{dx(t)}{dt} + 7x(t)$$

(a) 시스템의 전달 함수 $H(s)$를 구하라.

(b) 시스템의 임펄스 응답이 $t < 0$ 에서 모두 0일 경우 $h(t)$를 구하라.

7-10 문제 7-9에서 모든 t에 대하여 $h(t) \neq 0$ 조건이 주어질 때, $h(t)$를 구하라.

7-11 그림 P7.1 시스템의 전체 전달 함수를 $A(s)$, $B(s)$, $C(s)$, $D(s)$를 이용하여 표시하라.

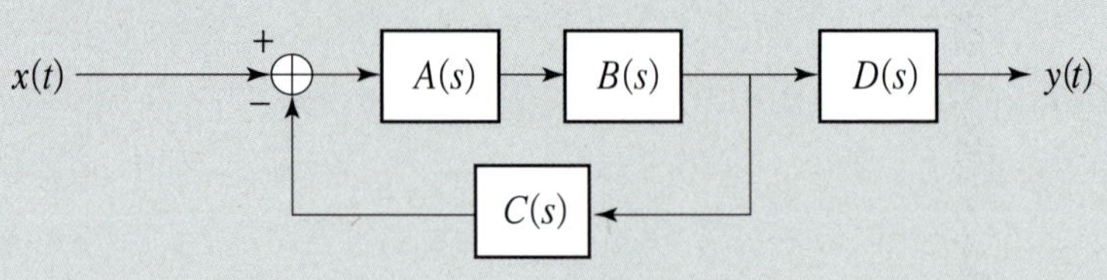

[그림 P7.1]

7-12 그림 P7.2의 시스템이 주어지고, $H_1(s) = \frac{1}{(s+2)^2}$, $H_2(s) = \frac{2}{s+2}$ 이다. 단, 각 시스템의 임펄스 응답 $h_1(t)$, $h_2(t)$은 우측 신호이다.

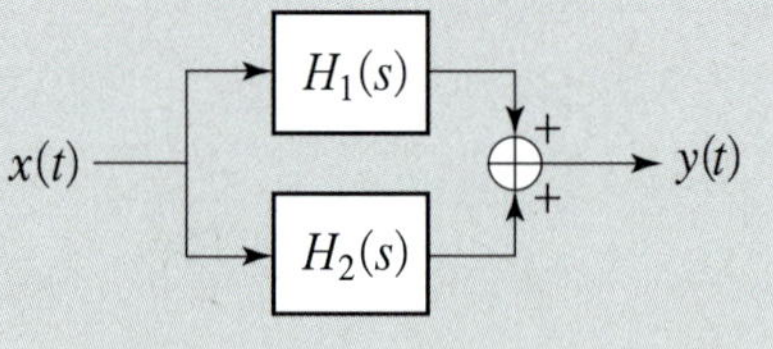

[그림 P7.2]

(a) $x(t) = \delta(t)$ 입력에 대한 출력 신호 $y(t)$를 구하라.

(b) 미지의 신호 $x(t)$를 입력하면 출력 신호가 $y(t) = \frac{5}{4}u(t) - \frac{5}{4}e^{-2t}u(t) - \frac{1}{2}te^{-2t}u(t)$ 가 된다. 이 때의 $x(t)$를 구하라.

7-13 연속 LTI 시스템의 전달 함수 $H(s)$가 그림 P7.3와 같은 극점과 영점을 가질 때, 각 $H(s)$를 구하라. 단, 모든 시스템에서 $H(0)=1$을 만족한다.

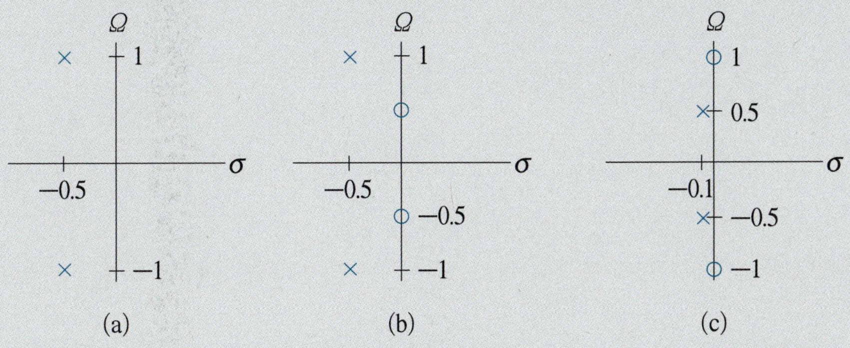

[그림 P7.3]

(a) 그림 P7.3(a)
(b) 그림 P7.3(b)
(c) 그림 P7.3(c)

7-14 문제 7-13에서 구한 각 시스템에 대하여 극점과 영점의 위치를 이용하여 시스템의 전달 함수의 절댓값 $|H(\Omega)|$를 대략적으로 그려라.

CHAPTER

08

z-변환과 디지털 시스템

단 / 원 / 개 / 요

시간 영역에서 표현된 신호를 다른 영역으로 변환하는 기술은 선형 시불변 시스템을 분석하는데 매우 중요하다. 앞에서 이미 시간 영역에서 표현된 신호를 주파수 영역으로 변환하여 표현하는 방법을 공부하였다. 이 장에서는 시간 영역에서의 신호의 표현을 z-영역으로 변환하는 z-변환(z-transform)에 대해 소개하고 z-변환의 성질뿐 아니라 이산 선형 시불변 시스템을 해석하는 방법도 설명하고자 한다. z-변환은 연속 신호와 연속 시스템에서 정의된 라플라스 변환(Laplace transform)과 똑같은 역할을 이산 신호와 이산 시스템에 대해서 한다. 예를 들면 시간 영역에서의 신호의 컨벌루션 연산이 z-영역에서는 s-영역에서와 마찬가지로 각 신호에 대응하는 z-변환의 곱으로 되는 것을 알 수 있다. 바로 이 성질 때문에 z-영역에서의 이산 선형 시불변 시스템의 해석이 간단하게 되는 것이다. 또한 라플라스 변환과 같이 푸리에 변환이 존재하지 않는 이산 신호도 z-변환을 이용하면 해석이 가능하게 된다.

08
CHAPTER

z-변환과 디지털 시스템

8.1 z-변환

이 절에서는 z-변환을 정의하고, 수렴성에 대해 알아보도록 하자.

8.1.1 z-변환의 정의

이산 신호 $x[n]$의 z-변환은 다음의 **멱급수(power series)**로 정의된다.

$$X(z) \equiv \sum_{n=-\infty}^{\infty} x[n]z^{-n} \tag{8.1}$$

여기서 z는 복소 변수이며 따라서 복소 평면에서 정의된다. 식 (8.1)의 관계를 z-변환이라 하고, 역으로 $X(z)$로부터 $x[n]$을 구하는 과정을 **z-역변환**이라고 부른다. 식 (8.1)에서 보듯 z-변환은 시간 영역에서 표현된 신호를 z^{-1}에 대한 다항식이나 또는 분모나 분자가 다항식으로 구성된 유리 함수의 형태로 표현한다. 뒤에서 자세히 설명하겠지만 이 다항식들의 해는 매우 중요한 역할을 하며 특히 디지털 시스템 대부분의 성질이 이 해들의 위치에 의해서 결정된다. 신호 $x[n]$의 z-변환은 $X(z) \equiv Z\{x[n]\}$ 으로 표현하기도 하고 $x[n]$과 $X(z)$의 관계를 다음과 같이 표현하기도 한다.

$$x[n] \overset{Z}{\longleftrightarrow} X(z)$$

식 (8.1)에서 보듯이 z-변환은 무한 급수(합의 구간이 $-\infty$에서 ∞까지)이므로 급수가 수렴하는 영역에서만 그 값이 존재하고 그렇지 않은 경우는 z–변환 자체가 존재하지 않게 된다. 이렇듯 $X(z)$가 유한한 값을 갖는 모든 z 값을 $X(z)$의 **수렴 영역(region of convergence: *ROC*)**이라고 정의한다. 따라서 z–변환이 존재하면 항상 수렴 영역이 존재하게 되고 따라서 z–변환과 수렴 영역은 반드시 함께 정의된다는 것을 기억하여야 한다.

예제 8.1 다음 유한 구간을 갖는 신호의 z–변환을 구하라.

(a) $x_1[n]=\{1,\ 2,\ 3,\ 4,\ 5\}$

(b) $x_2[n]=\{1,\ 2,\ \underset{\uparrow}{3},\ 4,\ 5\}$(주1)

(c) $x_3[n]=\delta[n]$

(d) $x_4[n]=\delta[n-k],\ k>0$

풀이 식 (8.1)의 z–변환 정의로부터

(a) $X_1(z)=1+2z^{-1}+3z^{-2}+4z^{-3}+5z^{-4}$, ROC : $z=0$을 제외한 모든 z–영역 --------• $z=0$이면 z^{-1} 항이 무한대가 되어 z–변환이 존재하지 않음

(b) $X_2(z)=z^2+2z+3+4z^{-1}+5z^{-2}$, ROC : $z=0$과 $z=\infty$를 제외한 모든 z–영역

(c) $X_3(z)=1$, ROC : 모든 z–영역

(d) $X_4(z)=z^{-k}$, ROC : $z=0$ 을 제외한 모든 z–영역

예제를 보면 유한한 구간에서 존재하는 신호의 수렴 영역은 $z=0$이나 $z=\infty$를 제외한 모든 z–영역(z–평면)이 되는 것을 알 수 있다. $z=0$일 경우는 $z^{-k}(k>0)$ 항이 무한대가 되고, 또 $z=\infty$인 경우는 $z^k(k>0)$ 항이 무한대가 되기 때문에 수렴 영역에서 제외되었다는 것을 알 수 있다.

이 예제를 보면 z–변환은 신호를 표현하는 또 하나의 방법에 지나지 않는다는 것을 알 수 있다. z–변환에서 z^{-n} 항의 계수는 시각 n에서 신호의 값이라는 것을 알 수 있다. 즉, z^2 항의 계수는 신호 $x[-2]$ 값을, z^{-2}의 항의 계수는 $x[2]$의 값을 의미한다. 다시 말하면 z의 지수항은 이산 신호 샘플의 위

주1) 여기서 ↑는 신호의 원점의 위치를 나타낸다. 화살표가 없는 경우는 맨 처음 샘플이 원점에서의 이산 신호의 값이 된다.

치를 알 수 있는 시간 정보를 포함하고 있는 것이다.

z-역변환을 구하는 과정은 매우 복잡하다. 하지만 구간이 유한한 신호의 z-역변환은 z의 지수항이 갖고 있는 시간 정보를 가지고 다음 예제와 같이 매우 간단하게 구할 수 있다.

예제 8.2 다음 식으로 주어진 z-변환 $X(z)$를 역변환하여 $x[n]$을 구해보자.

$$X(z) = 1 - 2z^{-1} + 3z^{-3} - z^{-5}$$

풀이 z-변환에서 z^{-n} 항의 계수는 시각 n에서 신호의 값이라고 했으므로

$$x[n] = \{1,\ -2,\ 0,\ 3,\ 0,\ -1\}$$

이 된다. 앞에서 배운 단위 임펄스 함수를 이용하여 이 신호를 다시 표현하면 $x[n]$은 다음과 같이 된다.

$$x[n] = \delta[n] - 2\delta[n-1] + 3\delta[n-3] - \delta[n-5]$$

다음은 무한 구간에서 존재하는 이산 신호의 z-변환을 구하는 방법을 다음 예제를 가지고 알아보자.

예제 8.3 다음 두 이산 신호의 z-변환을 구해보자.

$$x[n] = \begin{cases} \left(\frac{1}{2}\right)^n, & n \geq 0 \\ 0, & n < 0 \end{cases}$$

$$y[n] = \begin{cases} -\left(\frac{1}{2}\right)^n, & n < 0 \\ 0, & n \geq 0 \end{cases}$$

풀이 식 (8.1)로부터

$$\begin{aligned} X(z) &= 1 + \frac{1}{2}z^{-1} + \left(\frac{1}{2}\right)^2 z^{-2} + \left(\frac{1}{2}\right)^3 z^{-3} + \cdots + \left(\frac{1}{2}\right)^n z^{-n} + \cdots \\ &= \sum_{n=0}^{\infty}\left(\frac{1}{2}\right)^n z^{-n} = \sum_{n=0}^{\infty}\left(\frac{1}{2}z^{-1}\right)^n \end{aligned} \quad (8.2)$$

이 되어 기하 급수가 되며, 기하 급수에서

$$\text{만약 } |A| < 1\text{이면} \quad 1 + A + A^2 + A^3 + \cdots = \frac{1}{1-A} \tag{8.3}$$

이 되는 성질을 상기하면, 식 (8.2)는 $\left|\frac{1}{2}z^{-1}\right| < 1$, 즉 $|z| > \frac{1}{2}$ 에 대하여 다음과 같이 수렴한다는 것을 쉽게 알 수 있다.

$$X(z) = \frac{1}{1 - \frac{1}{2}z^{-1}}, \quad ROC : |z| > \frac{1}{2} \tag{8.4}$$

마찬가지 방법으로 $y[n]$에 대한 z-변환을 구해보면

$$Y(z) = \sum_{n=-\infty}^{-1} -\left(\frac{1}{2}\right)^n z^{-n} = -\sum_{n=-\infty}^{-1}\left(\frac{1}{2}z^{-1}\right)^n = -\sum_{n=1}^{\infty}(2z)^n \tag{8.5}$$

이 되고 식 (8.3)으로부터 $|2z| < 1$, 즉 $|z| < \frac{1}{2}$ 에 대하여

$$Y(z) = -\frac{2z}{1-2z} = \frac{1}{1 - \frac{1}{2}z^{-1}}, \quad ROC : |z| < \frac{1}{2} \tag{8.6}$$

이 된다. 식 (8.4)와 식 (8.6)을 비교해 보면 두 신호의 z-변환된 형태가 같다는 것을 바로 알 수 있다. 두 신호가 시간 영역에서는 완전히 다른 형태를 하고 있지만 z-변환된 모양은 같다. 그러나 그림 8-1에 보인 z-평면상에서의 수렴 영역은 서로 다르다. 따라서 z-변환과 그것의 시간 영역에서의 신

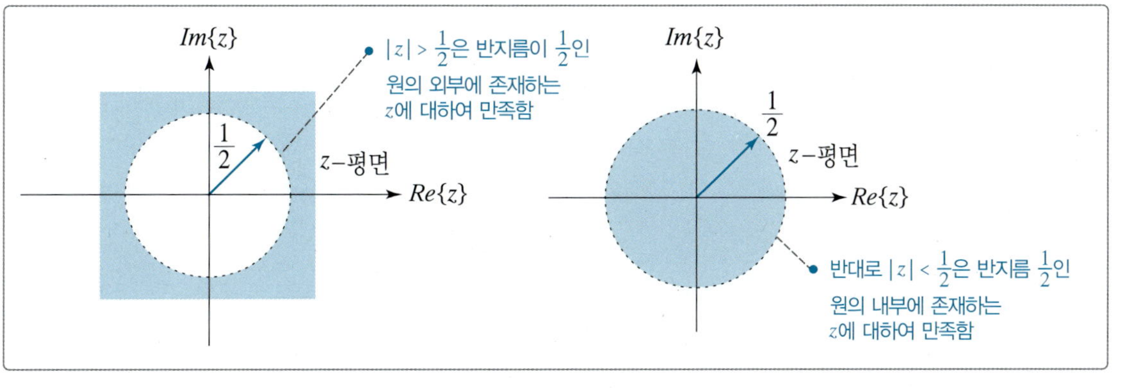

[그림 8-1] 예제 8.3의 $X(z)$와 $Y(z)$의 수렴 영역

호를 서로 같게 대응시키기 위해서는 반드시 z-변환의 수렴 영역 ROC를 명시하여야 한다. 다시 말하면 이산 신호 $x[n]$은 z-변환 $X(z)$와 $X(z)$의 수렴 영역(ROC)이 모두 주어져야 완전하게 결정될 수 있는 것이다.

8.1.2 z-변환의 수렴

이산 신호 $x[n]$에 대응하는 z-변환 $X(z)$를 생각해 보자.

$$X(z) = \sum_{n=-\infty}^{\infty} x[n] z^{-n} \tag{8.7}$$

식 (8.7)에서 $X(z)$가 존재하는 z의 수렴 영역은 $x[n]$의 특성에 따라 일정한 규칙이 존재하는 것을 알 수 있다. 이 규칙을 쉽게 보기 위해서는 복소 변수 z를 극형식(polar form) $z = re^{j\theta}$로 표현하는 것이 필요하다. 즉,

$$X(z)\Big|_{z=re^{j\theta}} = \sum_{n=-\infty}^{\infty} x[n] r^{-n} e^{-j\theta n}$$

수렴 영역에서는 $|X(z)| < \infty$를 만족하여야 하고

$$\begin{aligned} |X(z)| &= \left| \sum_{n=-\infty}^{\infty} x[n] r^{-n} e^{-j\theta n} \right| \qquad |e^{-j\theta n}| = 1\text{임} \\ &\le \sum_{n=-\infty}^{\infty} \left| x[n] r^{-n} e^{-j\theta n} \right| \le \sum_{n=-\infty}^{\infty} \left| x[n] r^{-n} \right| \left| e^{-j\theta n} \right| \\ &= \sum_{n=-\infty}^{\infty} \left| x[n] r^{-n} \right| \end{aligned} \tag{8.8}$$

이므로 위 식의 마지막 항인 수열 $x[n]r^{-n}$의 절댓값의 합이 수렴하면 $|X(z)|$도 유한한 값을 갖게 된다. 따라서 $X(z)$의 수렴 영역(ROC)을 찾는 일은 수열 $x[n]r^{-n}$의 절댓값의 합이 수렴하기 위한 r의 영역을 찾는 것과 동일하게 되는 것이다.

여기서 이산 신호를 **인과 신호(causal signal)**와 **반인과 신호(anticausal signal)**로 구분해 보자. 인과 신호는 $n < 0$에서 값이 모두 0인 이산 신호를 말하며 반대로 반인과 신호는 $n \ge 0$에서 모두 0의 값을 갖는 신

호를 말한다. 만약 임의의 이산 신호 $x[n]$을 인과 부분 $x_+[n]$과 반인과 부분 $x_-[n]$으로 나눈다면 다음과 같이 된다.

$$\begin{aligned} x_+[n] &= x[n]u[n] \\ x_-[n] &= x[n]u[-n-1] \end{aligned} \tag{8.9}$$

식 (8.9)를 식 (8.8) 마지막 식에 대입하여 정리하면

$$\begin{aligned} |X(z)| &\leq \sum_{n=-\infty}^{-1} \left|x_-[n]r^{-n}\right| + \sum_{n=0}^{\infty}\left|\frac{x_+[n]}{r^n}\right| \\ &\leq \sum_{n=1}^{\infty} |x_-[-n]r^n| + \sum_{n=0}^{\infty}\left|\frac{x_+[n]}{r^n}\right| \end{aligned} \tag{8.10}$$

이 되고 결국 $X(z)$가 수렴하기 위해서는 식 (8.10)의 두 합이 동시에 유한한 값을 가져야 한다. 먼저 식 (8.10)의 첫 번째 항이 수렴하기 위해서는 r의 값이 매우 작아서 $x_-[-n]r^n$ 의 합이 유한한 값을 가져야 한다. 따라서 첫 번째 항의 수렴 영역은 그림 8-2(a)와 같이 복소 평면 위에서 임의의 반지름 $r_1(r_1<\infty)$을 가지는 원의 내부가 되어야만 한다.

반대로 식 (8.10)의 두 번째 항이 수렴하기 위해서는 r의 값이 매우 커서 $\left|\frac{x_+[n]}{r^n}\right|$의 합이 유한 값을 가져야 한다. 따라서 두 번째 항의 수렴 영역은 그림 8-2(b)에서 보듯이 반지름 r_2인 원의 외부가 되어야 한다.

결국 $X(z)$가 수렴하기 위해서는 식 (8.10)의 우변의 두 항이 동시에 수렴하여야 하고 따라서 $X(z)$의 수렴 영역은 그림 8-2(c)에서 보듯이 복소 평면에서 두 원이 만나는 반지(ring) 모양의 영역 $r_2<r<r_1$ 이 존재하여야 한다. 만약 $r_2>r_1$ 이 되어 두 원의 중복 영역이 존재하지 않게 되면 식 (8.10)의 두 항 중 하나가 무한대가 되어 $X(z)$도 수렴하지 않게 되고 따라서 $x[n]$ 의 z-변환은 존재하지 않게 된다.

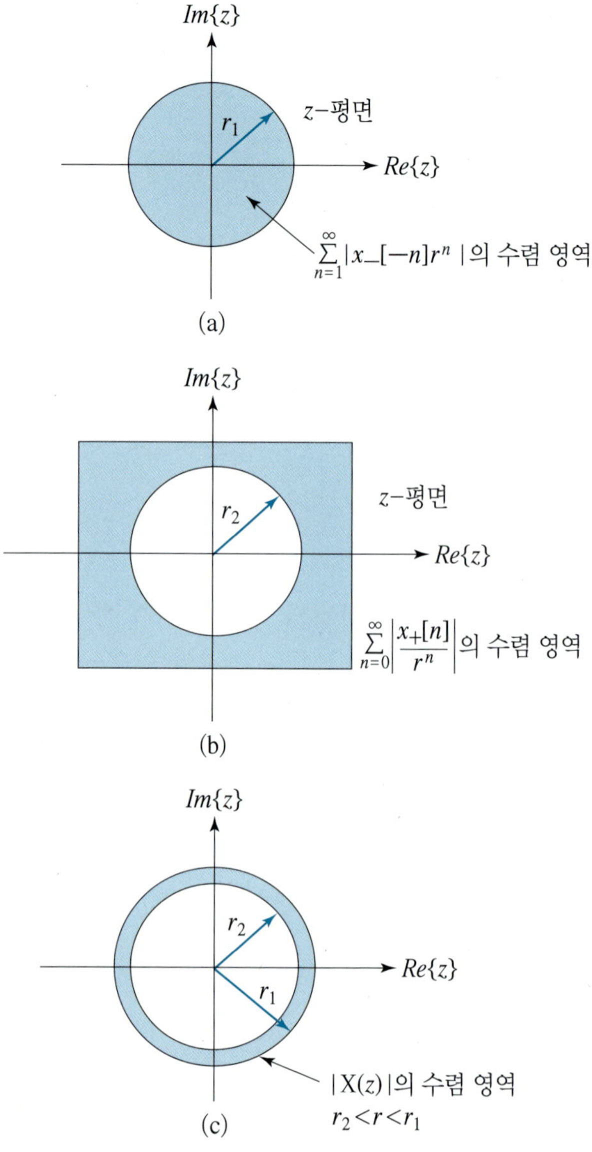

[그림 8-2] $X(z)$의 수렴 영역(ROC)과 대응하는 인과, 반인과 부분의 수렴 영역

예제 8.4 다음 이산 신호의 z-변환을 구하라.

$$x[n]=a^n u[n]+b^n u[-n-1]$$

풀이 먼저 주어진 신호는 인과 부분과 반인과 부분으로 구성되어 있음을 알 수 있다. 따라서 구하는 z-변환의 수렴 영역 또한 위의 설명과 같이 원의 안쪽 부분과 바깥쪽 부분으로 이루어지고, 따라서 두 원의 중복된 영역이 반지(ring) 모양으로 존재하여야만 이 신호의 z-변환이 존재할 것이라고 예상할 수 있다. 식 (8.1)의 z-변환 정의로부터

$$\begin{aligned} X(z) &= \sum_{n=-\infty}^{\infty}\left\{a^n u[n]+b^n[-n-1]\right\}z^{-n} \\ &= \sum_{n=0}^{\infty} a^n z^{-n}+\sum_{n=-\infty}^{-1} b^n z^{-n} \qquad (8.11) \\ &= \sum_{n=0}^{\infty}(az^{-1})^n+\sum_{n=1}^{\infty}(b^{-1}z)^n \end{aligned}$$

가 되고, 첫 번째 항은 $|az^{-1}|<1$, 즉 $|z|>|a|$ 일 때 수렴하고, 두 번째 항은 $|b^{-1}z|<1$, 즉 $|z|<|b|$ 일 경우에 수렴한다. 따라서 a와 b의 값에 따라 $X(z)$의 수렴성이 결정된다. 먼저 $|b|<|a|$ 인 경우를 생각해 보자. 이 경우 식 (8.11)의 두 항의 수렴 영역은 그림 8-3(a)와 같이 중복되지 않게 된다. 따라서 두 항이 동시에 수렴하는 영역을 찾을 수 없으므로 $X(z)$는 존재하지 않는다.

두 번째로 $|b|>|a|$ 인 경우를 생각해 보자. 이 경우는 그림 8.3(b)와 같이 복소 평면상에서 두 영역이 중복되어 반지 모양이 되는 영역이 존재한다. 따라서 식 (8.11)의 두 항이 동시에 수렴하는 영역이 존재하고 $X(z)$도 존재하게 된다.

$$\begin{aligned} X(z) &= \frac{1}{1-az^{-1}}-\frac{1}{1-bz^{-1}} \\ &= \frac{b-a}{a+b-z-abz^{-1}}, \quad ROC: |a|<|z|<|b| \end{aligned}$$

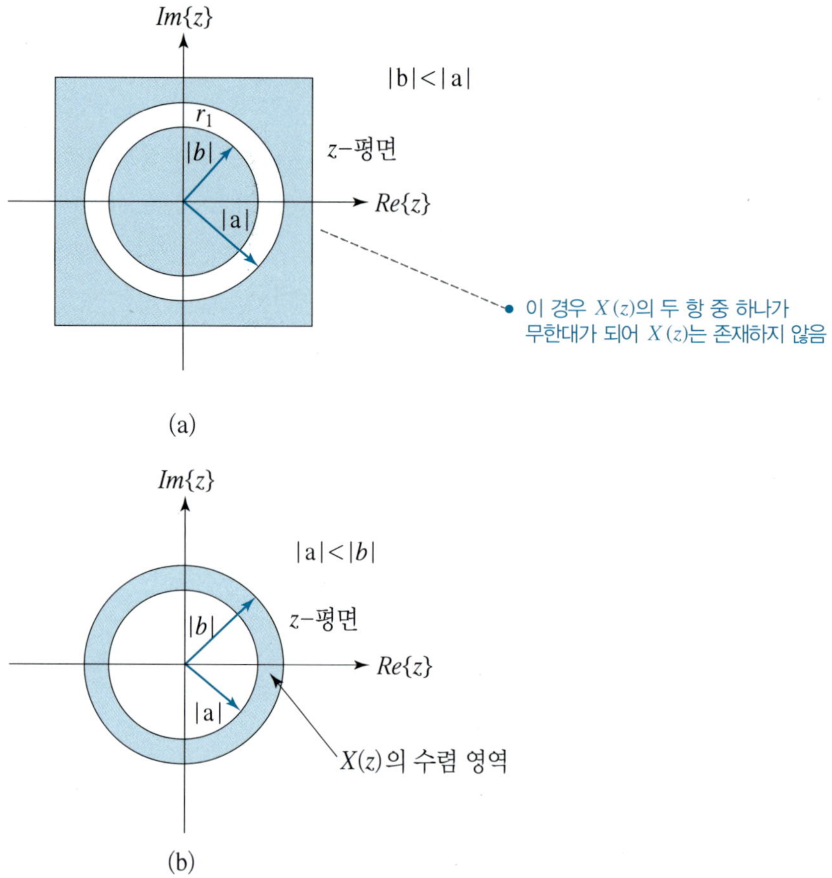

[그림 8-3] 예제 8.4의 z-변환 수렴 영역

이 예제로부터 인과 신호의 수렴 영역은 복소 평면상에서 원의 외부가 되고 반인과 성분의 신호는 수렴 영역이 원의 내부가 되는 것을 확인할 수 있다. 또한 인과 성분과 반인과 성분을 모두 가지는 무한 길이의 이산 신호는 그 수렴 영역이 반드시 원의 내부와 외부가 중첩되어 만들어지는 반지(ring) 모양이 된다는 것을 알 수 있다. 다시 말하면 주어진 신호의 수렴 영역은 그 신호가 유한 구간에서 존재하는지 아니면 무한 구간에서 존재하는지 뿐만 아니라 인과 또는 반인과 신호인지 아니면 두 성분을 모두 가졌는지에 의해서도 결정된다는 것이다. 이 내용을 정리하면 그림 8-4와 같다.

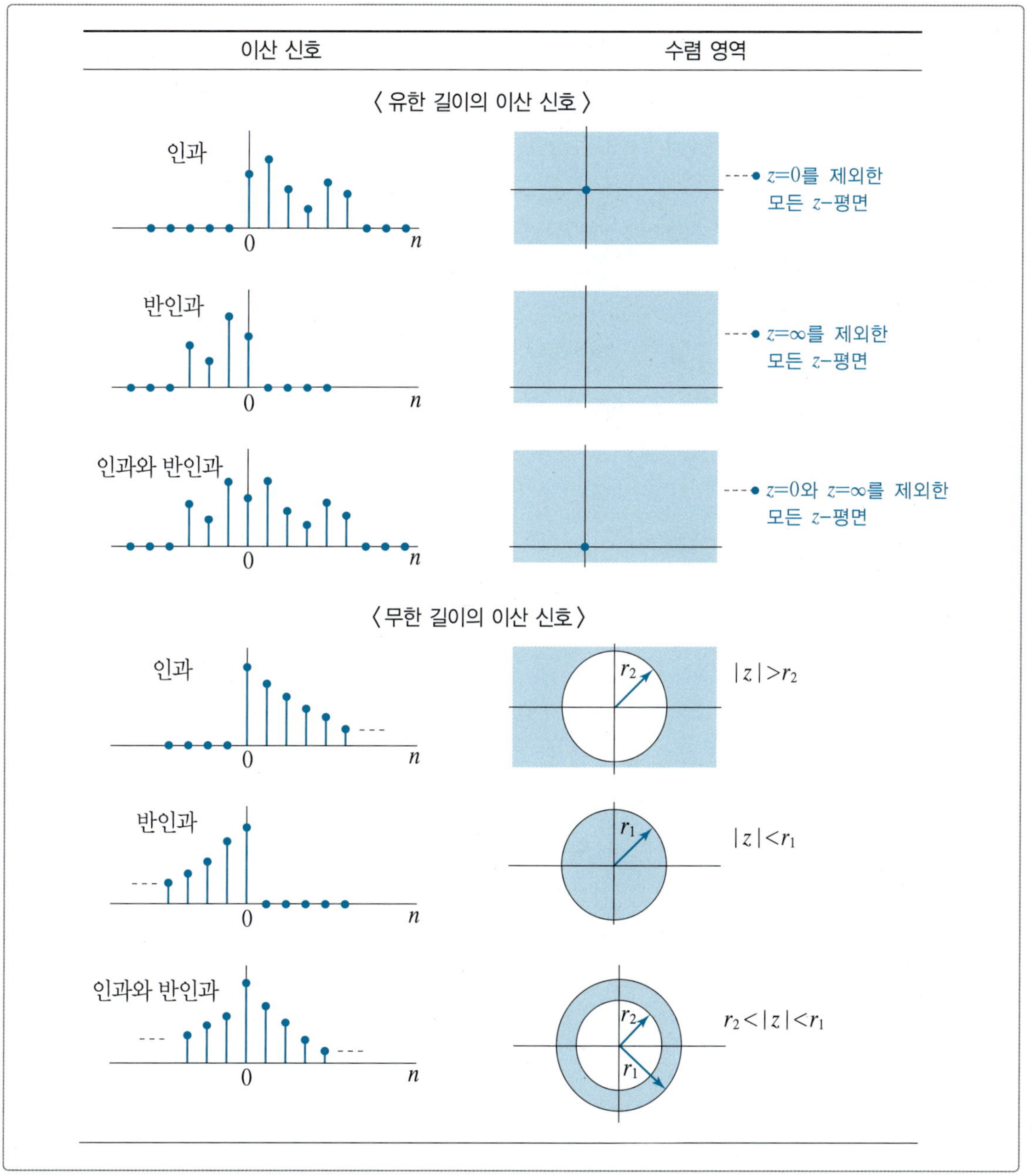

[그림 8-4] 신호의 특성과 수렴 영역과의 관계

8.2 z-변환의 성질

z-변환은 여러 가지 유용한 성질 때문에 이산 신호나 시스템을 해석하는 데 매우 중요하게 사용된다. 그 중 하나가 앞에서 언급한 바와 같이 시간 영역에서의 두 신호의 컨벌루션 연산이 z-영역에서는 단순히 곱 연산으로 바뀐다는 것이다. 예제에서 컨벌루션 연산을 직접 풀어보았지만 연산 과정이 매우 복잡하다는 것을 알 수 있다. 따라서 각각의 신호를 z-변환을 취한 후 곱하여 컨벌루션 연산을 대신한다면 시스템 해석을 상당히 간단하게 할 수 있다. 이 외에도 z-변환은 여러 가지 유용한 성질을 많이 가지고 있으며 여기서 하나씩 배워보기로 하자.

(1) 선형성(Linearity)

만약 $x_1[n] \xleftrightarrow{Z} X_1(z)$ 와 $x_2[n] \xleftrightarrow{Z} X_2(z)$ 라면

$$x[n] = a_1 x_1[n] + a_2 x_2[n] \xleftrightarrow{Z} X(z) = a_1 X_1(z) + a_2 X_2(z) \quad (8.12)$$

가 임의의 상수 a_1과 a_2에 대해 성립한다. 이 성질은 두 신호의 선형 조합을 z-변환한 것은 각 신호의 z-변환의 선형 조합과 같다는 것을 의미한다. 즉, 복잡한 신호를 간단한 형태를 갖는 여러 개의 기본 신호로 분해한 후 이미 알고 있는 z-변환을 이용하여 기본 신호를 z-변환하여 선형 조합을 취하면 복잡한 신호도 간단하게 z-변환을 할 수 있는 것이다. 식 (8.12)에서 $X(z)$의 수렴 영역은 $X_1(z)$와 $X_2(z)$의 수렴 영역의 교집합 즉 각 수렴 영역의 중복 영역이 된다.

예제 8.5 다음 신호의 z-변환을 구하라.

$$x[n] = (\cos\omega_0 n)u[n]$$

풀이 오일러 공식(Euler's identity)(주2)을 이용하면 신호를 다음과 같이 표현할 수 있다.

$$x[n]=(\cos\omega_0 n)u[n]=\frac{1}{2}e^{j\omega_0 n}u[n]+\frac{1}{2}e^{-j\omega_0 n}u[n]$$

식 (8.12)의 z−변환의 선형성을 이용하면 $x[n]$의 z−변환은 다음과 같이 된다.

$$X(z)=\frac{1}{2}Z\{e^{j\omega_0 n}u[n]\}+\frac{1}{2}Z\{e^{-j\omega_0 n}u[n]\} \tag{8.13}$$

예제 8.3에서

$$a^n u[n] \xleftrightarrow{Z} \frac{1}{1-az^{-1}}, \quad ROC : |z|>|a|$$

임을 상기하고 $a=e^{\pm j\omega_0}$ 이라고 하면

$$e^{j\omega_0 n}u[n] \xleftrightarrow{Z} \frac{1}{1-e^{j\omega_0}z^{-1}}, \quad ROC : |z|>1$$
$$e^{-j\omega_0 n}u[n] \xleftrightarrow{Z} \frac{1}{1-e^{-j\omega_0}z^{-1}}, \quad ROC : |z|>1$$

가 되고 따라서 식 (8.13)의 $X(z)$는 다음과 같이 된다.

$$\begin{aligned} X(z)&=\frac{1}{2}\frac{1}{1-e^{j\omega_0}z^{-1}}+\frac{1}{2}\frac{1}{1-e^{-j\omega_0}z^{-1}} \\ &=\frac{1-z^{-1}\cos\omega_0}{1-2z^{-1}\cos\omega_0+z^{-2}}, \quad ROC : |z|>1 \end{aligned} \tag{8.14}$$

(2) 시간 이동성(Time Shift)

만약 $x[n] \xleftrightarrow{Z} X(z)$ 이면 $x[n]$을 k만큼 시간 이동한 $x[n-k]$의 z−변환은 $x[n-k] \xleftrightarrow{Z} z^{-k}X(z)$ 을 만족한다. 이때 $z^{-k}X(z)$ 의 수렴 영역은 $X(z)$의 수렴 영역과 같으나 z^{-k} 항 때문에 $k>0$ 인 경우는 $z=0$ 이, $k<0$ 일 경우는 $z=\infty$ 가 수렴 영역에서 제외되어야 한다.

시간 이동성을 증명하는 것은 어렵지 않다. 시간 이동성을 포함하여 여기서 설명하는 z−변환의 성질들은 식 (8.1)의 z−변환 정의를 이용하여 어렵지 않게 증명할 수 있다. 시간 이동성을 증명해 보자. 먼저 식 (8.1)의 z−변환 정의를 이용하면

주2) 오일러의 공식은 다음과 같다. $e^{j\omega}=\cos\omega+j\sin\omega$, 여기서 $j=\sqrt{-1}$ 이다.

$$x[n-k] \overset{Z}{\longleftrightarrow} \sum_{n=-\infty}^{\infty} x[n-k]z^{-n} \tag{8.15}$$

이 되고, 식 (8.15)에서 우변을 $n-k=l$ 로 변수 치환하면

$$\begin{aligned}\sum_{n=-\infty}^{\infty} x[n-k]z^{-n} &= \sum_{l=-\infty}^{\infty} x[l]z^{-(l+k)} \\ &= z^{-k}\sum_{l=-\infty}^{\infty} x[l]z^{-l} \\ &= z^{-k}X(z)\end{aligned}$$

이 되고, 따라서 $x[n-k]$의 z-변환은 $z^{-k}X(z)$ 이 된다. 이 경우 변수 z의 지수항인 $-k$는 신호가 k 샘플만큼 지연되었다는 것을 의미하고 이것은 앞서 z의 지수항이 시간 정보를 포함하고 있다는 내용과 서로 관련 있는 내용이다. z-변환의 선형성과 시간 이동성은 특히 이산 시불변 시스템을 해석하는데 매우 중요하게 사용되는 성질임을 기억하기 바란다.

(3) z-영역에서의 척도 조절성(Scaling Property)

만약

$$x[n] \overset{Z}{\longleftrightarrow} X(z)\ , \quad ROC\ : r_1 < |z| < r_2$$

이면, 임의의 상수 a 에 대하여

$$a^n x[n] \overset{Z}{\longleftrightarrow} X(a^{-1}z)\ , \quad ROC\ : |a|r_1 < |z| < |a|r_2 \tag{8.16}$$

을 만족한다. 이 성질을 증명하기 위하여 먼저 식 (8.1)의 z-변환 정의를 이용하면

$$\begin{aligned}Z\{a^n x[n]\} &= \sum_{n=-\infty}^{\infty} a^n x[n]z^{-n} \\ &= \sum_{n=-\infty}^{\infty} x[n](a^{-1}z)^{-n} \\ &= X(a^{-1}z)\end{aligned}$$

이 되고 $X(z)$의 수렴 영역이 $r_1<|z|<r_2$ 이므로 $X(a^{-1}z)$ 의 수렴 영역은 $r_1<|a^{-1}z|<r_2$ 또는 $|a|r_1<|z|<|a|r_2$ 이 된다.

예제 8.6 다음 이산 신호의 z-변환을 척도 조절 성질을 이용하여 풀어보자.

$$x[n]=a^n(\cos\omega_0 n)u[n]$$

풀이 식 (8.14)과 식 (8.16)으로부터

$$x[n]=a^n(\cos\omega_0 n)u[n] \overset{Z}{\longleftrightarrow} \frac{1-az^{-1}\cos\omega_0}{1-2az^{-1}\cos\omega_0+a^2z^{-2}},$$
$$ROC: |z|>|a|$$

가 되는 것을 어렵지 않게 알 수 있다.

(4) z-영역에서의 미분

만약 $x[n] \overset{Z}{\longleftrightarrow} X(z)$ 이면,

$$nx[n] \overset{Z}{\longleftrightarrow} -z\frac{dX(z)}{dz} \tag{8.17}$$

을 만족한다. 이 성질은 다음과 같이 증명할 수 있다. z-변환의 정의를 다시 쓰면 다음과 같다.

$$X(z) \equiv \sum_{n=-\infty}^{\infty} x[n]z^{-n} \tag{8.18}$$

식 (8.18)의 양변을 z에 대해 미분하면 다음 식을 얻는다.

$$\frac{dX(z)}{dz}=\sum_{n=-\infty}^{\infty} x[n](-n)z^{-n-1}=-z^{-1}\sum_{n=-\infty}^{\infty} nx[n]z^{-n}$$
$$=-z^{-1}Z\{nx[n]\}$$

여기서는 복소 변수 z에 대한 미분을 단순히 실수 변수의 미분이라고 생각해도 무방함

따라서 $nx[n] \overset{Z}{\longleftrightarrow} -z\frac{dX(z)}{dz}$ 이 만족한다. 이 경우 $x[n]$이나 $nx[n]$의 z-변환은 같은 수렴 영역을 갖는다.

예제 8.7 다음 이산 신호의 z-변환을 구하라.

$$x[n]=na^n u[n]$$

풀이 여기서 $x_1[n]=a^n u[n]$ 이라고 하면 예제 8.4로부터 $x_1[n]$의 z-변환은 다음과 같다.

$$x_1[n]=a^n u[n] \overset{Z}{\longleftrightarrow} X_1(z)=\frac{1}{1-az^{-1}}, \quad ROC : |z|>|a|$$

$x[n]=nx_1[n]$ 이므로 식 (8.17)으로부터

$$\begin{aligned} x[n]=na^n u[n] \overset{Z}{\longleftrightarrow} X(z) &= -z\frac{dX_1(z)}{dz} \\ &= \frac{az^{-1}}{(1-az^{-1})^2}, \quad ROC : |z|>|a| \end{aligned}$$

이 된다. 위의 예제에서 보듯 복잡한 유형의 신호도 z-변환의 성질들을 이용하면 쉽게 그 신호의 z-변환을 구할 수 있다.

(5) 두 신호의 컨벌루션

만약 $x_1[n] \overset{Z}{\longleftrightarrow} X_1(z)$ 이고 $x_2[n] \overset{Z}{\longleftrightarrow} X_2(z)$ 이면

$$x[n]=x_1[n]*x_2[n] \overset{Z}{\longleftrightarrow} X(z)=X_1(z)X_2(z) \qquad (8.19)$$

를 만족한다. 다시 말해서 시간 영역에서 두 이산 신호의 컨벌루션을 z-변환하면 각 신호의 z-변환의 곱으로 표현된다는 것이다. 컨벌루션의 복잡한 연산이 z-영역에서는 단순히 곱 연산만으로 가능하다는 것을 의미하는 것이며 이것은 시스템 해석을 매우 간단하게 해준다. z-변환을 이용하여 시스템을 해석하는 과정은 다음과 같다.

(i) 입력 신호 $x[n]$과 시스템의 임펄스 응답 $h[n]$을 z-영역에서 표현하기 위해 각각 z-변환한다.

$$X(z) = Z\{x[n]\}, \qquad H(z) = Z\{h[n]\}$$

이 경우 $H(z)$를 시스템의 **전달 함수(transfer function)**라고 부른다.

(ii) z-변환된 $X(z)$와 $H(z)$을 곱한다.

$$Y(z) = X(z)H(z)$$

(iii) $Y(z)$의 z-역변환을 구하여 시간 영역에서 신호를 표현하면 시스템의 출력 신호 $y[n]$이 된다.

$$y[n] = Z^{-1}\{Y(z)\}$$

이 과정이 직접 컨벌루션 연산을 수행하는 것보다 계산량이 적다.

이제 식 (8.19)가 성립하는 것을 증명해 보자. 식 (8.19)를 증명하기 위해서는 앞에서 배운 컨벌루션 연산 식을 기억하여야 하며 또한 z-변환의 정의도 기억하는 것이 필요하다. 두 이산 신호 $x_1[n]$과 $x_2[n]$의 컨벌루션은 다음과 같이 정의된다.

$$x[n] = \sum_{k=-\infty}^{\infty} x_1[k]x_2[n-k] \tag{8.20}$$

식 (8.20)의 $x[n]$에 z-변환의 정의 (8.18)을 적용하면

$$X(z) = \sum_{n=-\infty}^{\infty} x[n]z^{-n} = \sum_{n=-\infty}^{\infty} \{\sum_{k=-\infty}^{\infty} x_1[k]x_2[n-k]\}z^{-n} \tag{8.21}$$

이 된다. 식 (8.21)의 우변에서 합의 순서를 바꾸고 z-변환 성질 중의 하나인 시간 이동성을 적용하면 식 (8.22)를 얻을 수 있다. 이 과정은 수학적으로 복잡해 보이지만 z-변환뿐 아니라 라플라스 변환, 푸리에 변환 등에서도 자주 사용되는 기법이므로 잘 기억해 두면 공부할 때 어려움을 덜 수 있으리라 생각된다.

$$X(z)=\sum_{k=-\infty}^{\infty} x_1[k]\ [\sum_{n=-\infty}^{\infty} x_2[n-k]z^{-n}]$$
$$=X_2(z)\sum_{k=-\infty}^{\infty} x_1[k]z^{-k}=X_2(z)X_1(z) \tag{8.22}$$

$x_2[n-k]$의 z-변환은 시간 이동성 성질을 적용하면 쉽게 구할 수 있음

특히 이 책에서는 복잡한 수학을 가급적 피하려 노력하고 있지만 이 장에서 취급하는 z-변환은 신호와 시스템을 해석하기 위한 수학적 도구로 쓰이므로 수학의 이해 없이는 내용을 이해하기가 상당히 어렵다. 하지만 이 책에서는 가급적 복잡한 수학을 피하려 하였고 여기서 언급되는 수학식들은 꼭 필요한 최소의 것이므로 가급적 많이 보고, 많은 연습 문제를 통하여 익숙해지는 것이 바람직하다고 본다.

예제 8.8 입력 신호 $x[n]$과 임펄스 응답 $h[n]$이 다음과 같을 때 시스템의 출력 $y[n]$을 z-변환을 이용하여 구해보자.

$$x[n]=\{1,\ -2,\ 1\}$$
$$h[n]=\begin{cases}1, & 0\le n\le 5\\ 0, & \text{다른 경우}\end{cases}$$

풀이 식 (8.18) z-변환의 정의로부터 $x[n]$과 $h[n]$의 z-변환을 구해 보면 다음과 같다.

$$X(z)=1-2z^{-1}+z^{-2}$$
$$H(z)=1+z^{-1}+z^{-2}+z^{-3}+z^{-4}+z^{-5}$$

그 다음 $X(z)$와 $H(z)$을 곱하여 정리하면

$$\begin{aligned}Y(z)&=X(z)H(z)\\ &=(1-2z^{-1}+z^{-2})(1+z^{-1}+z^{-2}+z^{-3}+z^{-4}+z^{-5})\\ &=1+(1-2)z^{-1}+(1-2+1)z^{-2}+(1-2+1)z^{-3}\\ &\quad+(1-2+1)z^{-4}+(1-2+1)z^{-5}+(-2+1)z^{-6}+z^{-7}\\ &=1-z^{-1}-z^{-6}+z^{-7}\end{aligned} \tag{8.23}$$

이 된다. 이때 두 신호의 컨벌루션 연산과 비교해 보면 위의 과정이 훨씬 간

단하다는 것을 알 수 있다. 식 (8.23)에서 $Y(z)$의 z-역변환을 구하여 시간 영역에서 출력 신호 $y[n]$을 구할 수 있다. 아직 z-역변환을 구하는 과정을 배우지는 않았지만 식 (8.23)를 보면 $y[n]$이 어떤 형태가 되어야 하는지는 어렵지 않게 예측할 수 있다. z-변환에서 z^{-n} 항의 계수는 시각 n에서 신호의 값이라는 것을 앞에서 이미 설명하였다. 다시 말하면 z의 지수항은 신호 샘플의 위치를 알 수 있는 시간 정보를 담고 있다는 것이다. 따라서 식 (8.23)를 시간 영역에서 다시 표현하면 다음과 같이 된다.

$$y[n]=\{1,\ -1,\ 0,\ 0,\ 0,\ 0,\ -1,\ 1\}$$

8.3 z-역변환

z-역변환은 다음 적분을 계산하여 구할 수 있다.

$$x[n]=\frac{1}{2\pi j}\int_c X(z)z^{n-1}dz \tag{8.24}$$

$\int_C$ 는 폐경로(closed contour) C를 따라 z-평면에서 반시계 방향으로 적분하는 것을 의미한다. 이때 경로 C는 $X(z)$의 수렴 영역 내에서만 선택되어야 한다.

z-역변환을 구하는 방법은 이외에도 **멱급수 전개(power series expansion)**를 이용한 방법과 **부분 분수 전개(partial fraction expansion)**를 이용한 방법 등이 있다. 식 (8.24)을 이용한 z-역변환은 복소 함수론에 대한 기본 지식을 필요로 하기 때문에 이 책에서 자세히 다루기에는 다소 어려움이 있다. 따라서 여기서는 멱급수 전개와 부분 분수 전개에 의한 z-역변환을 구하는 방법을 자세히 설명하도록 하겠다.

8.3.1 멱급수 전개에 의한 z-역변환

z-역변환이라는 것은 $X(z)$로부터 시간 영역의 신호 $x[n]$을 다시 구하는 과정을 의미한다. 식 (8.24)을 사용하면 형태에 관계없이 주어진 $X(z)$에 대하

여 $x[n]$을 구할 수 있으나 복잡한 수학적 개념이 필요함으로 이 방법은 가급적 피하고자 한다. 멱급수 전개(power series expansion)를 이용하여 $x[n]$을 구하는 방법은 z-변환의 정의를 이용한다. 즉, $X(z)$가 수렴 영역과 함께 주어졌을 때 z-변환의 정의인 식 (8.18)과 유사하도록 멱급수 형태로 전개시킨다. 이때 멱급수 또한 수렴 영역 안에서 수렴하여야 한다.

$$X(z) = \sum_{n=-\infty}^{\infty} c_n z^{-n} \tag{8.25}$$

수렴 영역과 함께 주어진 z-변환에 대응하는 이산 신호는 하나만 존재하므로 식 (8.25)와 식 (8.18)로부터 모든 n에 대하여 $x[n] = c_n$ 을 만족하여야 한다. $X(z)$가 유리 함수일 경우는 다음 예제와 같이 장제법(long division)을 이용하여 멱급수로 전개된 형태를 찾는다.

예제 8.9 다음 z-변환의 역변환을 구하라.

$$X(z) = \frac{1}{1 - \frac{3}{2}z^{-1} + \frac{1}{2}z^{-2}}$$

(a) 수렴 영역 : $|z| > 1$

(b) 수렴 영역 : $|z| < 0.5$

풀이 (a) 수렴 영역이 원의 외부이므로 $x[n]$이 인과 신호라는 것을 예상할 수 있다. 따라서 전개하려는 멱급수에서는 z에 대한 지수항이 음이 되도록 만들어야 한다. $X(z)$를 다시 쓰면

$$X(z) = \frac{z^2}{z^2 - \frac{3}{2}z + \frac{1}{2}} \tag{8.26}$$

이 되고 장제법을 이용하여 분자를 분모로 나누면 다음과 같이 된다.

$$
\begin{array}{r l}
 & 1+\frac{3}{2}z^{-1}+\frac{7}{4}z^{-2}+\frac{15}{8}z^{-3}+\frac{31}{16}z^{-4}+\cdots \\
\hline
z^2-\frac{3}{2}z+\frac{1}{2} \Big) & z^2 \\
 & \underline{z^2-\frac{3}{2}z+\frac{1}{2}} \\
 & \quad \frac{3}{2}z-\frac{1}{2} \\
 & \quad \underline{\frac{3}{2}z-\frac{9}{4}+\frac{3}{4}z^{-1}} \\
 & \qquad \frac{7}{4}-\frac{3}{4}z^{-1} \\
 & \qquad \underline{\frac{7}{4}-\frac{21}{8}z^{-1}+\frac{7}{8}z^{-2}} \\
 & \qquad\quad \frac{15}{8}z^{-1}-\frac{7}{8}z^{-2} \\
 & \qquad\quad \underline{\frac{15}{8}z^{-1}-\frac{45}{16}z^{-2}+\frac{15}{16}z^{-3}} \\
 & \qquad\qquad \frac{31}{16}z^{-2}-\frac{15}{16}z^{-3}
\end{array}
$$

그러므로 $X(z)$를 다음의 멱급수 형태로 다시 쓸 수 있다.

$$X(z)=1+\frac{3}{2}z^{-1}+\frac{7}{4}z^{-2}+\frac{15}{8}z^{-3}+\frac{31}{16}z^{-4}+\cdots \tag{8.27}$$

z의 지수항은 시간 정보를 포함하고 있기 때문에 식 (8.26)의 z–역변환을 다음과 같이 쉽게 구할 수 있다.

$$x[n]=\{\underset{\uparrow}{1},\ \frac{3}{2},\ \frac{7}{4},\ \frac{15}{8},\ \frac{31}{16},\ \cdots\}$$

(b) 이 경우는 수렴 영역이 원의 내부이다. 따라서 신호는 반인과 신호이고 반인과 신호를 표현하기 위해서는 z의 지수항이 양이 되어야 한다. 장제법을 사용하여 식 (8.26)의 분자를 분모로 나누면 다음과 같이 된다.

$$
\begin{array}{r}
\qquad\qquad 2z^{2}+6z^{3}+14z^{4}+30z^{5}+62z^{6}+\cdots \\
\frac{1}{2}z^{-2}-\frac{3}{2}z^{-1}+1 \overline{)\,1 \qquad\qquad\qquad\qquad\qquad\qquad} \\
\underline{1-3z+2z^{2}} \qquad\qquad\qquad\qquad \\
3z-2z^{2} \qquad\qquad\qquad\qquad \\
\underline{3z-9z^{2}+6z^{3}} \qquad\qquad\qquad \\
7z^{2}-6z^{3} \qquad\qquad\qquad \\
\underline{7z^{2}-21z^{3}+14z^{4}} \qquad\qquad \\
15z^{3}-14z^{4} \qquad\qquad \\
\underline{15z^{3}-45z^{4}+30z^{5}} \\
31z^{4}-30z^{5}
\end{array}
$$

그러므로

$$X(z)=\frac{1}{1-\frac{3}{2}z^{-1}+\frac{1}{2}z^{-2}}=2z^{2}+6z^{3}+14z^{4}+30z^{5}+62z^{6}+\cdots$$

이 되고, 식 (8.18)과 비교해 보면 $x[n]$이 다음과 같이 됨을 알 수 있다.

$$x[n]=\{\cdots,\ 62,\ 30,\ 14,\ 6,\ 2,\ 0,\ \underset{\uparrow}{0}\}$$

이 예제의 경우를 보면 장제법을 이용하면 n의 값이 큰 경우에 $x[n]$의 값을 구하는 것이 매우 번거로움을 알 수 있다. 왜냐하면 그 만큼 나누기를 반복해야 하기 때문이다. 또한 $x[n]$의 값을 직접 구할 수는 있지만 폐쇄형(closed form)으로 표현하는 것이 일반적으로 불가능하다는 것을 알 수 있다. 따라서 멱급수를 이용한 z-역변환을 구하는 방법은 보통 신호의 처음 몇 개의 샘플 값을 구하는데 사용된다.

8.3.2 부분 분수 전개에 의한 z-역변환

z-역변환을 구하는 또 한 가지 방법은 주어진 $X(z)$를 간단한 형태로 나누어 표현한 후 표에서 찾는 방법이다. 즉, $X(z)$를

$$X(z)=a_1X_1(z)+a_2X_2(z)+\cdots+a_KX_K(z) \tag{8.28}$$

와 같이 분해한 후 $X_1(z)$, ⋯, $X_K(z)$의 역변환 $x_1[n]$, ⋯, $x_K[n]$을 표에서 찾는 방법이다. 만약 $X(z)$를 식 (8.28)와 같이 분해할 수 있다면 $X(z)$의 역변환인 $x[n]$은 앞에서 배운 z-변환의 선형성 때문에 다음과 같이 쉽게 구할 수 있다.

$$x[n] = a_1 x_1[n] + a_2 x_2[n] + \cdots + a_K x_K[n] \tag{8.29}$$

이 방법은 $X(z)$가 다음과 같이 유리 함수의 형태로 주어졌을 때 유효하게 사용되며 부분 분수 전개에 의한 z-역변환이라고 부르는 이유도 주어진 유리 함수 형태를 부분 분수 전개법을 이용하여 간단한 형태로 표현하기 때문이다.

$$X(z) = \frac{N(z)}{D(z)} = \frac{b_0 + b_1 z^{-1} + \cdots + b_M z^{-M}}{1 + a_1 z^{-1} + \cdots + a_N z^{-N}} \tag{8.30}$$

예제 8.10 다음 z-변환의 역변환을 부분 분수 전개에 의한 방법으로 구하라.

$$X(z) = \frac{1}{1 - 1.5z^{-1} + 0.5z^{-2}}, \quad ROC : |z| > 1$$

풀이 먼저 분모와 분자에 z^2을 곱해서 z의 지수항이 양의 값이 되도록 한다.

$$X(z) = \frac{z^2}{z^2 - 1.5z + 0.5}$$

$X(z)$의 극점(pole)(주3)을 찾으면 $p_1 = 1$과 $p_2 = 0.5$이다. 따라서 부분 분수로 전개하면

$$X(z) = \frac{z^2}{(z-1)(z-0.5)} = \frac{A_1 z}{z-1} + \frac{A_2 z}{z-0.5} \tag{8.31}$$

이 되고, A_1과 A_2를 구하기 위해 식 (8.31)의 양변에 $(z-1)(z-0.5)$를 곱하면

주3) $X(z)$의 극점(pole)은 $X(z)$의 값을 무한대로 만드는 모든 z의 값으로 정의된다. 반면에 $X(z)$의 영점(zero)은 $X(z)$의 값을 0으로 만드는 모든 z의 값으로 정의된다. 시스템 전달 함수 $H(z)$의 극점과 영점은 시스템 설계(합성) 시 매우 중요하게 활용된다.

$$z^2 = (z - 0.5)A_1 z + (z - 1)A_2 z \tag{8.32}$$

가 되고 A_2가 포함된 항을 없애기 위해 식 (8.32)에 $z = 1$ 을 삽입하면

$$1 = (1 - 0.5)A_1$$

이 되어 $A_1 = 2$ 을 얻게 된다. 다시 식 (8.32)에서 $z = 0.5$ 을 삽입하면 A_2가 포함된 항이 없어지게 되고

$$0.5^2 = (0.5 - 1)A_2(0.5)$$

가 되어 $A_1 = -1$ 의 값을 얻게 된다. 따라서 부분 분수 전개한 결과는

$$X(z) = \frac{2z}{z-1} - \frac{z}{z-0.5} \tag{8.33}$$

이 된다. 이제 주어진 수렴 영역 $|z| > 1$ 에 대하여 표 8-1에서 식 (8.33)의 각 항에 대한 역변환을 찾으면

$$x[n] = 2u[n] - (0.5)^n u[n]$$

이 된다.

〈표 8-1〉 주요 신호의 z-변환

$x[n],\ n \geq 0$	$X(z)$	수렴 영역 $\|z\| > R$
1. $\delta[n]$	1	0
2. $\delta[n-m]$	z^{-m}	0
3. $u[n]$	$\frac{z}{z-1}$	1
4. n	$\frac{z}{(z-1)^2}$	1
5. n^2	$\frac{z(z+1)}{(z-1)^3}$	1
6. a^n	$\frac{z}{z-a}$	$\|a\|$
7. $n a^n$	$\frac{az}{(z-a)^2}$	$\|a\|$
8. $(n+1)a^n$	$\frac{z^2}{(z-a)^2}$	$\|a\|$
9. $\frac{(n+1)(n+2)\cdots(n+m)a^n}{m!}$	$\frac{z^{m+1}}{(z-a)^{m+1}}$	$\|a\|$
10. $\cos\omega_0 n$	$\frac{z(z-\cos\omega_0)}{(z^2-2z\cos\omega_0+1)}$	1
11. $\sin\omega_0 n$	$\frac{z\sin\omega_0}{(z^2-2z\cos\omega_0+1)}$	1
12. $a^n\cos\omega_0 n$	$\frac{z(z-a\cos\omega_0)}{(z^2-2za\cos\omega_0+a^2)}$	$\|a\|$
13. $a^n\sin\omega_0 n$	$\frac{za\sin\omega_0}{(z^2-2za\cos\omega_0+a^2)}$	$\|a\|$
14. $\exp[-anT]$	$\frac{z}{z-\exp[-aT]}$	$\|\exp[-aT]\|$
15. nT	$\frac{Tz}{(z-1)^2}$	1
16. $nT\exp[-anT]$	$\frac{Tz\exp[-aT]}{[z-\exp[-aT]]^2}$	$\|\exp[-aT]\|$
17. $\cos n\omega_0 T$	$\frac{z(z-\cos\omega_0 T)}{z^2-2z\cos\omega_0 T+1}$	1
18. $\sin n\omega_0 T$	$\frac{z\sin\omega_0 T}{z^2-2z\cos\omega_0 T+1}$	1
19. $\exp[-anT]\cos n\omega_0 T$	$\frac{z[z-\exp[-aT]\cos\omega_0 T]}{z^2-2z\exp[-aT]\cos\omega_0 T+\exp[-2aT]}$	$\|\exp[-aT]\|$
20. $\exp[-anT]\sin n\omega_0 T$	$\frac{z[z-\exp[-aT]\sin\omega_0 T]}{z^2-2z\exp[-aT]\cos\omega_0 T+\exp[-2aT]}$	$\|\exp[-aT]\|$

8.4 단방향 z-변환

앞에서 배운 z-변환은 대응하는 신호가 모든 시간 영역$(-\infty < n < \infty)$에서 정의되었다. 그러나 신호가 인과 신호일 경우, 즉 $n \geq 0$일 경우에만 신호

가 존재할 경우 z-변환을 다음과 같이 정의할 수 있다.

$$X^{+}(z) = \sum_{n=0}^{\infty} x[n] z^{-n} \tag{8.34}$$

앞에서 배운 z-변환을 양방향(bilateral) z-변환이라고 부르는 것에 반해 식 (8.34)에서 정의된 형태를 단방향(unilateral) z-변환이라고 부른다. 또한 양방향 z-변환과 구분하기 위해 $X^{+}(z)$의 기호를 사용한다. 경우에 따라서는 $Z^{+}\{x[n]\}$ 또는

$$x[n] \overset{Z^{+}}{\longleftrightarrow} X^{+}(z)$$

의 기호를 사용하기도 한다. 단방향 z-변환을 이용하면 앞에서 배운 차분 방정식을 쉽게 풀 수 있다.

8.4.1 단방향 z-변환의 성질

단방향 z-변환을 정의하는 식 (8.34)를 보면 $x[n]$에 대하여 음의 시간에 대한 정보를 포함하지 않고 있기 때문에 인과 신호에 대해서만 유일하게 존재하고 $x[n]$의 단방향 z-변환은 일반적으로 $x[n]u[n]$의 양방향 z-변환과 동일한 값을 갖는다. 또한 $x[n]u[n]$이 인과 신호이므로 $X^{+}(z)$의 수렴 영역은 복소평면에서 반드시 원의 외부가 된다는 것을 상기할 필요가 있다. 따라서 단방향 z-변환을 설명할 경우는 수렴 영역을 특별히 언급할 필요가 없다.

예제 8.11 다음 신호의 단방향 z-변환을 구하라.

(a) $x_1[n] = \{\underset{\uparrow}{1}, 2, 3, 4, 0, 2\}$

(b) $x_2[n] = \{1, 2, \underset{\uparrow}{3}, 4, 0, 2\}$

(c) $x_3[n] = \{7, 8, \underset{\uparrow}{3}, 4, 0, 2\}$

(d) $x_4[n] = \delta[n-k],\ k > 0$

(e) $x_5[n] = \delta[n+k],\ k > 0$

풀이 식 (8.34)의 정의로부터

(a) $X_1^{+}(z) = 1 + 2z^{-1} + 3z^{-2} + 4z^{-3} + 2z^{-5}$

(b) $X_2^+(z) = 3 + 4z^{-1} + 2z^{-3}$

(c) $X_3^+(z) = 3 + 4z^{-1} + 2z^{-3}$

(d) $X_4^+(z) = z^{-k}$ (e) $X_5^+(z) = 0$

인과 신호가 아닌 경우에는 앞에서 언급한 바와 같이 단방향 z-변환이 유일하게 결정되지 않는다. 이 예제에서 보면 $x_2[n] \neq x_3[n]$ 이지만 $X_2(z) = X_3(z)$임을 알 수 있다. 양방향 z-변환의 성질과 단방향 z-변환의 성질은 시간 이동성을 제외하고는 거의 같다.

● 시간 이동성(Shifting Property)

(i) 시간 지연(Time Delay)

만약 $x[n] \xleftrightarrow{Z^+} X^+(z)$ 이면

$$x[n-k] \xleftrightarrow{Z^+} z^{-k}\left[X^+(z) + \sum_{n=1}^{k} x[-n]z^n\right], \quad k > 0 \qquad (8.35)$$

이다. 만약 $x[n]$이 인과 신호일 경우, 즉 $x[n] = 0,\ n < 0$ 인 경우는

$$x[n-k] \xleftrightarrow{Z^+} z^{-k}X^+(z)$$

가 된다. 이 성질의 증명은 다음과 같다. z-변환 성질의 증명은 항상 정의에서 시작한다.

$$\begin{aligned} Z^+\{x[n-k]\} &= \sum_{n=0}^{\infty} x[n-k]z^{-n} \\ &= \sum_{l=-k}^{\infty} x[l]z^{-(k+l)} \\ &= z^{-k}\left[\sum_{l=0}^{\infty} x[l]z^{-l} + \sum_{l=-k}^{-1} x[l]z^{-l}\right] \\ &= z^{-k}\left[X^+(z) + \sum_{n=1}^{k} x[-n]z^n\right] \end{aligned}$$

단방향 z-변환의 시간 이동성을 이해하기 위해서는 식 (8.35)를 다음과 같

이 쓸 필요가 있다.

$$Z^{+}\{x[n-k]\} = \{x[-k]+x[-k+1]z^{-1}+\cdots+x[-1]z^{-k+1}\} \\ +z^{-k}X^{+}(z), \quad k>0 \tag{8.36}$$

즉, $x[n]$으로부터 $x[n-k]$를 얻기 위해서는 $x[n]$을 k 샘플만큼 오른쪽으로 이동하여야 하며 따라서 k개의 새로운 샘플, $x[-k]$, $x[-k+1]$, $\cdots$, $x[-1]$이 양의 시간을 채우게 된다. 식 (8.36)의 처음 항들이 바로 이 성분들을 의미한다.

(ii) 시간 선행(Time Advance)

만약 $x[n] \overset{Z^{+}}{\longleftrightarrow} X^{+}(z)$ 이면

$$x[n+k] \overset{Z^{+}}{\longleftrightarrow} z^{k}[X^{+}(z) - \sum_{n=0}^{k-1} x[n]z^{-n}], \quad k>0 \tag{8.37}$$

가 된다. 증명은 시간 지연의 경우와 유사하게 할 수 있다.

8.4.2 단방향 z-변환을 이용한 차분 방정식의 풀이

단방향 z-변환을 이용하면 앞 절에서 배운 시간 이동성 때문에 초기 조건이 0이 아닌 차분 방정식을 쉽게 풀 수 있다. 먼저 주어진 차분 방정식의 z-변환식을 구하고, 구하고자 하는 출력의 z-변환을 찾아낸다. 시간 영역에서의 출력을 구하려면 찾아낸 z-변환을 역변환하면 된다.

예제 8.12 다음 차분 방정식으로 표현되는 이산 시스템이 있다. 시스템의 출력 $y[n]$을 구해보자.

$$y[n] - \frac{1}{2}y[n-1] = \delta[n], \quad y[-1]=3 \tag{8.38}$$

풀이 주어진 차분 방정식의 출력 $y[n]$은 3장에서 배운 차분 방정식의 풀이법을 이용해도 구할 수 있다. 여기서는 z-변환을 이용하여 차분 방정식을 풀어 보자. 먼저 식 (8.38)의 차분 방정식 양변에 단방향 z-변환을 취하면

다음과 같다.

$$Z^{+}\{y[n]-\frac{1}{2}y[n-1]\}=Z^{+}\{\delta[n]\} \tag{8.39}$$

식 (8.39)의 좌변에 단방향 z-변환의 선형성과 시간 이동성을 적용하면

$$Y^{+}(z)-\frac{1}{2}z^{-1}[Y^{+}(z)+y[-1]z]=1 \tag{8.40}$$

이 되고, 식 (8.40)에 주어진 초기 조건 $y[-1]=3$을 삽입하고 다시 정렬하면

$$Y^{+}(z)=\frac{\frac{5}{2}}{1-\frac{1}{2}z^{-1}}=\frac{5}{2}\frac{z}{z-\frac{1}{2}}$$

$$Y^{+}(z)\left(1-\frac{1}{2}z^{-1}\right)-\frac{3}{2}=1$$
$$Y^{+}(z)\left(1-\frac{1}{2}z^{-1}\right)=\frac{5}{2}$$
$$\therefore Y^{+}(z)=\frac{\frac{5}{2}}{1-\frac{1}{2}z^{-1}}$$

가 된다. 표 8.1로부터 $Y^{+}(z)$의 역변환을 찾으면

$$y[n]=\frac{5}{2}\left(\frac{1}{2}\right)^{n}, \quad n\geq 0$$

이 된다. 이 결과는 물론 차분 방정식의 풀이법을 이용하였을 때와 같다.

예제 8.13 다음 차분 방정식을 풀어라.

$$y[n+2]-y[n+1]+\frac{2}{9}y[n]=u[n], \quad y[1]=1, \quad y[0]=1 \tag{8.41}$$

풀이 식 (8.37)의 단방향 z-변환의 시간 선행 성질을 이용하여 식 (8.41)의 양변에 단방향 z-변환을 취하면

$$z^{2}[Y^{+}(z)-y[0]-y[1]z^{-1}]-z[Y^{+}(z)-y[0]]+\frac{2}{9}Y^{+}(z)=X^{+}(z)$$

이 되고, 표 8.1로부터 $X^{+}(z)=\frac{z}{(z-1)}$ 이므로 주어진 초기 조건을 이용하면

$x[n]=u[n]$이므로 $X^{+}(z)=\frac{z}{(z-1)}$이 됨

$$\left(z^2-z+\frac{2}{9}\right)Y^+(z)=\frac{z}{z-1}+z^2=z\left\{\frac{z^2-z+1}{z-1}\right\}$$

이 된다. 다시 정렬하면

$$Y^+(z)=z\frac{z^2-z+1}{(z-1)\left(z-\frac{1}{3}\right)\left(z-\frac{2}{3}\right)}$$

$z^2-z+\frac{2}{9}=\left(z-\frac{1}{3}\right)\left(z-\frac{2}{3}\right)$로 인수분해가 됨

이 된다. 앞에서 배운 부분 분수 전개에 의한 역변환 방법을 이용하면 $y[n]$을 어렵지 않게 구할 수 있다.

$$Y^+(z)=z\left[\frac{\frac{9}{2}}{z-1}+\frac{\frac{7}{2}}{z-\frac{1}{3}}-\frac{7}{z-\frac{2}{3}}\right]$$

가 되고, 다시 표 8.1을 이용하면

$$y[n]=\frac{9}{2}u[n]+\frac{7}{2}\left(\frac{1}{3}\right)^n u[n]-7\left(\frac{2}{3}\right)^n u[n]$$

이 되는 것을 알 수 있다.

위 예제와 같이 z-변환을 이용하여 차분 방정식을 푸는 것이 직접 푸는 방법보다 훨씬 간단하다는 것을 알 수 있다.

8.5 z-영역에서의 선형 시불변 시스템의 특성

8.5.1 z-변환의 극점과 영점의 정의

대부분의 z-변환은 분모, 분자가 모두 z^{-1}(또는 z)에 대한 다항식으로 구성된 유리 함수의 형태를 한다. 유리 함수로 표현되는 $X(z)$에서 $X(z)=0$이 되는 z의 모든 값을 영점(zero)으로 정의한다. 반대로 $X(z)=\infty$가 되는 z의 값을 극점(pole)이라고 정의한다. $X(z)$는 분모와 분자가 모두 z^{-1}의 다항식으로 이루어진 유리 함수라고 가정하자.

$$X(z)=\frac{b_0+b_1z^{-1}+\cdots+b_Mz^{-M}}{a_0+a_1z^{-1}+\cdots+a_Nz^{-N}}=\frac{\sum_{k=0}^{M}b_kz^{-k}}{\sum_{k=0}^{N}a_kz^{-k}} \tag{8.42}$$

만약 a_0와 b_0가 0이 아니라고 하면 식 (8.42)의 분모와 분자에 각각 $(1/b_0)z^M$과 $(1/a_0)z^M$을 곱하여 다음 식을 얻을 수 있다.

$$X(z)=\frac{b_0z^{-M}}{a_0z^{-N}}\frac{z^M+(b_1/b_0)z^{M-1}+\cdots+b_M/b_0}{z^N+(a_1/a_0)z^{N-1}+\cdots+a_N/a_0} \tag{8.43}$$

식 (8.43)의 분모와 분자를 z에 대해 각각 인수 분해하면 다음과 같다.

$$X(z)=\frac{b_0}{a_0}z^{N-M}\frac{(z-z_1)(z-z_2)\cdots(z-z_M)}{(z-p_1)(z-p_2)\cdots(z-p_N)} \tag{8.44}$$

이제 식 (8.44)에서 영점과 극점을 구해 보자. $X(z)=0$을 만족시키는 z의 값을 구하면 $z=z_1, z_2, \cdots, z_M$이 되고 따라서 M개의 영점이 존재한다. 마찬가지로 $X(z)=\infty$을 만족시키는 z의 값으로는 $z=p_1, p_2, \cdots, p_N$ 등이 존재하고 N개의 극점이 된다. 이외에도 z^{N-M} 항 때문에 $(N-M)$이 양수이면 $z=0$에서 $|N-M|$개의 영점이, $(N-M)$이 음수이면 $|N-M|$개의 극점이 더 존재한다. 이렇게 구한 극점과 영점은 복소평면에 그 위치(pole-zero plot)를 나타낼 수 있다. 이때 극점은 ×사용해서, 영점은 ○를 사용해서 그 위치를 표시하게 된다. 주어진 z-변환의 영점과 극점의 개수는 항상 같고 분모나 분자의 다항식 중에서 높은 차수와 같게 된다.

예제 8.14 다음 이산 신호의 극점과 영점을 복소평면에 그려라.

$$y(n)=2^n u(n)$$

풀이 z-변환 정의를 이용하면

$$X(z)=\frac{1}{1-2z^{-1}}=\frac{z}{z-2},\quad ROC: |z|>2$$

이 되고 $X(z)$는 $z=0$에서 한 개의 영점과 $z=2$에서 한 개의 극점을 갖는다. 극점과 영점을 복소평면에 그리면 그림 8-5와 같다. 극점에서는 $X(z)=\infty$가 됨으로 수렴 영역 내에는 극점이 존재할 수 없다는 것을 기억하자.

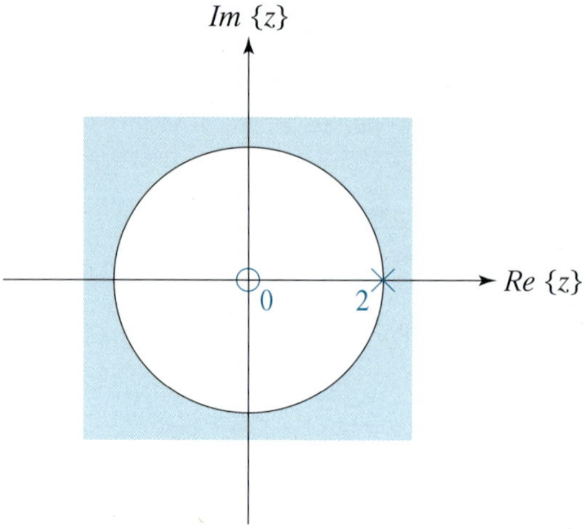

[그림 8-5] 예제 8.14의 영점과 극점

8.5.2 시스템 전달 함수와 극점, 영점과의 관계

입력 신호를 알 경우 선형 시불변 시스템의 출력 신호는 입력 신호와 시스템의 임펄스 응답과의 컨벌루션 합 연산인 식 (8.45)로 구할 수 있다고 했다.

$$y(n)=\sum_{k=-\infty}^{\infty} x(k)h(n-k)=x(n)*h(n) \tag{8.45}$$

또한 앞에서 공부한 z-변환의 성질을 이용하면 컨벌루션 연산을 곱 연산으로 바꿀 수 있다.

$$Y(z)=X(z)H(z) \tag{8.46}$$

여기서 $Y(z)$와 $X(z)$는 각각 출력 신호 $y(n)$과 입력 신호 $x(n)$의 z-변환이고, $H(z)$는 시스템의 임펄스 응답 $h(n)$의 z-변환이다. 이때 $H(z)$를 시스템의 전달 함수라고 정의했고 식 (8.47)로 표현할 수 있다.

$$H(z) = \frac{Y(z)}{X(z)} \tag{8.47}$$

일반적으로 입력 신호를 알 때 시스템의 임펄스 응답도 알고 있다면 바로 출력 신호를 구할 수 있다. 또한 전달 함수는 임펄스 응답의 z-변환임으로 전달 함수를 알고 있어도 역시 시스템을 해석할 수 있다. 전달 함수도 z-변환의 형태이므로 그 특성은 극점과 영점에 따라 결정되고 따라서 결국은 전달 함수의 영점과 극점이 시스템의 특성을 결정한다. 극점과 영점의 특성만 가지고도 우리가 원하는 시스템을 설계(합성)할 수 있는 이유이기도 하다.

여기서는 2장에서 배운 N차 상계수 차분 방정식으로 표현되는 선형 시불변 시스템의 전달 함수를 구해 보자. 차수가 N인 상계수 차분 방정식은 다음과 같다.

$$y(n) = -\sum_{k=1}^{N} a_k y(n-k) + \sum_{k=0}^{M} b_k x(n-k) \tag{8.48}$$

이 시스템의 전달 함수를 구하기 위해서는 먼저 식 (8.48)의 양변에 z-변환을 취한다. 그리고 앞에서 배운 시간 이동성을 이용하면 다음 관계식을 얻을 수 있다.

$$Y(z) = -\sum_{k=1}^{N} a_k Y(z) z^{-k} + \sum_{k=0}^{M} b_k X(z) z^{-k} \tag{8.49}$$

식 (8.49)의 우변의 첫 번째 항을 좌변으로 넘겨 정리하면 다음 관계를 유도할 수 있다.

$$H(z) = \frac{Y(z)}{X(z)} = \frac{\sum_{k=0}^{M} b_k z^{-k}}{1 + \sum_{k=1}^{N} a_k z^{-k}} \tag{8.50}$$

상계수 차분 방정식의 전달 함수도 분모와 분자가 모두 z^{-1}의 다항식으로 표현되는 유리 함수의 형태가 되는 것을 알 수 있다. 식 (8.50)의 전달 함수에서 a_k와 b_k의 값에 따라 영점과 극점이 결정된다. 여기서 영점과 극점의 존재 유무에 따라 영점만 갖는 시스템, 극점만 갖는 시스템, 영점과 극점이 모두 존재하는 시스템으로 시스템을 분류할 수 있다.

(1) 영점만 갖는 시스템

만약 $1 \le k \le N$에 대해서 $a_k = 0$이면 식 (8.50)은 분모의 두 번째 합 성분이 모두 0이 되어

$$\begin{aligned} H(z) &= \sum_{k=0}^{M} b_k z^{-k} \\ &= \frac{1}{z^M} \sum_{k=0}^{M} b_k z^{M-k} \end{aligned} \tag{8.51}$$

이 되고, M개의 영점만이 존재한다. 이때 $z=0$에 존재하는 극점을 무시하면 영점만 존재하게 되므로 이러한 시스템을 **영점만 갖는 시스템(all zero system)**이라고 정의한다. 대응하는 임펄스 응답을 구해보면 유한한 구간에서만 값을 갖게 되므로 당연히 이 시스템은 FIR 시스템이 된다.

(2) 극점만 갖는 시스템

만약 $1 \le k \le M$에 대해서 $b_k = 0$이라면 식 (8.50)은 분자 항이 모두 0이 되고 b_0만 남게 되므로

$$\begin{aligned} H(z) &= \frac{b_0}{1 + \sum_{k=1}^{N} a_k z^{-k}} \\ &= b_0 \frac{z^N}{\sum_{k=0}^{N} a_k z^{N-k}} \quad a_0 \equiv 0 \end{aligned} \tag{8.52}$$

이 되고 마찬가지로 $z=0$에서의 영점을 무시한다면 N개의 극점만을 갖게 된다. 따라서 이러한 시스템을 **극점만 갖는 시스템(all pole system)**이라고 정의한다. 여기서 중요한 것은 극점의 존재이다. 극점이 존재하는 이유는 시스템이 재귀적이라는 의미를 갖는 것이다. 즉, 과거의 출력 신호 성분이 피드백되어 다시 입력으로 사용된 것이다. 따라서 이 시스템은 IIR 시스템이 된다. 위의 두 시스템을 비교해 보면 영점만 존재하는 시스템은 FIR 시스템

이 되고 극점만 존재하는 시스템은 IIR 시스템이 된다는 사실을 알 수 있다.

(3) 영점과 극점을 모두 갖는 시스템

a_k와 b_k가 모두 0이 아니라면 식 (8.50)에는 영점과 극점이 동시에 존재한다. 이런 시스템을 **영점과 극점을 모두 갖는 시스템(pole-zero system)**으로 정의하고, 일반적으로 N개의 극점과 M개의 영점이 존재한다. 물론 0과 무한대에서의 영점과 극점은 모두 무시하였다. 극점의 존재 때문에 이 시스템도 IIR 시스템이 된다.

예제 8.15 다음 차분 방정식으로 표현되는 시스템의 전달 함수를 구하고, 극점과 영점을 구하여라. 또 전달 함수를 z-역변환하여 시스템의 임펄스 응답을 구하라.

$$y(n) = \frac{1}{3}y(n-1) + 3x(n)$$

풀이 주어진 차분 방정식을 z-변환하면

$$Y(z) = \frac{1}{3}z^{-1}Y(z) + 3X(z)$$

이 되고 따라서 전달 함수는 다음과 같다.

$$H(z) = \frac{Y(z)}{X(z)} = \frac{3}{1-\frac{1}{3}z^{-1}}$$

이 시스템은 $z=\frac{1}{3}$에서 극점을 갖고 $z=0$에서 영점을 갖는다. 따라서 시스템은 위에서 설명한 두 번째 모델이 되어 극점만 갖는 IIR 시스템이 된다. 임펄스 응답을 구하려면 $H(z)$의 z-역변환을 구해야 한다. 표 8-1를 이용하면 $H(z)$의 z-역변환을 다음과 같이 구할 수 있다.

$$h(n) = 3\left(\frac{1}{3}\right)^n u(n)$$

예상한 대로 시스템은 무한 구간에서 0이 아닌 값을 갖는 IIR 시스템이 된다.

예제 8.16 다음 전달 함수를 갖는 시스템의 차분 방정식을 구하라.

$$H(z) = \frac{5z + 2}{z^2 + 3z + 2}$$

풀이 $H(z)$를 z^{-1}의 다항식의 비로 다시 표현하면

$$H(z) = \frac{5z^{-1} + 2z^{-2}}{1 + 3z^{-1} + 2z^{-2}}$$

가 되고 식 (8.49)와 식 (8.50)을 참고하면 시스템의 차분 방정식은 다음과 같이 된다.

$$y[n] + 3y[n-1] + 2y[n-2] = 5x[n-1] + 2x[n-2]$$

8.5.3 시스템의 안정도와 인과성 조건

선형 시불변 시스템이 인과적이라면 임펄스 응답은 다음 조건을 만족한다.

$$h[n] = 0, \quad n < 0$$

이 경우 $h[n]$이 시스템의 임펄스 응답이 아니고 단지 이산 신호라고 생각한다면 인과적 신호(causal sequence)로 생각할 수 있다. 인과적 신호의 z-변환 수렴 영역은 원의 외부가 된다는 것을 이미 앞에서 설명하였다. 결과적으로 선형 시불변 시스템에서 임펄스 응답의 z-변환인 전달 함수의 수렴 영역이 반지름 $r(r < \infty)$인 원의 외부가 된다면 그 시스템은 반드시 인과적이 된다. 다시 말하면 인과적 시스템의 전달 함수는 그 수렴 영역이 반드시 원의 외부가 되어야 한다는 것이다.

선형 시불변 시스템의 안정도도 시스템의 전달 함수를 가지고 설명할 수 있다. 3.2절에서 이미 설명한 바와 같이 입력이 유한할 때 출력도 유한하다면 이 때 시스템은 BIBO(Bounded Input Bounded Output) 안정이라고 부른다. 즉, 모든 n에 대하여 유한한 값 M_x와 M_y가 존재하고

$$|x[n]| \le M_x < \infty, \quad |y[n]| \le M_y < \infty \tag{8.53}$$

가 만족되면 시스템은 BIBO 안정하다고 말한다. 여기서 식 (8.53)의 BIBO 안정도 조건을 시스템의 임펄스 응답에 대한 조건으로 바꾸어 보자. 먼저 시스템의 입출력 관계를 컨벌루션 합의 형태로 표현하면

$$y[n]=\sum_{k=-\infty}^{\infty} h[k]x[n-k]$$

가 되고 이 방정식의 양변에 절댓값을 취하면

$$\begin{aligned}|y[n]| &= \left|\sum_{k=-\infty}^{\infty} h[k]x[n-k]\right| \\ &\le \sum_{k=-\infty}^{\infty} |h[k]||x[n-k]| \\ &\le M_k \sum_{k=-\infty}^{\infty} |h[k]|\end{aligned} \tag{8.54}$$

을 만족한다. 따라서 식 (8.54)로부터 시스템의 임펄스 응답이 다음 관계를 만족하여야 출력이 유한한 값을 가지게 된다.

$$\sum_{k=-\infty}^{\infty} |h[k]| < \infty \tag{8.55}$$

다시 말해서 선형 시불변 시스템이 BIBO 안정하기 위한 필요 충분 조건은 바로 식 (8.55)가 되는 것이다. 한편, 이 조건은 $H(z)$가 단위원을 수렴 영역 안에 포함한다는 것을 의미하기도 한다. 왜냐하면 z–변환의 정의로부터

$$H(z)=\sum_{n=-\infty}^{\infty} h[n]z^{-n}$$

이고 양변에 절댓값을 취하면

$$|H(z)| \le \sum_{n=-\infty}^{\infty} \left|h[n]z^{-n}\right| = \sum_{n=-\infty}^{\infty} |h[n]|\left|z^{-n}\right| \tag{8.56}$$

이 된다. 식 (8.56)을 복소평면 상의 단위원(즉, $|z|=1$) 상에서 구하면 다음과 같이 된다.

$$|H(z)| \le \sum_{n=-\infty}^{\infty} |h[n]|$$ ---- $|z| = 1$이면 $|z^{-n}| = 1$을 만족함

따라서 시스템이 BIBO 안정하려면 반드시 $H(z)$의 수렴 영역 안에 단위원이 포함되어야 하고, 그 역도 성립한다. 결론적으로 말하면 선형 시불변 시스템이 BIBO 안정하기 위한 필요 충분 조건은 시스템의 전달 함수 $H(z)$의 수렴 영역 안에 반드시 단위원이 포함되어야 하는 것이다. 시스템이 인과적이며 동시에 안정하다면 전달 함수의 수렴 영역은 원의 외부이면서 수렴 영역 안에 단위원을 포함하여야 함으로 그림 8-6(a)와 같이 된다. 반면에 인과적이지만 안정하지 못한 경우는 수렴 영역이 원의 외부이면서 수렴 영역 내부에 단위원을 포함하지 않아야 하므로 그림 8-6(b)와 같이 된다.

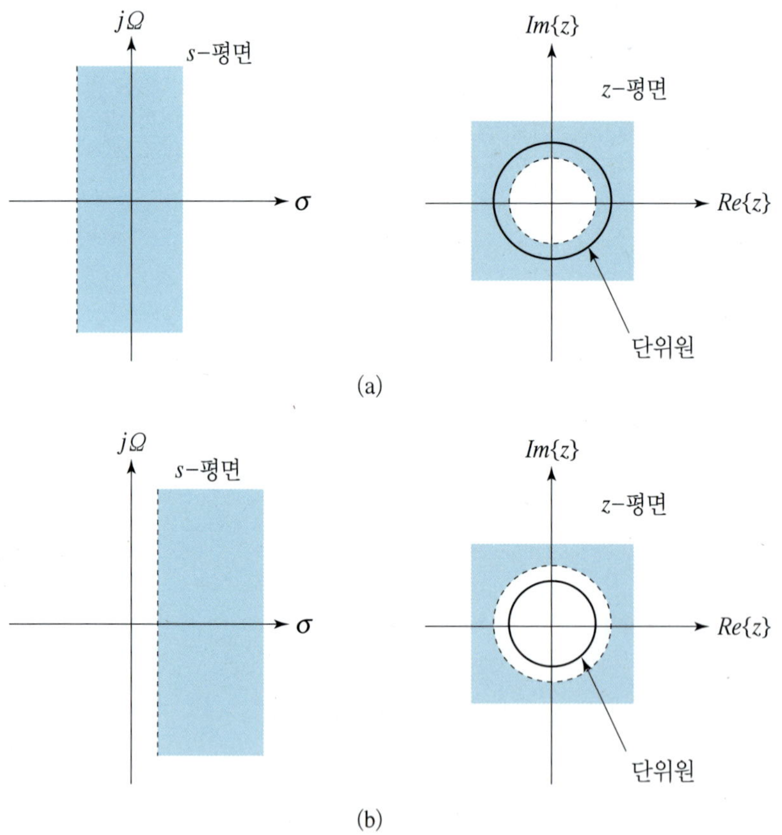

[그림 8-6] 연속 및 이산 시스템의 성질과 수렴 영역과의 관계 (a) 안정 인과적 시스템 (b) 비안정 인과적 시스템 (인과 시스템의 수렴 영역은 s-영역의 오른쪽 부분 또는 원의 외부이고 안정 시스템의 수렴 영역은 $s = j\Omega$ 또는 단위원을 포함함)

Matlab 예제 8.1 이산 시스템의 전달 함수가 다음과 같을 때, 이 시스템의 극점과 영점을 Matlab을 사용하여 복소평면에 나타내보자.

$$X(z) = \frac{1}{1 - 1.5z^{-1} + 0.5z^{-2}}$$

풀이

Matlab 코드

```
n=0:40;
num=[1 0 0];
den=[1 -1.5 0.5];

figure(1)
zplane(num,den);
```

Matlab 결과

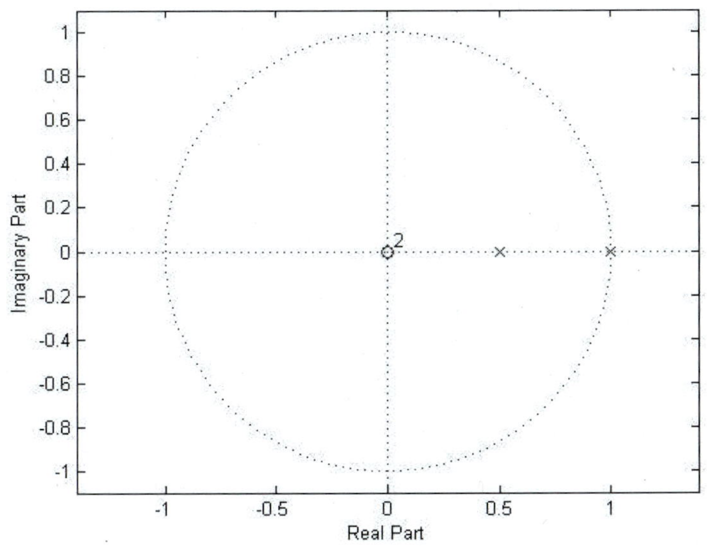

연 / 습 / 문 / 제

8-1 다음 신호의 z-변환을 구하라.

$$x[n] = \{5,\ 0,\ 0,\ 0,\ 0,\ \underset{\uparrow}{4},\ 2,\ -3\}$$

8-2 다음 이산 신호들에 대해서 z-변환과 수렴 영역을 구하라.

(a) $x[n] = (-2)^n u[-n-1]$

(b) $x[n] = \begin{cases} \left(\frac{1}{5}\right)^n, & n \geq 0 \\ 5^n, & n < 0 \end{cases}$

(c) $x[n] = 3\delta[n] - 3^n u[n]$

8-3 어떤 이산 신호 $x[n]$의 z-변환이 아래와 같다.

$$X(z) = \frac{z^3 + 4z^2 - \frac{11}{6}}{z^3 + \frac{7}{6}z^2 - \frac{3}{2}z + \frac{1}{3}}$$

(a) $X(z)$의 영점과 극점의 위치를 그려라.

(b) 수렴 영역이 다음과 같을 때 $x[n]$을 구하라.

(i) $|z| < \frac{1}{3}$ (ii) $|z| > 2$

8-4 z-변환의 성질을 이용하여 다음 인과 신호들의 z-변환 $X(z)$를 구하라.

(a) $x[n] = \left\{ n\left(\frac{1}{3}\right)^n + (n-1)\left(\frac{1}{4}\right)^n \right\} u[n]$

(b) $x[n] = \delta[n-2] + nu[n]$

8-5 장제법(long division)을 이용하여, 다음 z-변환의 역변환을 구하라.

$$X(z) = \frac{1 + 2z^{-1}}{1 - 2z^{-1} + z^{-2}}$$

(a) $x[n]$이 인과 신호인 경우

(b) $x[n]$이 반인과 신호인 경우

8-6 다음 z-변환의 역변환을 (i) 멱급수 전개와 (ii) 부분 분수 전개 방법으로 구하라. 주어진 이산 신호는 인과 신호라고 가정하자.

(a) $X(z)=\dfrac{1+\frac{1}{2}z^{-1}}{1-\frac{3}{4}z^{-1}+\frac{1}{8}z^{-2}}$

(b) $X(z)=\dfrac{z(z+2)}{z^2+4z+3}$

8-7 다음 인과 이산 신호의 컨벌루션을 z-변환을 이용하여 구하라.

(a) $h[n]=\left(\frac{1}{2}\right)^n,\quad x[n]=\begin{cases}1, & 0\le n\le 10\\ 0, & \text{다른 경우}\end{cases}$

(b) $h[n]=\{1,\ -1,\ \underset{\uparrow}{2},\ -1,\ 1\},\qquad x[n]=\{\underset{\uparrow}{1},\ 0,\ -2,\ -3\}$

8-8 단방향 z-변환을 이용해서, 시간 영역에서 주어진 두 신호의 컨벌루션을 구하라.

(a) $x_1[n]=\left(\frac{1}{2}\right)^n u[n],\quad x_2[n]=\left(\frac{1}{3}\right)^n u[n]$

(b) $x_1[n]=\{1,\ 1,\ 1,\ 1,\ 1\},\quad x_2=\{1,\ 1,\ 1\}$

8-9 z-변환을 이용하여 다음 차분 방정식을 풀어라.

(a) $y[n]-y[n-1]+y[n-2]=x[n]$

$y[-1]=1,\ y[-2]=0,\ x[n]=\left(\frac{1}{2}\right)^n u[n]$

(b) $y[n]-\frac{1}{6}y[n-1]-\frac{1}{6}y[n-2]=x[n]-\frac{1}{2}x[n-1]$

$y[-1]=1,\ y[-2]=0,\ x[n]=\left(\frac{1}{3}\right)^n u[n]$

8-10 (a) 입력 $x[n]=u[n]+\left(-\frac{1}{2}\right)^n u[n]$이 선형 인과 시불변 시스템에 가해졌을 때, 출력이 아래와 같다.

$$y[n]=6\left(-\frac{1}{4}\right)^n u[n]-6\left(-\frac{1}{3}\right)^n u[n]$$

시스템의 전달 함수를 구하라.

(b) 시스템을 차분 방정식으로 표현하라.

8-11 그림 P8.1에 주어진 시스템의 전달 함수를 구하라.

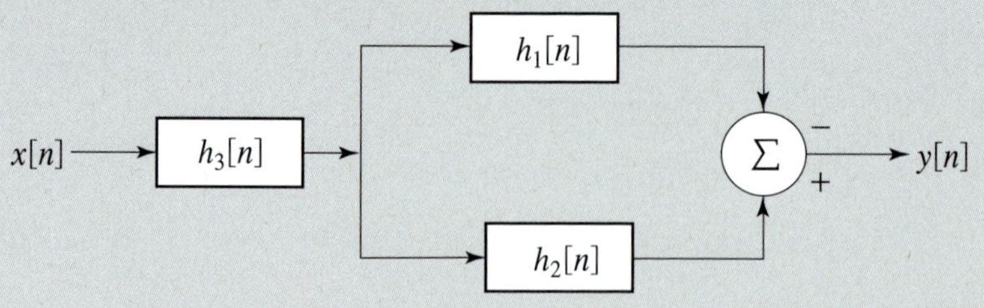

[그림 P8.1]

$$h_1[n] = (n-1)\,u[n]$$
$$h_2[n] = \delta[n] + nu[n-1] + \delta[n-2]$$
$$h_3[n] = \left(\frac{1}{2}\right)^n u[n]$$

CHAPTER

09

디지털 필터의 기초

단 / 원 / 개 / 요

디지털 필터는 신호 및 시스템의 응용분야 가운데 가장 핵심이 되는 디지털 시스템으로서 전기통신, 라디오, 핸드폰, 오디오 장치 및 TV 시스템(수신기)의 중요한 요소를 차지하고 있다. 이 장에서는 디지털 필터를 아날로그 필터와 비교함으로써 디지털 필터의 원리를 먼저 설명한다. 여기서 디지털 신호를 처리하는 디지털 필터는 아날로그 신호를 디지털 신호로 변환하는 A/D 변환기(analog-to-digital converter)와 그 반대로 변환하는 D/A 변환기(digital-to-analog converter)의 중간 위치에 놓이게 된다. 다음으로 디지털 필터의 구조를 FIR(finite impulse response) 구조와 IIR(infinite impulse response) 구조로 나누어 설명하고, 계속해서 FIR 필터의 설계 방법과 IIR 필터의 설계 방법에 대하여 공부한다. 끝으로 차분 방정식을 이용하여 디지털 필터를 소프트웨어 혹은 하드웨어로 구현하는 방식에 대하여 배운다.

09 CHAPTER

디지털 필터의 기초

9.1 디지털 필터의 개념

9.1.1 아날로그 필터와 디지털 필터

아날로그 필터로부터 디지털 필터링의 기본적인 개념을 이해하기 위해서 그림 9.1의 아날로그 *RC* 필터와 동일한 특성을 나타내는 신호 처리 함수를 근사적으로 수행하는 디지털 필터를 설계하기로 한다. 그림 9-1에서 콘덴서 전압의 초깃값은 0[V]이다.

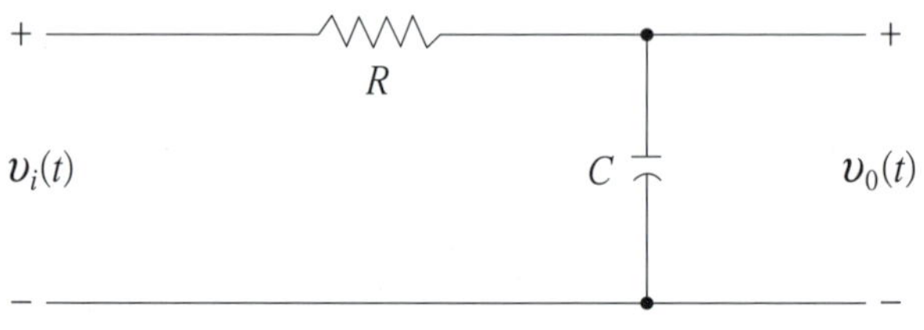

[그림 9-1] 아날로그 *RC* 필터

만약 $t<0$ 일 때 $v_0(t)=0$ 이면 출력 $v_0(t)$는 식 (9.1)과 같이 *RC* 필터의 **임펄스 응답** $h(t)$와 $v_i(t)$의 컨벌루션으로 나타나며 $h(t)$는 식 (9.2)로 표시된다.

$$v_0(t)=h(t)*v_i(t) \tag{9.1}$$

$$h(t) = \frac{1}{RC} e^{-(1/RC)t} \tag{9.2}$$

그림 9-1의 아날로그 필터의 회로 방정식은 다음과 같은 **미분 방정식**으로 표시할 수 있다.

$$\frac{dv_0}{dt} + \frac{1}{RC} v_0(t) = \frac{1}{RC} v_i(t) \tag{9.3}$$

그림 9.2에서 디지털 필터의 동작을 나타내는 **차분 방정식**은

$$v_0[n] = b\, v_i[n] + a\, v_0[n-1] \tag{9.4}$$

여기서 $a = \exp\left(-\frac{T}{RC}\right)$, $b = \frac{T}{RC}$ 이다.

식 (9.3)으로부터 구할 수 있는 RC 필터의 임펄스 응답 $h(t)$의 특성은 식 (9.4)로부터 구한 디지털 필터의 임펄스 응답 $h(n)$의 특성과 동일한 형태를 갖는다.

9.1.2 아날로그 필터에 대한 디지털 필터 등가 회로

RC 필터의 입력 신호가 연속 시간 함수이므로 입력단의 A/D 변환기는 입력 전압 $v_i(t)$를 입력 시퀀스 $v_i[n]$로 변환한다. 이와 반대로 출력 시퀀스 $v_0[n]$를 연속적인 신호 $v_0[t]$로 변환하기 위하여 디지털 필터의 출력단에 D/A 변환기를 연결하여야 한다. 그림 9-2는 디지털 필터의 내부 구조를 확대하여 구성한 등가회로이다.

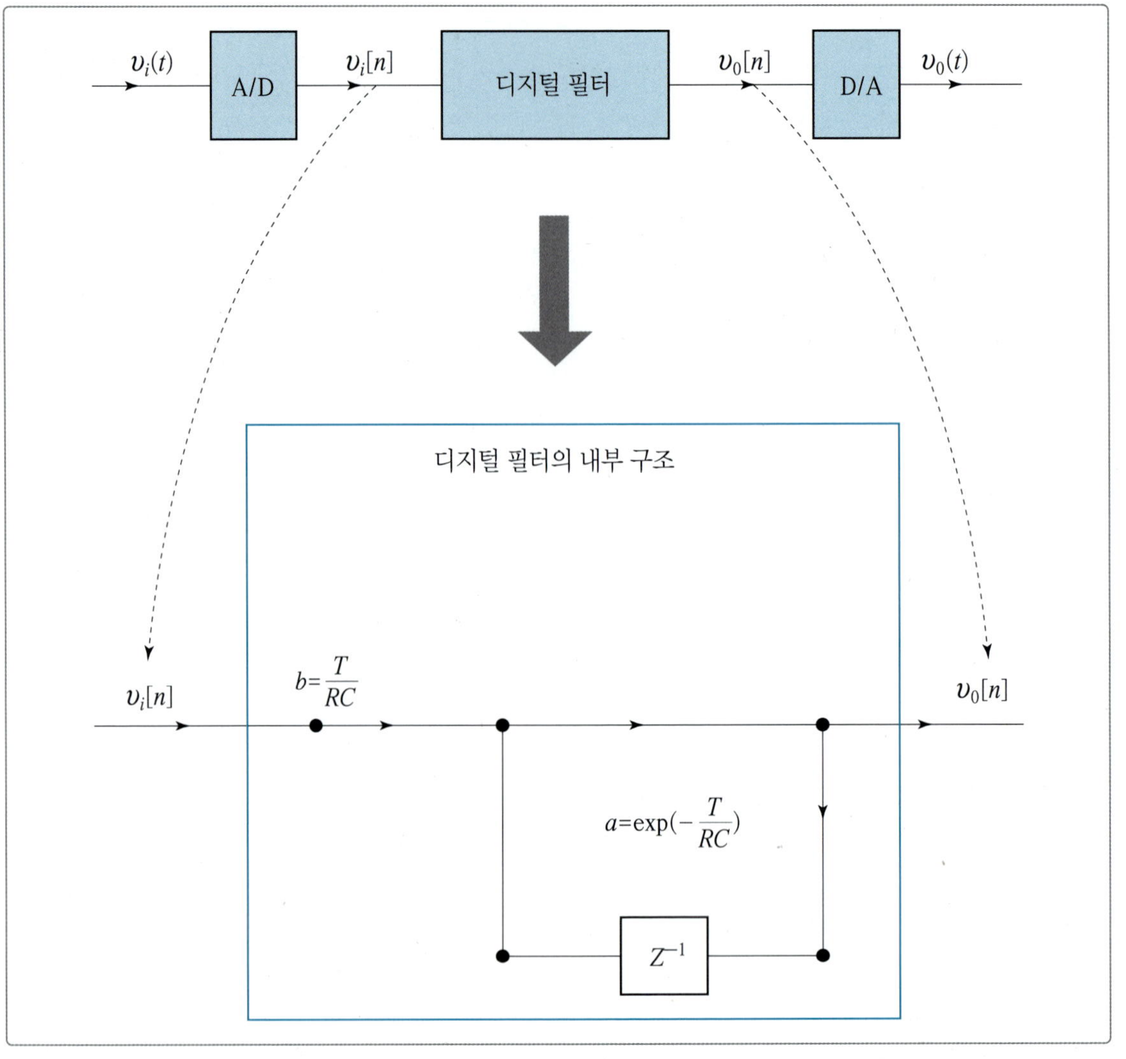

[그림 9-2] 아날로그 RC 필터에 대한 디지털 필터 등가 회로

예제 9.1 그림 9-3의 아날로그 필터에서 다음을 구하라.

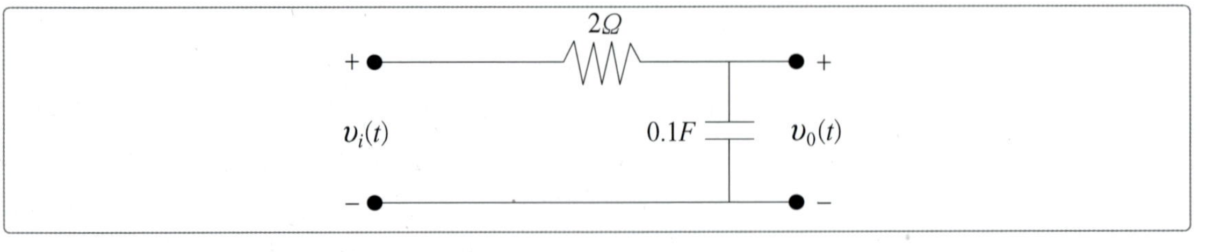

[그림 9-3] 아날로그 필터

(a) 임펄스 응답 $h(t)$를 구하라.
(b) 샘플링 주기 $T=0.1\,\text{sec}$ 일 때 $h(n)$과 $H(z)$를 구하라.

풀이 (a) 그림 9-3의 필터 회로에 라플라스 변환을 이용하면

$$V_0(s)=V_i(s)\cdot\frac{\frac{1}{0.1s}}{2+\frac{1}{0.1s}}$$

여기서 $V_0(s)=L\{v_0(t)\},\quad V_i(s)=L\{v_i(t)\}$

전달함수 $H(s)=\dfrac{V_0(s)}{V_i(s)}=\dfrac{1}{0.2s+1}=\dfrac{5}{s+5}$

따라서 임펄스 응답 $h(t)$는 식 (9.2)로부터 다음과 같다.

$$h(t)=\frac{1}{RC}e^{-\left(\frac{1}{RC}\right)t}=5e^{-5t}$$

(b) 식 (9.4)에 의해 차분 방정식은

$$v_0[n]=b\,v_i[n]+a\,v_0[n-1]$$

여기서 $b=\dfrac{T}{RC}=\dfrac{0.1}{0.2}=\dfrac{1}{2},\quad a=e^{-\frac{T}{RC}}=e^{-\frac{1}{2}}$

$$H(z)=\frac{V_0(z)}{V_i(z)}=\frac{b}{1-az^{-1}}=\frac{\frac{1}{2}}{1-e^{-\frac{1}{2}}z^{-1}}$$

따라서 $h(n)=b\cdot a^n\cdot u(n)=\dfrac{1}{2}e^{-\frac{n}{2}}\cdot u(n)$ 이다.

9.2 아날로그 신호와 디지털 신호의 상호 변환

9.2.1 아날로그-디지털 변환기

아날로그 신호를 이용하여 디지털 시스템을 통한 신호 처리를 하려면 반드시 아날로그-디지털 변환기(A/D Converter)가 요구된다. 다음 그림 9-4에서는 $x(t)$의 연속 신호를 $T=1\mu\text{sec}$ 의 샘플링 주기로 자연 샘플링하면 그림 9-4(b)의 이산 신호 $x_1[n]$를 얻는다. 이것을 양자화하기 위해 이산 신호의 진폭을 8개의 레벨로 제한하였다. 따라서 그림 9-4(c)의 $x_2[n]$ 신호는 3비트의 2진 펄스로 부호화한 후 디지털 시스템의 입력 데이터로 사용한다.

그림 9-4에서 보인 A/D 변환 과정은 다음의 단계를 거친다.

(i) 샘플링 과정 [(a) → (b)]

(ii) 양자화 과정 [(b) → (c)]

(iii) 부호화 과정 [(c)에서 양자화된 샘플값을 2진수로 변환]

일반적으로 사용하는 2진수의 비트수가 N이면 양자화 레벨은 2^N 개다. 이상의 (i),(ii),(iii) 과정을 거쳐 그림 9-4(a)의 아날로그 신호는 N비트의 디지털 신호로 변환된다.

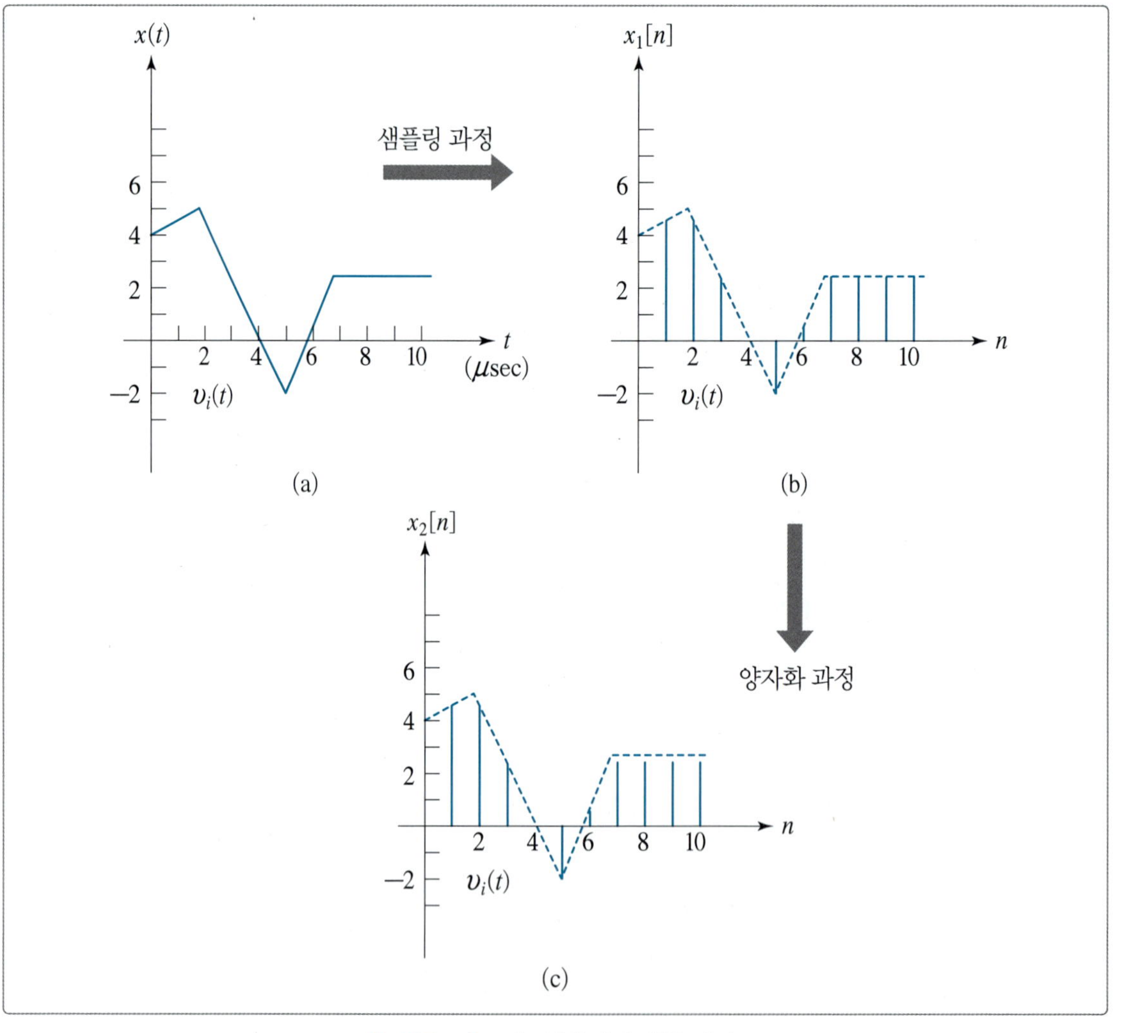

[그림 9-4] A/D 변환기의 변환 과정

예제 9.2 입력 전압 범위가 $\pm 10V$인 아날로그 정현파 신호를 A/D 변환하여 8비트의 디지털 신호를 얻었다. 평균 신호의 전력이 $A^2/2$일 때 신호 대 양자화 잡음의 SNR(signal-to-noise ratio)을 구하라.

풀이 $B=8$비트에 대해서 양자화 레벨의 총 수는 2^B이다. 그리고 평균 전력이 $\frac{A^2}{2}$이므로 정현파의 진폭은 A이고, 레벨 사이의 간격 q를 양자화 스텝 크기로 정의하면 $q=2A/(2^B-1)\approx 2A/2^B$이다.
여기서 양자화 잡음(오차) 전력 혹은 변이(variance) σ_e^2는 양자화 오차 e가 $-\frac{q}{2}\le e\le\frac{q}{2}$이므로

$$\begin{aligned}\sigma_e^2 &= \int_{-\frac{q}{2}}^{\frac{q}{2}} e^2 p(e)\,de \quad (\text{단, } p(e)=\frac{1}{q})\\ &=\frac{1}{q}\int_{-\frac{q}{2}}^{\frac{q}{2}} e^2\,de\\ &=\frac{q^2}{12}\end{aligned}$$

따라서 SNR은 다음과 같이 구할 수 있다.

$$\begin{aligned}10\log\frac{\text{신호전력}}{\text{잡음전력}} &= 10\log\frac{A^2/2}{q^2/12}=10\log\left(\frac{3\times 2^{2B}}{2}\right)\\ &=6.02B+1.76=49.92\,[\text{dB}]\end{aligned}$$

9.2.2 디지털-아날로그 변환기

디지털 신호를 아날로그 신호로 변환(D/A Converter)하는 방법은 A/D 변환과 반대 과정으로 생각할 수 있다. 아래와 같이 3단계로 나누어 설명한다.

(i) 2진수로 표현된 N비트의 디지털 신호로부터 이산 신호 $y[n]$를 얻는다.

(ii) A/D 변환에서 사용한 샘플 및 유지 회로를 사용해서 샘플링 주기 T를 유지하는 계단형 연속 신호 $\bar{y}(t)$를 얻는다.

(iii) 차단 주파수가 아날로그 신호의 최대 주파수보다 더 높은 저역 통과 필터를 사용하여 원래의 아날로그 신호 $y[t]$를 재생시킨다. 이상과 같은 (i), (ii), (iii)의 과정을 그림 9-5에 표현하였다.

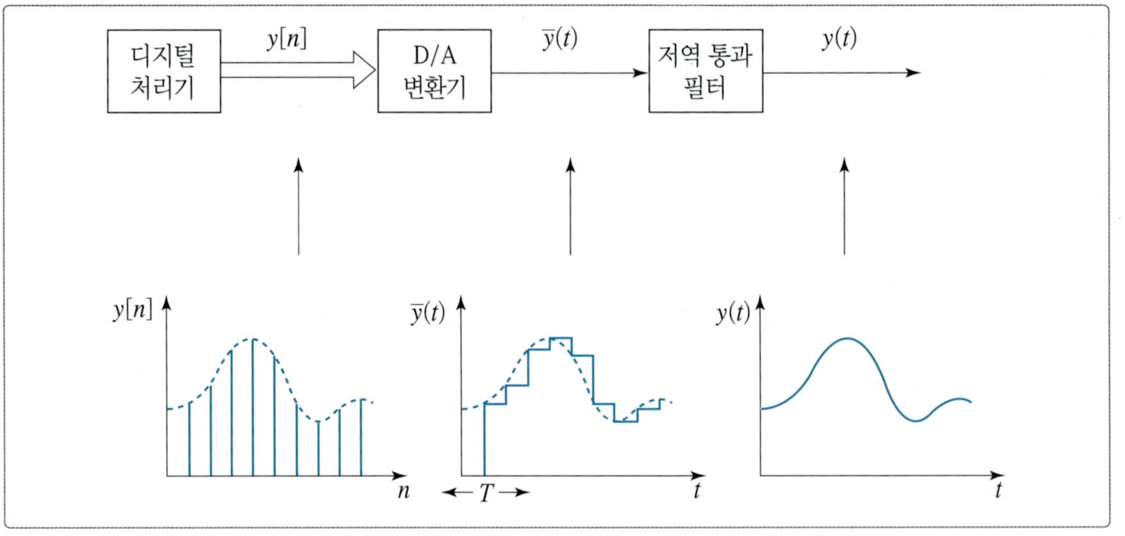

[그림 9-5] D/A 변환기의 변환 과정

9.3 디지털 필터의 구조

9.3.1 FIR 필터의 구조

임펄스 응답이 유한한 길이를 가지는 FIR(finite-duration impulse response) 필터에 대한 차분 방정식은 식 (9.5)이다.

$$y[n] = \sum_{k=0}^{M} h[k]x[n-k] \tag{9.5}$$

식 (9.5)를 구현한 필터의 구조는 그림 9-6과 같으며 이러한 필터를 **탭 지연 선 필터(tapped delay line filter)**(주1) 혹은 **횡단 필터(transversal filter)**(주2)라고 부른다.

주1) 탭 지연 선 필터: 지연 소자 D를 중심으로 앞뒤에 존재하는 탭(회로의 Node에 해당함)이 계속해서 한 샘플씩 지연되면서 연결되는 형태의 구조

주2) 횡단 필터: 지연 소자 D와 계수값을 나타내는 $h(k)$가 반복해서 가로 방향으로 진행되는 형태의 구조

그림 9-6에서 D는 1샘플 지연을 표시하는 지연 소자를 나타내고 $b_0, b_1, \cdots, b_M$은 $h[0], h[1], \cdots, h[M]$ 값에 대응하는 계수이다.

한편, 식 (9.5)를 변형하여 **직렬형(cascade form)**이나 **주파수 샘플링형(frequency-sampling form)** 또는 **격자형(lattice form)**으로 FIR 필터의 구조를 변경할 수 있다.

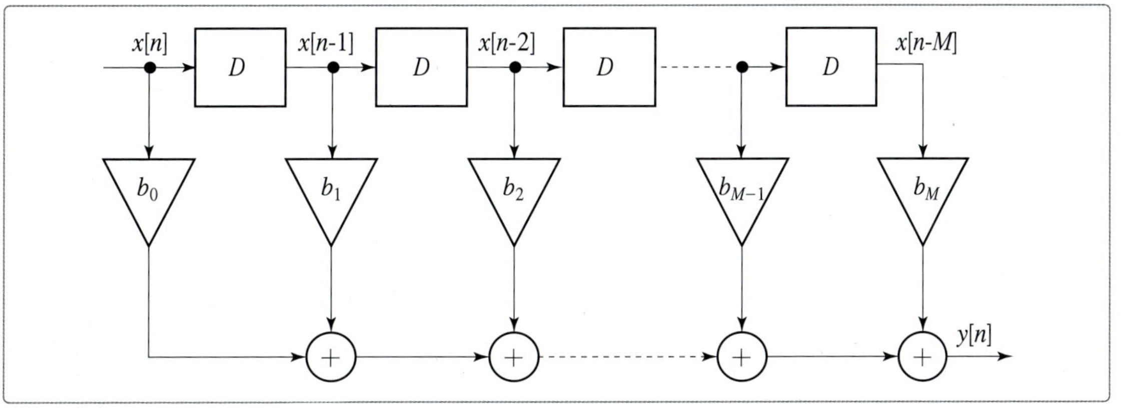

[그림 9-6] FIR 필터의 구조

9.3.2 IIR 필터의 구조

시스템의 임펄스 응답의 길이가 무한대인 IIR(infinite-duration impulse response) 필터는 식 (9.6)과 같은 시스템 전달 함수로 표현된다.

$$H(z) = \frac{\sum_{k=0}^{M} b_k z^{-k}}{1 + \sum_{k=0}^{N} a_k z^{-k}} \tag{9.6}$$

여기서 a_k, b_k는 IIR 필터의 계수를 나타내는 상수이다. 식 (9.6)에 따라서 직접 구성한 직접형(direct form) 구조를 그림 9-7에 표시하였다. 그림 9-6의 FIR 필터의 구조와 비교하면 출력 $y[n]$을 입력단으로 귀환시킨 성분 $\sum_{k=0}^{N} a_k z^{-k}$이 추가된 것을 알 수 있다.

한편, 식 (9.6)을 변형하면 병렬형(parallel form), 접속형(cascade form) 또는 격자형 IIR 필터를 구성할 수 있다.

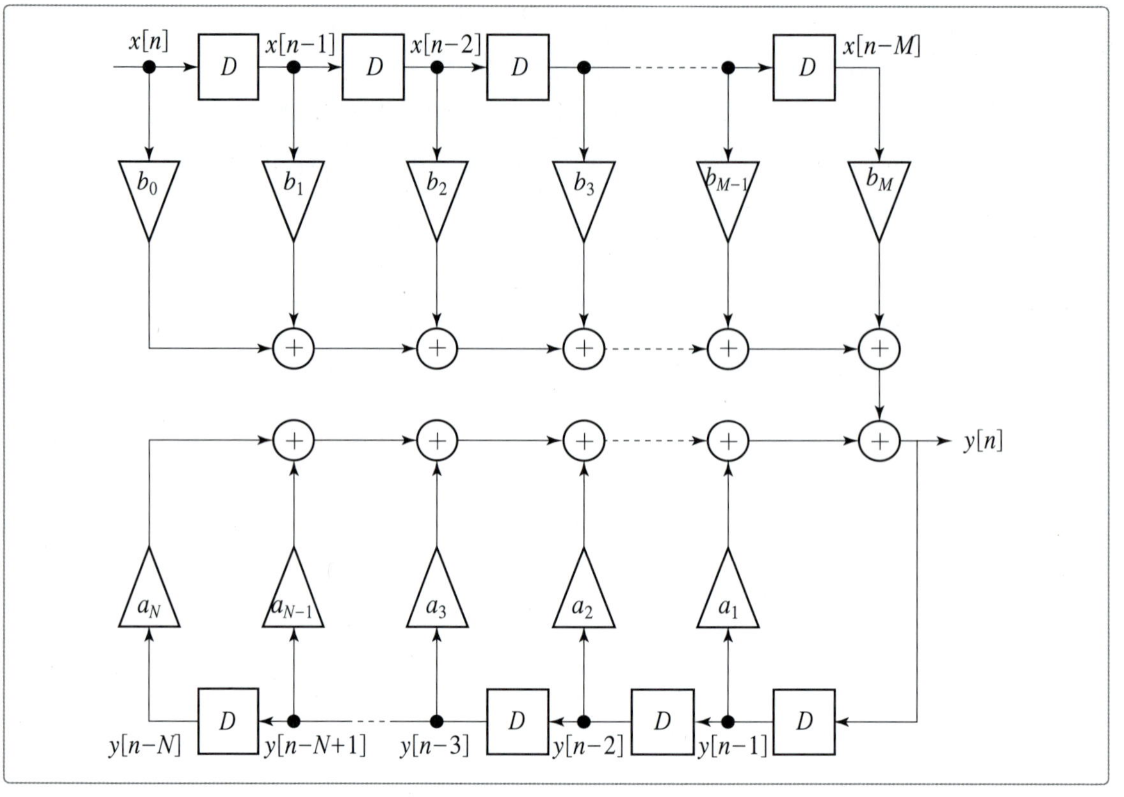

[그림 9-7] IIR 필터의 기본형

9.4 디지털 필터의 설계

9.4.1 필터의 설계 과정

디지털 필터를 설계하는 과정은 다음과 같이 5단계로 이루어진다.

(i) 필터의 성능에 대한 사양 결정

- 필터의 형태(예: 저역 통과 필터)
- 원하는 진폭 및 위상 응답 특성
- 샘플링 주파수 및 입력 신호의 비트 수(단어 길이)

(ii) 필터의 계수 계산

- 원하는 필터의 사양을 만족하도록 전달 함수 $H(z)$의 계수값을 구하는 과정

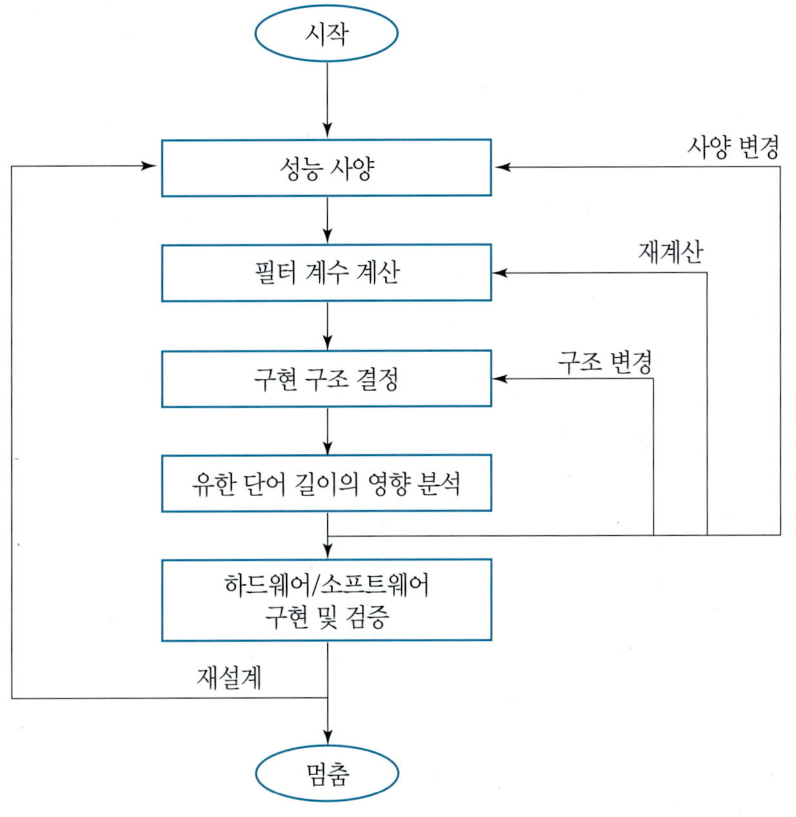

[그림 9-8] 디지털 필터의 설계 단계

(iii) 구현하기 위한 필터 구조의 결정

(iv) 유한한 비트 수(단어 길이) 영향의 분석

- 입력 데이터의 양자화 오차
- 필터 계수의 오차

(v) 필터의 구현 방법

- 하드웨어 구현
- 소프트웨어 구현
- 구현한 필터의 성능 검증(testing)

이상의 5단계를 그림 9-8에 흐름도를 표시하였다.

9.4.2 필터의 설계 예제

다음과 같은 사양을 갖는 저역 통과 필터(LPF: lowpass filter)를 설계하는 과정을 살펴본다.

(i) 통과 대역 끝점 주파수 f_p[Hz]
(ii) 차단 대역 끝점 주파수 f_s[Hz]
(iii) 차단 대역 감쇠도 A_s[dB] 이상
(iv) 통과 대역 리플 크기 δ_p[dB]
(v) 차단 대역 리플 크기 δ_s[dB]
(vi) 샘플링 주파수 F_s[Hz]
(vii) 원하는 필터의 차수 N

이상의 7가지 사양을 모두 만족하는 FIR 필터를 5단계의 설계 과정에 따라 필터의 계수 값 $h[n]$을 계산한다.

그림 9-9는 LPF 설계를 위한 진폭 특성의 사양을 표시한 것으로 주파수 축 $\hat{f}$는 1로 정규화된 주파수를 나타낸다.

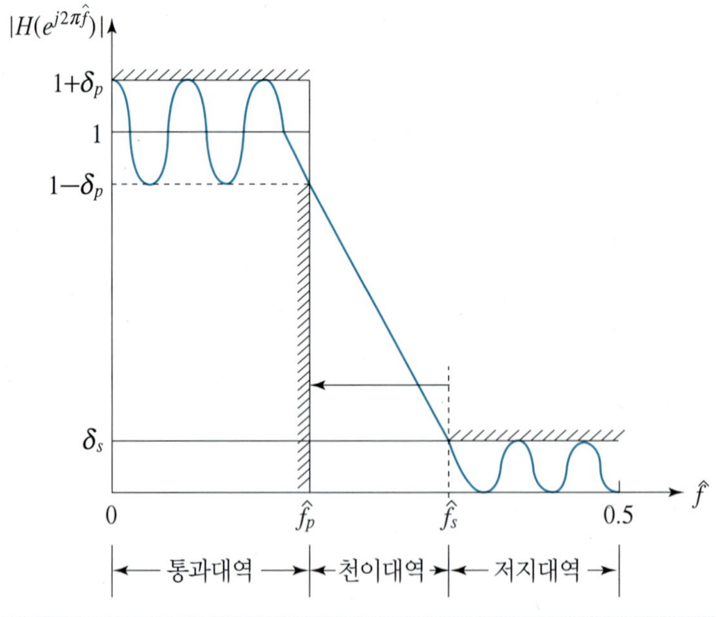

[그림 9-9] 지역통과 필터(LPF) 진폭 특성의 사양

9.4.3 FIR 필터의 설계 방법

(1) 윈도우(window) 설계법

앞 절에서 예제로 보인 7가지 사양을 만족하도록 FIR 필터를 설계하려면 최종적으로 설계가 끝난 FIR 필터의 계수인 임펄스 응답 $h[n]$ 값을 근사적으로 구하여야 한다.

여기서는 FIR 필터의 설계 방법 가운데 가장 간단한 윈도우 방법을 소개한다. 그림 9-10은 이상적인 LPF인 $H_P(\omega)$에 윈도우 함수 $W(\omega)$를 컨벌루션 하여 원하는 사양의 $|H(\omega)|$를 구하는 과정을 보이고 있다.

FIR 필터의 계수값 $h[n]$은 $h_p[n]\omega[n]$에 의해 그림 9-10(c)처럼 유한한 길이의 $h[n]$ 값들을 얻을 수 있다. FIR 필터의 경우 식 (9.5)에서 임펄스 응답 $h[n]$이 필터 계수 b_k에 해당된다. 여기서 사용하는 윈도우의 종류(주3)에 따라 설계된 필터의 특성 $|H(\omega)|$가 여러 형태로 바뀐다.

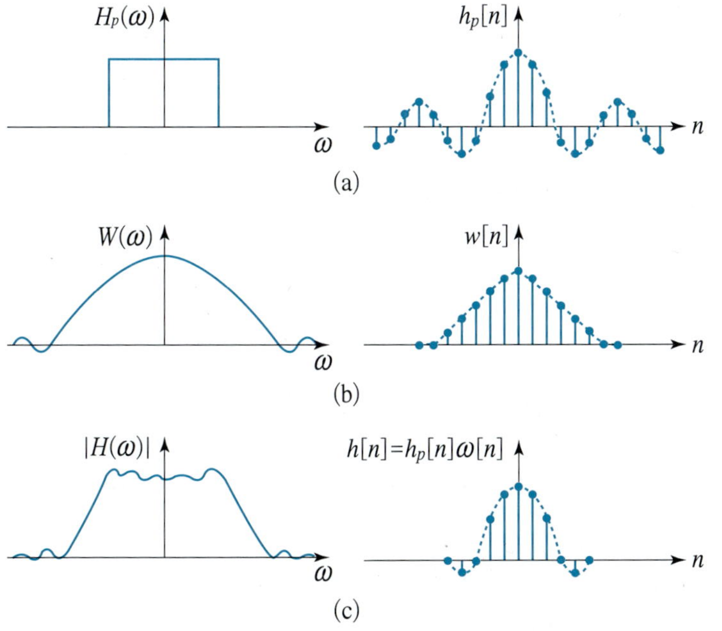

[그림 9-10] 윈도우를 이용한 FIR 필터 설계의 예

주3) FIR 필터를 설계하기 위한 Window의 종류에는 Rectangular, Hamming, Hanning, Blackman, Kaiser 등이 있다.

(2) 주파수 샘플링(Frequency-Sampling) 설계법

이 설계 방법의 가장 큰 장점은 원하는 필터의 전형적인 특성뿐만 아니라 임의의 특성을 갖는 필터까지도 설계가 가능하다는 것이다. 또한 주파수 샘플링를 이용하여 필터를 설계하면 재귀적인 구조를 갖는 FIR 필터를 구현할 수 있는 특징이 있다. 예를 들어, 원하는 필터의 주파수 특성이 그림 9-11(a)와 같을 경우 이러한 필터의 $h[n]$ 값을 구해보자. 식 (1.3)의 DTFT에서 디지털 연속 주파수 ω 대신 이산 주파수 $\omega_k = \frac{2\pi k}{N}$를 대치시키면 다음 식 (9.7)을 얻는다.

$$X[k] = \sum_{n=-\infty}^{\infty} x[n] \exp\left[-j\frac{2\pi k}{N}n\right] \tag{9.7}$$

여기서 $x[n]$를 필터의 $h[n]$으로 교환하면 FIR 필터$(0 \le n \le N-1)$이므로

$$H[k] = \sum_{n=0}^{N-1} h[n] \exp\left[-j\frac{2\pi k}{N}n\right] \tag{9.8}$$

한편,

$$h[n] = \frac{1}{N}\sum_{n=0}^{N-1} H[k] \exp\left[j\frac{2\pi k}{N}n\right] \tag{9.9}$$

식 (9.9)의 $H[k]$ 값은 원하는 필터의 사양에 따라 근사화시킨 그림 9-11(a)에서 주파수 샘플 값을 측정하여 직접 얻을 수 있으므로 이것들을 식 (9.9)에 대입하여 원하는 FIR 필터의 계수 $h[n]$를 구할 수 있다. 어떤 위치에서든지 주파수 샘플 값이 주어진다면 임의의 특성에 대해서도 손쉽게 $h[n]$를 구할 수 있는 장점이 있다. 그림 9-11(b)는 이와 같이 설계된 FIR 필터의 특성이다.

특히 그림 9-12는 이상적인 FIR 필터에 대해서 설계한 경우이며, 필터의 차수 N 값이 충분치 않기 때문에 큰 진폭의 리플이 발생하고 있음을 알 수 있다.

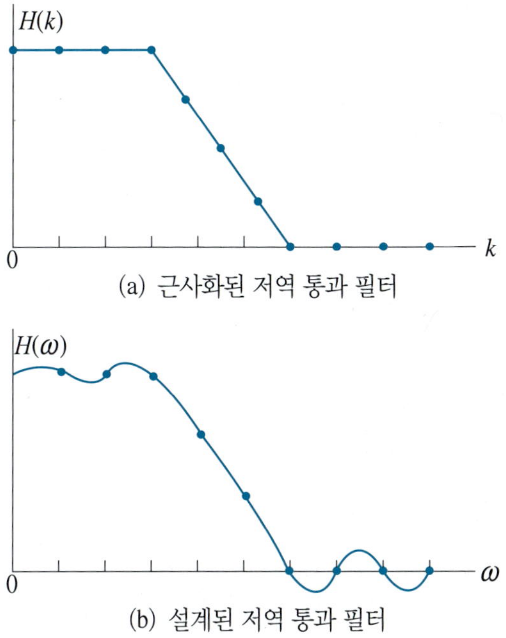

[그림 9-11] 주파수 샘플링에 의한 실제적인 FIR 필터 설계

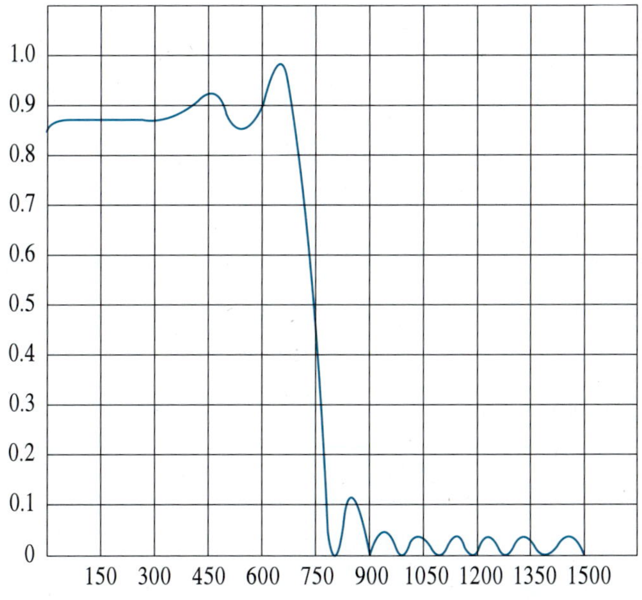

[그림 9-12] 주파수 샘플링에 의해 설계된 이상적인 FIR 필터의 예

예제 9.3 다음의 사양을 만족하는 저역 통과 FIR 필터를 주파수 샘플링 방법을 이용하여 설계하라.

(1) 통과 대역 0~5kHz

(2) 샘플링 주파수 18kHz

(3) 필터 길이 $N=9$

풀이 식 (9.9)에서

$$h[n]=\frac{1}{N}\sum_{k=0}^{N-1} H[k]\exp\left[j\frac{2\pi k}{N}n\right]$$
$$=\frac{1}{N}\sum_{k=0}^{N/2-1}\{H[k]\}\{\cos[2\pi kn/N]+j\sin[2\pi kn/N]\}$$

그런데 $h[n]$은 실수이고 위상이 선형인 경우 $h[n]$이 대칭이므로

$$h[n]=\frac{1}{N}\left[\sum_{k=0}^{N/2-1} 2|H[k]|\cos\left[j\frac{2\pi kn}{N}\right]+H[0]\right]$$

여기서 N이 홀수이면, Σ의 상위 값이 $(N-1)/2$가 된다.
이상적인 주파수 응답이 그림 9-13(a)로 표시될 경우 주파수 샘플의 간격은

$$F_x/N=\frac{18\text{kHz}}{9}=2\text{kHz}$$

따라서 $|H[k]|$의 주파수 샘플은 다음과 같이 주어진다.

$$|H[k]|=1,\ k=0,\ 1,\ 2$$
$$0,\ k=3,\ 4$$

여기서 $N=9$이므로 그림 9-13(a)의 Σ 상위 값은 4이다.
이 샘플에 대하여 임펄스 응답 $h[n]$을 구하면 표 9-1과 같다.

〈표 9-1〉 설계된 FIR 필터의 계수 값

H[0]=	7.2522627e-02	=H[8]
H[1]=	-1.1111111e-01	=H[7]
H[2]=	-5.9120987e-02	=H[6]
H[3]=	3.1993169e-02	=H[5]
H[4]=	5.5555556e-01	=H[4]

$$H(e^{j\omega}) = \sum_{n=0}^{4} 2h[n]\cos[\omega n] + h[0]$$

이상의 9개 필터 계수 값을 위 식에 대입하여 주파수 샘플링 필터의 응답 특성을 구하면 그림 9-13(b)처럼 나타난다.

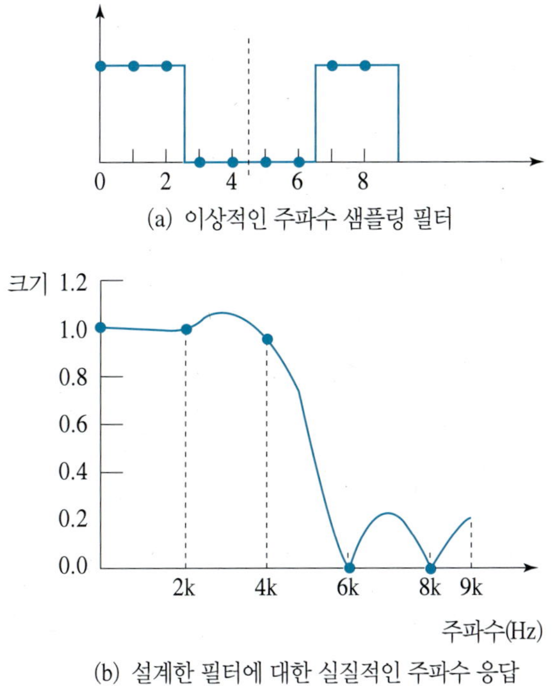

[그림 9-13] 주파수 샘플링 설계의 예

9.4.4 IIR 필터의 설계 방법

(1) IIR 필터의 설계 과정

시스템의 임펄스 응답이 무한대인 디지털 필터를 설계하기 위해서는 다음의 단계를 거쳐야한다.

(i) 설계하고자 하는 필터의 사양을 만족하는 아날로그 필터를 설계한다.
(ii) 설계된 아날로그 필터를 디지털화함으로써 최종적인 디지털 필터를 설계한다.
(iii) 아날로그 필터를 디지털 필터로 매핑(mapping)시키는 방법이 요구된다.

그림 9-14는 설계된 아날로그 필터의 전달 함수 $H(s)$를 디지털 필터의 전달 함수 $H(z)$로 매핑시키는 과정을 보인 것이다. 그림 9-14(a)는 s-평면의 허수 축이 z-평면의 단위원($|z|=1$)으로 매핑되는 것을 보여주고 그림 9-14(b)는 s-평면의 좌반면이 단위원의 내부($|z|<1$)로 매핑되는 것을 나타낸다.

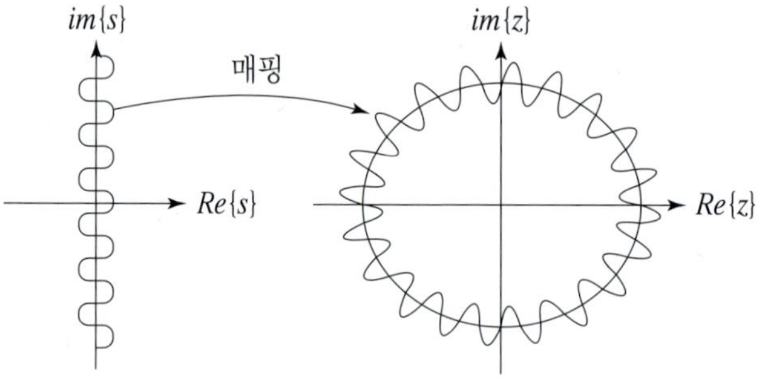

(a) s-평면의 허수 축이 단위원으로 매핑하는 과정

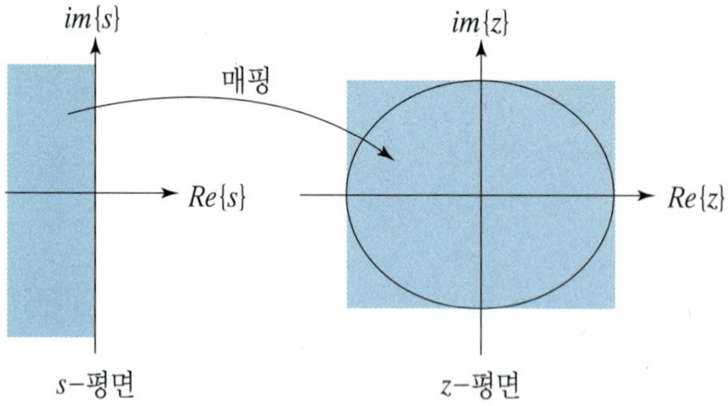

(b) s-평면의 좌반면이 단위원 내부로 매핑되는 과정

[그림 9-14] s-평면과 z-평면의 매핑(mapping) 과정

(2) 임펄스 불변법을 이용한 설계법

임펄스 불변법은 아날로그 필터의 임펄스 응답 $h(t)$의 특성곡선이 $h(t)$를 T 간격으로 샘플링한 이산 신호 $h[nT]$의 포락선과 같아지도록 설계하는 방식이다. 즉, 아날로그 필터의 임펄스 응답 $h(t)$가 디지털 필터의 임펄스 응답 $h[n]$과 비교할 때 그 특성이 불변하도록 설계하는 방법이다.

그림 9-15는 아날로그 $h(t)$와 디지털 $h[nT]$가 불변하는 원리를 보이고 있다.

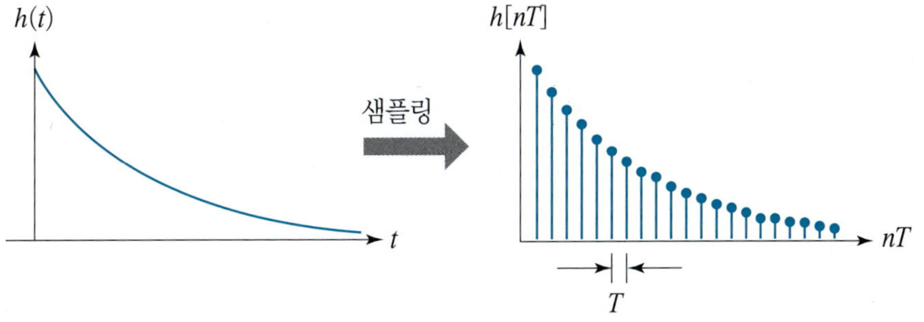

[그림 9-15] 임펄스 불변법의 원리

그림 9-16을 살펴보면 허수 축에서 아날로그 주파수는 $\frac{2\pi}{T}$를 주기로 해서 z 평면의 단위원으로 반복적으로 매핑됨을 알 수 있다. 따라서 주기 T 값에 따라서 s-평면 좌반면에 반복되는 평면의 경계면에서 겹침 현상(aliasing)이 발생할 소지가 있다. 다음에 나오는 쌍선형 변환법은 이러한 단점을 보상할 수 있다.

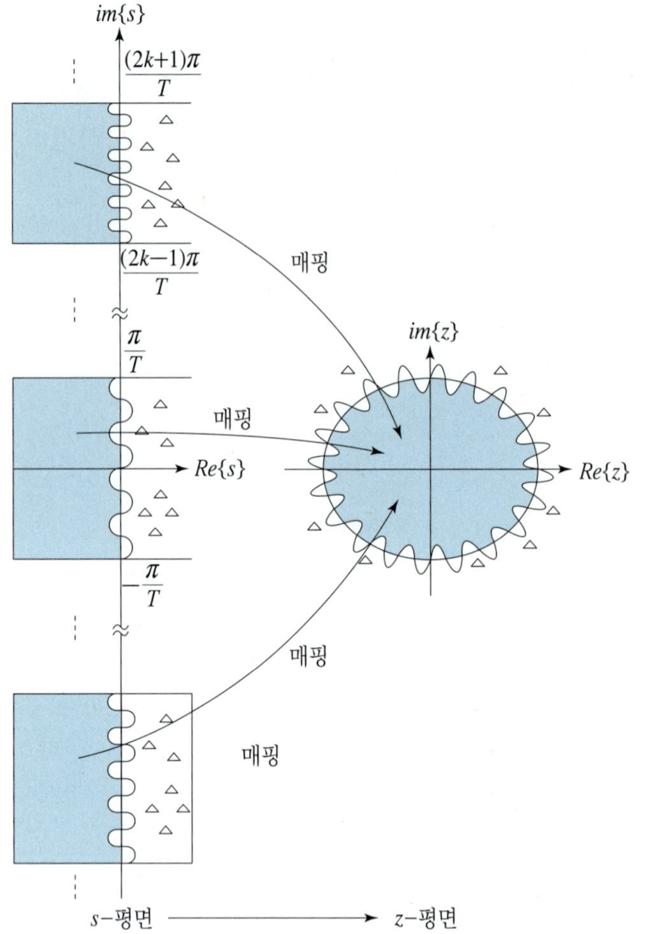

[그림 9-16] 임펄스 불변법의 매핑 과정

(3) 쌍선형 변환법(Bilinear Transformation)에 의한 설계법

이 설계법은 주어진 아날로그 필터의 전달함수 $H(s)$의 s값 대신 $s=\dfrac{2(1-z^{-1})}{T(1+z^{-1})}$ 를 대입한다. 여기서 T는 샘플링 주기이다. 이 쌍선형 변환은 아날로그 필터의 주파수 특성과 안정성을 디지털 필터에서도 고스란히 유지시키는 장점이 있다. 그러나 쌍선형 변환의 비선형 특성 때문에 주파수 축에 약간의 찌그러짐(warping)이 발생한다. 따라서 아날로그 필터의 주파수($s=j\Omega$) Ω 값을 디지털 필터의 주파수($z=e^{jw}$) 값으로 미리 계산(prewarping) 한 후 쌍선형 변환을 적용하고 있다.

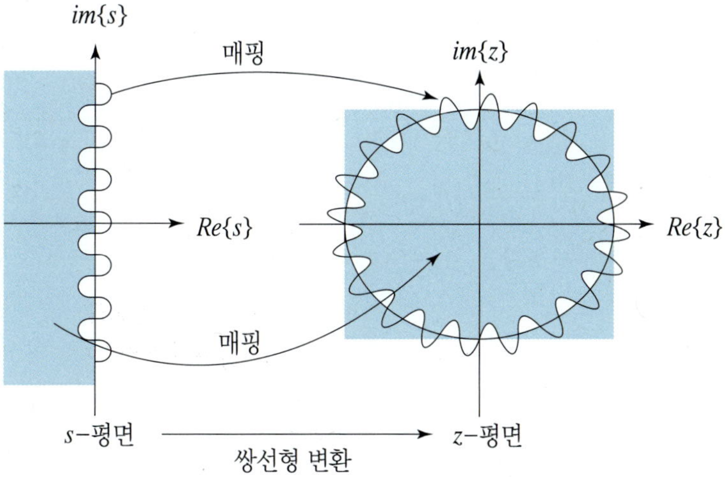

[그림 9-17] 쌍선형 변환법의 매핑 과정

그림 9-17은 s−평면의 좌반면 전체가 z−평면의 단위원의 내부로 한꺼번에 매핑되고 있음을 보이고 있다. 또한 모든 주파수의 허수 축 아날로그 주파수 Ω도 단위원 위로 동시에 매핑되고 있다. 따라서 쌍선형 매핑 과정에서는 겹침 현상(aliasing)이 전혀 발생하지 않는다.

예제 9.4 전달함수 $H(s)=\dfrac{1}{s+1}$로 표시되는 아날로그 필터의 특성과 동일한 디지털 필터의 전달함수 $H(z)$를 쌍선형 변환법을 이용하여 구하라. 단, 샘플링 주파수 $f_s = 150\text{Hz}$이고 차단 주파수 f_c는 30Hz 이다.

풀이 아날로그 필터에 대한 차단 주파수 $w_p = 2\pi \times 30 = 60\pi\,[\text{rad/sec}]$이고, 쌍선형 변환 과정에서 미리 계산하면 $\Omega_p = \tan\left(\dfrac{w_p T}{2}\right) = \tan\left(\dfrac{\pi}{5}\right)$ $=0.7265$이다. 따라서 미리 찌그러진 아날로그 필터의 전달함수 $H'(s)$는

$$H'(s) = H(s)\Big|_{s=\frac{s}{\Omega_p}} = \frac{1}{\dfrac{s}{0.7265}+1} = \frac{0.7265}{s+0.7265}$$ 가 된다.

쌍선형 변환을 이용하면 디지털 필터의 전달함수 $H(z)$는

$$H(z) = H'(s)|s = \left(\frac{z-1}{z+1}\right) = \frac{0.7265}{\left(\frac{z-1}{z+1}\right) + 0.7265}$$

$$= \frac{0.7265(1+z)}{(1+0.7265)z + 0.7265 - 1} = \frac{0.4208(1+z^{-1})}{1 - 0.1584z^{-1}}$$

여기서, $s = \frac{2}{T}\left(\frac{1-z^{-1}}{1+z^{-1}}\right) = k\left(\frac{z-1}{z+1}\right)$

(계산 과정에서 k값은 소거된다.)

9.5 디지털 필터의 구현

9.5.1 FIR 필터의 구현 방법

그림 9-18의 FIR 필터를 구체적으로 실현하는 방법은 하드웨어와 소프트웨어로 구분할 수 있다. 여기서는 식 (9.5)의 차분 방정식을 기본으로 하드웨어 구현에 대해서 살펴본다.

차분 방정식 $y[n] = \sum_{k=0}^{M-1} h[k]x[n-k]$ 으로부터 다음과 같은 전자 부품이 필요하다.

(1) 현재의 입력 샘플 $x[n]$과 과거의 입력 샘플 $x[n-k]$을 저장하기 위한 RAM(random access memory)

(2) 필터의 계수 $x[k]$를 저장하기 위한 ROM(read-only-memory)

(3) 2진 데이터를 상호 곱하기 위한 곱셈기(multiplier)

(4) 2진 가산기(binary adder) 혹은 ALU(arithmetic logic unit)

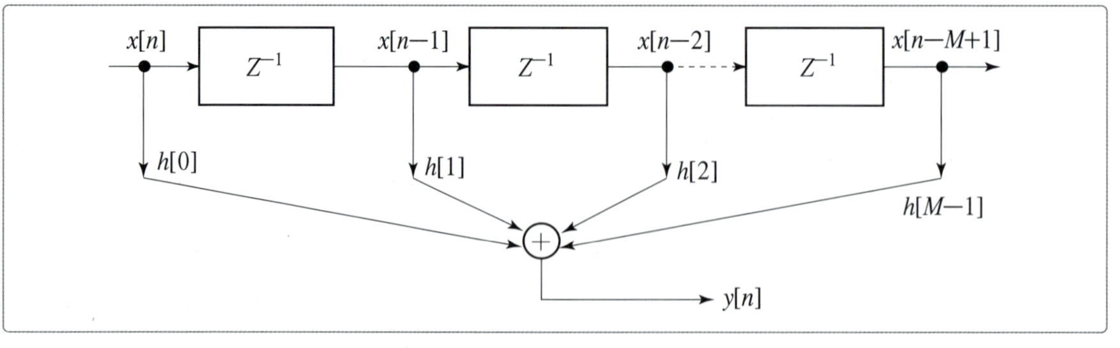

[그림 9-18] FIR 필터의 구조

9.5.2 IIR 필터의 구현 방법

IIR 필터를 하드웨어로 구현하기 위해서는 식 (9.10)과 같은 차분 방정식을 기본으로 한다.

$$y[n]=\sum_{k=0}^{M} b_k x[n-k]-\sum_{k=1}^{N} a_k y[n-k] \tag{9.10}$$

이 경우 FIR 필터와 마찬가지로 4가지 종류의 전자 부품이 필요하다. 특히, 현재의 출력 $y[n]$를 얻기 위해서 현재와 과거의 입력 샘플 외에도 과거의 출력 샘플 $y[n]$, $y[n] \cdots y[n-N]$을 저장하기 위한 RAM이 추가로 요구된다.

그림 9-19는 식 (9.10)의 차분 방정식으로부터 구한 IIR 필터의 전달 함수 식 (9.6)을 변형하여 구현한 병렬형 구조를 보인 것이다. 여기서 식 (9.11)은 식 (9.6)을 병렬형으로 변형시킨 결과이다.

$$H(z)=C+\sum_{k=1}^{n}\frac{a_{0k}+a_{1k}z^{-1}}{1+b_{1k}z^{-1}+b_{2k}z^{-2}} \tag{9.11}$$

여기서 $C=\frac{b_M}{a_N}$ 인 상수이다.

이 구조는 이상의 전자 부품을 이용해서 구체적으로 실현한 병렬형 IIR 필터를 나타낸다. 여기서 샘플지연소자(z^{-1})는 쉬프트 레지스터(shift register)을 이용한다.

이와 같이 복잡한 필터를 하드웨어로 구현하기 위해서 Texas Instrument, Motorola, Analog Device 등 여러 회사들에서 실시간 전용 하드웨어로 동작하는 DSP processor를 기존의 마이크로 프로세서와는 다른 구조를 가지고 제공하고 있다.

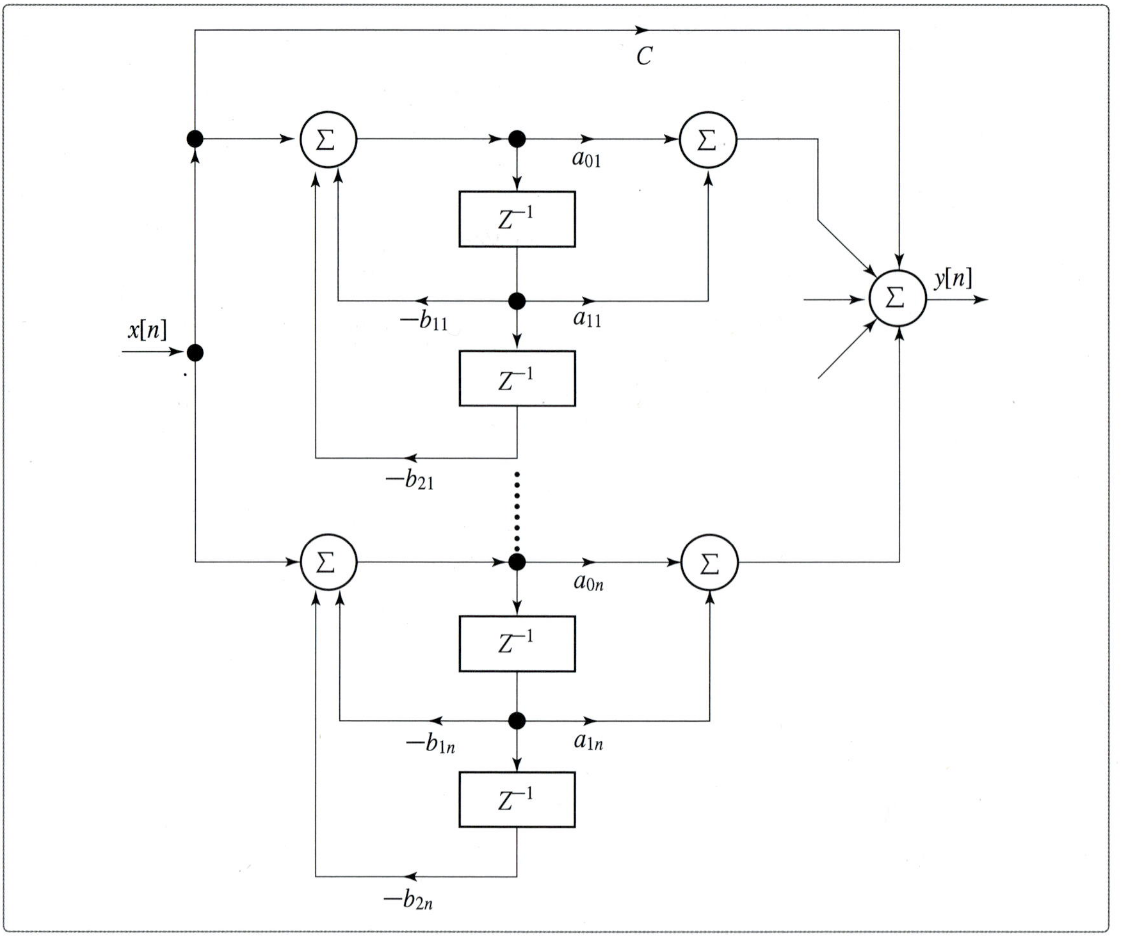

[그림 9-19] IIR 필터의 병렬형 구조

예제 9.5 식 (9.6)에서 $M=N=3$ 인 경우에 대해 다음의 전달함수를 병렬형 구조로 변형하여 구한 결과를 그림으로 표시하라(그림 9-20).

$$H(z)=\frac{0.1432(1+3z^{-1}+3z^{-2}+z^{-3})}{1-0.1801z^{-1}+0.3419z^{-2}-0.0165z^{-3}}$$

풀이 주어진 전달함수 $H(z)$를 부분 분수 형태로 변형하면 다음과 같다.

$$H(z)=\frac{1.2916-0.0841\,z^{-1}}{1-0.131\,z^{-1}+0.3355\,z^{-2}}+\frac{10.176}{1-0.049\,z^{-1}}-8.71$$

여기서 $a_{01}=1,2916$, $a_{11}=-0.0841$, $c=-8.71$, $b_{11}=0.131$, $b_{21}=-0.3355$

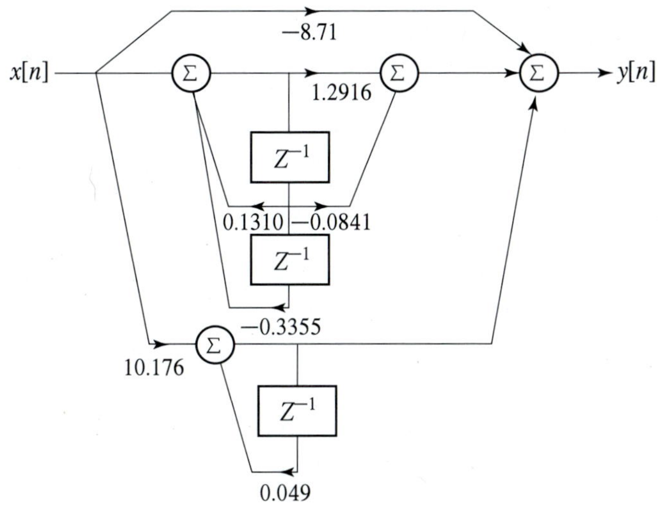

[그림 9-20] 병렬형 구조

연 / 습 / 문 / 제

9-1 아날로그 *RC* 필터에 대한 디지털 필터의 등가 회로를 유도하는 과정을 설명하라(그림 9-1과 그림 9-2 참조).

(a) *RC* 필터의 임펄스 응답 $h(t)$를 구하라.

(b) $h(t)$으로부터 디지털 필터의 임펄스 응답 $h(n)$를 구하라.

9-2 A/D 변환과 D/A 변환의 원리를 설명하라.

(a) A/D 변환의 과정을 단계별로 설명하라.

(b) D/A 변환의 과정을 단계별로 설명하라.

9-3 선형 시불변 시스템에서 성립하는 컨벌루션과 FIR 디지털 필터의 차분 방정식을 비교하고 $y(n) = x[n] * h[n] = \sum_{k=-\infty}^{\infty} h(k)x[n-k]$으로부터 식 (9.5)의 차분 방정식을 유도하라.

9-4 다음과 같은 시스템 함수로 표시되는 IIR 필터의 구조를 직접형을 중심으로 접속형과 병렬형으로 변경하는 과정을 설명하라.

$$H(z) = \frac{\sum_{k=0}^{M} b_k z^{-k}}{1 + \sum_{k=0}^{N} a_k z^{-k}}$$

(a) 직접형에서 접속형으로 변형하라.

(b) 직접형에서 병렬형으로 변형하라.

9-5 디지털 필터를 설계하는 과정을 5단계로 나누어 설명하고 그림 9-9 저역통과 필터의 진폭 사양을 따라 단계별로 설계하는 예를 기술하라.

9-6 FIR 필터를 설계하는 방법 가운데 다음의 2가지 설계법이 가장 손쉬운 방법이다. 각각의 설계법에 대해서 예를 들어 설명하라.

(a) 윈도우 설계법

(b) 주파수 표본화 설계법

9-7 IIR 필터를 설계하는 방법은 아날로그 필터의 전달함수 $H(s)$를 디지털화하여 $H(z)$를 구하는 과정이다. 이와 같은 디지털화 과정에서 일반적으로 다음의 2가지 매핑(mapping) 방법이 사용된다. 각각에 대해서 매핑 과정과 특징을 설명하라.

(a) 임펄스 불변법(Impulse-Invariant Method)

(b) 쌍선형 변환법(Bilinear Transformation)

9-8 디지털 필터를 하드웨어로 구현하기 위해서는 필터의 차분 방정식으로부터 필요한 디지털 전자부품을 선정해야 한다. FIR 필터와 IIR 필터를 구현할 경우 각각의 차분 방정식에서 하드웨어 구현 방법을 설명하라.

(a) FIR 필터의 하드웨어 구현 방법

(b) IIR 필터의 하드웨어 구현 방법

9-9 아날로그 필터의 3가지 형태에 대한 표준형 공식을 정의하고 각각에 대한 주파수 특성을 설명하라.

(a) 버터워스(Butterworth) 필터

(b) 체비쉐브(Chebychev) 필터

(c) 타원형(Elliptic) 필터

9-10 디지털 필터의 주파수 변환법에 대해서 설명하라.

CHAPTER

10

신호 및 시스템의 응용

단 / 원 / 개 / 요

이 장에서는 2장에서 9장까지 배운 신호 및 시스템에 대한 여러 가지 응용 분야를 공부한다. 10.1절에서 먼저 디지털 신호가 어떻게 생성되는지 그 과정을 살펴보고 10.2절에서는 음성 및 음악 신호와 같은 1차원 신호에 대한 신호 처리 응용 사례를 배운다. 그리고 10.3절 영상 신호의 디지털화 과정을 바탕으로 10.4절에서 디지털 영상 처리에 대한 응용 분야를 배운다. 끝으로 10.5절에서는 통신을 위한 신호 처리 응용 사례를 아날로그 통신 시스템과 디지털 통신 시스템의 관점에서 각각 검토한다.

10 CHAPTER 신호 및 시스템의 응용

10.1 디지털 신호의 정의 및 생성

10.1.1 개요

최근 주변에 온통 스마트라는 단어가 유행이다. 모든 기기가 디지털화 되면서 컴퓨터의 기능이 추가되고 있기 때문이다. 스마트폰은 기존의 핸드폰에 컴퓨터 기능이 추가된 형태이며, 스마트 TV도 기존의 TV에 컴퓨터와 인터넷 기능이 추가되어 TV에서 방송만 보는 것이 아니라 컴퓨터에서 하던 웹 서핑, 다양한 앱(App.)의 활용 등이 가능해진 것이다. 앞으로 사물 통신(IoT: Internet of Things) 시대에는 주변에 존재하는 많은 사물(가전제품 등)에 컴퓨터 기능과 인터넷 등의 통신 기능이 추가되어 사용의 편리함이 극대화될 것으로 기대된다.

앞서 언급한 바와 같이 자연계에서 존재하는 대부분의 신호는 아날로그 형태를 하고 있다. 아날로그 신호(analog signal)는 **연속 신호(continuous-time signal)**라고 부르기도 한다. 자연 상태에서 사람이 보고, 듣고, 느끼는 신호는 모두 아날로그 형태를 하고 있다. 따라서 신호 처리를 디지털적으로 하더라도 사람이 최종 사용자라면 반드시 시스템의 최종 출력이 아날로그 형태를 하고 있어야 다시 보고, 듣고, 느낄 수 있다. 아날로그 신호는 독립 변수가 연속적인 양을 가지는 함수로 표현된다. 아날로그 신호를 처리하기 위해서는 그림 10-1과 같이 입력과 출력이 모두 아날로그인 시스템이 필요하다.

[그림 10-1] 아날로그(연속) 시스템

디지털 신호는 대부분 자연적으로 존재하는 신호가 아니라 아날로그 신호로부터 인위적인 작업을 통해 만들어진다. 인위적인 작업에 대한 구체적인 내용은 뒤에서 디지털 신호의 생성 방법에서 단계별로 자세하게 설명할 것이다. 신호를 디지털적으로 처리하는 것은 결국 그림 10-1의 아날로그 시스템을 그림 10-2와 같은 형태의 시스템으로 대체해야만 가능하다.

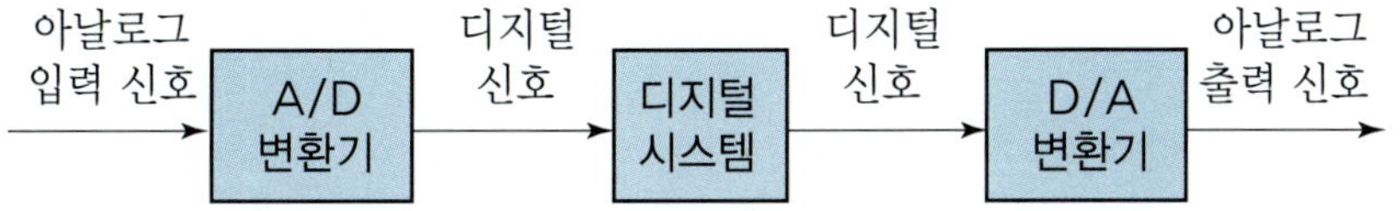

[그림 10-2] 디지털 처리를 위한 아날로그 신호의 변환

그림 10-2에서 보는 바와 같이 아날로그 신호를 디지털적으로 처리하려면 아날로그 신호와 디지털 신호간의 변환을 위한 중간 단계(인터페이스)가 필요하다. 이중 하나가 아날로그-디지털 변환기(analog-to-digital converter: A/D 변환기)이다. 물론 A/D 변환기의 출력은 디지털 신호가 되며 이 디지털 신호가 디지털 시스템의 입력이 된다. 여기서 디지털 시스템은 디지털 하드웨어뿐 아니라 컴퓨터나 컴퓨터 기능이 있는 모든 기기에서 동작하는 모든 소프트웨어도 포함한다. 디지털 시스템의 출력은 당연히 디지털 신호가 된다. 그러나 인간이 보고, 듣고, 느끼게 하기 위해서는 디지털적으로 처리된 결과를 다시 아날로그 형태로 복원하여야 하며 A/D 변환기의 반대 과정을 수행하는 D/A 변환기(digital-to-analog converter)가 그 역할을 한다.

그렇다면 기존의 아날로그 시스템에 굳이 이러한 인터페이스를 추가하여 신호를 디지털적으로 처리해 주는 이유가 무엇일까? 여기에는 여러 가지 이

유가 있다. 첫째는 디지털 신호는 컴퓨터에서 처리가 가능하고 이러한 처리를 수행하는 컴퓨터 프로그램은 손쉽게 수정이 가능하다는 것이다. 이에 반하여 아날로그 시스템의 수정은 대부분의 경우에 하드웨어를 다시 설계해야 하는 번거로움이 있다.

둘째, 디지털 신호는 다양한 저장 매체(테이프나 디스크 등)에 쉽게 저장할 수 있다. 따라서 이동이 용이하고, 처리도 간단하다. 또한 다양한 수학 연산 등을 프로그램(software: S/W)으로 구현이 용이함으로 더 정교하고 복잡한 시스템도 쉽게 구현할 수 있다는 장점이 있다. 또 하나의 이유는 디지털 신호 처리용 시스템의 하드웨어 구현이 아날로그 경우 보다 훨씬 적은 노력과 비용으로 가능하다는 것이다. 이밖에도 신호를 디지털적으로 처리할 경우의 장점은 아날로그로 처리하는 경우에 비해 매우 많다. 이러한 이유로 디지털 시스템이 음성 신호 처리, 영상 신호 처리 등 여러 분야에 빠른 속도로 응용된 것이다.

10.1.2 디지털 신호의 생성 방법

자연적으로 존재하는 대부분의 신호는 아날로그 형태를 하고 있다고 하였다. 음성(오디오) 신호, 영상(비디오) 신호, 지진파, 통신에서 사용되는 대부분의 신호가 아날로그인 것이다. 이러한 아날로그 신호의 처리를 디지털적으로 하려면 먼저 디지털 형태로 신호를 변환하는 작업이 선행되어야 한다. 이러한 변환 과정을 **아날로그-디지털 변환(analog-to-digital conversion, ADC, A/D 변환)**이라고 했다. A/D 변환은 그림 10-3과 같이 샘플링, 양자화, 부호화 과정 등 모두 세 단계로 이루어진다.

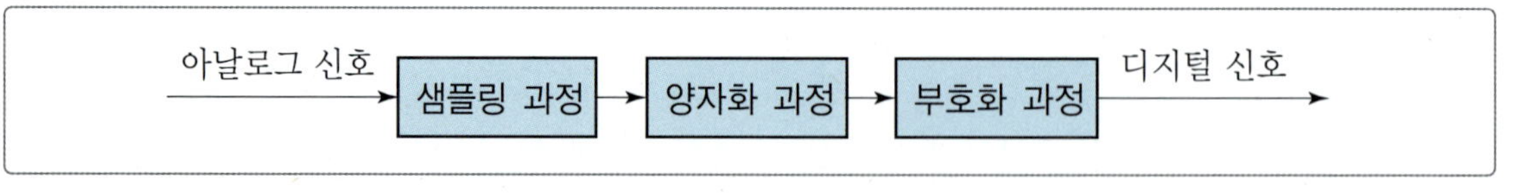

[그림 10-3] 아날로그-디지털 변환기

(1) 샘플링 과정

샘플링(sampling)은 일정한 간격을 가지고 규칙적으로 연속 신호로부터 샘플을 취함으로써 연속 신호 $x_a(t)$를 이산 신호(discrete-time signal) $x(n)=x_a(nT)$로 변환하는 과정이다. 이때 T는 샘플간의 간격이다. 연속 신호를 샘플링하면 그림 10-4(b)와 같이 이산 신호로 된다. 이산 신호의 독립 변수 n은 정수이며 정수 이외의 시각에서는 신호의 값이 정의되지 않는다. 즉, 두 샘플 사이에서 신호의 값이 0인 것으로 생각할 수 있지만 실제로 두 샘플 사이에서는 아무 값도 정의되지 않는다. 샘플링 과정은 연속 신호를 디지털 신호로 바꾸기 위한 처음 과정이므로 디지털 신호 처리를 위해서 매우 기본적이고 중요하다.

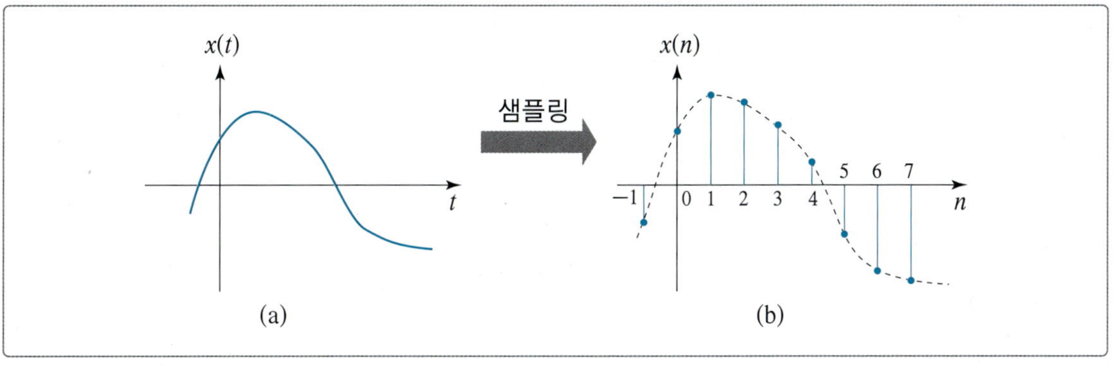

[그림 10-4] 연속 신호와 이산 신호의 예

(2) 양자화 과정

그림 10-4(b)와 같이 샘플링된 이산 신호 $x(n)$은 여전히 연속적인 값(실수나 복소수)을 갖는 신호이다. 따라서 신호가 가질 수 있는 값은 무한개이기 때문에 여전히 디지털적으로 신호를 처리할 수 없다. 왜냐하면 컴퓨터와 같은 디지털 시스템에서는 유한개의 데이터 값만을 처리할 수 있기 때문이다. 샘플링 과정에서는 단지 연속 시간, 연속적인 값을 가지는 신호를 이산 시간, 연속적인 값을 가지는 이산 신호로 변환해 준다. 하지만 디지털 신호 처리를 위해서는 이산 신호를 이산 시간과 이산 값을 갖는 신호(discrete-time & discrete-valued signal)로 다시 변환하는 과정이 필요하다. 이 과정이 바로 양자화(quantization) 과정이다.

양자화 과정을 거치면 신호는 유한개의 값 중에서 어떤 값을 가지게 된다. 이 때 신호가 가질 수 있는 값의 개수는 그림 10-5와 같이 신호 값의 전체 범위(dynamic range)를 몇 개의 구간(레벨)으로 구분하는가에 따라 결정된다. 같은 구간에 포함되는 신호들은 일반적으로 그 구간의 중간 값을 할당받는다. 따라서 양자화 과정 전의 신호 값 $x(n)$과 양자화 후의 신호 값 $x'(n)$과는 차이가 발생하게 되며 이 차이를 양자화 오차(quantization error)로 정의한다. 이 오차를 줄이기 위해서는 신호 값의 전체 범위를 구분하는 구간의 수를 늘리는 방법 밖에는 없다.

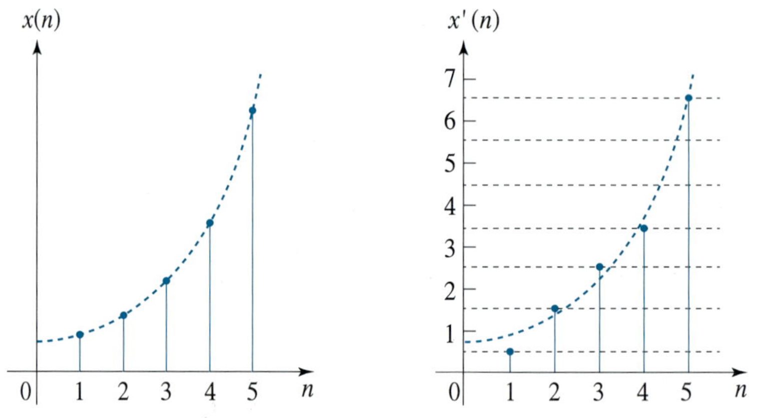

[그림 10-5] 양자화 과정

(3) 부호화 과정

양자화 과정을 거친 신호도 엄밀한 의미로는 아직 **디지털 신호(digital signal)**가 아니다. 여기서 디지털 신호란 0과 1의 이진수 값만을 갖는 신호로 정의하기 때문이다. **부호화(coding) 과정**은 각 양자화 구간을 대표하는 값(일반적으로 구간의 중간 값)에 하나의 이진수를 대응시키는 과정이다. 만약 신호 값의 전체 범위를 L개의 구간으로 나눈다면 L개의 서로 다른 이진수가 필요하다. 이 경우 b 비트의 이진수는 2^b개의 다른 이진수를 만들 수 있기 때문에 $2^b \geq L$, 즉 $b \geq \log_2 L$ 비트의 이진수가 필요하다. 예를 들어 신호 값의 전체 범위를 7개 구간으로 나누었다면 $b \geq \log_2 7 \approx 2.8$이 되고 이 구간을 서로 다른 이진수로 대응시키기 위해서는 최소한 3 비트가 필요하다.

부호화 과정을 거친 후 이진수로 표현되는 신호를 여기서는 디지털 신호로 정의한다. 그림 10-6에 부호화 된 0과 1의 디지털 신호(비트스트림이라고도 함)를 생성하는 과정을 보였다. 디지털 신호 처리는 원래 디지털 신호의 처리를 의미하지만 수학적 편리함 때문에 이 책에는 주로 이산 신호의 처리로 그 의미를 확대한다. 종종 디지털 신호와 이산 신호를 혼용하여 같은 의미로 사용하기도 한다.

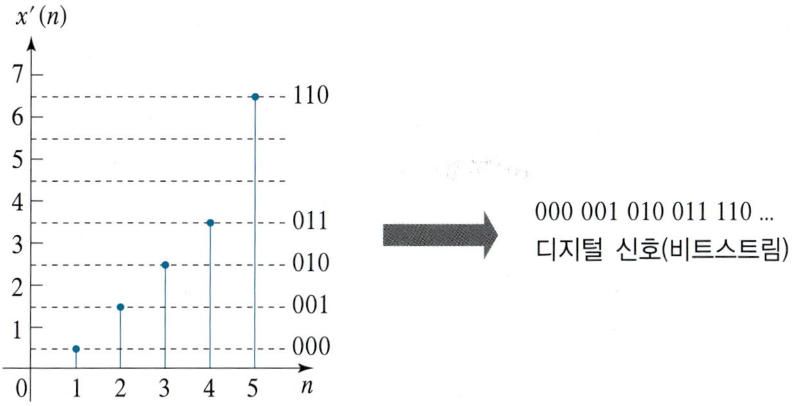

[그림 10-6] 부호화 과정

처리된 디지털 신호를 아날로그 형태로 바꾸는 과정은 A/D 변환의 역 과정으로 **디지털-아날로그 변환(digital-to analog conversion, DAC, D/A 변환)**라고 부른다. 그림 10-7에 가장 간단한 D/A 변환의 예를 보였다.

그림에서 보듯이 이산 값들을 모두 연결하여 샘플링 전의 아날로그 신호로 만드는 과정은 쉽지 않다. 그림 10-7에서는 선분으로 이산 값들을 연결하였지만 복원된 신호는 원래의 연속 신호와 많은 차이가 있다. 샘플링된 이산 값들을 연결하여 원래의 아날로그 신호를 완벽하게 복원할 수 있는 방법은 없을까? 만약 주어진 아날로그 신호의 주파수 대역폭이 유한하다면 가능하다.

이산 신호로 샘플링된 신호는 오차 없이 다시 원래의 아날로그 신호로 완벽하게 복원될 수 있다(나이퀴스트의 샘플링 이론). 하지만 신호의 값 자체를 유한개로 만드는 양자화 과정은 양자화 오차 없이 다시 양자화 이전의 실

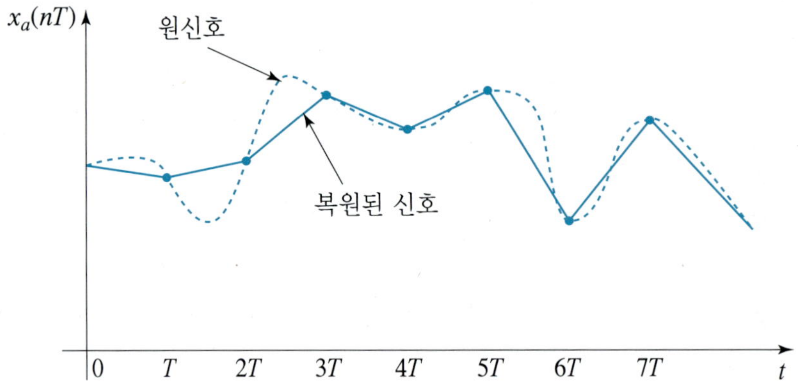

[그림 10-7] D/A 변환의 예

수 값으로 복원시키는 것이 불가능하다. 결국 A/D 변환 후 바로 D/A 변환을 거쳐 복원된 아날로그 신호와 원래의 아날로그 신호와는 양자화 오차만큼의 차이는 피할 수 없다. 성능이 좋은 양자화기를 사용하여 신호 값을 표현하는 구간의 수를 늘려 즉, 구간을 표현하는 비트수를 늘려 그 오차를 줄일 수는 있다. 하지만 비용은 상대적으로 증가하게 된다.

10.2 1차원 디지털 신호 처리 응용

일상생활에서 널리 사용되는 대표적인 1차원 신호에 음성 신호, 음악 신호, 음향 신호 등이 있으며, 이 신호들을 분석하여 정보를 추출하거나 원하는 신호를 인공적으로 생성하는 응용 기술이 널리 활용되고 있다. 대표적인 예로 디지털 음성 통신을 위한 음성 부호화, 휴대형 음악 재생기와 음악 스트리밍을 위한 오디오 부호화, 스마트 디지털 기기와 인간 사이의 소통을 위한 음성/감성(emotion) 인식과 합성, 음악의 멜로디/박자/장르/감성 등을 분석하는 음악 정보 처리, 현장감과 몰입감을 제공하는 입체 음향 등이 있다. 인간이 음성/오디오 신호를 청취하고 정보를 인식할 때 가장 중요하게 활용하는 신호 특성이 신호의 주파수 성분이다. 따라서 입력 신호의 주파수 성분을 분석하여 음성을 인식하고 음악 정보를 추출할 수 있으며, 이 절에서는 신호의 주파수 분석을 통하여 정보를 추출하는 예를 보여준다.

10.2.1 스펙트로그램(spectrogram)

4장과 5장에서 배운 모든 주파수 분석 도구는 입력 신호의 전체 시간에 대한 평균적인 주파수 성질만을 보여줄 뿐이다. 예로, 길이 N인 $x(n)$이 주어질 때 스펙트럼 $X(f)$을 구하면 $0 \le n < N-1$ 구간에서의 평균적 주파수 성질을 보여주며, 만일 $0 \le n < N-1$ 구간에서 시간에 따라 $x(n)$의 주파수 성질이 변할 경우, 시간에 따른 주파수 성질 변화를 확인할 수는 없다. 그림 10-8이 이 문제에 대한 대표적인 예를 보여준다. 그림 10-8(a)와 (b)는 각각 식 (10.1)과 (10.2) 신호를 보여준다.

$$x(n) = \begin{cases} \cos\dfrac{2\pi}{100}n, & 0 \le n < 500 \\ \cos\dfrac{2\pi}{50}n, & 500 \le n < 1000 \end{cases} \tag{10.1}$$

$$y(n) = \cos\frac{2\pi}{100}n + \cos\frac{2\pi}{50}n, \quad 0 \le n < 1000 \tag{10.2}$$

분명 두 신호는 완전히 다른 주파수 성질을 가진다. 그러나 두 신호의 스펙트럼 크기 $|X(f)|$와 $|Y(f)|$를 구하면 그림 10-8(c)와 (d)가 되는데, 두 신호가 모두 $f=0.01$과 $f=0.02$ 성분을 포함하고 있다는 정보는 줄 수 있지만, (a)와 (b)에서 볼 수 있는 두 신호의 명백한 주파수 특성 차이를 구분하지는 못한다(일반적으로 (c) 또는 (d) 스펙트럼이 주어지면 모든 시간 영역에서 동일한 주파수 성분을 가지는 (b) 신호의 모양을 상상하는 경향이 있다). 물론 $X(f)$와 $Y(f)$의 위상이 주파수 성질의 시간적 변화 특성을 제공하지만, 위상으로부터 이 정보를 얻는 과정이 직관적이지 못하여 널리 사용되지는 못한다.

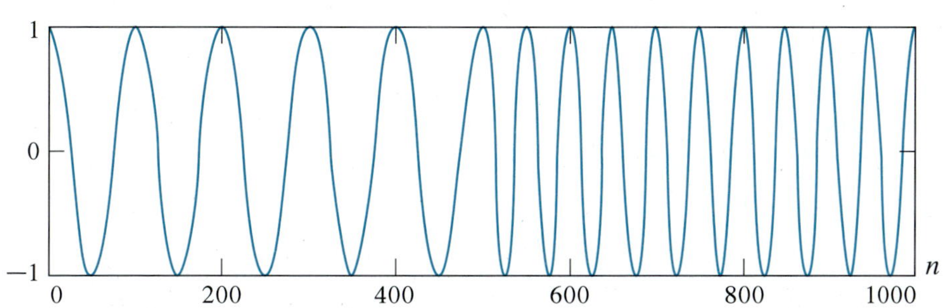

(a) $x(n)$

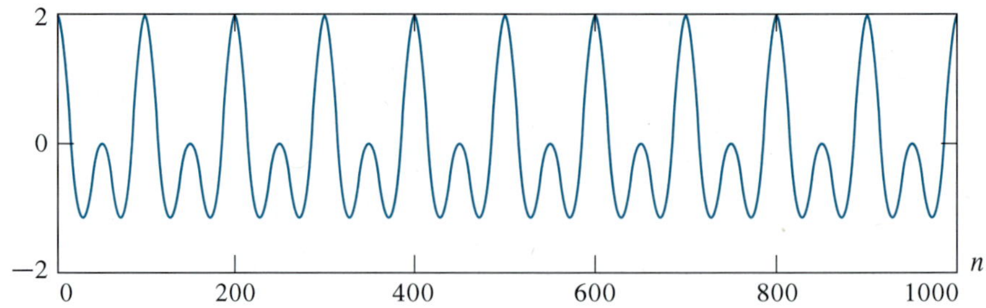

(b) $y(n)$

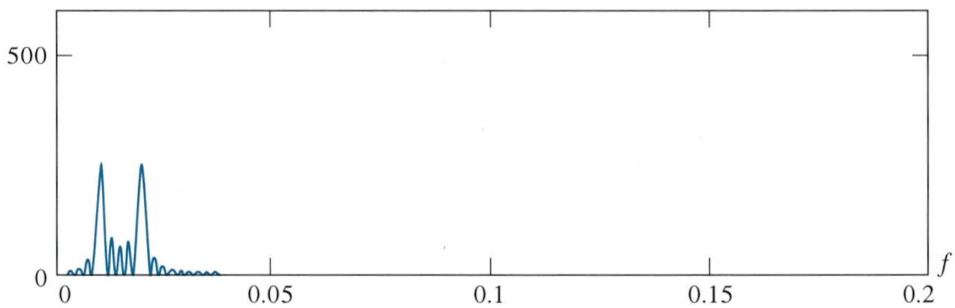

(c) $|X(f)|$

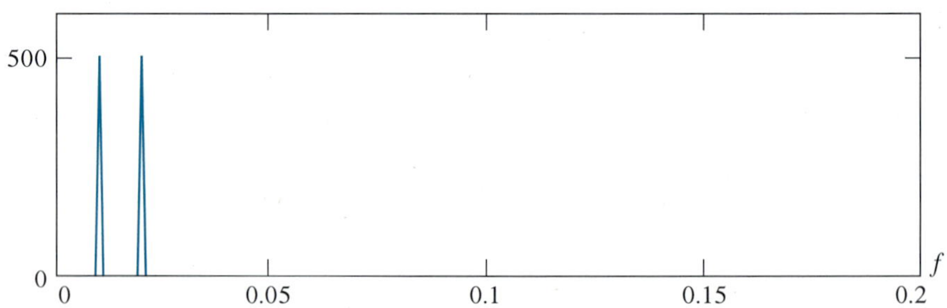

(d) $|Y(f)|$

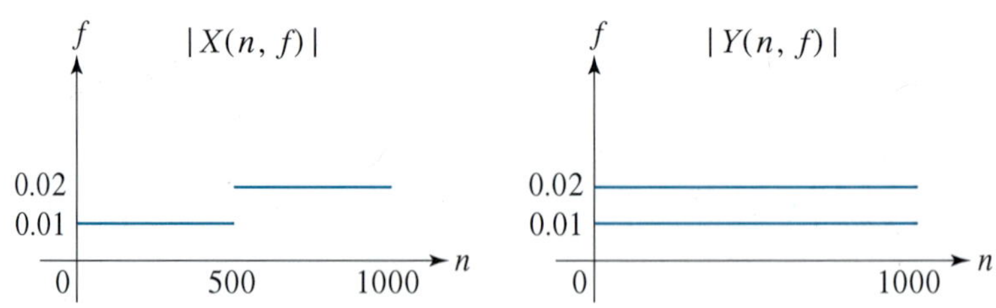

(e) 도식적으로 표현한 $x(n)$과 $y(n)$의 스펙트로그램

[그림 10-8] 시간에 따라 주파수 성질이 변하는 신호에 대한 스펙트럼 분석

앞의 예에서 보듯이, 시간에 따라 주파수 성질이 변하는 신호를 4장과 5장에서 배운 주파수 분석 방법으로 분석하면 정확한 특성을 구하지 못한다. 음성과 오디오 신호는 시간 진행에 따라 주파수 성분이 변하는 대표적인 신호이고, 시간에 따른 주파수 성질의 변화가 음성과 오디오 신호가 표현하려는 핵심 정보이기도 한다. 예로, 음악에서의 멜로디는 시간에 따라 기본 주파수가 변함에 따라 정의되고, 음성에서 시간에 따라 스펙트럼 포락선이 변해야 특정 언어가 표현된다. 따라서 음성과 오디오 신호에 포함된 정보를 정확히 분석하기 위하여 새로운 주파수 분석 도구가 필요하고, 이를 위하여 시간-주파수 스펙트럼 또는 **스펙트로그램(spectrogram)**을 사용한다.

스펙트로그램은 시간 진행에 따라 짧은 구간에 대한 **이산 시간 푸리에 변환(DTFT)**을 반복적으로 구하여 시간 축으로 나열한 것으로서, 그림 10-9가 스펙트로그램을 구하는 과정을 간단히 보여준다. 입력 신호 $x(n)$가 주어질 때, $x(n)$에서 주어진 영역의 N 샘플을 취하여 $x_1(n)$을 정의하고 $x_1(n)$의 DTFT를 수행하여 $X_1(f)$를 구한다. 다음, 시간 영역에서 L 샘플만큼 이동한 후 다시 $x(n)$에서 N 샘플을 취하여 새로운 $x_2(n)$을 정의하고 DTFT를 수행하여 $X_2(f)$를 구한다. 이렇게 시간 영역에서 L 샘플씩 이동하면서 독립적인 DTFT를 구하고, 그 결과를 (n, f)-축을 가지는 2차원 공간에서 함수 $|X(n, f)|$로 표시하면 스펙트로그램이 완성되고, 3차원 그래프가 된다. 예로, 식 (10.1)과 (10.2) 신호의 스펙트로그램을 도식적으로 표현하면 그림 10-8(e)가 되고, 시간에 따른 주파수 특성 차이를 구체적으로 보여준다.

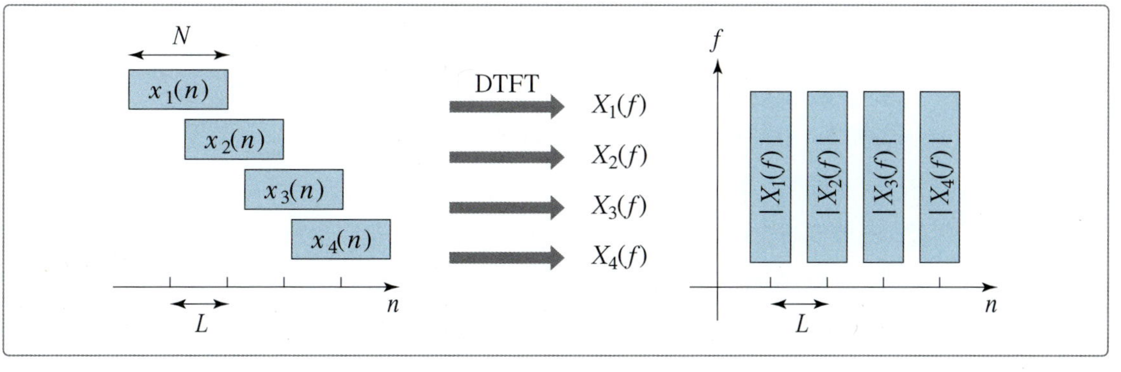

[그림 10-9] 스펙트로그램을 구성하는 구성도

10.2.2 1차원 신호의 주파수 분석

(1) DTMF 신호 분석

스펙트로그램을 사용하여 전화 통신에 사용되는 DTMF(dual-tone multi-frequency) 신호를 분석하는 예를 살펴보자. DTMF는 PSTN(public switched telephone network, 즉 일반 유선 전화망)에서 음성 채널을 통하여 디지털 정보를 전송하기 위해 사용하는 신호이다. 전화기 자판의 한 버튼을 누르면 표 10-1과 같이 각 버튼에 할당된 주파수를 가지는 신호를 송신하며, 버튼별 주파수 차이를 이용하여 해당 버튼의 숫자를 전송한다. 예로, 버튼 "1"을 누르면 $x(t)=A\{\cos(2\pi\times697t)+\cos(2\pi\times1209t)\}$ 신호가 출력되고, 교환기에서 8000Hz로 샘플링 하여 수신단으로 전달하고, 수신단은 해당 DTMF 신호를 받아 주파수 분석을 통하여 수신 신호에 697Hz와 1209Hz 성분이 포함된 것을 확인하여 송신단이 "1"을 보낸 것을 알게 된다.

〈표 10-1〉 DTMF 신호의 주파수 할당

	1209Hz	1336Hz	1477Hz
697Hz	1	2	3
770Hz	4	5	6
852Hz	7	8	9
941Hz	*	0	#

통신 수신단이 그림 10-10(a)의 DTMF 신호를 수신할 경우, 이 신호가 전달하는 정보를 구해보자. 당연히 자판의 버튼은 순차적으로 입력되므로 시간 진행에 따른 주파수 분석이 반드시 필요하다. 참고로, 전체 신호에 대한 스펙트럼 크기를 구하면 그림 10-10(b)이며, 5개의 주파수 성분이 나타나고 각각의 주파수 값을 구할 수 있다. 그러나 이로부터 언제 어느 버튼이 입력되었는지는 알 수 없다. 만일 신호의 각 시간 n에서 $N=512$ 구간에 대한 DTFT를 구하여 스펙트로그램을 완성하면 그림 10-10(c)를 얻는다. 시간 영역에서 첫 800 샘플(100msec) 동안 두 개의 주파수 성분이 지속되는

것이 보이고, 대략적인 주파수는 각각 700Hz와 1200Hz이다. 이 값을 표 10-1과 비교하면 697Hz와 1209Hz에 해당하므로 수신된 DTMF 신호는 "1"에 해당하는 것을 알 수 있다. 여기서, 스펙트로그램을 통하여 대략적인 주파수 값을 구한 후, 표 10-1에서 가장 근접한 주파수를 찾으면 된다.

동일한 방법으로 이후의 100msec 길이의 두 구간에 대한 주파수 값을 구하면 "3"과 "0"이 전송된 것을 알 수 있다. 700Hz 성분은 "1"과 "3"에 모두 포함되므로 $0 \le n < 1600$ 동안 계속 나타난다. 따라서 전체 시간 영역 $0 \le n < 2400$을 기준으로 보면 700Hz 성분은 다른 4개의 주파수 성분에 비하여 더 큰 값을 가지고, 그림 10-10(b)의 스펙트럼에서 피크값이 다른 주파수에 비하여 크게 나타난다.

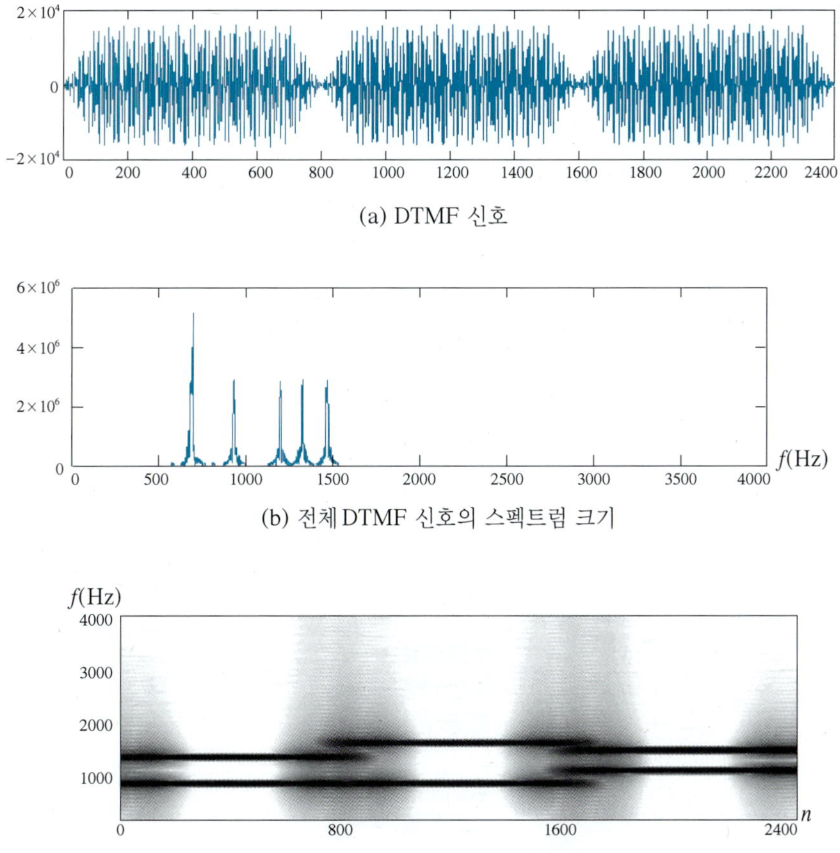

(a) DTMF 신호

(b) 전체 DTMF 신호의 스펙트럼 크기

(c) DTMF 신호의 스펙트로그램

[그림 10-10] DTMF 신호의 주파수 분석 예

(2) 음악 멜로디 분석

음악 신호의 스펙트로그램은 음악 악보와 유사한 정보를 제공한다. 음악 악보는 시간 진행에 따라 음 높이를 음표로 표시하고, 각 음표는 정해진 규칙에 따라 특정 기본 주파수를 가지는 신호에 해당한다. 음악 악보를 보면 음의 진행으로 정의되는 멜로디를 알 수 있듯이, 음악 신호의 스펙트로그램을 보면 음악 신호가 나타내는 멜로디를 구할 수 있다.

이를 위하여 먼저 표준 12 음계에서 사용하는 각 음의 기본 주파수를 정리하면 그림 10-11과 같다. 기본 A음(또는 기본 "라"음, 표준 88건반 피아노의 49번째 건반)의 기본 주파수를 440Hz로 맞추고, 이를 기준으로 나머지 모든 음의 기본 주파수를 정한다. 기본 주파수 2배 차이를 가지는 두 음의 간격을 옥타브(octave)라 하고, 옥타브 관계의 두 음은 같은 음 이름을 가진다. 한 옥타브 간격을 일정한 지수비율로 12등분하여 12개의 반음을 정의하고, 그에 따라 한 음의 기본 주파수가 F_1일 때, 반음 위 음의 기본주파수는 $F_1 \times 2^{1/12}$이다. 예로 기본 A보다 반음 높은 A#은 $40 \times 2^{1/12}$=466.16Hz, 한음 높은 B는 $440 \times 2^{2/12}$=493.88Hz, 기본 A보다 한 옥타브 높은 A는 $440 \times 2^{12/12}$=880Hz의 기본 주파수를 가진다.

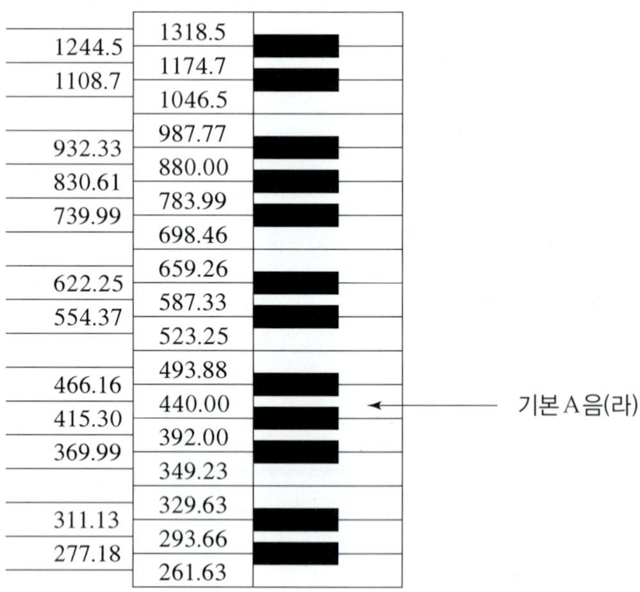

[그림 10-11] 표준 12 음계의 음별 기본 주파수

음악 신호의 스펙트로그램 분석을 통하여 멜로디를 구하는 예를 살펴보자. 그림 10-12(a)는 피아노 연주 소리를 녹음한 파형을 8000Hz로 샘플링한 신호를 보여준다. 피아노는 건반을 누르는 동작으로 현을 해머로 때려 소리를 만들고, 건반을 누르고 있는 상태에서는 추가적으로 현을 때리는 동작 없이 음이 지속된다. 따라서 피아노 신호는 건반을 누르는 순간에 파형 크기가 크고 그 이후에는 파형 크기가 점차 감소하여 그림 10-12(a)와 같은 모양의 파형을 가진다. 그림 10-12(a)의 음을 분석하기 위하여 각 시간 n에서 $N=512$ 구간의 DTFT를 구하여 스펙트로그램을 완성하면 (b)를 얻는다. 첫 번째 음 구간(약 0.5초)에 일정한 패턴이 계속되는데, 푸리에 급수(Fourier series) 이론에 따라 주기 신호는 기본 주파수 F_0의 정수배 위치에 주파수 성분을 가지므로 화살표 위치가 기본 주파수 F_0이고 그 위로 일정한 간격마다 큰 값이 나타난다. F_0의 주파수 값을 구하면 약 562Hz이고, 그림 10-11로부터 첫 음은 "도#"이다. DTMF 예에서와 같이 신호의 기본 주파수를 대략적으로 계산하고 표준 음계에서 가장 근접한 주파수를 찾으면 된다.

두 번째 음 구간의 스펙트로그램은 앞 구간에 비하여 복잡한 형태를 가진다. 첫 번째 음 구간의 스펙트럼 패턴이 두 번째 음 구간에서 완전히 사라지지 않고 계속 나타나는데, 이는 첫 건반을 누른 채 두 번째 건반을 눌러 두 음이 동시에 나타나기 때문이다. 물론, 첫 음의 에너지가 많이 감소한 이후이므로 두 번째 건반에 대한 특징이 더 뚜렷하게 보인다. 따라서 두 번째 음 구간에서의 기본 주파수는 스펙트로그램에서 보이는 가장 낮은 주파수 성분이 아니라, 그림에 화살표로 표시한 위치이다. 이는 대략 938Hz이므로 두 번째 음은 "라#"이다.

세 번째 음 구간에서도 이전 두 음의 영향이 계속 진행되는 것이 보이고, 세 번째 음의 기본 주파수는 화살표로 표시한 위치이다. 이는 대략 703Hz이므로 세 번째 음은 "파"이다. 마지막으로, 스펙트로그램에서 각 음의 시간 간격이 일정한 것을 볼 수 있으며, 따라서 이 신호가 나타내는 멜로디는 균일한 박자를 가지는 세 음 "도#-라#-파"이다.

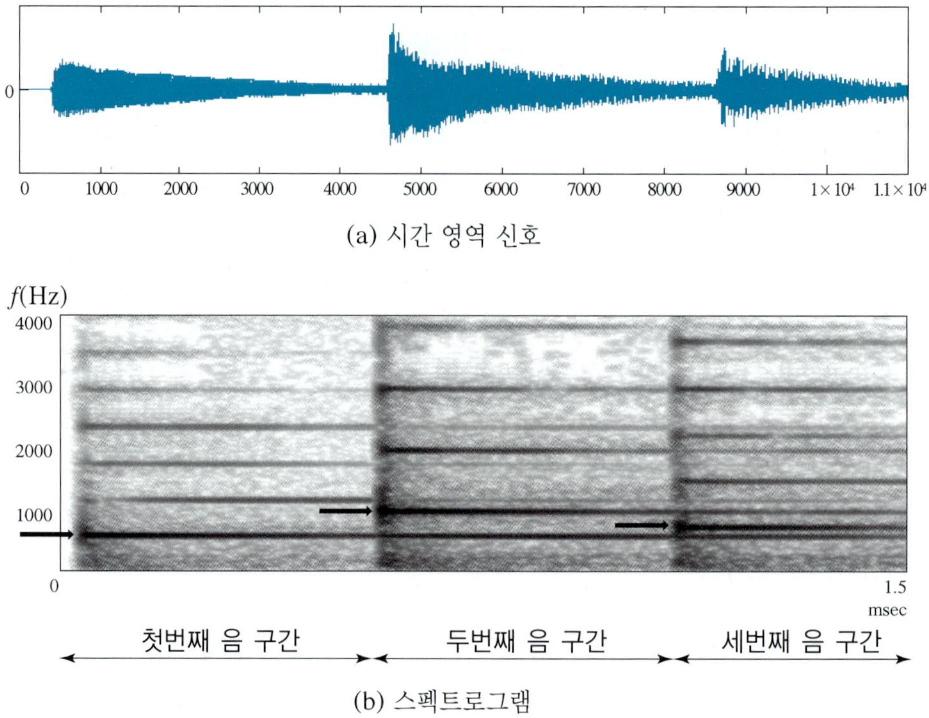

(a) 시간 영역 신호

(b) 스펙트로그램

[그림 10-12] 피아노로 연주한 음악 신호의 예

10.3 영상 신호의 디지털화

공간상의 x축과 y축, 두 개의 변수로 표현되는 2차원 신호(함수)인 영상도 일반적으로 아날로그 형태로 존재하며, 위에서 설명한 샘플링과 신호의 값인 밝기 값(intensity)의 양자화 과정과 부호화 과정을 거쳐 디지털 신호로 변환된다.

10.3.1 2차원 영상 신호의 디지털화

(1) 2차원 신호의 샘플링

2차원 아날로그 영상 신호를 디지털로 변환하는 과정을 설명하기 전에 디지털 영상을 구성하는 몇 가지 기본 요소를 정의하고자 한다. 먼저 화소(픽셀, pixel, picture element)란 디지털 영상을 구성하는 가장 작은 단위로서 네모 모양의 작은 점들을 일컫는 말이다. 해상도는 영상의 선명함을 나타내는 척도로써 1인치당 몇 개의 화소로 영상이 이루어져 있는지로 표현할 수도 있다. 따라서 같은 크기의 영상에서 화소의 수가 많을수록 해상도가 높은 영상을 얻을 수가 있다. 왜냐하면 같은 면적 안에 화소가 더 조밀하게 많이 들어 있을수록 그림이 더 선명하고 정교하기 때문이다.

최근 HDTV와 UHDTV를 쉽게 접할 수 있다. 여기서 HD란 TV의 한 화면에 1080개의 줄이 있고, 한 줄에 1920개의 화소가 존재하는, 즉 화면 한 장에 1920×1080=2,073,600, 약 2백만 개의 화소가 존재하는 선명도를 가진 것이고, UHDTV의 경우는 HD의 가로, 세로 각각 2배씩 총 4배 더 많은 화소가 한 장의 화면에 포함되어 있다. 따라서 같은 50인치 크기의 TV의 경우 UHDTV의 화소가 4배 작은 크기로 더 조밀하게 배치되어 있으므로 훨씬 선명하고 정교한 화면을 제공할 수 있는 것이다.

2차원 영상 신호의 샘플링이란 공간상의 2차원 함수를 규칙적이고 일정하게 특정한 정수 값을 갖는 좌표 x, y에서 존재하는 값으로 표본을 취하는 작업이다. 영상의 표본화는 이산적인 화소들의 위치를 생성하게 되며, 영상의 각 위치에서 표본화된 점을 화소, 픽셀(pixel, picture element) 또는 펠(pel)이라고 정의한다.

2차원 공간 영역(1차원 신호가 시간 영역(time domain)에 표현된다면 2차원 영상 신호는 공간 영역(spatial domain)에서 표현됨)에 대하여 화소의 배열 방법은 그림 10-13과 같이 x축, y축 방향으로 각각 같은 간격으로 샘플링 된 정사각형 또는 화소간의 거리를 동등하게 설정한 정삼각형과 정육각형 배열 등이 있다. 영상 처리에 있어서는 입출력 장치 구성의 편리함을 고려하여 정사각형 배열을 가장 많이 사용한다.

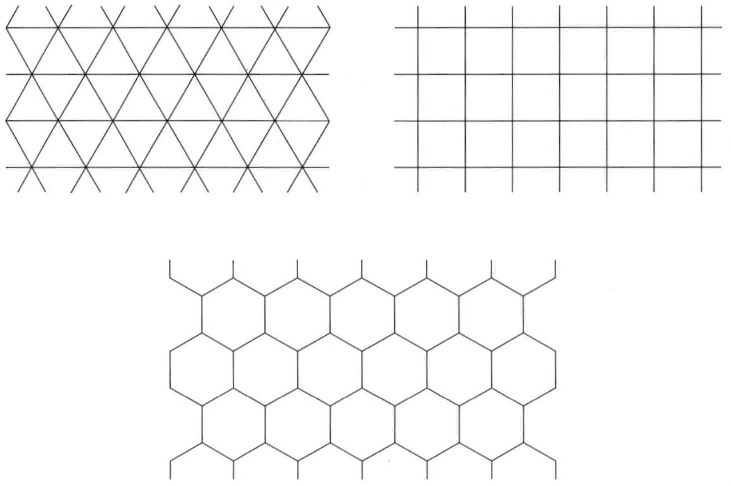

[그림 10-13] 2차원 영상 신호의 화소의 배열 방법

2차원 공간 영역에서 표본화된 이러한 화소들의 x, y축 개수의 비율이 영상의 해상도(resolution)를 결정한다. 그림 10-14는 같은 영상을 화면 크기는 그대로 두고 해상도만 다르게 한 것(down sampling)이다. 그림 10-14를 보면 해상도가 높아질수록 영상이 자연스럽고 선명하게 표현되는 것을 알 수 있다.

(a) 6×16 (b) 128×128 (c) 512×512

[그림 10-14] 2차원 영상 신호의 화소의 배열 방법

(2) 2차원 신호의 양자화 및 부호화

2차원 영상 신호의 양자화란 샘플링된 각 화소의 값(영상의 밝기 값)을 정해진 몇 단계의 밝기로 근사화시키는 과정을 말한다. 이렇게 유한개의 값으로 양자화된 밝기 값을 명암도 또는 그레이 레벨(gray level)이라고 부르고, 이 양자화된 값들의 범위를 그레이 스케일(gray scale)이라고 한다.

마지막으로 양자화 된 유한개의 밝기 값을 이진수 표현하기 위하여 부호화하게 되는데 일반적으로 디지털 영상을 표현하기 위해서 8비트의 이진수가 많이 사용되는데, 이 경우 0부터 255까지 256 단계(2^8 단계)의 밝기 값을 표현할 수 있다. 일반적으로 0은 가장 어두운 검정색을, 255는 가장 밝은 흰색을 의미한다. 일반적으로 8비트로 표현되는 디지털 영상 신호는 0부터 255까지의 정수 값을 갖는 2차원 함수 $f(x, y)$로 표현이 가능하다. 이때 (x, y)는 공간 영역(spatial domain)에서 화소의 위치를 나타내는 2차원 좌표점이다. 따라서 N×M 해상도를 갖는 디지털 영상은 수학적으로는 N×M 행렬식으로 표현이 가능하다. 그림 10-15는 디지털 영상이 행렬로 표현된 경우를 보여주고 있다.

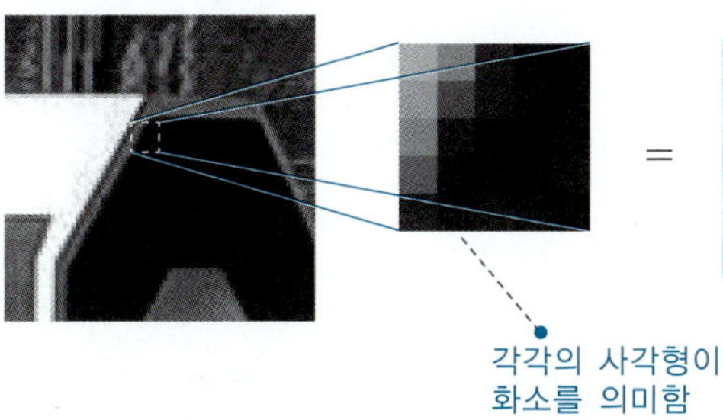

$$= \begin{bmatrix} 141 & 152 & 141 & 141 & 201 \\ 141 & 162 & 156 & 169 & 201 \\ 141 & 162 & 212 & 212 & 202 \\ 159 & 172 & 212 & 210 & 210 \\ 174 & 201 & 202 & 201 & 203 \end{bmatrix}$$

[그림 10-15] 행렬로 표현이 가능한 디지털 영상

10.3.2 동영상의 디지털화

동영상이란 TV나 영화처럼 연속적으로 움직이는 화면을 의미한다. 일반적으로 사진과 같이 움직임이 없는 정지해 있는 영상(정지 영상)과는 다르게 시간에 따라 조금씩 변하는 여러 장의 영상을 1초에 24장 또는 30장 연속해서 보여주면 마치 영상속의 물체들이 연속적으로 움직이는 것과 같은 효과를 얻게 된다. 동영상의 경우에는 추가적으로 시간적인 샘플링 간격, 즉 매 초 당 몇 장의 프레임(한 장의 화면을 보통 프레임이라고 정의함)을 보여주느냐를 고려해야 한다. 따라서 동영상을 표현하기 위해서는 일반적으로 많은 데이터 양이 필요하게 되며 한편의 동영상 프로그램의 총 데이터 양은 식 (10.3)을 이용하여 구할 수 있다.

총 데이터 양 = 라인 수×라인당 화소 수×화소당 비트 수×초당 프레임 수×동영상 시간 (10.3)

10.4 디지털 영상 처리 응용

디지털 영상 처리(digital image processing)란 특별한 목적을 가지고 디지털 영상이 갖고 있는 원래의 화소 값을 바꾸는 모든 연산 과정을 의미한다. 디지털 영상 처리를 하는 이유는 영상의 화질을 더욱 좋게 하거나, 영상의 잡음을 제거하여 원래 영상을 복원하거나, 영상의 데이터 양을 줄이기 위해서 등의 여러 가지 이유가 있다. 이 절에서는 앞에서 배운 신호 및 시스템의 내용이 어떻게 실제 디지털 영상 처리에 적용되는지 살펴보기 위하여 가장 간단한 영상 처리 예를 몇 가지 소개하고자 한다.

10.4.1 디지털 영상에 대한 연산

디지털 영상 $f(x, y)$와 $g(x, y)$에 대하여 덧셈, 뺄셈, 곱셈, 그리고 나눗셈 등의 산술 연산은 다음과 같이 정의된다.

- 덧셈 연산 $f(x, y)+g(x, y)$
- 뺄셈 연산 $f(x, y)-g(x, y)$
- 곱셈 연산 $f(x, y)\times g(x, y)$
- 나눗셈 연산 $f(x, y)\div g(x, y)$

물론 위에서 정의된 디지털 연산의 사칙 연산은 영상의 일부분, 또는 모든 영역에 대해서 행할 수 있다. 하지만 영상이 정의된 모든 공간 영역에 대해서 연산을 행할 때는 두 영상의 해상도가 같아야 한다. 일반적으로 덧셈이나 뺄셈 연산은 밝기 값 조절을, 곱셈이나 나눗셈 연산은 명암 대비 값을 조절하는데 사용한다. 여기서는 밝기 값 조절을 하는 덧셈 및 뺄셈 연산에 대해 살펴보도록 한다.

(1) 디지털 영상의 밝기 조절

디지털 영상의 밝기를 조절하는 것은 각 화소의 값을 증가시키거나 감소시킴으로써 가능하다. 영상의 전체적인 밝기 조절을 원칙으로 하며, 너무 어둡거나 너무 밝은 경우 일부 영역에 국한하여 밝기 값을 조절하는 것도 물론 가능하다. 그림 10-16은 밝기가 조절된 세 가지 영상을 보여주고 있다. 그림 10-16(b)는 그림 10-16(a)의 원본 영상 $f(x, y)$의 모든 화소 값에 상수 30을 더해준 영상($f(x, y)+30$)이고 그림 10-16(c)는 원본 영상 $f(x, y)$에 상수 70을 빼준 영상($f(x, y)-70$)이다. 예상대로 그림 10-16(b) 영상은 원래 영상보다 밝아졌고, 그림 10-16(c) 영상은 어두워진 것을 알 수 있다. 이 경우에 더해서 255보다 크거나 0보다 작은 값이 되면 각각 255와 0으로 화소 값을 대체하게 된다.

(a) 원본 $f(x,y)$

(b) 밝게($f(x,y)+30$)

(c) 어둡게($f(x,y)-70$)

[그림 10-16] 디지털 영상의 밝기 조절

(2) 영상 반전

앞서 설명하였듯이 디지털 영상의 각 화소는 0~255 단계(2^8 단계)의 정수 값을 가지며, 이 값은 색의 농도를 의미하는 것으로 255에 가까워질수록 농도가 진해진다. 예를 들어 흑백 영상의 경우는 흰색의 농도, 색상 영상 경우는 빨강, 초록, 파랑(Red, Green, Blue) 등의 색의 농도를 의미한다. 흑백 영상에서 색을 반전시킨다는 것은 흑은 백으로, 백은 흑으로 바꾼다는 것을 의미하는데 각 화소 값을 255에서 빼주면 된다. 즉 원본 영상 $f(x, y)$의 반전된 영상 $g(x, y)$는 식 (10.4)로 표현이 가능하다.

$$g(x, y) = 255 - f(x, y) \tag{10.4}$$

그림 10-17에 원본 영상과 반전된 영상을 보였다. 반전된 영상은 마치 예전의 아날로그 카메라의 필름을 인화한 모습을 갖고 있다.

(a) 원본 $p(x, y)$ (b) 반전 영상 $q(x, y)$

[그림 10-17] 디지털 영상의 반전

(3) 이진화

디지털 영상에서 배경과 객체의 경계를 확실하게 구분하기 위해 이진화 작업을 수행할 때가 있다. 디지털 영상의 이진화 작업은 0~255 사이의 화소 값을 0과 255 두 개의 값으로 변환하는 작업이다. 이때 식 (10.5)와 같이 화소 값이 특정 임계값 T보다 큰 경우는 255로, 특정 임계값 T보다 작은 경우에는 0으로 변환하게 하게 된다. 이진화된 영상의 예를 그림 10-18에 보였다.

$$g(x, y) = \begin{cases} 255, & f(x, y) \ge T \\ 0, & f(x, y) < T \end{cases} \tag{10.5}$$

(a) 원본 $f(x, y)$ (b) 이진화된 영상 $g(x, y)$

[그림 10-18] 디지털 영상의 이진화

10.4.2 디지털 영상의 필터링(2차원 컨벌루션 합 연산)

3.3.2절 '컨벌루션 합' 에서 식 (3.39)에 의해서 이산 신호 $x[n]$과 임펄스 응답 $h[n]$과의 **컨벌루션 합**(convolution sum)을 정의하고 $x[n]*h[n]$으로 표현하였다.

$$y[n]=\sum_{k=-\infty}^{\infty} x[k]h[n-k] \tag{10.6}$$

식 (10.6)에서 k를 $n-k$로 대치하면 컨벌루션 합 연산 식을 아래와 같이 쓸 수도 있다.

$$\begin{aligned} y[n] &= \sum_{k=-\infty}^{\infty} x[n-k]h[k] \\ &= h[n]*x[n] \end{aligned} \tag{10.7}$$

따라서 컨벌루션 연산은 교환 법칙을 만족한다.

또한 어느 유한한 구간 외에는 임펄스 응답이 0의 값을 갖는 FIR(finite-duration impulse response) 시스템에서는 임펄스 응답이

$$h[n]=0 \quad n<0 \text{ 과 } n \geq M \tag{10.8}$$

와 같이 정의되고, 이 경우 컨벌루션 식 (10.7)은 다음과 같이 표현된다고 앞의 3.3.3절 '컨벌루션의 성질' 에서 이미 공부하였다.

$$y[n] = \sum_{k=0}^{M-1} h[k]x[n-k] \tag{10.9}$$

다시 말해서 시스템의 출력은 유한개의 입력 샘플의 선형 조합으로 이루어진다. 식 (10.9)는 주어진 입력신호와 임펄스 응답이 모두 1차원 신호일 경우의 컨벌루션 연산정의이다. 이번 절에서는 식 (10.9)의 컨벌루션 연산식을 2차원의 디지털 영상 신호에 확장 적용하는 방법을 설명하고 직접 영상 처리에 컨벌루션 연산이 어떻게 활용되는 지 몇 가지 예를 가지고 설명하고자 한다.

한 화소에서의 2차원 디지털 영상의 컨벌루션 연산은 영상의 한 화소와 이웃 화소들의 값에 2차원 임펄스 함수의 가중치를 곱하여 더한 값으로 구할 수 있다. 일반적으로 $(2r+1)\times(2s+1)$ 크기의 2차원 임펄스 함수(영상 마스크) h와 $M\times N$ 해상도의 디지털 영상 $f(x, y)$의 2차원 컨벌루션 합의 연산은 식 (10.10)에 의해 정의된다.

$$g(x, y) = \sum_{m=-r}^{r} \sum_{n=-s}^{s} f(x-m, y-n)w(m, n) \tag{10.10}$$

그림 10-19는 2차원 컨벌루션 합의 연산 과정을 잘 보여주고 있다. 현 위치의 화소에 중심점을 기준으로 반전된 2차원 임펄스 함수를 곱하고 다 더한 값을 현재 위치의 연산 결과 값으로 대체하고 같은 과정을 우측으로 이동하여 바로 우측의 화소에 대하여 같은 과정을 반복하고, 이 동작을 계속 반복하여 나머지 화소 모두에 적용하면 2차원 컨벌루션 합 연산의 결과를 얻을 수 있다.

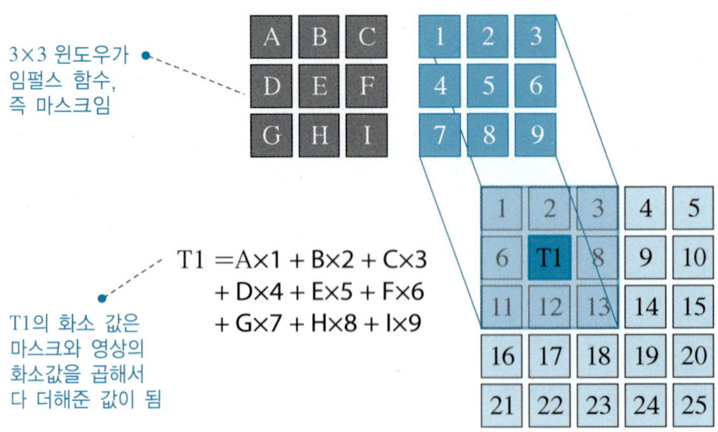

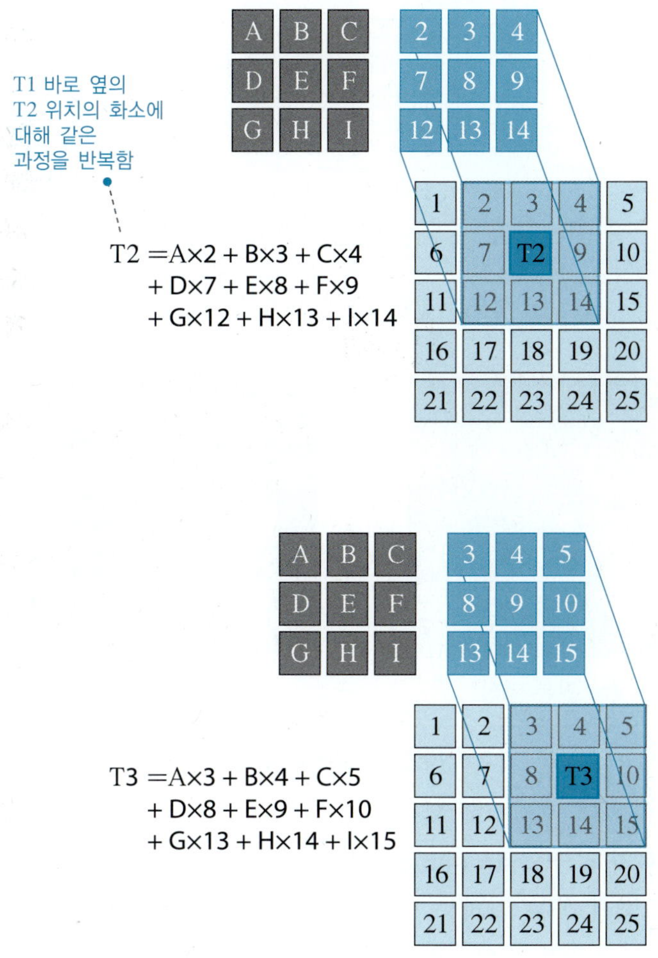

[그림 10-19] 2차원 컨벌루션 합 연산 과정

(1) 평활화 필터(Smoothing Filter)

때로는 영상을 부드럽게 만들 필요가 있다. 그림 10-20에 있는 모두 $\frac{1}{9}$이라는 값을 갖는 3×3 크기의 2차원 임펄스 함수(마스크)와 원본 영상 간에 2차원 컨벌루션 연산을 적용하면 영상의 불규칙한 잡음을 없애거나 부드러운 영상을 만들 수 있으며 이러한 과정을 평활화 또는 블러링(blurring) 과정이라고 부른다. 이 경우 그림 10-20에 주어진 마스크는 영상을 3×3 크기별로 평균 값(mean)을 구하는 것과 같은 연산이며 따라서 평균값 필터(mean filter)라고 부른다.

$\frac{1}{9}$	$\frac{1}{9}$	$\frac{1}{9}$
$\frac{1}{9}$	$\frac{1}{9}$	$\frac{1}{9}$
$\frac{1}{9}$	$\frac{1}{9}$	$\frac{1}{9}$

Mean

(a) 평균값 필터의 임펄스 함수(마스크)

(b) 원본 영상 (c) 필터링 결과

[그림 10-20] 평균값 필터링

(2) 첨예화 필터(Sharpening Filter)

부드럽게 하는 것과는 반대로 때로는 주어진 영상을 더 선명하게 할 필요가 있는 경우가 있다. 영상 신호 성분 중 경계선 부분 등의 고주파 성분이 많이 포함된 세밀한 부분을 강조하는 과정을 첨예화(sharpening) 작업이라고 한다. 여기서는 첨예화 필터의 예인 라플라시안 필터(Laplacian filter)와 소벨 필터(Sobel filter)을 소개하고자 한다. 그림 10-21(a)의 라플라시안 임펄스 함수를 이용하여 영상을 선명하게 한 결과가 그림 10-21(c)에 보였다. 그림 10-22와 그림 10-23에서는 라플라시안 필터와 소벨 필터를 사용하여 영상 내 경계선을 검출하는 과정을 보여주고 있다. 모두 그림 10-19에서 설명한 2차원 컨벌루션 합 연산을 수행한 결과이다.

−1	−1	−1
−1	9	−1
−1	−1	−1

Laplacian
(경계를 돋보이게)

(a) 라플라시안 필터의 임펄스 함수(마스크)

(b) 원본 영상　　(c) 필터링 결과

[그림 10-21] 라플라시안 필터를 이용한 영상의 첨예화

−1	−1	−1
−1	8	−1
−1	−1	−1

Laplacian
(경계점 추출)

(a) 라플라시안 필터의 임펄스 함수(마스크)

(b) 원본 영상　　(c) 필터링 결과

[그림 10-22] 라플라시안 필터를 이용한 경계점 추출

−1	0	1
−2	0	2
−1	0	1

Sobel
(가로 방향의 경계점 추출)

−1	−2	−1
0	0	0
1	2	1

Sobel
(세로 방향의 경계점 추출)

(a) 소벨 필터의 임펄스 함수(마스크)

(b) 원본 영상

(c) 결과 영상(가로 방향)

(d) 결과 영상(세로 방향)

[그림 10-23] 소벨 필터를 이용한 경계선 추출

10.5 통신을 위한 신호 처리

10.5.1 아날로그 통신 시스템

아날로그 혹은 디지털 신호를 입력과 출력으로 사용하는 시스템은 아날로그 혹은 디지털 시스템이 된다. 이러한 시스템 가운데 특별히 신호(데이터)를 한 장소에서 다른 장소로 전송하는 시스템을 **통신 시스템**이라고 부른다. 여기서 아날로그 신호를 전송하려면 **아날로그 통신 시스템**, 디지털 신호를 전송하려면 **디지털 통신 시스템**이 요구된다. 그림 10-24에 아날로그 통신 시스템의 구성도를 표시하였다.

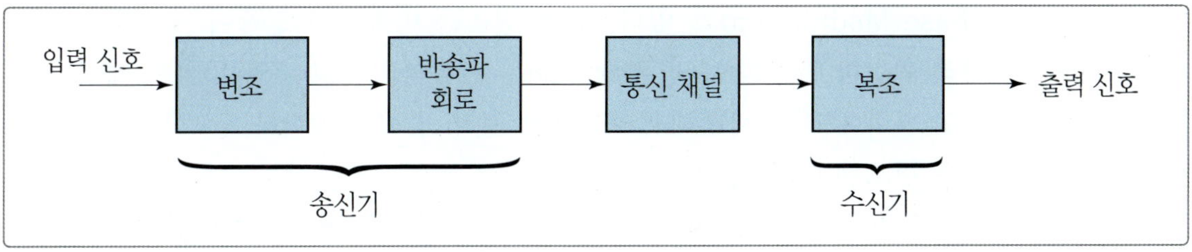

[그림 10-24] 아날로그 통신 시스템의 구성

아날로그 통신의 경우, 음성신호, TV 신호 등 연속 신호를 입력 데이터로 받아서 **송신기(transmitter)**에 인가한다. 송신기에서는 **반송파(carrier)**를 발생하는 회로에 의해 입력 신호를 반송파에 싣는다(**변조: modulation**). 이와 같이 반송파에 올라탄 입력 신호는 전화선, 동축케이블, 광케이블과 같은 유선 매체 혹은 무선 전파 매체를 통해 목적지에 도달한다. 이와 같은 전송 매체를 **통신 채널**이라고 하는데 송신되는 도중에 잡음, 왜곡, 페이딩 등과 같은 장애물이 개입된다. 이와 같은 장애를 통과하여 수신기에 도착하면 변조의 역과정인 **복조(demodulation)**에 의해 원래의 신호를 복원한다.

10.5.2 아날로그 통신을 위한 신호 처리

(1) 아날로그 변조 방식

변조(modulation)는 효율적인 통신을 하기 위해서 반드시 요구되는 신호 처리 기법으로서 송신 신호의 스펙트럼을 **반송파(carrier)**가 가지고 있는 다른 주파수 성분에 실어서 전송하는 방법이다. 여기서 주파수 대역의 **주파수 이동(Frequency translation)**(주1)이 발생한다.

수신 단에서는 반송파 성분을 제거하여 원래의 송신 신호를 다시 복구하게 되는데 이 과정을 **복조(demodulation)**라고 한다. 마치 화물(전송 신호)을 비행기(반송파)에 실어서(변조 과정) 목적지에 보낸 후 다시 비행기에서 원하는 화물만 찾는(복조 과정) 순서와 유사하다.

대표적인 아날로그 변조 방식에는 **진폭 변조(AM: Amplitude Modulation)**, **주파수 변조(FM: Frequency Modulation)**, **위상 변조(PM:**

주1) 주파수 이동: 어떤 주파수를 다른 값의 주파수 성분으로 이동시키는 현상을 말하며 변조 시에는 보통 낮은 주파수에서 높은 반송파 주파수로의 이동이 생기고 복조 시에는 반대가 된다.

Phase Modulation)가 있다. 진폭 변조는 반송파의 진폭이 메시지 신호에 따라 변화하고 주파수 및 위상 변조는 반송파의 주파수와 위상이 메시지 크기의 변화에 따라 비례해서 변화하는 변조 방식을 말한다. 본 절에서는 특히 진폭 변조를 다룬다.

그림 10-25에서는 아날로그 진폭 변조 과정을 **변조지수**에 따라 2가지 형태로 표현하고 있다. (b)는 $|k_a m(t)| < 1$일 때, (c)는 $|k_a m(t)| > 1$일 때, 각각 해당되며 $m(t)$는 원래의 메시지 신호 (a)의 진폭을 나타내며 k_a는 변조기의 감도(sensitivity)를 나타내는 상수 값이다.

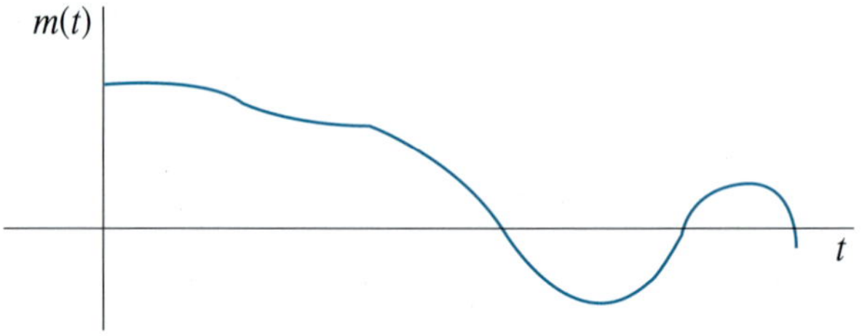

(a) 원래의 메시지 신호

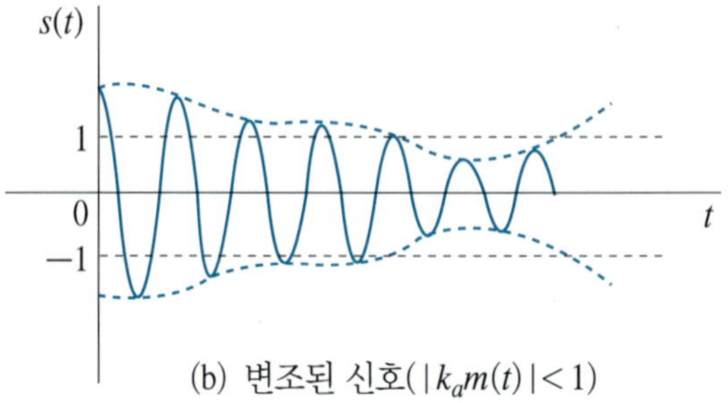

(b) 변조된 신호($|k_a m(t)| < 1$)

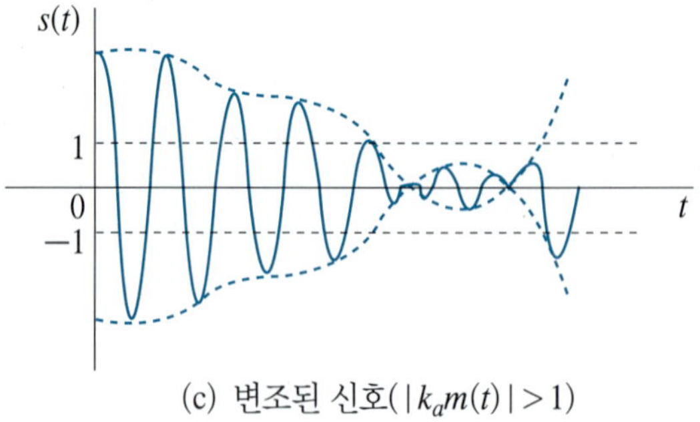

(c) 변조된 신호($|k_a m(t)| > 1$)

[그림 10-25] 아날로그 진폭 변조 과정

(2) AM 신호의 복조

그림 10-26은 AM 신호를 복조하는 **포락선 검파 과정**을 나타내는 것이다. (a)의 포락선 검파기의 입력으로 (b)와 같은 AM 신호 $s(t)$가 인가되면 포락선 검파기의 출력은 (c)가 되며, 이것은 (b)의 AM 신호에서 반송파 성분이 제거된 결과이다.

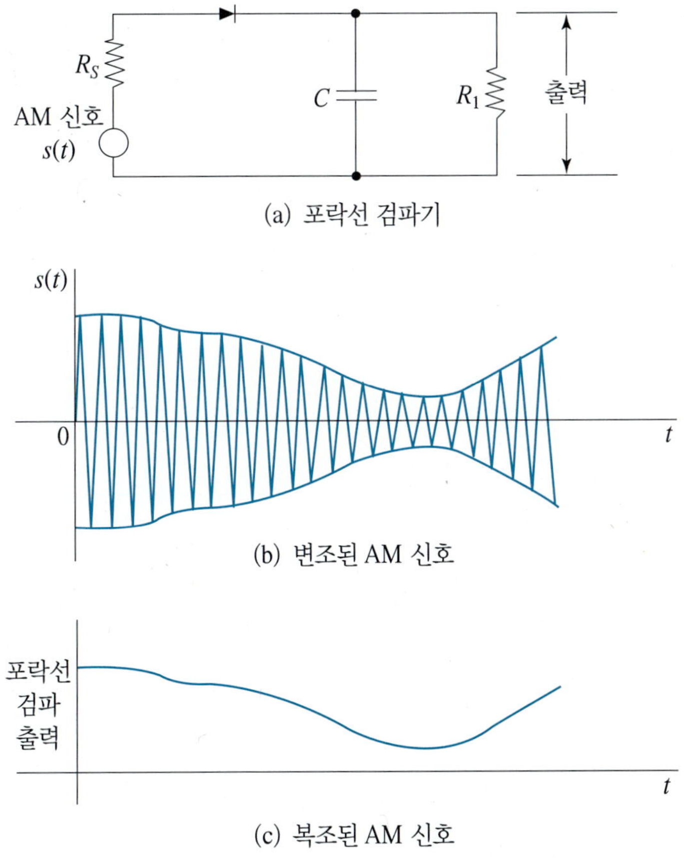

[그림 10-26] 아날로그 AM 신호의 복조

(3) 펄스 변조 방식

펄스 변조는 다음과 같이 3가지 방식으로 분류한다.

(i) PAM(Pulse Amplitude Modulation)

(ii) PDM(Pulse Duration Modulation)

(iii) PPM(Pulse Position Modulation)

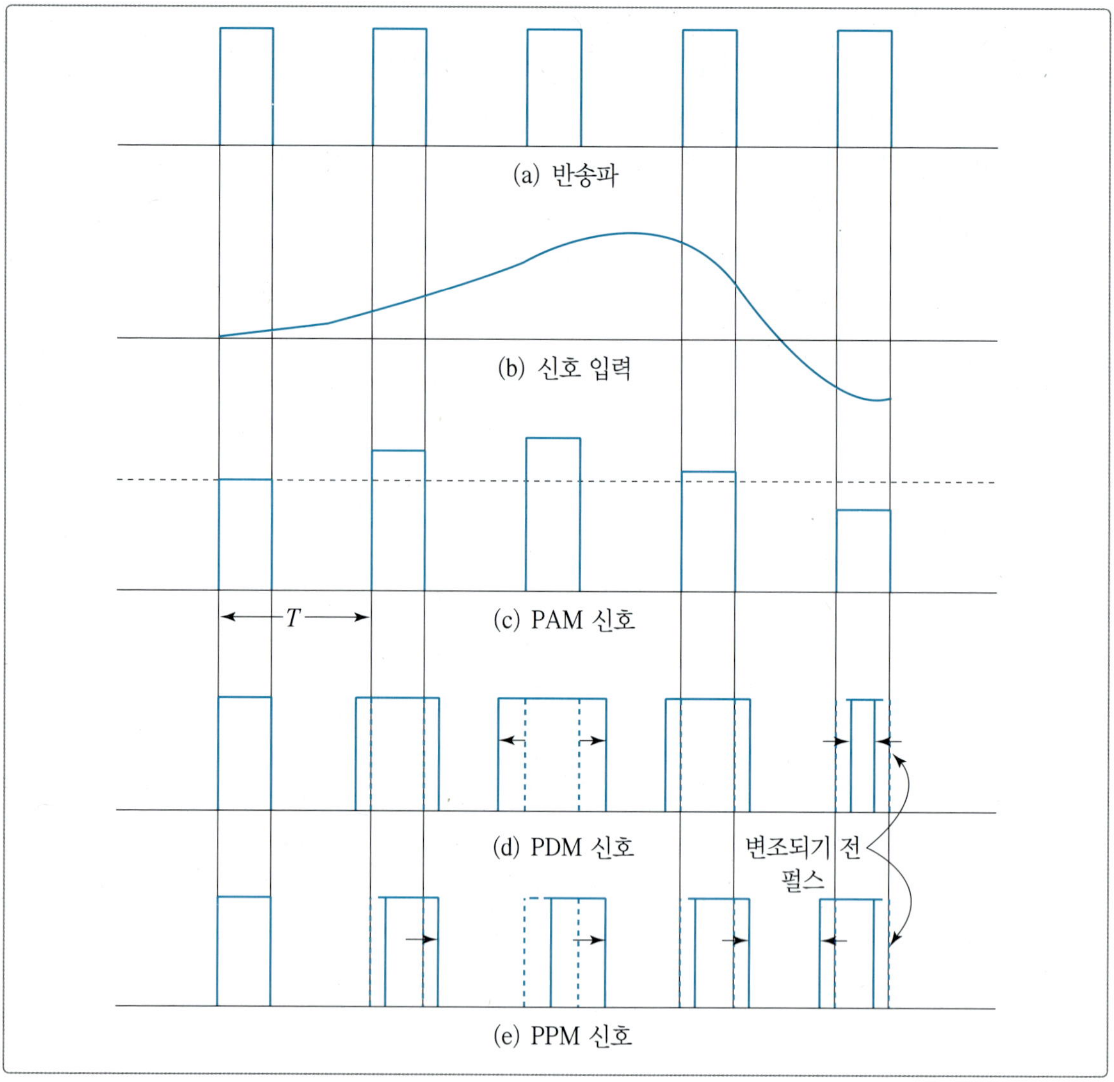

[그림 10-27] 펄스 변조의 3가지 방식

PAM 방식은 그림 10-27에서 신호 입력 (b)의 크기가 변화함에 따라 이에 비례해서 (a)의 진폭이 연속적으로 바뀌고 있다. 그리고 PDM 신호는 신호의 변화에 따라 반송파 펄스폭(간격)이 연속적으로 증가 혹은 감소하고 있음을 알 수 있다. 한편 PPM 신호는 반송파의 위치가 고정되어 있지 않고 신호의 변화에 비례해서 좌우로 이동함을 볼 수 있다. 여기서는 (b)가 증가하면 우측으로 이동하고 (b)가 감소하면 다시 좌측으로 이동하고 있으며 PPM 신호의 펄스폭은 변동이 없다.

(4) PAM 신호의 복조

그림 10-28은 PAM 신호를 복조하는 과정을 나타낸 그림으로써 (a)의 입력에 PAM 신호 $g(nT)$가 인가되면 (c)의 **샘플 및 유지(sample and hold) 회로**에서 (b)의 출력 $u(t)$를 얻는다. 이 신호를 **저역통과필터**에 통과시킬 경우 $g(t)$와 같은 연속 신호의 파형을 복원한다. 여기서 $g(t)$를 **등화기**

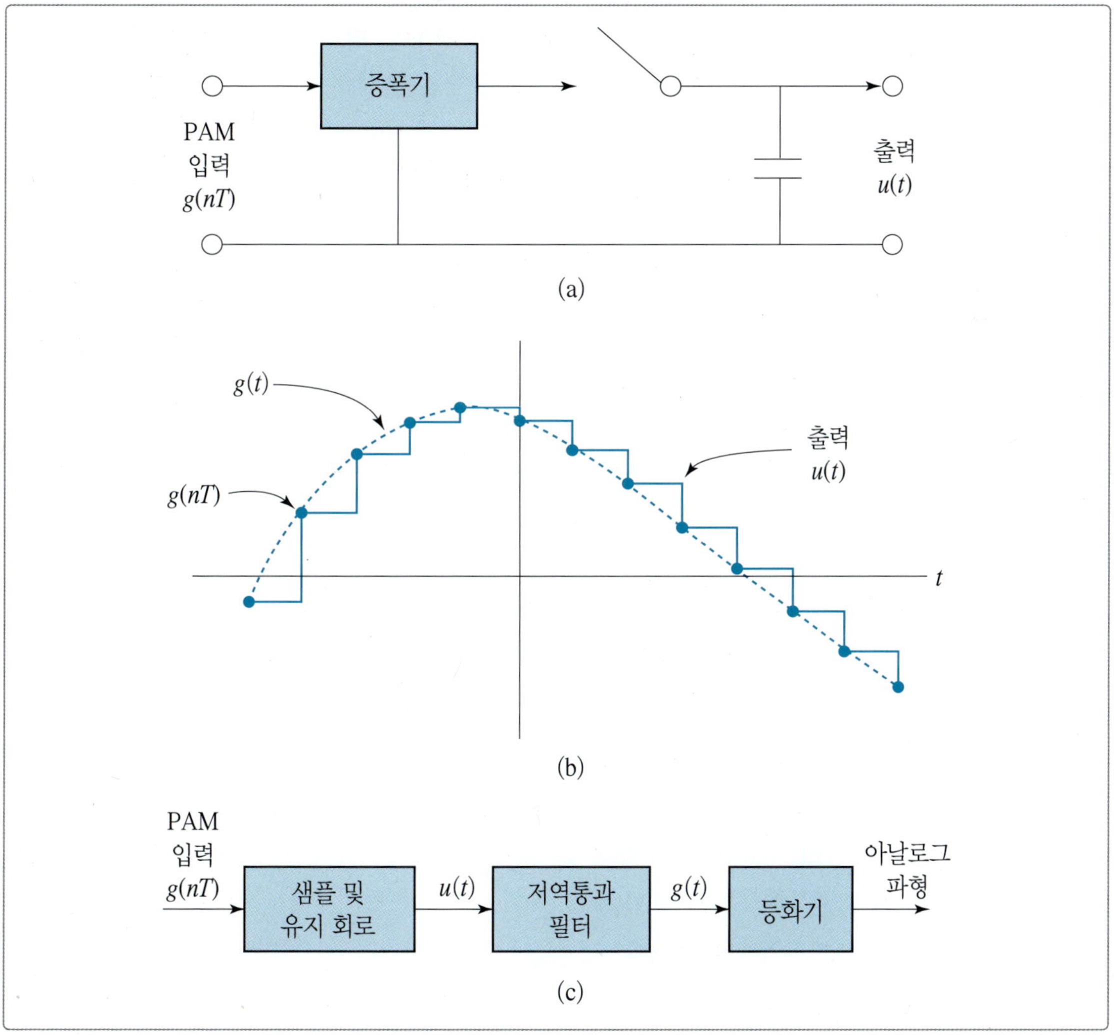

[그림 10-28] PAM 신호의 복조 과정

주2) 등화기(equalizer): 통신 채널의 주파수 특성으로 인해 찌그러진 전송 신호를 원래의 모습으로 복원하는 통신 회로이다. 통신 채널의 전달 함수가 $H(z)$일 때 등화기 함수는 $\frac{1}{H(z)}$이다.

(equalizer)[주2]에 통과시켜 통신 채널에서 발생한 PAM 신호의 왜곡을 보상함으로써 송신기에서 생성한 원래의 PAM 신호를 완전히 재생할 수 있다.

10.5.3 디지털 통신 시스템

그림 10-29의 디지털 통신 시스템에서는 아날로그 시스템과 다르게 **송신 필터 및 수신 필터**가 삽입되며 수신기에 **검파기(detector)**가 별도로 설치된다. 여기서 송수신 필터는 전송도중 발생하는 디지털 신호의 **심볼간 간섭 현상(ISI: intersymbol interference)**[주3]을 보상하기 위해 설치된 것이고 검파기는 2진 신호 '1'과 '0'을 분리하는 통신회로로서, 수신 신호의 **신호 대 잡음비(SNR)**[주4]를 최대로 높여주고 채널에서 발생하는 비트 오차를 최소화 시키도록 설계된다.

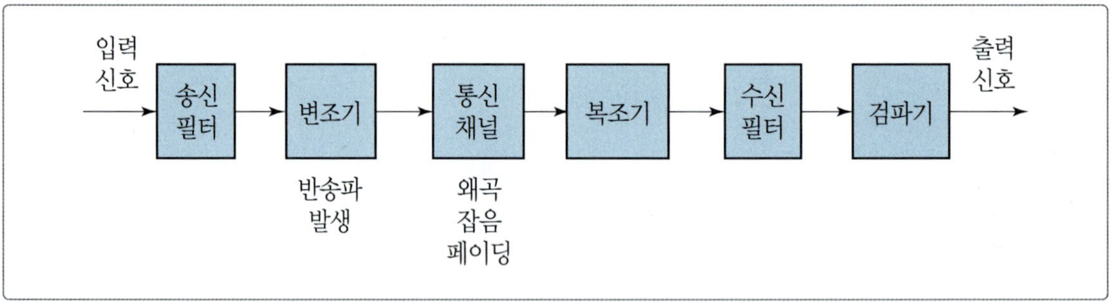

[그림 10-29] 디지털 통신 시스템의 구성

(1) 펄스 코드 변조(Pulse Code Modulation: PCM)

펄스 코드 변조 방식은 다음의 3단계에 의해서 PCM 신호를 얻는다.

(i) **샘플링(Sampling)**

(ii) **양자화(Quatization)**

(iii) **부호화(Encoding)**

주3) 심볼간 간섭(ISI): Intersymbol interferencce의 약자로서 디지털 통신 채널에서 인접한 심볼('0'과 '1') 사이에 발생하는 펄스의 겹침 현상을 말한다.

주4) 신호 대 잡음비(SNR): Signal-to-noise ratio의 약자로서 입력 신호 전력과 채널 잡음의 전력의 비율 로 나타내는 평가치로서 SNR이 높을수록 성능이 좋아진다.

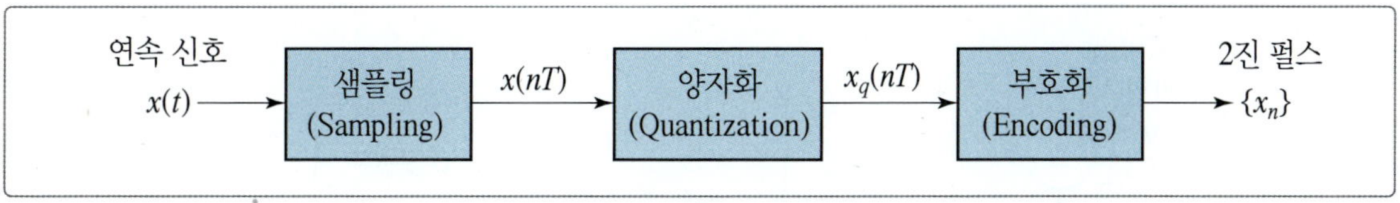

[그림 10-30] PCM 과정

이상의 3단계는 그림 10-30에 표시하고 있으며, 10.5.4절 디지털 통신을 위한 신호 처리에서 (1) 샘플링 과정, (2) 양자화 과정, (3) 부호화 과정을 자세히 설명한다.

(2) PCM 신호의 복조

PCM 신호의 복조는 **복호기**와 **검파기**의 2가지 과정에 의해 이루어진다.

(i) 복호기(Decoder)

채널 잡음이 없는 경우, 복호기는 PCM 신호로부터 원래의 연속 입력 신호를 재생하는 과정이다(그림 10-31 참조).

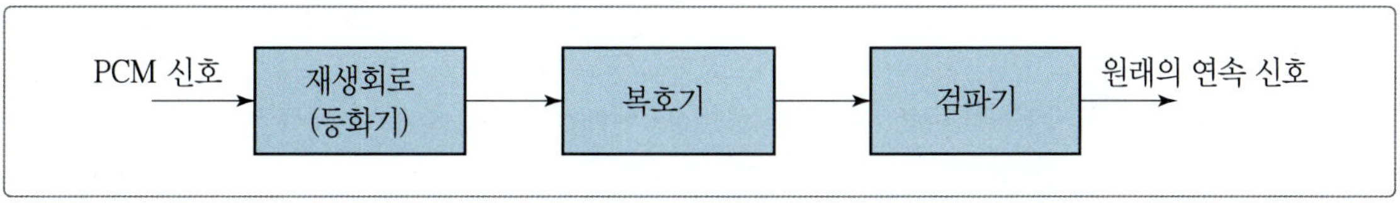

[그림 10-31] PCM 신호의 복호화 과정

(ii) 검파기(Detector)

그림 10-32에서 PCM 파형 $s(t)$에 채널 잡음 $w(t)$가 혼합된 경우, $x(t) = s(t) + w(t)$이다. 정합 필터의 입력으로 $x(t)$를 인가하여 펄스폭 T_b를 주기로 샘플링된다. 여기서 정합 필터는 $t = T_b$에서 $s(t)$의 최댓값을 나타내고, $w(t)$의 에너지를 최소화시킨다. 즉 **신호 대 잡음비(SNR)가 최대가 되도록 정합**함으로써 결정 회로에 의해 최대 확률을 가지고 '0', '1'의 심볼값을 최적 검파하게 된다(연습문제 10-10 참조).

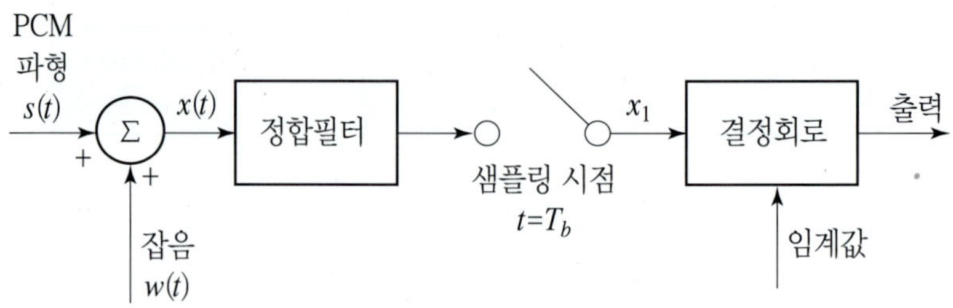

[그림 10-32] PCM 신호의 검파 과정

(iii) 재생 회로(Regenerative Repeater)

부호화된 PCM 파형은 통신 채널을 통과하여야 한다. 그런데 채널을 통과하는 도중 잡음 및 채널 특성에 의해 펄스 왜곡이 발생하게 된다. 따라서 일정한 거리 간격을 두고 원래의 신호 파형을 재생할 수 있는 **재생 반복기**를 설치하여야 한다. 파형의 재생은 등화기(equalizer)를 이용하여 찌그러진 파형을 원래의 파형으로 복구할 수 있다.

(3) 디지털 변조 방식

디지털 변조 방식은 다음과 같이 3가지 형태로 분류한다.

(i) ASK(Amplitude Shift Keying)

(ii) FSK(Frequency Shift Keying)

(iii) PSK(Phase Shift Keying)

ASK 방식은 그림 10-33(a)에 보인 것처럼 2진 신호 '101'에 대해서 ASK 신호 $s_1(t)$와 $s_2(t)$는 반송파 $\cos(\omega_0 t+\phi)$의 주파수 ω_0와 위상 ϕ는 일정하며, 2진 심볼의 변화에 따라 존재 유무가 결정된다. 그림 10-33(b)에서의 FSK는 $s_i(t)$의 에너지와 위상은 일정하고 반송파의 주파수가 2가지 값을 가지고 교대로 나타난다(여기서 $M=2$). 그림 10-33(c)에서의 PSK는 $s_i(t)$의 진폭과 주파수는 일정하고 반송파의 위상 $\frac{2\pi i}{M}(i=1,\ 2)$로부터 π, 2π의 2가지 값을 갖는다.

(a) ASK $s_i(t)=\sqrt{\frac{2E_i(t)}{T}}\cos(\omega_0 t+\phi)$
$i=1,\ 2,\ \cdots,\ M$
$0\le t\le T$

(b) FSK $s_i(t)=\sqrt{\frac{2E}{T}}\cos(\omega_i t+\phi)$
$i=1,\ 2,\ \cdots,\ M$
$0\le t\le T$

(c) PSK $s_i(t)=\sqrt{\frac{2E}{T}}\cos(\omega_0 t+2\pi i/M)$
$i=1,\ 2,\ \cdots,\ M$
$0\le t\le T$

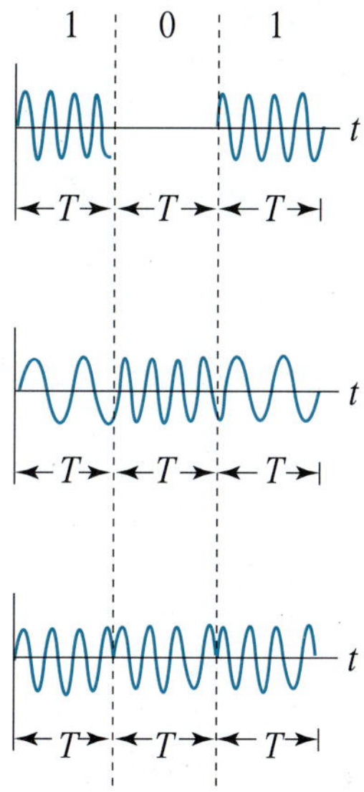

[그림 10-33] 디지털 변조 방식의 3가지 형태

10.5.4 디지털 통신을 위한 신호 처리

디지털 통신 시스템은 아날로그 신호를 시간적으로 샘플링(sampling)하고 진폭 크기에 대한 양자화(quantization) 과정을 거친 후 부호화(encoding)한 2진 신호를 디지털 채널을 통하여 송신한다. 수신기에서는 송신한 디지털 신호를 검파기(detector)를 통해 복호화(decoding)함으로써 원래의 아날로그 신호를 얻을 수 있다.

(1) 샘플링 과정(Sampling)

샘플링이란 일정한 시간 T를 간격으로 비주기 신호 $x(t)$를 주기적으로 채집하는 것을 말한다. 이때 $x(t)$의 주파수 성분 가운데 최대 주파수를 f_m이라 하면, **샘플링 주파수** f_s는 $2f_m$이상($f_s \ge 2f_m$)이 되어야 한다. 만약 $f_s < 2f_m$이 되면 샘플링하기 전 원래 신호 $x(t)$를 재생할 수 없게 된다. 여기서 $f_s = 2f_m$이 되는 주파수를 **나이퀴스트 율(Nyquist Rate)**이라고 한다. 그림 10-34는 연속(아날로그) 신호를 샘플링하는 과정을 보인 것이다. 그림 10-35는 이상적으로 샘플링한 경우 신호 $x_s(nT)$에 대한 스펙트럼 $X_s(f)$에 대해 2가지 경우를 보이고 있다. 여기서 $X(f)$는 $x(t)$의 스펙트럼이고 $f_s = \frac{1}{T_s}$이다.

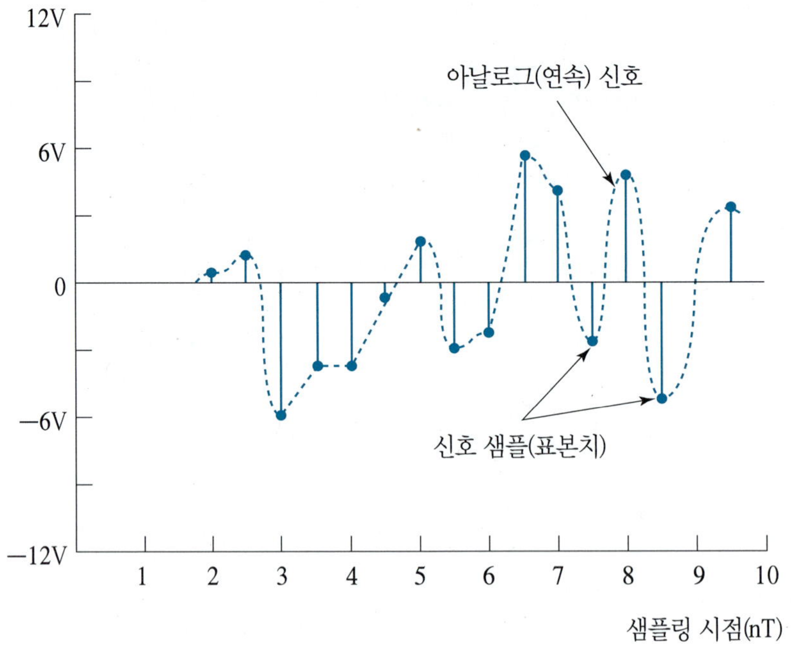

[그림 10-34] 연속 신호에 대한 샘플링 과정

(i) $f_s > 2f_m$(그림 10-35(c))

(ii) $f_s < 2f_m$(그림 10-35(d))

그림 10-35(c)의 경우 (b)의 이상적인 LPF를 사용하여 재생할 때 원래의 스펙트럼을 100% 재생할 수 있으나 (d)의 경우 그림에 보인 것처럼 원래의 신호를 재생하지 못하고 왜곡이 발생하게 된다. 이러한 현상을 **겹침 현상** 혹은 **알리아싱(aliasing)**이라고 부른다.

그리고 그림 10-36과 그림 10-37은 샘플링하는 방식에 따라 분류한 것으로 신호 파형을 자연스럽게 샘플링한 과정(그림 10-36)과 샘플링된 시점에서의 신호값 상단을 균일하게 만드는 과정(그림 10-37)을 표시한 것이다. 여기서 균일 상단 샘플링은 샘플 및 유지(sample and hold) 회로를 이용하여 얻을 수 있다.

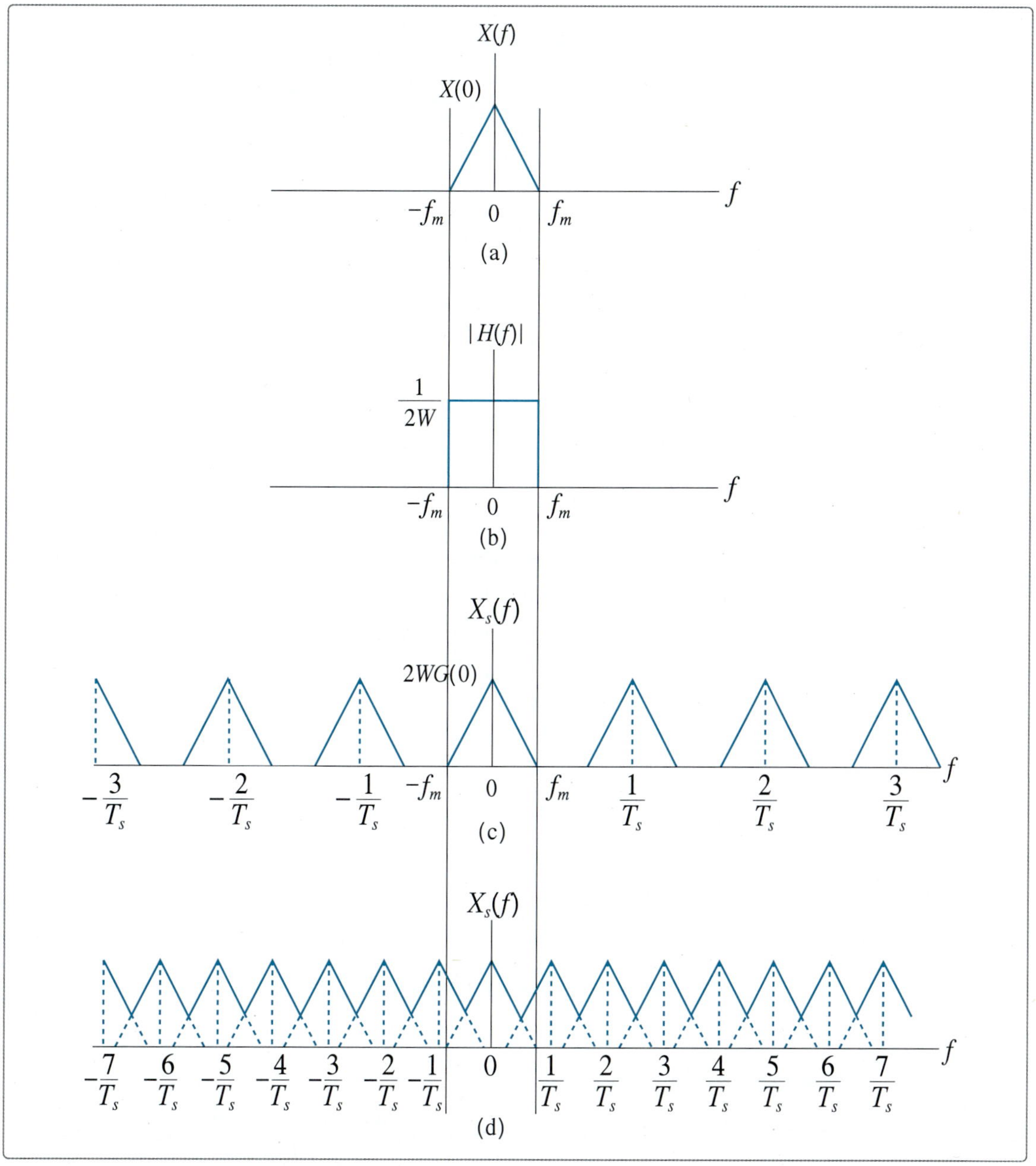

[그림 10-35] 시간 및 주파수 영역에서의 샘플링 정리

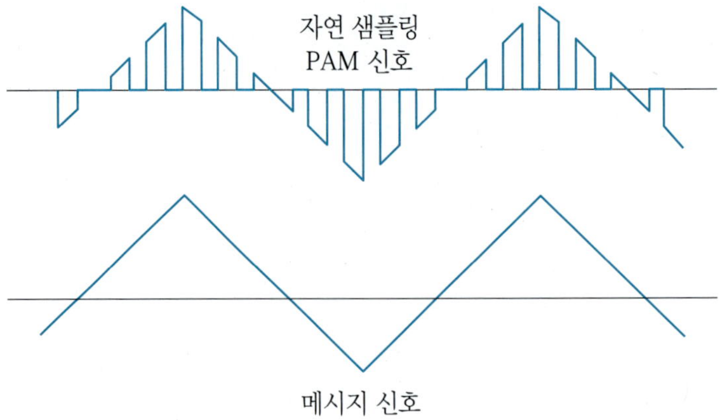

[그림 10-36] 자연 샘플링 과정

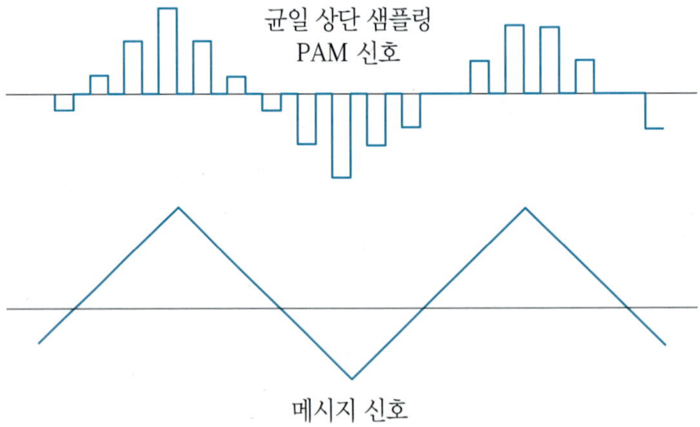

[그림 10-37] 균일 상단 샘플링 과정

(2) 양자화 과정(Quantization)

음성과 같은 연속 신호는 연속적인 범위에서 크기가 순간순간 변하고 일정한 크기의 진폭에 무한대의 진폭 레벨이 존재한다. 그러나 인간의 감각(눈, 귀)은 유한한 크기의 차이만을 감지할 수 있으므로 무한대의 진폭 레벨을 유한한 레벨로 제한할 필요가 있다. 이러한 과정을 양자화라고 말하며 진폭 레벨이 이산적 유한 값을 가지게 되므로 **양자화 오차**가 발생한다. 그림 10-38은 레벨이 8(3bit)로 부호화되는 양자화 과정을 자세히 설명하고 있다. 일반적으로 연속 신호의 크기가 약한 부분을 보호하기 위해서 신호값이 작은 부분에서는 양자화 레벨을 작게 하고 신호값이 큰 부분에서는 양자화 레벨을 크게 함으로써 신호의 세기에 비례해서 레벨값을 변화시키는 **압축(compression) 과정**(주5)을 통과한다. 이와 반대 과정을 **확장(expansion)**(주6)이라 하며 압축된 만큼 확장하면 원래의 연속 신호를 얻는다.

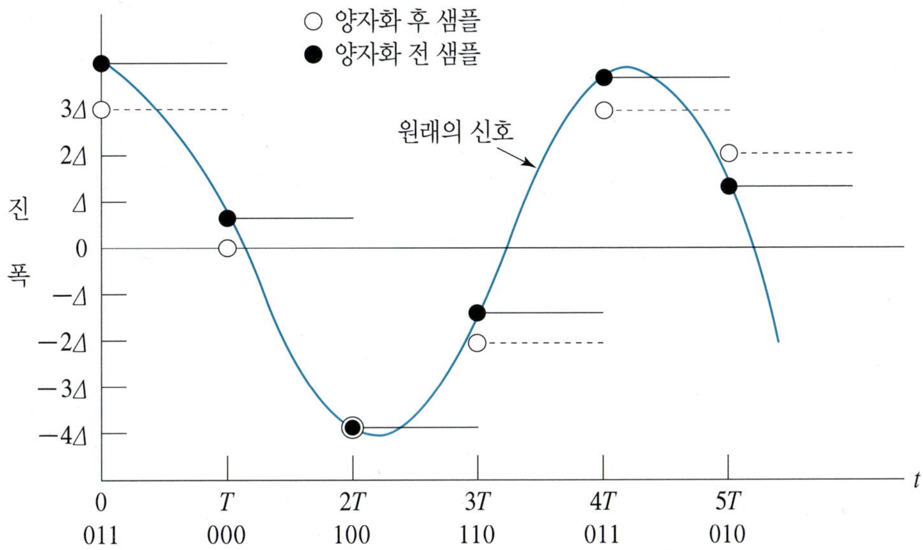

[그림 10-38] 3bit(8레벨) 양자화기를 이용한 양자화

그림 10-38은 3bit 양자화기를 이용하여 8레벨(−4, −3, ⋯, 2, 3)의 양자화 후 샘플을 ○점으로 표시하고 있다. 따라서 ●점으로 표시된 양자화 전 샘플과 비교할 때 $-\frac{\Delta}{2} \sim \frac{\Delta}{2}$ 사이의 **양자화 오차**(주7)가 발생하게 된다.

그림 10-39는 연속 신호를 단계별로 양자화 하는 과정을 나타낸 것이다. 그림 10-40에서는 압축의 원리와 균일 및 비균일 양자화의 특성을 나타내고 있다.

주5) 압축 과정: A-law와 μ-law와 같이 log식을 이용하며 이러한 압축을 수행하는 양자화는 비선형 양자화에 해당된다.

주6) 확장 과정: 압축과 정반대의 과정을 말하며 확장 과정을 거치면 원래의 양자화 된 신호를 얻는다.

주7) 양자화 오차: 연속적인 진폭을 이산적인 진폭으로 제한시킴으로써 무한대 레벨의 양자화 단계를 유한한 숫자의 레벨로 대치하는 과정에서 인위적으로 발생되는 오차이다. 양자화 단계를 'Δ'라 하면 오차 $-\frac{\Delta}{2} \le$ 오차 $\le \frac{\Delta}{2}$ 범위에 있다.

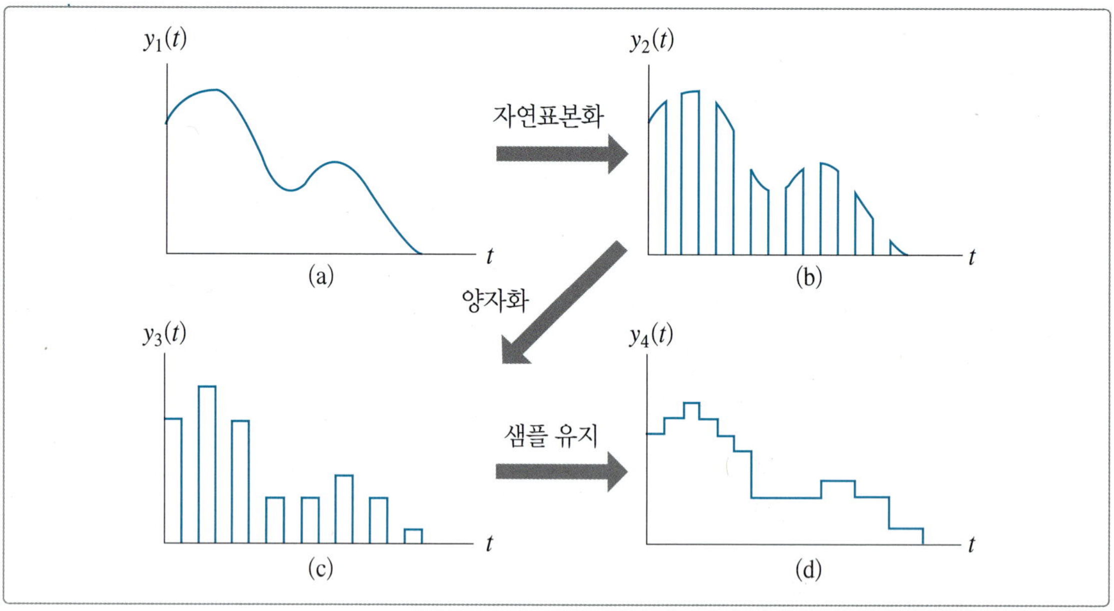

[그림 10-39] 연속 신호의 양자화 과정

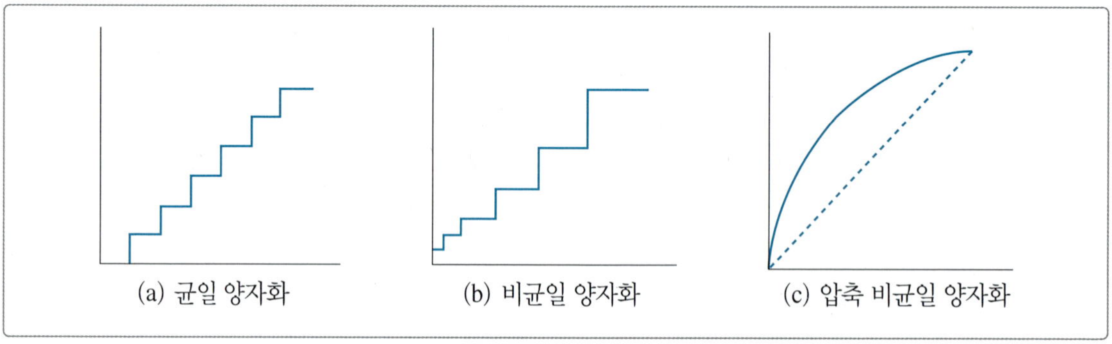

[그림 10-40] 균일 양자화와 비균일 양자화 특성

(3) 부호화 과정(Encoding)

연속 신호를 시간 축에서 샘플링하고 진폭 축에서 양자화 된 디지털 신호는 2진 펄스 파형으로 부호화 된다. 부호화하는 방법에는 여러 가지가 있으며 그 가운데 On-Off 방식, NRZ(nonreturn-to-zero) 방식, RZ(return-to-zero) 방식(주8)이 가장 많이 사용되고 있다. 그림 10-41에서 2진 데이터를 표현하는 3가지 부호화 방식을 나타내고 있다.

주8) RZ(return-to-zero) 방식: 2진 데이터를 부호화하는 방법의 하나로 모든 심볼 '1'은 무조건 high 상태에서 low 상태인 Zero점으로 돌아온 후 다시 다음 심볼을 기다린다.

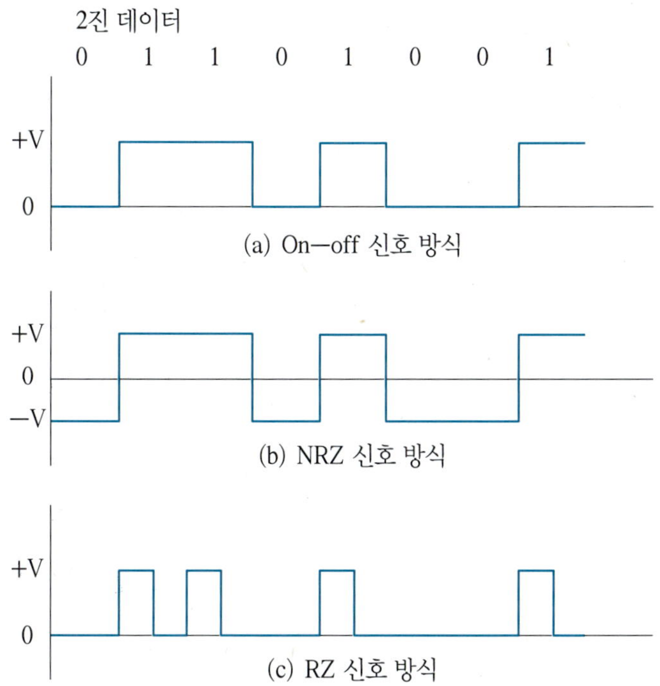

[그림 10-41] 2진 데이터를 표현하는 부호화 방식

(4) 복호화 과정(Decoding)

재생된 2진 펄스 파형은 복호기에 의해서 다시 양자화 된 PAM 신호(주9)로 변환된다. 여기서 PAM 신호는 계단 형태의 10진 신호로 나타나는데, 이것은 송신기에서 샘플링과 양자화를 거친 M레벨의 디지털 신호와 동일한 형태를 갖는다. 즉 복호화는 2진 부호화의 반대적인 과정이다. 마지막으로 PAM 신호를 재생용 저역통과필터(LPF)에 통과시키면 최종적으로 원래의 연속 입력 신호를 얻게 된다.

(5) 다중화 과정(Multiplexing)

여러 개의 서로 다른 정보원에서 발생되는 여러 개의 PCM 신호들을 하나의 통신 채널로 한꺼번에 전송하기 위해서는 반드시 다중화가 필요하게 된

주9) PAM(Pulse Amplitude Modulation) 신호: 펄스 신호를 변조하는 방식으로써 신호의 진폭을 자연 샘플링할 때 얻어지는 이산적인 펄스 파형이다.

다. 디지털 통신에서 다중화는 TDM(time-division multiplexing) 방식을 이용하며, 예를 들어 8kHz로 표본화된 연속 신호를 8비트로 부호화한 경우 한 개의 정보원은 64kbit/sec의 비트 속도가 요구된다. 만약 24채널을 동시에 다중화한다면 1개의 **동기(synchronization) 프레임 비트**를 포함하여, 전송 속도는 (24ch×8bit+프레임 비트)×8kHz=1.544Mbps이다. 여기서

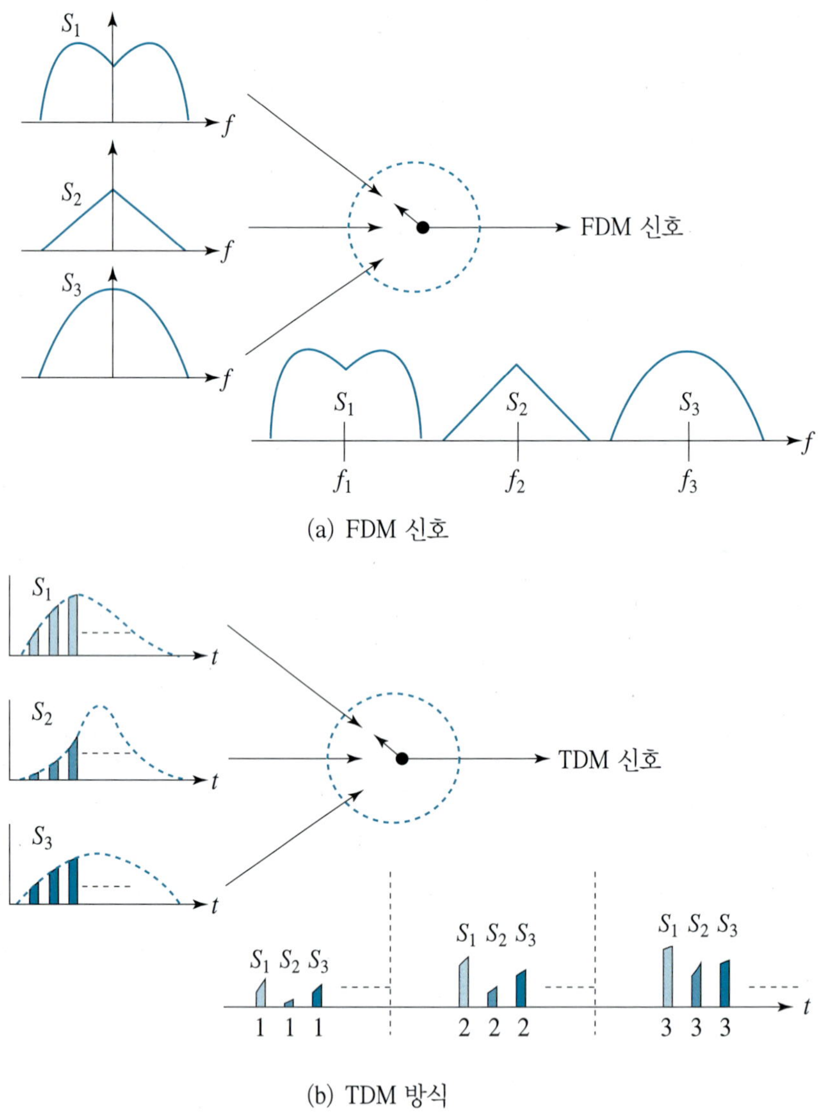

[그림 10-42] FDM/TDM 다중화 방식

1.544Mbps를 보통 T1 속도라고 부른다(연습문제 10-6 참조).

다중화에는 그림 10-42에서 보인 것처럼 크게 FDM(frequency-division multiplexing)과 TDM(time-division multiplexing)으로 나눈다. FDM은 여러 종류의 정보원 신호에 대해 각각 스펙트럼을 구한 다음 한 개의 주파수 채널 위에 순서대로 나열하여 한꺼번에 전송하는 방식이다. TDM은 펄스 진폭 변조(PAM)된 여러 개의 정보원 신호들을 시간 축에서 각각 1개의 샘플씩 차례로 채집하여 일정한 시간 간격 안에 1개의 그룹으로 나열함으로써 서로 다른 신호들을 한 개의 채널 속으로 동시에 전송하는 방식이다.

연 / 습 / 문 / 제

10-1 연속 신호를 샘플링하여 이산 신호를 얻는 과정을 주파수 영역에서 스펙트럼으로 표현하라(힌트: 그림 10-35 참고).

(a) 샘플링 주파수가 나이퀴스트 율(Nyquist rate)보다 더 큰 경우

(b) 샘플링 주파수가 나이퀴스트 율(Nyquist rate)보다 더 작은 경우

10-2 샘플링 방법은 크게 자연 샘플링과 균일 상단 샘플링로 나눌 수 있다. 10장에서 표시한 2가지 방법에 대해 각각 주파수 영역에서의 스펙트럼을 구하라. 여기서 $c(t)$는 샘플링 펄스를 나타내고 $f(t)$는 연속 신호이다.

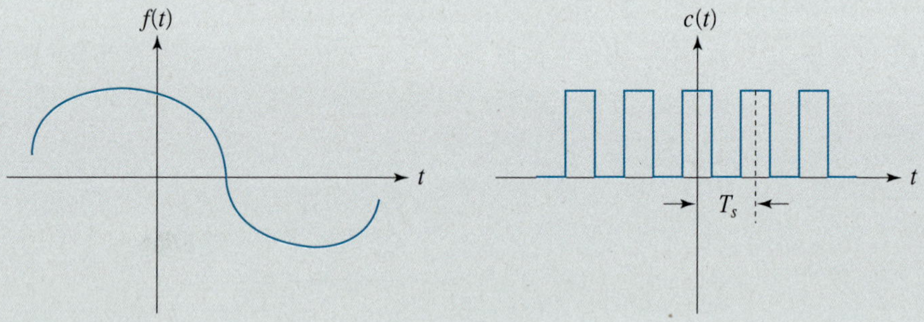

[그림 P10.1]

10-3 샘플링한 신호를 양자화하는 과정에서 양자화 오차가 발생한다. 양자화 레벨을 Δ라 하면, $-\Delta/2 <$ 양자화 오차 $< \Delta/2$ 범위에서 오차가 발생하는 원인을 그림 10-38로부터 자세히 설명하라.

10-4 양자화하는 방법은 일반적으로 균일 양자화와 비균일 양자화가 있다. 그림 10-40(b)의 비균일 양자화 과정을 그림 10-40(c)의 압축(compression) 방식을 이용하여 설명하라. 또한 수신 과정에서 확장(expansion)을 하게 되면 원래의 신호를 얻는 원리를 설명하라. 여기서 확장은 압축의 반대 과정으로 이루어진다.

10-5 양자화된 디지털 신호는 2진 펄스 파형으로 부호화된다. 부호화하는 방법 가운데 가장 많이 사용하는 3가지 (a) On-Off 신호 방식 (b) NRZ 신호 방식 (c) RZ 신호 방식에 대해서 각각 특징을 설명하라(힌트: 그림 10-41 참고).

10-6 서로 다른 정보원에서 발생하는 PCM 신호들을 하나의 통신 채널을 통해 전송하기 위해서는 반드시 다중화가 필요하게 된다. 특히 시분할 다중화(TDM) 방식은 디지털 통신에서 사용되는 방식으로써 24채널을 다중화 하는 방법을 그림으로 표시하라. 여기서 채널당 비트 속도는 8bit/ch이고 채널을 구분하는 프레임 비트는 1bit이다.

10-7 통신 채널에서 메시지 신호에 첨가되는 잡음은 일반적으로 AWGN (additive white gaussian noise)이다. 이러한 채널 잡음의 2가지 특성에 대해서 설명하고 디지털 통신에서 이러한 잡음에 강한 수신기의 형태를 선택하라.

(a) 백색 잡음의 특성

(b) 가우스 잡음의 특성

(c) AWGN에 강한 수신기의 특성

10-8 펄스 변조 방식의 3가지 형태를 그림 10-27에 표시하고 있다. 신호 입력이 변화함에 따라 반송파의 진폭, 펄스폭, 위치가 연속적으로 비례하여 변동하는 원리를 설명하라.

(a) PAM 신호

(b) PDM 신호

(c) PPM 신호

10-9 디지털 변조 방식은 일반적으로 다음의 3가지 방식을 기본으로 한다. 그림 10-33의 3가지 형태의 변조 방식에 대해서 변조 원리를 설명하라.

(a) ASK 신호

(b) FSK 신호

(c) PSK 신호

10-10 PCM 신호를 검파하는 원리가 그림 10-32이다. 여기서 PCM 파형 $s(t)$에 채널 잡음 $w(t)$가 첨가될 경우 신호대 잡음비(SNR)가 최대가 되도록 정합필터를 사용하고 있는데 정합필터의 원리에 대해서 자세히 설명하라.

찾 / 아 / 보 / 기

ㅈ

저자 소개

■ 강철호

학력

1971년 3월~1975년 2월: 한양대학교 전자공학과(공학사)
1975년 3월~1979년 2월: 서울대학교 전자공학과(공학석사)
1982년 3월~1988년 2월: 서울대학교 전자공학과(공학박사)

주요 경력

1977년 3월~1982년 2월: 국방과학연구소 연구원
1991년 2월~1992년 1월: 미국 일리노이대학교(시카고) 방문교수
2000년 2월~2001년 1월: 중국 연변과학기술대학 교환교수
1983년 3월~현재: 광운대학교 전자통신공학과 교수

■ 유지상

학력

1981년 3월~1985년 2월: 서울대학교 전자공학과(공학사)
1985년 3월~1987년 2월: 서울대학교 전자공학과(공학석사)
1988년 9월~1993년 5월: Purdue University 전기공학과(Ph.D.)

주요 경력

1993년 9월~1994년 8월: 현대전자산업 선임연구원
1994년 9월~1997년 8월: 한림대학교 교수
1997년 9월~현재: 광운대학교 전자공학과 교수

■ 박호종

학력

1982년 3월~1986년 2월: 서울대학교 전자공학과(공학사)
1986년 9월~1987년 12월: University of Wisconsin-Madison 전기공학과(M.S.)
1989년 9월~1993년 5월: University of Wisconsin-Madison 전기공학과(Ph.D.)

주요 경력

1993년 9월~1997년 8월: 삼성전자 선임연구원
1997년 9월~현재: 광운대학교 전자공학과 교수